JN300361

アトラス
世界航空戦史

アレグザンダー・スワンストン & マルコム・スワンストン

石津朋之＋千々和泰明［監訳］

Alexander Swanston & Malcolm Swanston

ATLAS
OF
AIR
WARFARE

原書房

Atlas of Air Warfare

目次

はじめに 4

初期の航空機 10

初期の航空隊
1914-1918 年 24

飛行船
1914-1918 年 40

戦闘機
1914-1918 年 54

爆撃機
1916-1918 年 78

アメリカの戦時体制
1917 年 88

最終決戦
1918 年 91

戦間期 98

空の帝国 108

洋上の航空機 110

ドイツ空軍誕生 114

スペイン内戦
1936-1939 年 120

日中戦争
1937-1941 年 126

「クリッパー」長距離輸送
1934-1939 年 128

イギリス・フランスの再軍備 131

世界の空軍
1939 年 134

電撃戦の始まり
ポーランド 1939 年 138

スカンディナヴィア
フィンランド 1939-1940 年 142

スカンディナヴィア
デンマークとノルウェー 1940 年 146

西方侵攻作戦
1940 年 150

バトル・オブ・ブリテン
1940 年 6-10 月 156

爆撃
イギリスとドイツ 1940-1941 年 162

洋上空中哨戒
1940-1941 年 166

地中海
1940-1942 年 170

バルカン諸国
クレタ島の陥落 176

バルバロッサ作戦とモスクワ爆撃 180

真珠湾
1941 年 12 月 186

東南アジア陥落
1942 年 192

珊瑚海海戦
1942 年 195

ミッドウェー海戦
1942 年 198

カフカス地方とソ連南部
1942 年 204

スターリングラード
1942-1943 年 208

Contents

戦時の航空機産業 ……………… 212

ガダルカナル
1942-1943年 ……………… 216

カートホイール作戦 ……………… 220

ドイツ爆撃
1942-1944年 ……………… 222

目標ベルリン
1943-1944年 ……………… 230

北アフリカおよび地中海 ……………… 233

シチリア島とイタリア南部 ……………… 236

東部戦線
1943年 ソ連の主導権 ……………… 239

クルスク
1943年 ……………… 242

ウクライナとクリミア半島 ……………… 246

太平洋の空母 ……………… 249

「マリアナの七面鳥撃ち」 ……………… 252

飛び石作戦 ……………… 255

空白地帯を埋める
大西洋上の偵察 ……………… 258

Dデイ
攻撃 ……………… 261

Dデイ
その後 ……………… 264

マーケット・ガーデン作戦とヴァーシティ作戦
1944-1945年 ……………… 267

東南アジア
1944-1945年 ……………… 270

中国
1941-1945年 ……………… 273

バグラチオン作戦とソ連西部の解放 ……………… 276

特殊作戦
パルチザンの支援 ……………… 279

第三帝国の終焉 ……………… 282

B-29爆撃機
開発と配置 ……………… 285

核戦争 ……………… 290

第二次世界大戦後の世界 ……………… 293

ベルリン大空輸 ……………… 296

朝鮮戦争
1950-1953年 ……………… 300

世界の再編 ……………… 303

キューバ・ミサイル危機 ……………… 306

インドシナ半島とヴェトナム ……………… 309

中東戦争 ……………… 316

フォークランド紛争 ……………… 326

湾岸危機 ……………… 330

アフガニスタン ……………… 336

索 引 ……………… 339

はじめに

　火薬の使用で戦場の景観は一変したかもしれないが、航空機は戦争自体を変えた。航空機が発明、開発されたことにより、兵士も民間人も甚大な影響を受けてきた。20世紀初頭に航空機の初飛行が成功するとまもなく、航空戦力の持つ能力によって戦闘は一変すると論じる人々も現れた。H・G・ウェルズは1907年作の小説『空の戦争（*The War in the Air*）』において、世界規模の戦争が起こり、大国が航空機の巨大編隊を配置する模様を描いている。しかし現実には、航空戦力の進化はそれよりはるかに先を行っているのである。

大気より軽い観察者

　簡単な気球が配置されると、戦場はかつてない景観を呈するようになった。この革新的物体はフランス革命戦争やアメリカ南北戦争に用いられ、第一次世界大戦までそれは続いた。しかし気球は操作性を欠いたためその効用には限界があり、はるか地平線までを視界に収めるのがせいぜいだった。

　エンジン駆動の硬式あるいは半硬式のガス気球、つまり飛行船が配置されるようになると、敵前線後方での偵察が実行可能になった。飛行船は速度に制約があったものの、指揮官の望む方向に操縦することができたのだ。1911年のイタリア・トルコ戦争では、飛行船がリビアまで初の兵器空輸をおこなっている。

　現代において軍事を考え、論じるときに思うように、軍用機が後にその力を存分に発揮するのも、操縦可能な重航空機［訳注：比重が空気より重く、翼面から発生する揚力で飛行する航空機］の開発があっての話である。1903年にライトフライヤーが初飛行に成功したとき、その母国アメリカでは軍事的観点から興味を持たれることはなかった。しかしフランスをはじめとするほかの大国は、おおいにこれに興味を抱く。6年後の1909年にルイ・ブレリオがイギリス海峡横断飛行に成功すると、航空機がダイナミックで戦略的な可能性を持つことは、誰の目にもあきらかになった。

大きな可能性

　5年後の1914年8月、世界は戦争

初期の爆撃
第一次世界大戦初期の爆撃照準技術はまだ初歩的段階にあった。急速に改良が進んだものの、大戦中の爆弾搭載量はまだかなり少なかった。

より巨大に、より高性能に
第一次世界大戦末期に投入されたイギリス空軍のハンドレページ O/400。この長距離爆撃機は爆弾を 750 キロまで搭載可能だった。

に突入する。第一次世界大戦勃発当初、航空機は偵察任務にのみ投入された。これにより、敵の部隊展開と補給線を明確に視野に収めて地図に示し、敵の意図を読み取ることが可能になった。そして航空機を迎え撃つために、パイロットは武器を持ち始めた。最初は拳銃や小銃だったものが、敵機を破壊し、また敵機に自軍の情報がもれるのを防ぐため、機関銃を搭載するようになった。さらに、より速く、高く飛べるよう改良された航空機が上空を飛び、その一部は敵の破壊任務に特化されるようになる。そして航空機を撃墜するには、攻撃機をその目標に向かわせ、前方の固定機関銃で銃撃するのがいちばんだ、ということになった。この策は、パイロット後方にエンジンがある「推進式」の航空機であれば簡単だったが、前方にエンジンがある牽引式機では、プロペラの回転面が射撃ラインに入ってしまう。この問題に対しては、オランダの航空機設計士、アンソニー・フォッカーの解決策が非常に効果を上げた。フォッカーはギアを用いて銃がプロペラの動きに連動するようにして、これで回転するプロペラに当てずに銃撃が可能になった。こうして、実戦で真に力を発揮する戦闘機が生まれたのである。

総力戦

航空機が巨大化し、その性能が向上すると、参戦国の大半は戦略爆撃機を開発した。ドイツの爆撃機隊は、重航空機をツェッペリン飛行船とともに任務に飛ばせるのが通例だった。この襲撃が実際に物理的影響をもたらすことはまれだったが、相手に与える心理的打撃は大きかった。人々は、銃後にいてももはや戦争の猛威を逃れることはできないと感じ、ここに総力戦が生まれたのである。

第一次世界大戦という恐怖の 4 年間に、航空機は戦術的航空偵察のツールから究極の戦略的兵器へと進化し、敵の産業の中心や心のよりどころを破壊すべく、地上部隊や武装艦隊のはるか上空を飛んで敵の戦争手段を攻撃した。こうして、長距離爆撃機を非常に効力のある兵器として投じる運用方法が定着した。

第一次世界大戦後には、軍用機がそ

イギリス空軍の訓練
第二次世界大戦勃発前、出撃訓練に先立ち打ち合わせをおこなうホーカー・ハリケーン飛行隊のパイロットたち。

Atlas of Air Warfare

すばやいターンアラウンド
東部戦線では、ドイツ空軍の地上要員が、SC500爆弾を手早くハインケルHe111に搭載した。

の進化のペースを鈍らせたのもやむをえなかったが、民間機の分野では、航続距離と高度を向上させつつあった。航空機はいまや大洋を越えることも可能となり、世界は以前よりも狭くなった。そして航空機は、世界各地の植民地とその宗主国とをつないだのである。

大きな脅威

1930年代に長距離航空機の開発が進むと、地球上に手の届かない場所はなくなったかに思われた。当時の人々は航空機に対し、後に核兵器に抱くのと同じほどの恐れを抱いた。1920年から1939年までにいくつか戦争が起き、なかでもスペイン内戦は、航空戦力の理論の導入とそのテストがおこなわれた実験場となった。爆撃機の役割はここでも重要視されてはいたが、多くの人が、航空機は戦術的役割を担って地上部隊を支援するのが最善であると思い込んでいた。スペイン内戦はまた、全金属製の

アメリカの腕力
地上攻撃任務に向かう第374戦闘飛行中隊のP-51D。500ポンド爆弾2個を搭載。

記録破りのスパイ機
超音速偵察機 SR-71 ブラックバードは 1998 年に現役を退いたが、今もなお最速のエアブリージング・エンジン機である。

単葉機を初めて投入した紛争でもあり、反乱軍のメッサーシュミット Bf109 と人民戦線軍のポリカルポフ I-16 が高速のドッグファイトを演じた。どちらの航空機も、世界を再び疲弊させることになる次の大戦では、大きく改良がほどこされていた。

1939 年 9 月 1 日、ドイツ・ポーランド国境を、ドイツの新しい兵器が轟音を響かせて越えた。ドイツ空軍の中型爆撃機が道を開くと、戦闘機の編隊が空中および地上の敵を破壊し、航空優勢を確立した。ユンカース Ju87 シュトゥーカもいたるところに出没し、航空兵器として大きな役割を果たすことになる。これらの兵器は地上部隊と効率よく組み合わされ、迅速な勝利をもたらした。「電撃戦〈ブリッツクリーク〉」の到来である。この一連の進撃は、ノルウェー、北海沿岸低地帯、フランスでも繰り返されることになった。

1940 年夏のバトル・オブ・ブリテンでは、爆撃機の攻撃を受けても、強力な戦闘機による防御と、レーダーや効率的な指揮および統制システムによって、効果的にこれを防げることが証明された。

イギリス空軍はたしかにドイツ空軍の中型爆撃機と戦いはしたが、ドイツ本国で日夜戦闘を繰り広げるには、アメリカが連合国軍に参加することが必要だった。そしてアメリカは日本によるハワイの真珠湾攻撃を機に参戦し、アメリカ陸軍航空軍とイギリス空軍の爆撃機隊が、日夜ナチス占領下のヨーロッパにある主要な目標を爆撃する任務をおこなった。ドイツ産業の中心地に爆撃をおこなって敵の戦争努力を絶つ、という定石がとられたのだ。しかし、この爆撃はドイツの各都市や中心部を広く破壊はしたものの、多くの予想に反して、ドイツが壊滅状態に陥ったり、前線の兵士の士気が減退したりするまでにはいたらなかった。

真珠湾の奇襲では、極東にある海軍航空機がその潜在能力を見せつけた。さいわい、アメリカ海軍の空母は当時真珠湾には停泊しておらず、これら難を逃れた艦船が、太平洋におけるアメリカ軍復活の中核を担うことになる。

戦術爆撃は、とくに地上における前進観測員と連携する場合には大きな成果を上げ

Atlas of Air Warfare

ヴェトナム空爆
B-66デストロイヤーに先導され、北ヴェトナムの目標に爆弾を投下するF-105サンダーチーフの編隊。

た。ロシア西部の広大な平野でも、1944年の生垣(ボカージュ)が連なるノルマンディでも、またヨーロッパおよびアジアにおける連合国軍の最後の進軍においても、非常に有効であることが証明された。

スピードと破壊力

　第二次世界大戦終結までに、航空機は劇的に進化した。新型ジェット機は時速800キロ超の速度に到達し、数百キロも離れた都市へミサイルを発射することができ、たった1発の原子爆弾で地上から都市をまるごと消滅させることも可能になった。爆撃機をはじめとする航空戦力は、少なくとも長距離ミサイルが取って代わるまでは、攻撃の中心であった。

　かつての同盟国であるソ連とアメリカの間に疑念と不信感が増すと、世界は「冷戦」へと突入し、それは何十年も続く。核兵器が抑止力となり二大国が直接紛争を起こすことはなかったものの、アメリカが朝鮮半島とヴェトナムにおける共産主義勢力の拡大を阻止しようとしたために、両国が代理戦争をおこなうことまでは防げなかった。ヴェトナムでは航空戦力が戦略的かつ戦術的に用いられ、失敗もあれば成功もあった。

しかし北ヴェトナムへの空爆は大きな効果を上げるほどには継続されず、爆撃によって、北ヴェトナム兵の士気をくじくことも、その戦闘能力を削ぐこともできなかった。アメリカ市民の世論の支持も得られず、また敵の、大きな困難に耐え抜いて政治的ゴールに到達しようとする意志は固く、ヴェトナムにおけるアメリカの戦いは無に帰した。

今日の航空戦力

現代の戦争においても、航空戦力は重要な位置を占めている。アフガニスタンでは攻撃機と爆撃機が地上部隊から支援要請を受けているが、これは第二次世界大戦とまったく同じ運用である。航空機による事前偵察が地上攻撃部隊に情報を提供して部隊の能力を補うのも、第一次世界大戦時によくおこなわれていたことだ。いまや航空機は無人機であることも多く、改良を重ねた精巧な兵器を装備している。

航空戦力は、それのみでは戦争に勝つ力はないかもしれないが、絶大な効果を上げることが可能だ。この先も必ず、地上の占領、統制には航空部隊の出動が要請されるはずである。今日の戦争においては、指揮官が配置する航空機は、丘陵地上空を明確に視野にとらえ、精密誘導兵器を発射することが可能な各種センサーを装備している。そしてその機は、パイロットの生命を危険にさらすこともないのである。

これから、まだ歴史の浅い航空機が、軍事面と、程度の差はあれ我々の生活のあらゆる局面にいかにして大きな力をふるうようになったのかを見ていこうと思う。

力の誇示
マサダの古代要塞上空を飛ぶイスラエルのF-15 イーグル。

初期の航空機

「空を飛ぶ」ことは、何世紀にもわたり人の心を魅了してきた。2世紀頃には中国で初めて熱気球が作られたが、それ以前から人類は空を支配したいとさまざまな努力を払ってきた。それは19世紀後半についに実現した。新世代の発明家や設計士たちが新素材を取り入れ、また、内燃エンジンを利用した従来にはなかった動力源を用いたのだ。とはいえ、航空機が本領を発揮する前に、まず操縦可能な飛行手段として登場したのは軽航空機だった。

上へ上へ、そして遠く……

18世紀後半になると熱心に研究がおこなわれ、次々と熱気球が設計された。1783年には、パリで初めて気球が人を乗せて飛んだ。ジャン＝フランソワ・ピラトール・ド・ロジェとフランソワ・ローラン・ダルランドが熱気球を8キロほど飛ばしたのだが、これは「漂った」というほうが正確かもしれない。モンゴルフィエ兄弟が設計したこの熱気球はまきを燃やした熱で上昇を続けるタイプであり、舵を取る手段は備えていなかった。その後は、操舵可能な気球や飛行船の開発が続けられる。フランス人のアンリ・ジファルは蒸気が動力源の可導気球を設計、建造し、1852年に24キロの飛行に成功した。1884年には、フランス陸軍の援助を受けて電動のラ・フランス号が製作され、初めて操舵、制御が可能な飛行に成功し、このときは8キロを飛んだ。初期の飛行船の大半は非常に壊れやすく、動力も大きく不足した。制御が一定した飛行を達成するには、より軽量な合金と内燃エンジンの開発を待たなければならなかった。

この当時、重航空機で空を飛ぶことが忘れられていたわけではなかった。サー・ジョージ・ケイリー、フェイリークス・デュ・タンプル・ド・ラ・クロワ、フランシス・ウエンハン、オットー・リリエンタール、クレマン・アデール、サミュエル・P・ラングリー。

アメリカ南北戦争時の監視用気球
1861年11月以降、石炭運搬船から転用されたG・W・パーク・カスティス号が、北軍の気球をポトマック川沿いに曳航した。イラストの気球、ワシントン号は、1862年5-6月にジョージ・B・マクレラン大将が指揮した半島作戦の支援をおこない、セブンパインズの戦いで活躍した。

みな、今日我々が目にしている航空機の開発に大きな貢献をなした人々である。オーヴィルとウィルバーのライト兄弟は、「空を飛ぶ」という夢をかなえたことで有名だ。兄弟は、1903年には何機か製作したグライダーの1機に内燃エンジンを取りつけていたが、12月17日にこのグライダーで成功した初飛行が、一般に初の持続、操縦可能な有人飛行だとされている。兄弟は持続・操縦性に満足するまで「フライヤー」の改良を続け、ふたりの執念と先見性が世界を変えたのである。とはいえ、当時はまず飛行船の時代であり、飛行船の軍事利用はほぼ避けて通れないことでもあった。

革命戦争中のフランスでは、国家安全評議会の学術委員会において気球を用いた上空からの偵察が検討され、これが推奨された。そしてシャルル・クーテルとN・J・コンテというふたりの科学者が、改良した気球を使ってパリ郊外で一連の隠密実験をおこなった。ふたりが作ったのは、既存の水素気球の技術を改良した全天候型の頑丈な気球である。地上要員が操作するこの気球には操縦者と観測員のふたりが乗り、観測員が敵部隊の陣地や動きを電話で報告すると、それが各部署に伝えられた。

空からの戦争

1794年3月29日、世界初の飛行隊である気球兵中隊がフランスで編制され、まず水素気球アントルプルナン号を配備した。6月にはモブージュでの戦闘にこの気球兵が配置され、革命軍はオーストリア軍と対峙した。その直後のフリュールスの戦いでは、シャルル・クーテルと観測員のモルロ大将が10時間ぶっ続けで飛び、敵軍の配置について正確な情報をもたらした。フランス軍は、この情報のおかげであきらかに戦術的に有利に立った。1794年6月26日、歴史上初めて、航空偵察が戦場での勝利に直接貢献したのだ。オーストリア軍は、気球の使用は「紳士的ではなく」戦争のルールに反すると、口をきわめて不平を言い立てることになった。

フランス軍はさらに3基の気球、アントレピド、エルキュール、セレストを建造した。3基とも、1795-96年まで地上要員とともにさまざまな戦場に配置された。ナポ

LZ1
イラストは、コンスタンス湖上空を飛ぶLZ1。LZ1号は、ツェッペリン伯爵が建造した多数の飛行船の第1号だ。1900年10月21日に3度目で最後となる飛行をおこない、その直後に大破した。

レオンは、提言を入れて1797年のエジプト遠征に気球兵中隊を伴った。しかし配置がまずかったために、フランス軍の気球はイギリス軍に破壊されてしまう。1799年にフランスに帰還すると、ナポレオンは「気球兵」を解散させ、フランスが40年以上気球や航空機に抱いてきた興味は事実上失われた。

1849年になると、オーストリアも戦場での気球利用に対する考えを変えていた。イタリア北部におけるオーストリア帝国領土を護るさい、オーストリア軍は200基の爆弾運搬無人熱気球を飛ばし、それぞれにタイマー投下型爆弾を乗せた。しかしその配置は非常にお粗末で、風向きが変わると、気球はオーストリアの戦線上空に向かうのだった。このときは断念されたが、1世紀後の第二次世界大戦では日本が再びこの策を用いる。日本軍は高高度気球（風船爆弾）を日本から飛ばし、まだほとんど解明されていなかったジェット気流に乗せてアメリカ西海岸に到達させようとしたのだが、このくわだても失敗に終わった。

アメリカ南北戦争が勃発すると、アメリカ国内の気球乗りや科学者は熱心に戦争努力に貢献しようとした。さまざまな提案を検討した結果、連邦政府はタデウス・ロー教授を北軍気球隊操縦士長に任命した。この隊の当初の任務のひとつが陸軍測量工兵の地図作成支援だった。非常に高高度を飛ぶために陸軍の地図の質が大きく向上し、写真を併用するとさらに精度は上がった。気球隊はまたさまざまな戦闘にも参加し、とくにフェアオークス、シャープスバーグ、ビックスバーグ、フレデリックスバーグでは活躍した。特筆すべき戦闘もある。ロー教授の指揮で気球イーグル号がヴァージニア州フォート・コルコランから飛び、南部連合軍の陣営付近を観察したのである。ローは、南部連合軍に対して正確な砲撃がおこなえるように、事前に決めておいた手旗信号を用いて目標の位置を指示した。これはおそらく、初めて前進砲撃観測員を用いた革新的な砲撃となった。

いっぽう、フランス軍でも空中戦への興味が息を吹き返していた。1870-71年の普仏戦争では、プロイセン率いるドイツ軍がパリを包囲した。この長期におよぶ包囲のさい、数人のフランス人飛行士が、気球を利用してフランスのパリ以外の非占領地域と連絡をとることを提案した。9月23日、職業飛行士であるジュール・デュローフが、103キロもの手紙を乗せた気球ラ・ネプチューン号に乗って、モンマルトルのサンピエール広場から出発した。デュローフはおよそ3時間後、無事にプロイセン軍の包囲網の後方、シャトー・ド・クラコンヴィル付近に降りた。このあとに続いたほかの気球もそうだが、気球は風に任せて漂うタイプだった。敵戦線を越えさえすればよかったのだ。この成功の後、次々と気球が飛ばされ、結局66基の気球が建造されて飛び立ち、うち58基が無事に着陸して200万通の手紙と102人の人間、500羽を超す鳩と5匹の犬を運んだ。犬はマイクロフィルムの包みをパリに持ち帰るよう訓練されていたが、これを無事に成し遂げた犬は1匹もいなかった。フランス新政府の首相、レオン・ガンベッタが1870年10月7日にやってのけた脱出劇は非常に有名だ。ガンベッタは主席補佐官シャルル・ド・ソールス・ド・フレシネの助けを借りて、ドイツ戦線後方に降りてフランスの非占領地域に逃れ、トゥールに臨時首都を置くことに成功した。

戦後、気球乗りの貢献は航空委員会の設置につながり、この組織が恒久的な軍事航空部門の設置を推進して、これは3年後に実現した。他の国々もすぐにこれにならい、イギリスは1879年、ドイツは1884年、オーストリア＝ハンガリーは1893年に同

様の部隊を創設、ロシアもまもなくサンクトペテルブルク付近に飛行訓練学校を設立した。

ツェッペリンの台頭

プロイセン・ドイツ陸軍に在職中、フェルディナント・フォン・ツェッペリン伯爵は、1863年にアメリカ北軍気球隊で観戦武官の任務に就いた。さらに普仏戦争中には、伯爵はフランスの気球利用の成功を目の当たりにした。軽航空機の潜在能力を確信したツェッペリンは会社を設立する。最初の飛行船、ツェッペリン飛行船（LZ1）の建造は1889年に始まり、1900年7月2日には初飛行をおこなった。改良をくわえたのち、LZ1号は同年10月に再飛行したが、ラ・フランス号よりも速く操作性も優れていたものの、この飛行船に対する支持をほとんど得られなかった。ツェッペリンはじゅうぶんな資金を集めてLZ2号を建造したが、この飛行船は後に嵐で大破した。それでもツェッペリンは利用可能な部品をすべて回収してLZ3号を建造し、非常に優れた飛行船を完成させた。この飛行船は、1908年までに45回、距離にして4400キロ以上を飛んだ。

世界初の航空会社であるドイツ飛行船旅行株式会社が、ツェッペリンの飛行船を運航した。第一次世界大戦以前にすでにドイツの空では定期便が飛び、何千人もの乗客や郵便を運んだのである。ドイツの軍当局もツェッペリンの飛行船に興味を抱き、LZ3号を購入してこれをZ1号とした。戦争勃発までに、ツェッペリンは信頼性も能力も高い飛行船を21機建造していた。

いっぽう、到達度はさまざまではあるが、世界各地で航空機が造られ、テストされ

ライト兄弟のほんのわずかな跳躍飛行
1903年12月17日、寒風が強いなか、ライト兄弟は初の動力飛行に成功した。オーヴィルが乗る航空機が安定するように、ウィルバーが翼の先端を持って12メートル走ると、「フライヤー」は上昇して風に向かって37メートル飛び、時速43キロまで速度を上げた。飛行時間はわずか12秒だった。

ており、持続性、操縦性を備えた動力付き航空機の時代が到来しようとしていた。

　1903年は航空機にとって特筆すべき年であったといえる。ニュージーランドの農夫リチャード・ピアースは単葉機を建造し、3月31日に飛行させたといわれている。さらに夏にはプレストン・ワトソンが、スコットランドの東海岸にあるダンディー付近まで自作機で飛んだというのが通説になっている。また、ドイツはハノーファーのカール・ヤトーも、短距離で不安定な飛行ではあるが8月に飛行を成功させている。そして歴史に燦然と輝くのが、ライト兄弟の名だ。ウィルバーとオーヴィルの兄弟が12月17日に成し遂げた初飛行には証人もおり、記録や写真も残っていて、航空機の歴史にまぎれもない業績として刻まれている。

　1903年の初飛行から1905年まで改良を続けたライト兄弟は、アメリカから航空機製作の初注文を受けた。1件はアメリカ陸軍通信隊、もう1件はフランス人実業家の企業連合からのものだったが、どちらも求めているのは乗客を運べる航空機だった。1905年モデルの「フライヤーⅢ」がこれに合わせて改良され、さらに強力なエンジンも開発された。改良機は、初飛行成功の地、ノースカロライナ州キティホークで秘密裏にテストがおこなわれた。1908年から1909年にかけてはウィルバーがアメリカを発ってヨーロッパへ行き、1年かけてヨーロッパの各国政府にライト航空機のデモンストレーションをおこなって、民衆を熱狂させた。

ヨーロッパのパイオニア

　ヨーロッパにもまた、アルベルト・サントス＝デュモンをはじめとする航空機の専門家がいた。ブラジル生まれのサントス＝デュモンは生涯の大半をフランスで過ごし、航空機への興味が高じて実用的な飛行船を設計した。彼が成功させた制御された飛行は世界初というわけではないが――1884年にシャルル・ルナールとアルトゥール・クレブスがラ・フランス号の飛行に成功し、この名誉に浴している――しかし、彼は世界的な名声を得た。1901年10月19日、サントス＝デュモンは自作の飛行船に乗り、目を丸くするパリ市民を眼下に、エッフェル塔の周囲を優雅に旋回してみせた。そしてこのとき、航空機の操縦飛行も絶対に可能だと確信したのである。

　軽航空機で革新的な仕事を成し遂げるのと同時に、サントス＝デュモンは航空機の設計と製造も手がけた。14bis号はそのひとつであり、この機でサントス＝デュモンは1906年10月23日にパリでヨーロッパ初の公式飛行をおこなった。ライト兄弟の初期の航空機とは違い、この異形の機は主翼が後方、昇降舵が前方という配置のカナード翼を備えた箱型機であり、カタパルトや離陸用レールなどの補助器具を一切使用せずに離着陸可能だった。これを、初期の航空機のなかではもっとも重要な機体だと考える人は多い。ブラジルでは、サントス＝デュモンは今日もなお「航空機の父」として敬われている。

　サントス＝デュモンはエルロン（補助翼）使用のパイオニアでもある。これは、航空機のロールを制御するために主翼の後縁に可動式小翼を用いる方式であり、以前はグライダーにしか使用されていなかった。また、彼は航空機エンジンの重量対動力の比率改良を進め、成功している。デュモンが最後に設計した「ドモワゼル」単葉機は、彼の19、20、21、22番目の作品だ。箱型の14bis号とは異なり、ドモワゼルは現代の航空機に似た外観だが、それでも非常にきゃしゃだ。翼幅5.1メートル、全長8メ

ートルのこの機は、パイロットが胴体と翼の接合部の真下に座り、操舵可能な尾翼が胴体後方にある。機の上方、パイロット前方に設置した液冷デュティル&シャメール・エンジンは当初20馬力だった。当時の航空機のなかでは性能が突出し、飛行速度は時速100キロにも達した。サントス゠デュモンはドモワゼルの設計に数年間手をくわえ続けた。

知識の共有

飛行技術の発展を目にしたいと心底願うサントス゠デュモンは、自作の設計図を無料で公開し、航空機は平和と繁栄の新しい時代を切り開くという信念を抱き続けた。1910年には、初期の著名な飛行家でありインド洋にあるフランス領レユニオン出身のローラン・ギャロが、アメリカでドモワゼルに乗って飛んだ。同年6月には、「ポピュラー・メカニクス」誌が同機の全設計図を出版している。サントス゠デュモンは晩年、

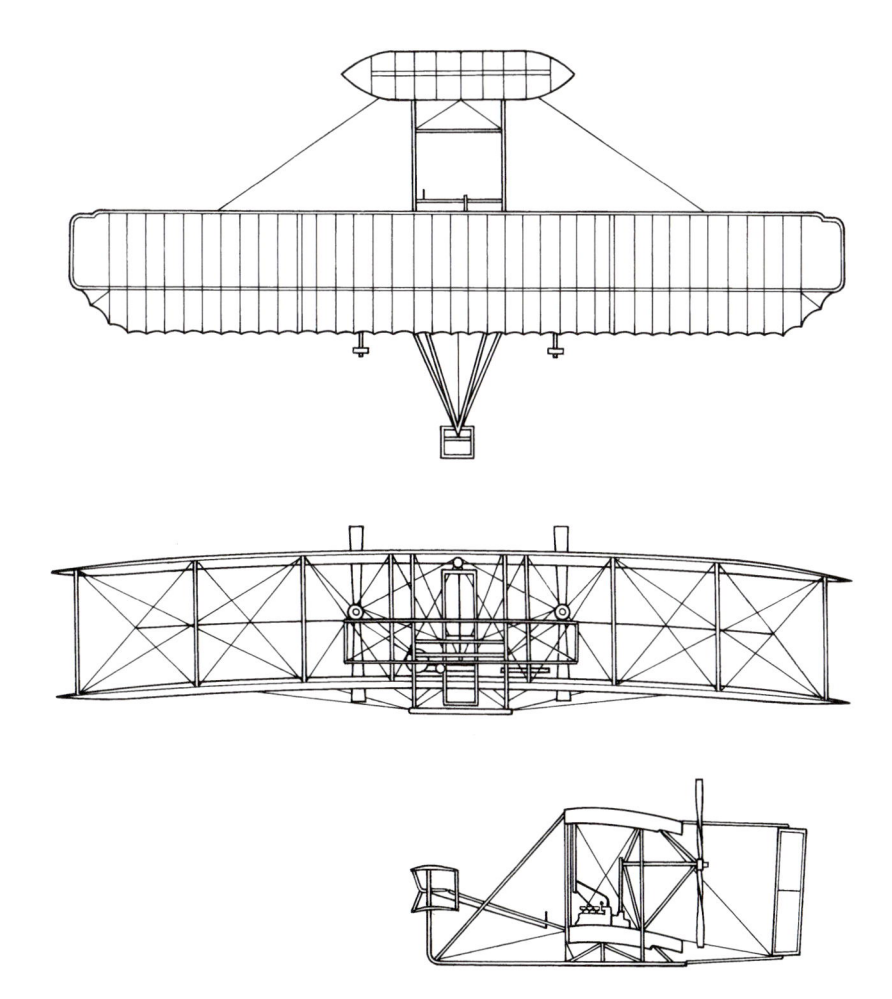

ライトフライヤー
フライヤー機のパイロットは下部翼の上に腹ばいになり、左手で小型レバーを前後左右に動かして高度を調整した。翼と舵をコントロールするときは、身体を左右に傾かせた。

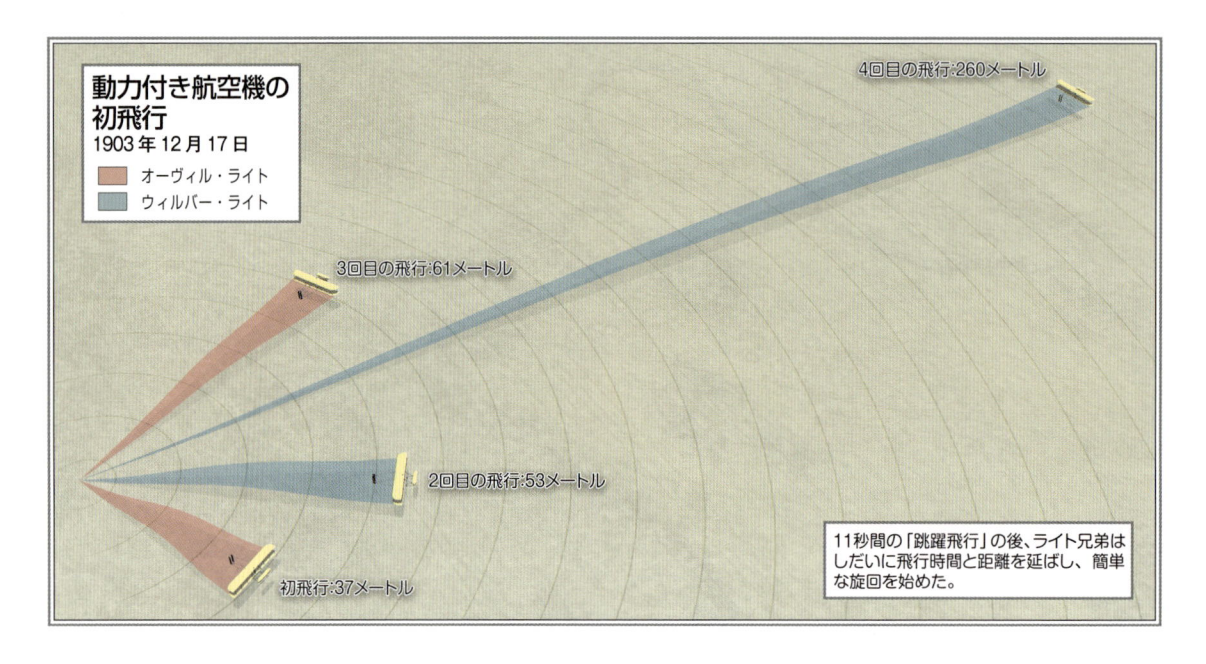

Atlas of Air Warfare

動力付き航空機の初飛行
1903年12月17日
- オーヴィル・ライト
- ウィルバー・ライト

4回目の飛行：260メートル
3回目の飛行：61メートル
2回目の飛行：53メートル
初飛行：37メートル

11秒間の「跳躍飛行」の後、ライト兄弟はしだいに飛行時間と距離を延ばし、簡単な旋回を始めた。

航空機の軍事利用をしだいに憂えるようになっていった。

　サントス＝デュモンが航空機の開発について大半を公にしていたのに対し、ライト兄弟は多数ある特許を保護するため、ある程度秘密裏に開発を進めていた。ニューヨーク港でウィルバーが大観衆を前に航空機を飛ばしたのは、やっと1909年になってのことだ。これは母国での初の公開飛行であり、兄弟は著名人の地位を手に入れた。ライト兄弟の航空機への注文は増加して、兄弟はアメリカとヨーロッパに航空機工場を造り、さらにパイロット養成学校も設立した。

　ライト兄弟の航空機が一般に公開されると、そのデザインを模倣、あるいは取り入れようとするさまざまな動きがあった。そして特許を保持するため、兄弟は金と時間を要する一連の法廷闘争に引きずり込まれることになった。おそらくその最たる例が、グレン・カーティスと争った、長く辛い裁判だろう。カーティスは弁明の一手として、スミソニアン博物館からサミュエル・ラングレーの失敗作「エアロドローム」機を借り受け、これがライト兄弟の「フライヤー」以前に飛行に成功していたと証明しようとした。カーティスは多大な時間と労力を費やしてその疑惑の航空機を飛ばそうとしたが、もくろみどおりにはいかなかった。法廷はライト兄弟に有利な判決を下し、兄弟とスミソニアン博物館の間には感情のしこりが残ってしまった。

　いっぽうでは、ライト兄弟の「ミリタリー・フライヤー」が開発され、1908年5月14日の初飛行は、今日、世界初の複座航空機によるものと認定されている。世界初の乗客はチャーリー・ファーニスだ。同年にはトーマス・セルフリッジが、動力機の事故による初めての犠牲者になった。それは、オーヴィルがヴァージニア州フォートマイヤー付近で、自作の複座航空機を墜落させたときのことだった。

　ヨーロッパではルイ・ブレリオが、ロンドンの「デイリー・メール」紙がイギリス海峡横断に懸けていた1000ポンドの賞金獲得を目指していた。ブレリオはエコール・サントラル・パリで工学を学び、その後自動車用ヘッドライト製造の事業を起こして成功した人物である。事業から資金を捻出し、ブレリオは航空機の設計と製作に投資

を始めた。1900年には「はばたき機」(オーニソプター)を試作しているが、不運にも離陸に失敗した。ブレリオはこれにくじけず航空機の設計を続け、不安定ながら航空機を数種類設計し、またさまざまな形を実験したのちに、ついに単葉機ブレリオVの製造に世界で初めて成功した。この特異なモデルはまだ飛行が不安定だったものの、1909年には、はるかに安定し信頼性も高いブレリオXIを開発した。

海峡の向こうのライバル

1000ポンドの賞金を狙うライバルは、ほかにもふたりいた。まず、ユーベル・ラタム。本来ならば、この人物が有望株だった。7月19日、フランス、カレー近くのサンガッテを出発したラタムのアントワネットIV号は、イギリスのドーヴァーまでわずか9.6キロ地点でエンジン・トラブルを起こし、海に沈んでしまう。すぐに救助されたラタムは、身体をかわかしたかと思うとただちにパリに引き返し、アントワネット号の代替機を用意するよう指示した。しかしブレリオが飛行準備を終えたときも、まだアントワネットはサンガッテに届いてはいなかった。

ブレリオの二番手のライバルは、フランス系ロシア貴族、シャルル・ド・ランベールである。事前の試験飛行で重傷を負ったランベールは、この競争から身を引かざるをえなかった。しかしブレリオもまた試験飛行で負傷していた。燃料管が破裂し、火を浴びて片足に重い火傷を負ったのだが、彼はこのときもあきらめはしなかった。

ブレリオXIは、機体重量が300キロ、そしてさしわたし2メートル超の2枚プロペラを駆動させる、25馬力のアンザニ3気筒空冷扇型エンジンを搭載していた。翼幅は7.8メートル、全長8メートルの航空機だ。

1909年7月25日の夜明け、フランス海軍は万一の場合に観測と支援をおこなえるよう、海峡の中央部に駆逐艦を配備した。午前4時35分、エンジンを短く空ぶかしすると、ブレリオはカレーを飛び立ち、砂浜の上を北西目指して飛んだ。彼は後にこう語っている。

10分が過ぎていた。私はすでに駆逐艦上空を通過しており、正しい方向に進んでいるのか、振り返って確認した。私は目をみはった。駆逐艦も、フランスもイギリスも、なにも見えない。ひとりぼっち。視界にはまったくなにも入ってこない。10分の間、私は迷子になっていたのだ。導いてくれるものもなく、コンパスも使えず、海峡の真中でただひとり空に浮か

ルイ・ブレリオ
ルイ・ブレリオは1908年以降実験的航空機を製造し、1908年12月にパリで開催された「自動車・航空機展示会」で3種類の航空機を展示した。ブレリオに名声と財産をもたらすことになるブレリオXIIは、3番目に開発した航空機である。

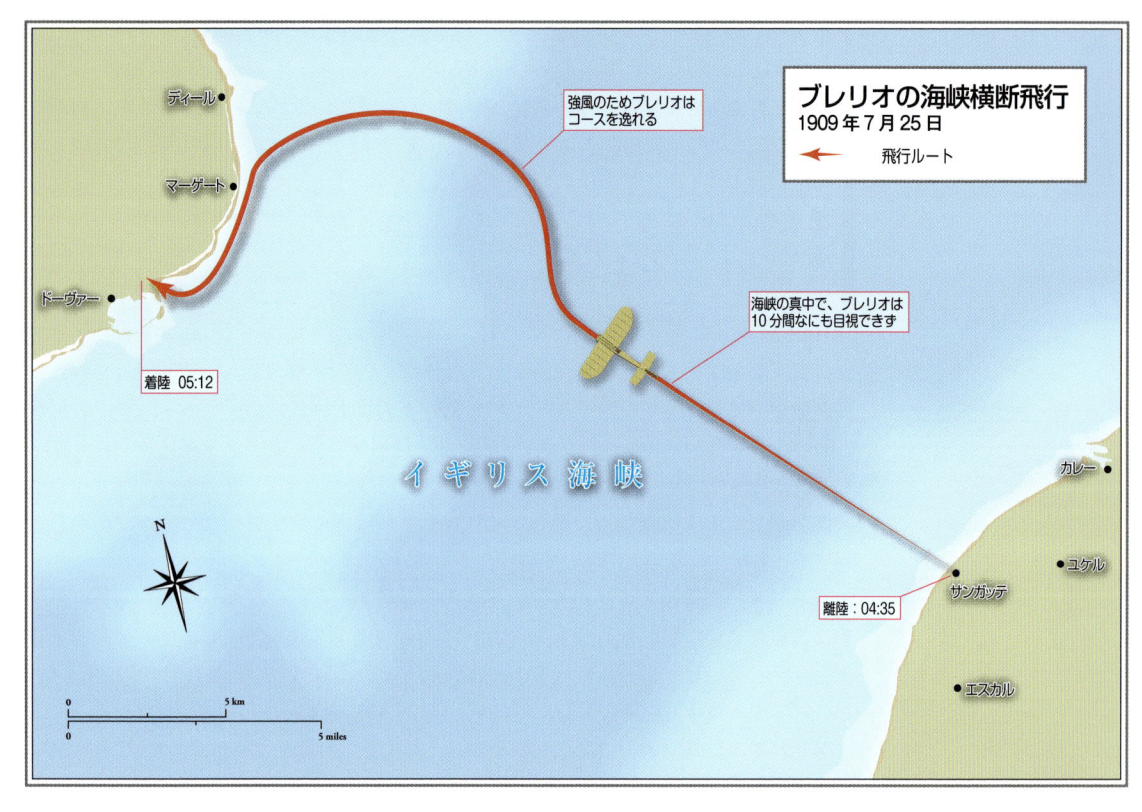

ブレリオの海峡横断飛行
1909年7月25日

地図ラベル:
- ティール
- マーゲート
- ドーヴァー
- 着陸 05:12
- 強風のためブレリオはコースを逸れる
- 海峡の真中で、ブレリオは10分間なにも目視できず
- イギリス海峡
- カレー
- ユケル
- サンガッテ
- エスカル
- 離陸：04:35
- 飛行ルート

んでいる。なんともいえない気分だった。手と足はレバーに軽く乗せ、私は機が進むに任せていた。そしてフランスの海岸を発ってから20分後、私の目にドーヴァーの崖や城が飛び込んできて、本来私が目指していた地点が西の方角に見えてきた。さて、どうしよう。風で進路を外れたのは間違いない。私はレバーを踏みこみ、機を西へ向けた。ところが困った。崖に近づくと風はずっと強くなり、向かい風で機の速度が落ちている。崖に草地が見えた。あと1時間半は飛べるので、引き返してカレーに戻る自信はあったが、この草地に着陸するチャンスを逃す手はない、そう思った……草地の上空に入り、再び乾いた陸地の上を飛ぶ。右手にある赤い建物をよけて着陸しようとしたが、風につかまってしまう。エンジンを切ると、私の機は着地した。

離陸から36分後にブレリオはイギリスの地に降り立ち、その際にプロペラと着陸装置を破損した。すぐに反響があり、作家のH・G・ウェルズはこう書いた。

　……我が国は艦隊を有しているにもかかわらず、軍事的観点からは、もはや到達不可能な島ではなくなったのだ。

ブレリオの周囲はそれほど大騒ぎにはならず、彼は妻とランチを食べて祝い、船でフランスに戻った。だが「デイリー・メール」紙はこれとはまた別のプランを用意しており、「デイリー・メール」紙のゲストとしてサヴォイ・ホテルで豪勢なディナーをとることが1000ポンドの賞金の条件となっていたため、ブレリオはイギリスに戻る必

ブレリオの英仏海峡横断飛行
ルイ・ブレリオが海峡横断に成功したのは、卓越したナビゲーションというよりも、幸運に恵まれてのことだった。

要があった。そのディナーを消化する間もなく、今度はフランスの「ル・マタン」紙がブレリオをパリに呼び戻し、新聞社の前にブレリオの航空機を展示した。ブレリオ機のまわりは、驚き、歓喜する市民であふれかえった。フランスは、航空機の分野で世界の先頭に立っていることを確信したのだった。

勇敢な人々……

ごく普通の人々にはイギリス海峡横断の上を行く冒険など思いもつかなかったが、1909年8月22日から29日にかけ、ランス近郊で初の飛行大会が開催された。この大会は、ライト兄弟の初飛行からわずか6年で、航空機がいかに進歩したのかを示す公開試験の場となった。7日間にわたり、20万人以上の観衆の前でシャンパーニュ飛行競技大会のレースは繰り広げられた。当代選りすぐりの23名の飛行士が、9タイプもの航空機を飛ばせて賞を競った。イギリスからジョージ・コックバーン、アメリカからはグレン・カーティスと、海外からも2名のパイロットが参戦したが、大観衆の目当てはやはりフランス人飛行士だった。観客はランスの鉄道から特別に敷設された支線でベテニーの平原まで輸送された。この大会は大きなショーだといえた。群集のなかには、前アメリカ大統領セオドア・ルーズヴェルトや、イギリスの政治家デイヴィッド・ロイド・ジョージといったVIPも紛れていた。また軍の幹部が大勢繰り出して、この革新的な乗り物をどう利用できるのか、目を凝らしていたことは想像に難くない。

開始当初は悪天候で航空機が飛べなかったが、初日が終わる頃には飛行も始まった。航空機の乗客となって空を飛ぶという、貴重な経験ができた幸運な人たちもいた。イギリス人女性ガートルード・ベーコンもそのひとりだ。1899年7月にテレーズ・ペルティエが経験済みだったので女性の初飛行ではなかったものの、大騒ぎになったのは間違いない。ガートルードは後にこう語っている。

グレン・カーティス
1910年6月30日、アメリカ人飛行士の先駆者グレン・H・カーティスは、ニューヨークのキューカ湖で戦艦形に並べたブイに向けて15メートルの高度から擬製弾を投下した。航空機の兵器としての能力を検証し始めた頃のデモンストレーション。

地面はでこぼこでおまけに硬いし、そこを走り抜けて、……私はガタガタ揺れたり、突き上げられたりするだろうと思っていたんです。でも飛行機の動きはとても滑らかで、そしたら急に、これまでにない、なんていったらいいかわからないような感覚があって、持ち上がったんですよ！ ふわっと！ なんてことでしょう！

大群集の興奮が収まらないような出来事もたくさん起きた。いちばん深刻だったのが、イギリス海峡横断のチャンピオン、ブレリオの一件だ。ブレリオXII機が、このときも燃料管が破裂して燃え上がったのだ。ブレリオは火

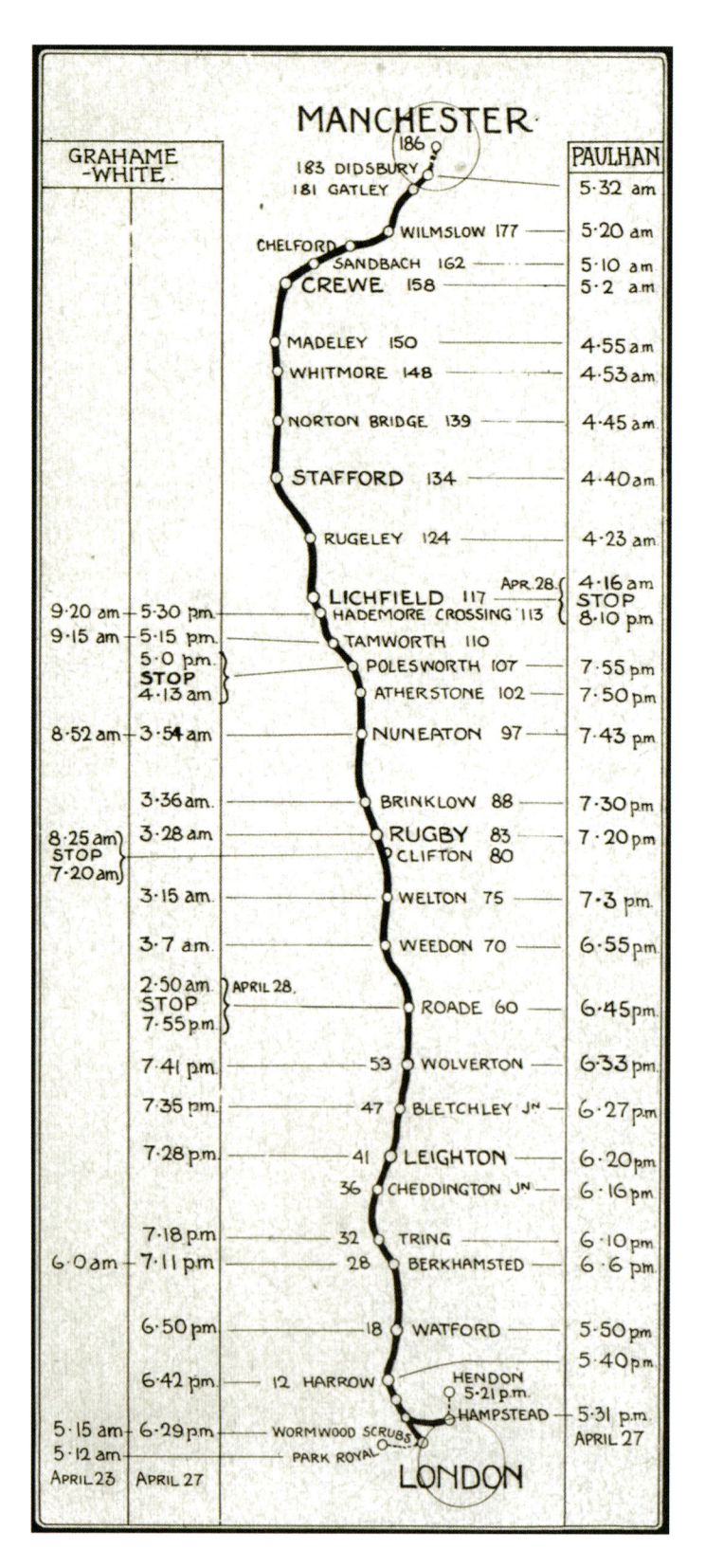

Atlas of Air Warfare

飛行レースの行程
1910年作成のこの行程表は、ロンドンからマンチェスターを目指して競争するクラウド・グラハム＝ホワイトとルイ・ポーランのルートと時間の記録。クラウド・グラハム＝ホワイトは、航空機の故障で不時着した遅れを取り戻そうと夜間に離陸したが、ルイ・ポーランはやすやすと勝利した。

を噴く航空機をどうにか着陸させると、傷つけられたプライドだけを抱えて、歩いて機から離れた。そこに展示された航空機はみな壊れやすく、信頼のおけないエンジンを搭載しており、そして動力付き航空機のこのような試練はまだ数年にわたって続く。しかし当面、航空機が直面する大きな問題が3つあった。スピード、高度、航続距離である。

　距離を競うシャンパーニュ・グランプリ賞は、180キロを飛んだアンリ・ファルマンが獲得した。ファルマンが決められたコースを3時間以上も飛び続けるうちに、見物する観衆の興奮も増していった。アンリ・ファルマンの航空機も観衆も熱くなりすぎた。燃料がつきてファルマンが着陸すると観衆も整然と見ていることはできなくなって、警官が乗り出す騒ぎになった。新聞社のオーナーであるゴードン・ベネットは、スピード賞を設けていた。この競技では、「ランス・レーサー」機のアメリカ人グレン・カーティスと、自作機に乗ったブレリオのふたりが決勝に進出した。接戦になったが、カーティスが平均時速75キロ、わずか6秒の差でこのレースを制した。失意のフランス人観衆の頭上で、星条旗がひるがえった。最後の高度をめぐる競争では、海峡横断でもブレリオの野望に戦いを挑んだユーベル・ラタムが、180メートルという目がくらむほどの高度を達成した。大半の飛行士が飛んだのは、せいぜい20メートルの高度だった。

　航空機熱はますます高まり、大会や競技会がヨーロッパ各地で開催された。再び「デイリー・メール」紙が賞金を提供し、1910年4月にロンドン・マンチェスター間の競技会が開催され、これも歴史に残るレースとなった。フランスのルイ・ポーラン、イギリスのクロード・グラハム＝ホワイトが出場し、1万ポンドという高額な賞金をめぐって争った。当日はイギリスの春には典型的な天候となり雨と風に見舞われたが、27日の夕方近く、状況は好転した。まずポーランが飛び立ち、グラハム＝ホワイトが続いた。どちらも乗っているのはファルマン製の複葉機だ。当時、国境を越えるパイロットは、町から町へと鉄道の線路に沿って飛ぶのが一般的だった。ポーランとそのチームは熟慮の末、臨時列車を仕立て、ポーランはロンドンからその後をついて北を目指した。グラハム＝ホワイトも線路をたどり、支援チームは車に分乗して後を追った。マンチェスター、ロンドン、パリの新聞社の周囲には観衆が集まり熱心にレースの進行を見守った。夜になると、パイロットはどちらも線路沿いに無事に着陸した。1910年には夜間飛行はおこなわれていなかったのだ。グラハム＝ホワイトは、フランス人に勝つにはこれしか手がないと、月明かりを頼りに離陸することを決意した。だが、この勇敢さも無に帰した。ポーランは夜明けとともに離陸し、臨時列車を追って28日午前5時32分にマンチェスターに到着した。飛行所要時間は4時間18分だった。パリの人々は狂喜乱舞した。再び、フランスの航空機が大きな賞を勝ち取ったのである。

容易に屈しない決意

　いっぽうアメリカでは、ヨーロッパほど航空機への関心は高くなかった。とはいえ、ボストン、ニューヨークのベルモント・パーク、ロサンゼルスなどで、大きな大会がいくつか開催されていた。新聞を刊行するウィリアム・ランドルフ・ハーストがスポンサーになったのはアメリカ横断飛行であり、これには5万ドルという賞金がかけられた。

1911年9月、大学フットボールの元スター・プレイヤー、カルブレイス・ペリー・ロジャースがこれに挑戦することになった。ライトフライヤーを用意したロジャースは、特別に仕立てた列車の支援を受けた。この挑戦は数々の災難に見舞われ、カリフォルニア州に到達するまでの49日に19回も墜落している。最後の墜落はカリフォルニアまであと14.5キロの地点で、ロジャーは両足と鎖骨を骨折した。病院のベッドの上で、ロジャーは「この挑戦を最後までやりとげる」ことを宣言した。入院中に支援チームはロジャーの機を丁寧に修理したが、9月17日にニューヨークのシープスヘッド港を出発したときのままだったのは、方向舵と翼の2本の支柱だけだった。退院すると、ロジャーは大冒険の最後の一行程に出発し、ついにカリフォルニア州ロングビーチにたどり着いた。ニューヨークを出発してから84日後のことだった。賞金を得る資格を失っていたのは残念だったが、ロジャーの後援者であり、航空機の名前にもなった炭酸飲料「ヴィン・フィズ」のメーカー、シカゴのアーマー社は、アメリカでロジャーの「記録破り」の冒険が報道された84日間、無料で広告ができるという恩恵に浴したのだった。

　記録は生まれ続けた。1910年10月のベルモント・パークの大会では、クラウド・グラハム＝ホワイトが、今回は100馬力のノーム製ロータリーエンジンを搭載したブレリオの単葉機で平均時速98キロというスピードを達成し、ゴードン・ベネット杯スピード賞を獲得した。ちなみにこの大会は毎年開催されることになった。ヨーロッパでは、ペルー系フランス人飛行家のジェオ・シャベスがミラノ飛行クラブの懸賞金獲得を目指し、初のアルプス山脈越えに挑戦した。1911年、シャベスはブレリオXIでスイスのブリークという町を発ち、標高2013メートルに達するシンプロン峠を目指した。峠の頂上にある専用ビーコンに従い、シャベスはゆっくりと高度を上げ、観衆が見つめるなか、シンプロン峠の上空30メートルほどを飛んだ。だがシャベスがイタリアの町ドモドッソラに向かって機首を下げたとたん、彼の小型機は突然地面に突っ込んだ。シャベスは航空機の残骸から引きずり出されたものの、4日後に病院で息をひきとった。シャベスの果敢な挑戦は、ヨーロッパ中で賞賛された。

信頼性の向上

　記録は作られ続けた。墜落につぐ墜落が起こっているようにも見えたが、航空機は徐々に安定性が増し、制御可能になっていた。軍上層部で、航空機が部隊や艦隊の尖兵となって偵察をおこなうという考えが定着すると、各国政府も航空機に興味を抱くようになってきた。イタリアもそうした国のひとつだ。1870年に統一された新国家イタリアは、1910年には国軍に小規模な航空隊を創設していた。北アフリカにおけるフランスの台頭に対抗するため、イタリアはオスマン帝国に対してリビアの所有権を主張した。それに続く戦争では、すべて外国製、総数11機のイタリア機が陸軍の支援に投入された。これらは大半が偵察任務をおこなったが、1911年11月1日にギリオ・ガヴォッティ大尉が、自分が乗るブレリオ機から4発の手榴弾をタジュラのオアシスにあるオスマン帝国陣地に落とし、これが史上初の空襲となった。

　1912-13年には、ヨーロッパの各国政府が航空機や飛行船を次々と購入した。ドイツは航空機の製造をいくらか後回しにして、飛行船の製造で先行する。航空機の製造業者は政府からの注文に支えられて成長し、1914年には、フランスのノーム・エンジ

Early Aviation

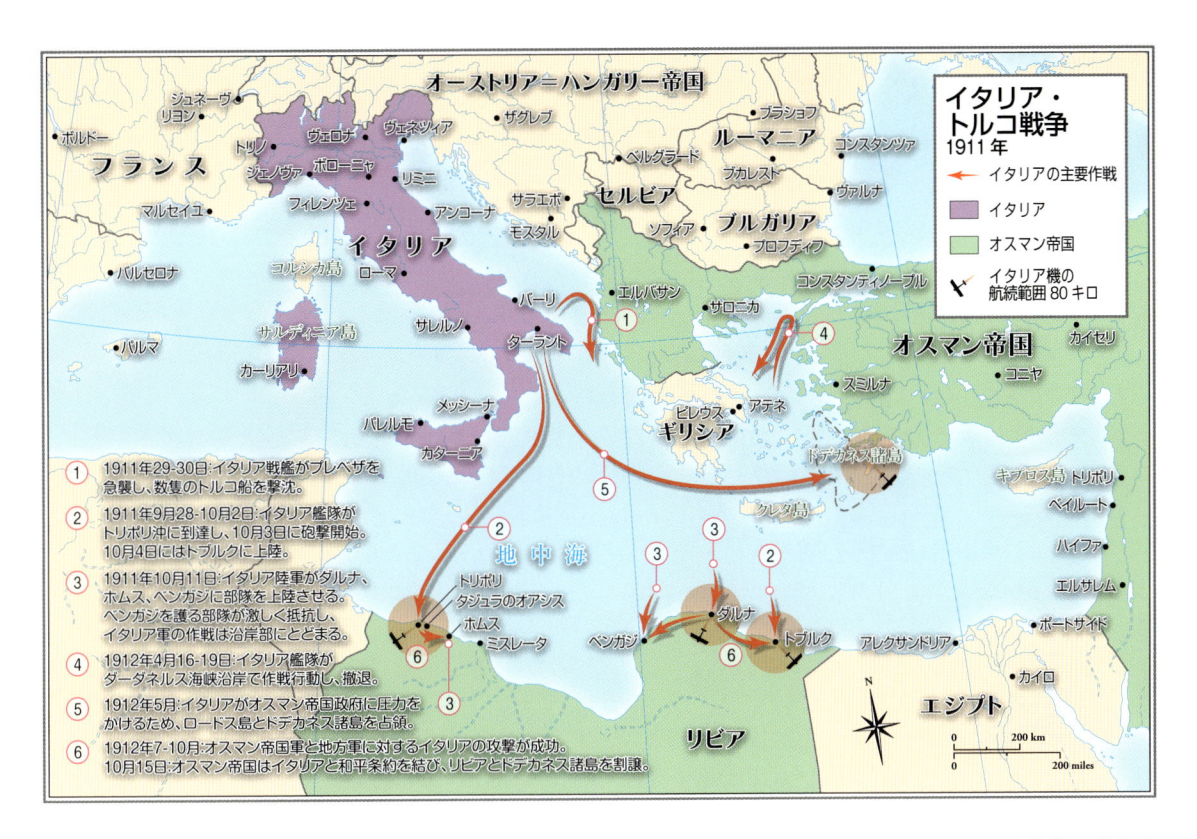

イタリア・トルコ戦争

1911年9月29日、イタリアはトルコに宣戦し、トリポリ沿岸に洋上からの砲撃をおこなった。重航空機による空襲にくわえ、1912年3月10日には、イタリア陸軍の飛行船P.2とP.3の2基がトルコ陣地に偵察をおこなった。このとき乗員は手榴弾を数発落とした。4月13日には、別の偵察任務で航空機が13時間飛行を続け、イタリア砲兵のために標定をおこなった。P.2とP.3は、技師のエンリコ・フォルラニーニが設計した小型の軟式飛行船。

ン社が1000人超の従業員を抱えるまでになっていた。ヨーロッパには戦争に備える気配が漂い、航空隊は何百機もの航空機をそろえ始めた。だがアメリカでは事情が異なった。政治的、軍事的ライバルもいないアメリカでは、航空機「産業」にはせいぜい200人程度の従業員しかおらず、軍の航空隊が保有する航空機は15機のみだった。

1912年、第一次バルカン戦争が勃発した。セルビア、モンテネグロ、ギリシア、ブルガリアのバルカン同盟が、崩壊寸前のオスマン帝国に戦争をしかけ、ブルガリアがトルコの陣地に小規模な航空戦力を行使した。バルカン同盟は勝利を手にしたものの、バルカン半島では利害の衝突という火種がくすぶり続けていた。

23

初期の航空隊
1914-1918 年

　1914 年の初夏、ヨーロッパのあちこちで軍事的、政治的な敵対関係が生じていた。なんらかの安全策を確保しようと、国や帝国の間で大陸に縦横に交差する同盟網ができあがった。老化したオーストリア＝ハンガリー帝国は、建国 45 年と若く可能性のあるドイツ帝国と同盟を結んだ。フランスはいまだに普仏戦争の敗北から立ち直っておらず、東方のロシア帝国と結び、さらに 1904 年には西方のイギリスと同盟を結んだ。ロシアには、バルカン半島のスラヴ諸国の強力な庇護者との自負があった。しかし 20 世紀初頭のバルカン半島は、まだ民族、宗教、政治的に分裂状態にあった。1878 年にボスニアを占領していたオーストリア＝ハンガリー帝国は、1908 年に正式にその領土を帝国にくわえた。

世界に響いた銃声

　1914 年 6 月 28 日、晴天の朝、民族主義者の南部スラヴ人青年、ガヴリロ・プリンツィプが、オーストリア＝ハンガリー帝国皇太子フランツ・フェルディナントを銃殺した。オーストリアは、これはセルビアの関与の下でなされた計画的行動ではないかと疑い、セルビアに対して受け入れがたい要求をおこなった。セルビアはひとつを除いてすべてを受け入れたものの、オーストリアは交渉の席にはつかず、7 月 28 日に宣戦した。ロシアはしばらく猶予したが、既存の同盟に基づいて、7 月 29 日にオースト

ブレリオ XI
1914 年 8 月 14 日、フランス軍航空隊のチェザーリ大尉とプリュドモー伍長はブレリオ XI を駆り、メッス、フレカティ間にあるドイツの飛行船格納庫を爆撃するという華々しい活躍をした。

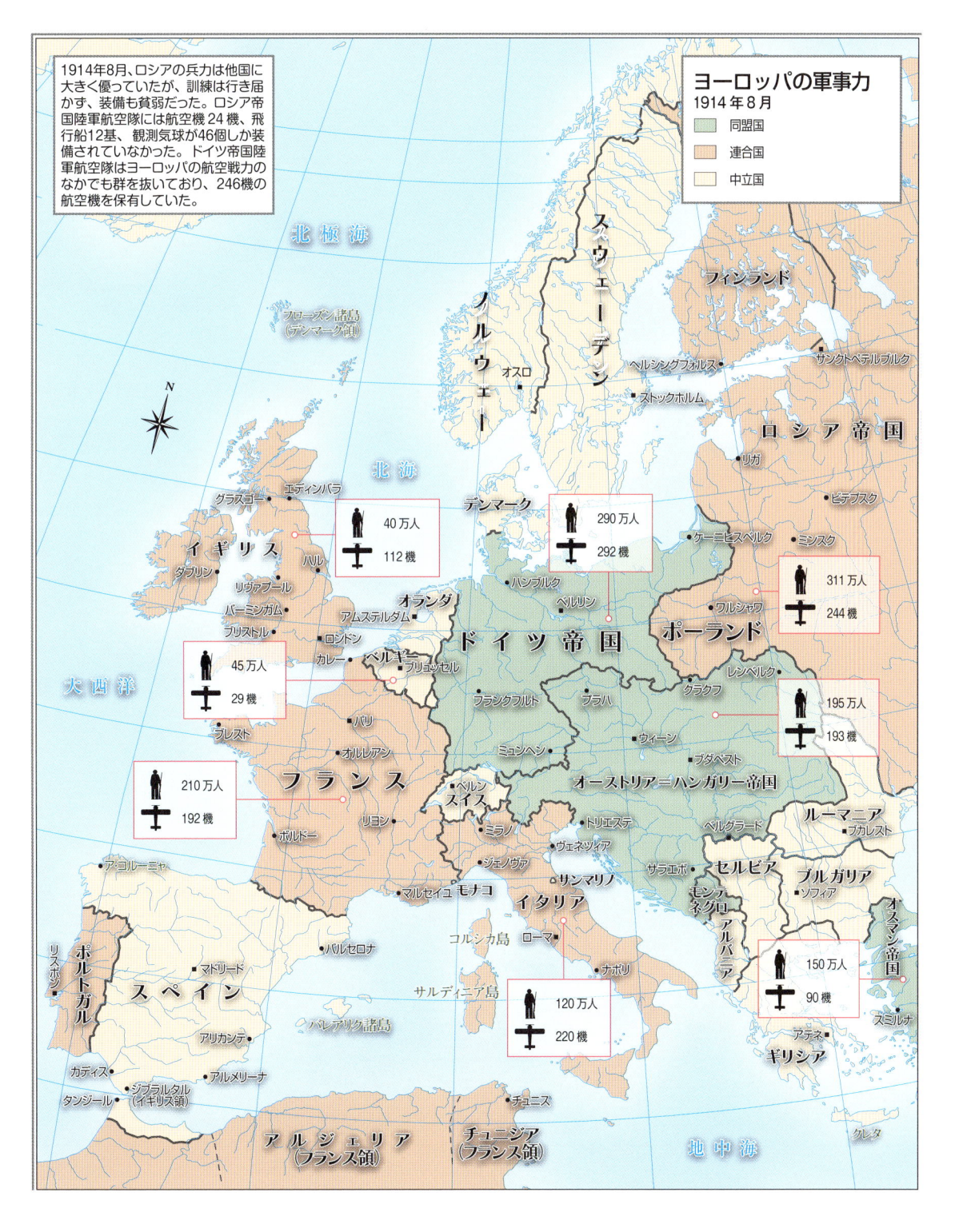

Early Air Forces: 1914-1918

1914年8月、ロシアの兵力は他国に大きく優っていたが、訓練は行き届かず、装備も貧弱だった。ロシア帝国陸軍航空隊には航空機24機、飛行船12基、観測気球が46個しか装備されていなかった。ドイツ帝国陸軍航空隊はヨーロッパの航空戦力のなかでも群を抜いており、246機の航空機を保有していた。

ヨーロッパの軍事力
1914年8月
- 同盟国
- 連合国
- 中立国

北極海
北海
大西洋
地中海

フェロー諸島（デンマーク領）
ノルウェー　オスロ
スウェーデン　ストックホルム
フィンランド　ヘルシングフォルス
ロシア帝国　サンクトペテルブルク　リガ　ビテブスク　ミンスク

イギリス　40万人　112機
グラスゴー・エディンバラ・ダブリン・ハル・リヴァプール・バーミンガム・ブリストル・ロンドン

デンマーク
ドイツ帝国　290万人　292機
ハンブルク・ベルリン・フランクフルト・ミュンヘン

ポーランド　311万人　244機
ケーニヒスベルク・ワルシャワ・レンベルク・クラクフ

オランダ　アムステルダム
ベルギー　45万人　29機　カレー・ブリュッセル

フランス　210万人　192機
パリ・ブレスト・オルレアン・ボルドー・リヨン

スイス　ベルン
オーストリア＝ハンガリー帝国　195万人　193機
プラハ・ウィーン・ブダペスト

イタリア　120万人　220機
ミラノ・ジェノヴァ・ヴェネツィア・トリエステ・サンマリノ・モナコ・マルセイユ・ローマ・ナポリ・コルシカ島・サルデーニャ島・バレアリック諸島

ルーマニア　ブカレスト
セルビア　ベルグラード・サラエボ
モンテネグロ・アルバニア
ブルガリア　ソフィア
ギリシア　アテネ
オスマン帝国　150万人　90機　スミルナ・クレタ

ポルトガル　リスボン
スペイン　マドリード・バルセロナ・アリカンテ・カディス・タンジール・ジブラルタル（イギリス領）・アルメリーナ
アルジェリア（フランス領）
チュニジア（フランス領）　チュニス

25

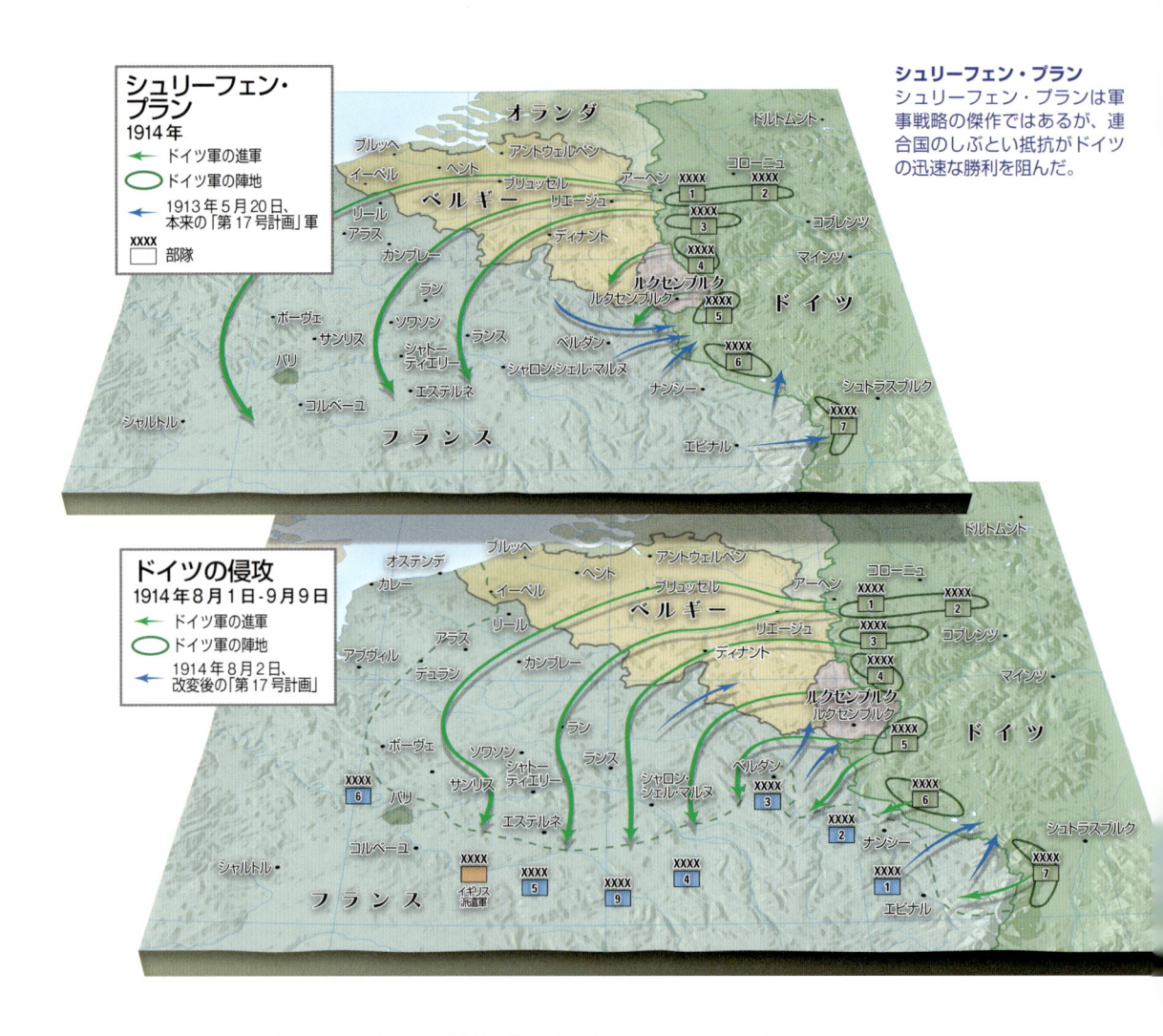

Atlas of Air Warfare

シュリーフェン・プラン
シュリーフェン・プランは軍事戦略の傑作ではあるが、連合国のしぶとい抵抗がドイツの迅速な勝利を阻んだ。

リア＝ハンガリー帝国とドイツに対して戦闘準備に入った。いっぽう、ドイツはロシアに宣戦する。そしてフランスに対して自軍の通過権を要求したのち、8月23日には同国に宣戦し、ドイツはシュリーフェン・プランに則って二正面戦争を背負った。この結果、ドイツがベルギー領土を侵したとして、イギリスがドイツに宣戦。ヨーロッパと、ヨーロッパ大陸以外にある同盟国、そして世界に散らばるその領土が戦争に突入したのである。

空中における新たな役割

　ヨーロッパ中の軍隊が戦争準備に入った。だが兵士や水兵は何百万もいたのに対し、飛行兵は数百名程度しかおらず、戦前のスター飛行士たちはわれ先にと自国の航空隊に参加したが、軍はこうした曲芸乗りをほとんど利用しなかった。軍が欲しいのは、敵領土に飛び、敵軍の配置にかんする情報を報告できる信頼にたる飛行士だった。これは、伝統的に騎兵が担ってきた偵察任務だ。したがって、良家の出身で乗馬ができる若者がふさわしい人物だとみなされた。

Early Air Forces: 1914-1918

　イギリス陸軍航空隊志願者の面接官に、とても感じのよい若い騎兵将校がいた。彼は私の肩のストラップを目にしてこう言った。「おお、君はグロスター義勇農騎兵団か。乗馬はできるのか」と。私が「はい、できます」と答えると、「北極星の位置は知っているか」と聞く。「知ってます。見つけられると思います」と私が言うと、「じゃあ大丈夫だな」という答えが返ってきた。

フレデリック・ウィンターボーザム　1914年

　この「新たな」役割に投入される航空機は、頑丈で信頼がおける機でなければならず、また、あらゆる階層から召集された兵士が操縦し、維持できなければならなかった。貿易業務についていた兵士が整備士となることもあったのだ。そしてイギリスでは、航空機に乗るのは、たいてい「ちゃんとした学校」出身の兵士だった。

　1914年8月の時点で、戦争に投入可能な航空機はほぼすべてが武装していなかったが、ドイツは戦闘に利用できる、爆弾を搭載可能な飛行船を7機保有していた。航空機や飛行船はまだわずかだったため、これらの飛行船は開戦当初の数週間に驚くほど大きな役割を果たすことになる。8月の時点では大半の指揮官が、迅速な移動によって戦争が急展開するものと考え、またそうなる計画を立てていた。クリスマスまでには終結するだろう、そう見ていたのである。

　実際、第一次世界大戦当初の数週間は予測どおりに進行した。西部では、巨大なドイツ軍がベルギーに進軍してフランス北部に侵攻した。アルフレート・フォン・シュリーフェン陸軍元帥の、ベルギーを一掃してパリへ向かうという独自の計画に従い、ドイツ侵攻軍の戦力は右翼に集められた。しかし進軍はそこで止まるわけではない。進み続けて、フランスの野戦部隊の大軍と、防衛線にしがみつく部隊を包囲するのだ。万事計画どおりに運べば、すべては6週間で終わる。そうすれば、ドイツは東へと方向転換し、ロシアの息の根を止めることができたはずだった。

　いっぽうフランスは、北部および東部国境沿いに要塞を建造済みだった。とはいえ1914年にはまだ、攻撃によって侵攻者を撃退することに主眼が置かれていた。フランス軍主力部隊がエルザス・ロートリンゲン（アルザス・ロレーヌ）地方に進攻してドイツ軍をライン川まで押し戻し、それから北に方向転換してドイツの補給線を断つ予

アンリ・ファルマン
アンリ・ファルマン（前）はパリで働くイギリス人新聞記者の息子であった。1909年にファルマンは航空機工場を設立し、複葉機のファルマン・シリーズは急速に性能が向上し、当時、最も信頼がおけ、ヨーロッパだけでなく世界中で広く使用された航空機となった。

定だった。これが「第 17 号計画」である。

　フランス軍はこの計画に沿って準備をおこない、エルザス・ロートリンゲン地方に向けて展開、進攻した。ここは、1870-71 年の戦争でドイツに奪われた地方だ。しかしフランス軍には基本的な軍需品がじゅうぶん供給されておらず、地図は時代遅れで偵察も不充分だった。フランス兵は「生命を躍進させて」進軍したものの、灰色の地面の上を進む赤いズボンと青い上着は、万全の配置と備えで待ち受けるドイツ防衛軍にとっては格好の標的となった。フランス軍が払った代償は甚大であり、33 万もの兵を失ったうえに、アルザスの先端部以外に得たものはなにもなかった。

　ドイツ軍にとっては、北と西に向かってすべては計画どおりに進んでいた。主力の第 1、第 2、第 3、第 4 軍はベルギーを抜け、ケルンの基地を発したツェッペリン号が、包囲されたリエージュの町に爆弾を投下した。進軍の前方ではルンプラー・タウ

ファルマン H.F.20
ファルマン H.F.20 は第一次世界大戦開戦当初、観測・軽爆撃機としてイギリスおよびフランス軍に使用された。この機はすぐに時代遅れとなり、1915 年には前線で使用されることはなくなった。

全長：9.45m
翼幅：16.15m
動力：100 馬力
ルノー 8 気筒直列エンジン×1
最高速度：106km/h

べ偵察機が飛び、情報を収集してドイツ軍最高司令部に報告した。イギリス・フランス連合軍はどの戦線からも退却しつつあり、ベルギー軍にいたっては軽く払いのけられた。アルデンヌの森で、サンブル川やムーズ川沿いで、モンスでもル・カトーでも、そしてギーズでも戦闘がおこなわれた。しかしドイツ軍の計画には根本的な弱点があった。物資の補給と、最高司令部との意思の疎通である。

誤った自信

　ドイツ陸軍最高司令官ヘルムート・フォン・モルトケは、エルザス・ロートリンゲン地方境界沿いの勝利を確信し、これを、フランス軍を二重に包囲する好機だとみなした。しかしドイツ軍最右翼は、移動速度の遅い補給隊のはるか先を進軍していた。戦場の部隊と司令部間の連絡が密ではなかったために、実際の状況よりもはるかに楽観的な見通しも生まれていた。その結果、モルトケは第6、第7軍に、本来の計画どおりに西方に向けた猛攻を支援するのではなく、エルザス・ロートリンゲン地方での新たな攻撃準備に入るよう指示した。そして右翼には、パリに向かって進軍を続けるよう命じた。

　いっぽうギーズの戦闘では、フランス第5軍がシャルル・ランルザック将軍の指揮下、ドイツ第1軍の側面をたたいてイギリス欧州大陸派遣軍を苦境から救おうとしていた。さらに第5軍がドイツ第2軍も攻撃すると、第2軍は行きづまり、第1軍の最右翼部に支援を求めた。シュリーフェン・プランは、本来の形をまったく失おうとしていた。

　8月29日、ドイツ軍はパリとマルヌ渓谷に接近した。勝利を前に、ドイツ機が1機エッフェル塔の周囲を旋回し、小型爆弾5発をパリ東駅の周囲に落とした。そのうち3発は不発だったものの、1発が買い物をしていた女性の命を奪った。そして上空からひらひらと落ちてきた1枚の紙には、こう書かれていた。

　　　ドイツ軍はパリの門前にいる。降伏以外に道はない。

　　　　　　　　　　　　　　　　　　　　　　　フォン・ヘルドセン大尉

　このメッセージを落とすと、ドイツ機は北へと向きを変え、安全なドイツ戦線へと戻っていった。

　フランスはドイツ軍が2日以内にパリ郊外に到達すると予測した。しかしフランス軍指揮官の驚きをよそに、ドイツ第1軍は南へと向きを転じ、パリから離れていった。9月2日、フランス軍のルイ・ブレゲー伍長が偵察機で飛び、ドイツ軍縦隊が東へ向かっていると報告した。そこでさらに多数の機が偵察に送られ、この報告を確認した。飛行隊の頼もしい支援者でもあるパリ防衛軍司令官ジョーゼフ・シモン・ガリエニ大将は、この重要な情報を早速生かし、マルヌ会戦、後に「マルヌの奇跡」といわれることになる計画に着手する。

潮の変わり目

　フランス陸軍最高司令官ジョッフル大将は攻撃部隊に停止を命じ、東部国境の守備に必要なだけの勢力を残した。そして動かせるだけの部隊をすべて、西のパリに向かって移動させた。これが状況を変えたのである。

　ジョッフルは新たに第6軍を創設し、これが一部はパリのタクシーを使って戦線へと移動し、ドイツ第1軍の側面をたたいた。このため第1軍は西へ向かうことを余儀なくされ、フランス軍の攻撃部隊とぶつかることになった。さらにドイツ第2軍はフランス軍の反撃を受けていた。ドイツ第1、第2軍の間には間隙が生じ、ここをついてフランス軍とイギリス欧州大陸派遣軍が進軍を始めた。アレクサンダー・フォン・クルック大将率いるドイツ第1軍の陣地はしだいに敵の攻撃にさらされていき、これを救うため、ドイツ軍指揮官は撤退を命じるしかなかった。そしてドイツ軍は、側面が無防備にならないように全軍での後退を余儀なくされた。ドイツ軍右翼ははるかエーヌ川の高台まで退き、西部戦線での迅速な勝利の望みはすべて消え去った。ドイツ軍はこの移動を「再編制」とみなし、その後進軍を再開させるつもりだったが、エーヌ川の渓谷高台に設けられたドイツの防御陣地は、その先の事態を不吉に暗示していた。

　9月末には、エーヌ川の陣地からスイス国境まで塹壕線が延び、イギリス・フランス連合軍とドイツ軍はそれぞれの「一時的な」塹壕から観察しあっていた。唯一開いていたのが、北西の側面だ。両軍ともこの方面にいく度も行動を起こして相手の側面にまわろうとしたため、この状況は後に、誤った呼称ではあるが「海への競争」と呼ばれるようになる。連合国軍もドイツ軍も、実は単に互いの側面にまわり込もうとして移動を続けていただけなのだ。両軍ともに補給線の先端部にあって、いったいどのように部隊を維持していたのかは不明である。

マルヌの奇跡
1914年8-9月

- 本来のシュリーフェン・プラン
- フランス軍偵察機 9月2日
- 9月9日のおおよその前線
- 当初のドイツ軍の進軍
- ドイツ軍の攻撃
- フランス軍の反撃
- イギリス軍の反撃
- ドイツ軍の退却
- 軍

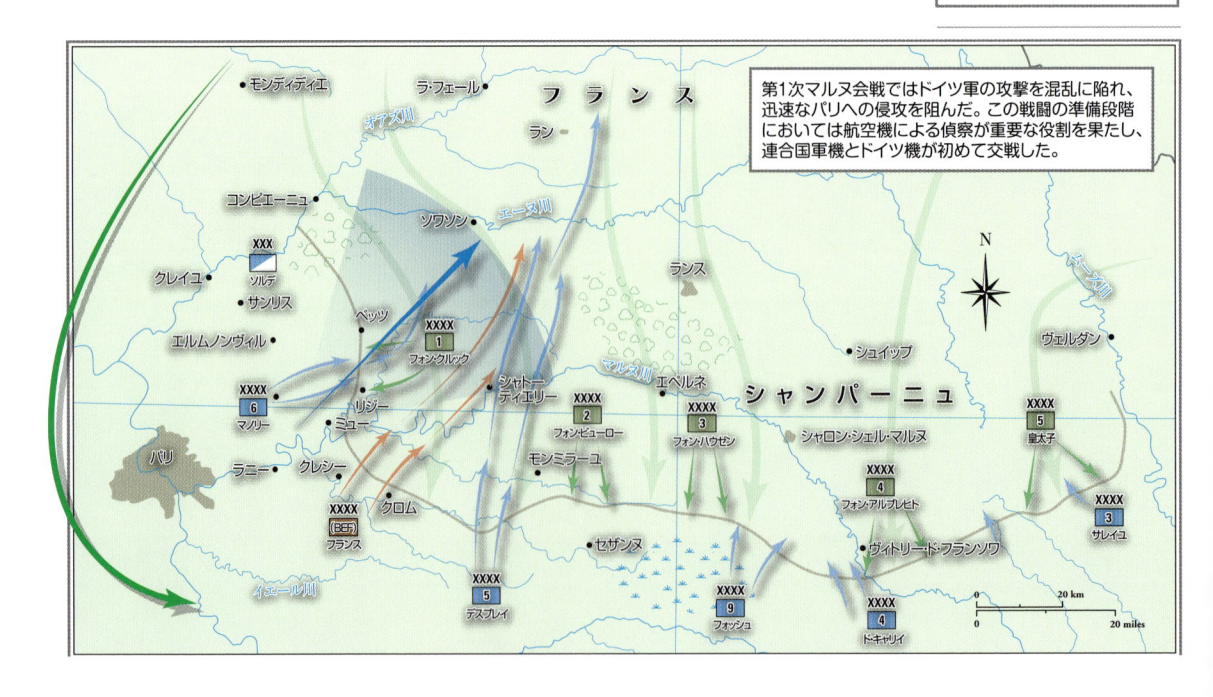

第1次マルヌ会戦ではドイツ軍の攻撃を混乱に陥れ、迅速なパリへの侵攻を阻んだ。この戦闘の準備段階においては航空機による偵察が重要な役割を果たし、連合軍機とドイツ機が初めて交戦した。

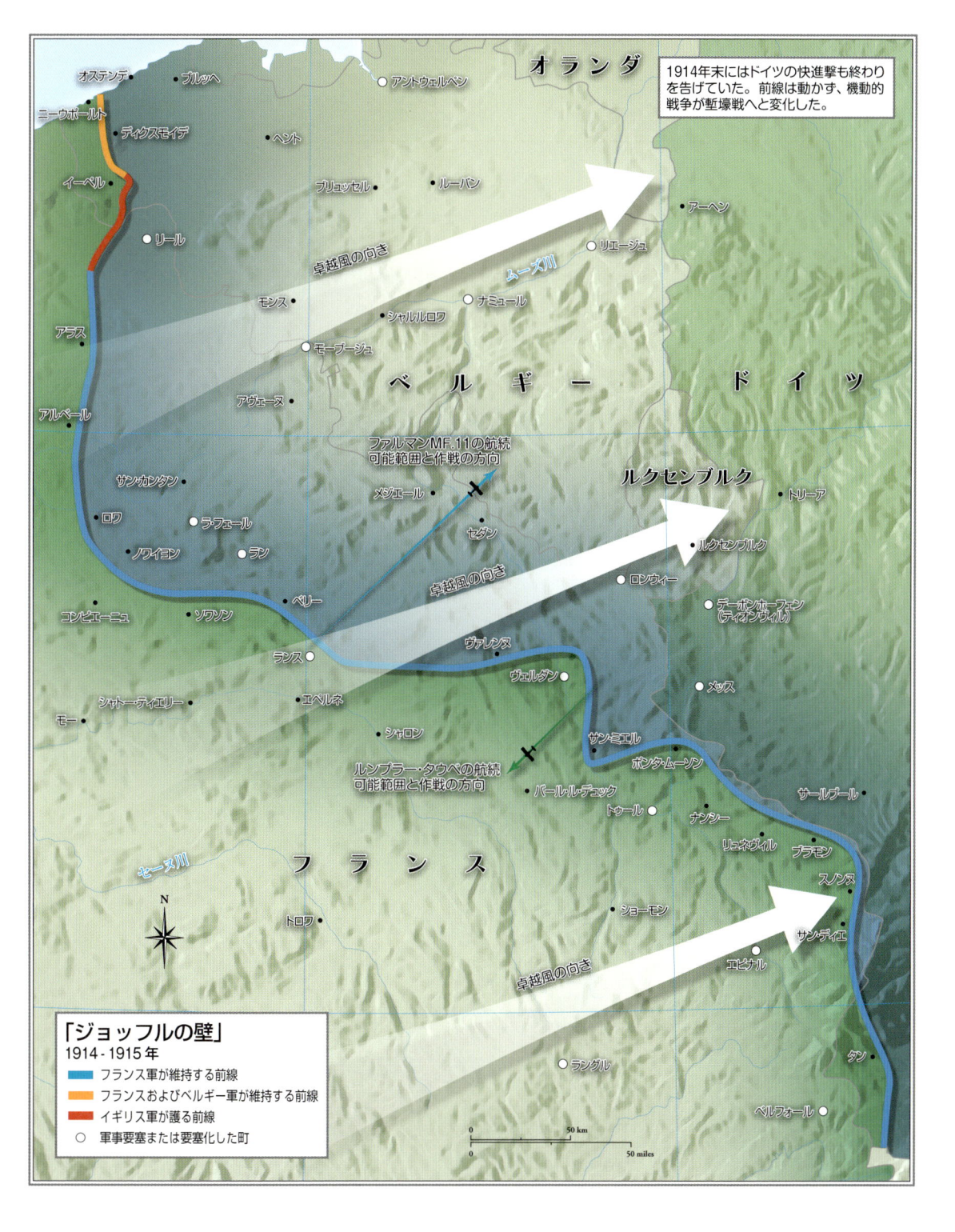

Early Air Forces: 1914-1918

1914年末にはドイツの快進撃も終わりを告げていた。前線は動かず、機動的戦争が塹壕戦へと変化した。

「ジョッフルの壁」
1914-1915年

- ━━ フランス軍が維持する前線
- ━━ フランスおよびベルギー軍が維持する前線
- ━━ イギリス軍が護る前線
- ○ 軍事要塞または要塞化した町

Atlas of Air Warfare

　結局、どちらも相手の側面にはまわり込めなかった。あっという間にベルギーの海岸に両軍が到達し、有刺鉄線や機関銃、火砲で護られた塹壕が延々と続いた。土塁と人で固く護った戦線は、いまやベルギーからスイスまで続いていた。戦争は膠着状態に陥り、両軍がこれを打破しようとする状況が3年続いた。防御陣地が戦場を支配し、少なくとも西部戦線では機動戦は姿を消していた。

空から勝利へと導く

　両軍とも、「突破」のための攻撃を切実に必要とし、指揮官全員がこれに頭を悩ませた。敵戦線に穴をあけ、騎兵を投入して機動戦を再開しなければならない。しかし騎兵は待てども出番がなく、いっぽうでは航空機が頭上で自らの価値を証明していた。マルヌ会戦から1カ月後、フランス軍は航空隊を2倍の65個飛行隊にするよう命じた。

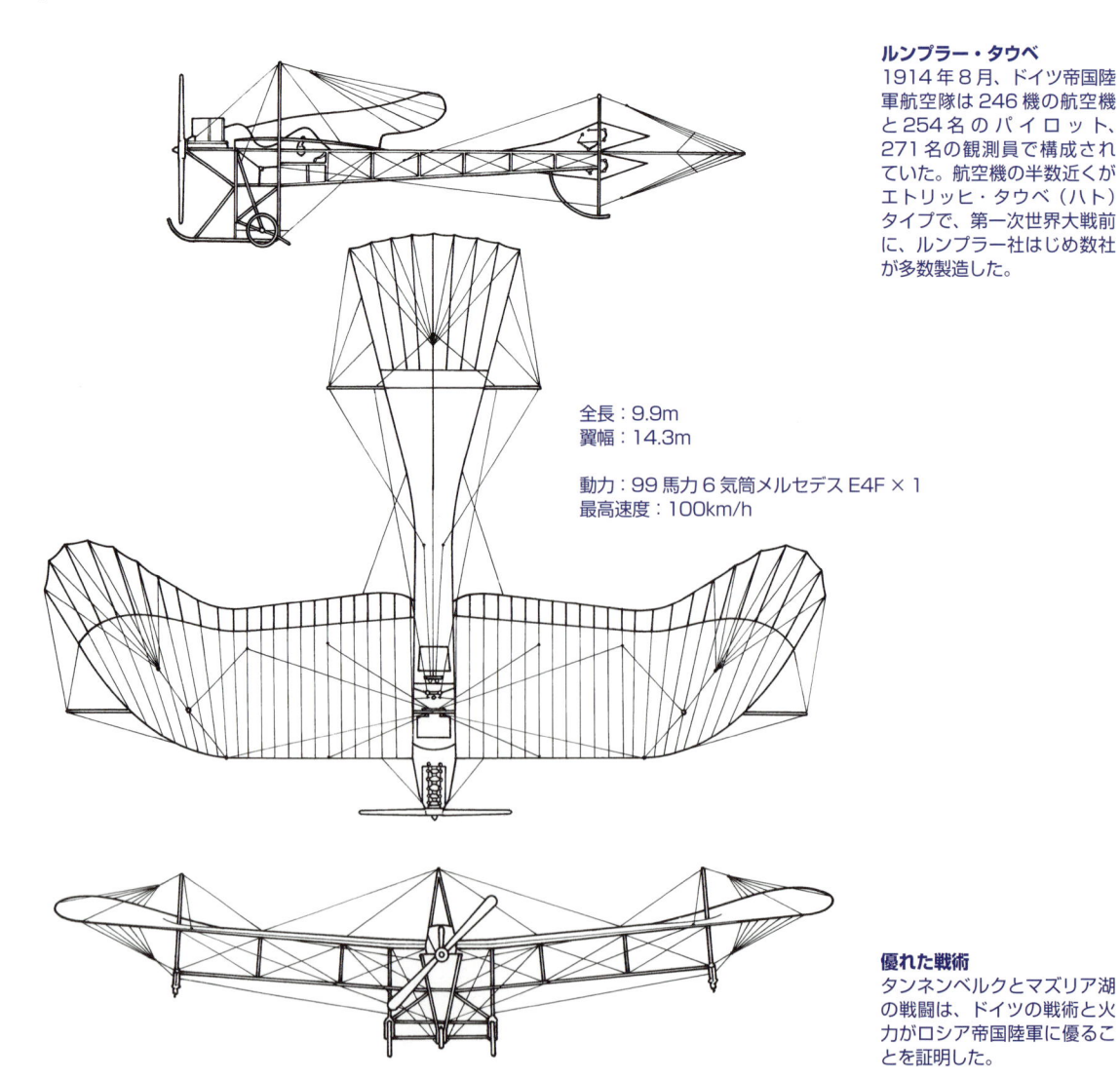

全長：9.9m
翼幅：14.3m

動力：99馬力6気筒メルセデスE4F×1
最高速度：100km/h

ルンプラー・タウベ
1914年8月、ドイツ帝国陸軍航空隊は246機の航空機と254名のパイロット、271名の観測員で構成されていた。航空機の半数近くがエトリッヒ・タウベ（ハト）タイプで、第一次世界大戦前に、ルンプラー社はじめ数社が多数製造した。

優れた戦術
タンネンベルクとマズリア湖の戦闘は、ドイツの戦術と火力がロシア帝国陸軍に優ることを証明した。

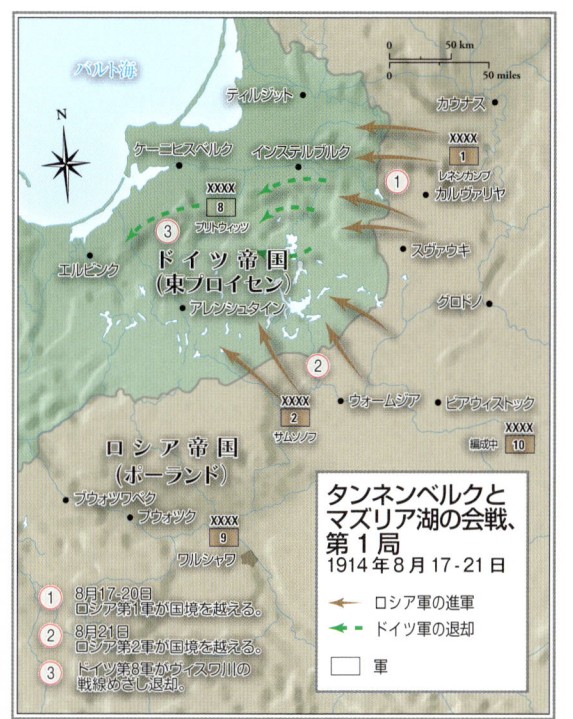

Early Air Forces: 1914-1918

タンネンベルクとマズリア湖の会戦、第1局
1914年8月17-21日
- ロシア軍の進軍
- ドイツ軍の退却
- 軍

① 8月17-20日 ロシア第1軍が国境を越える。
② 8月21日 ロシア第2軍が国境を越える。
③ ドイツ第8軍がヴィスワ川の戦線めざし退却。

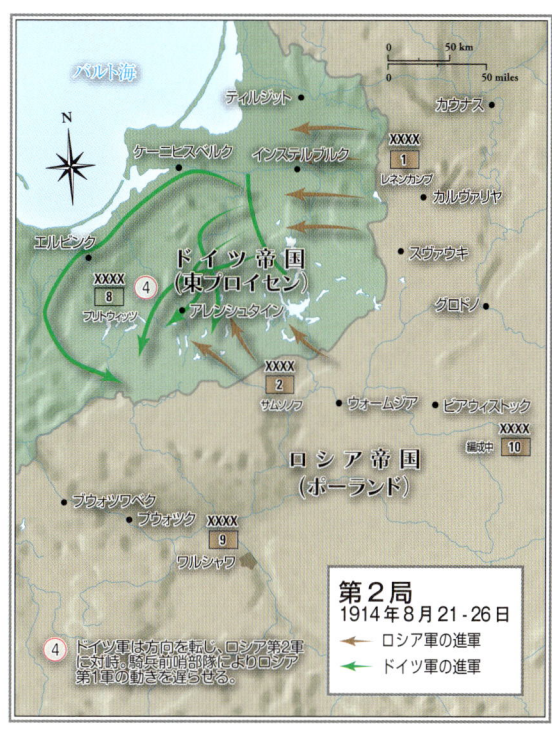

第2局
1914年8月21-26日
- ロシア軍の進軍
- ドイツ軍の進軍

④ ドイツ軍は方向を転じ、ロシア第2軍に対峙。騎兵前哨部隊によりロシア第1軍の動きを遅らせる。

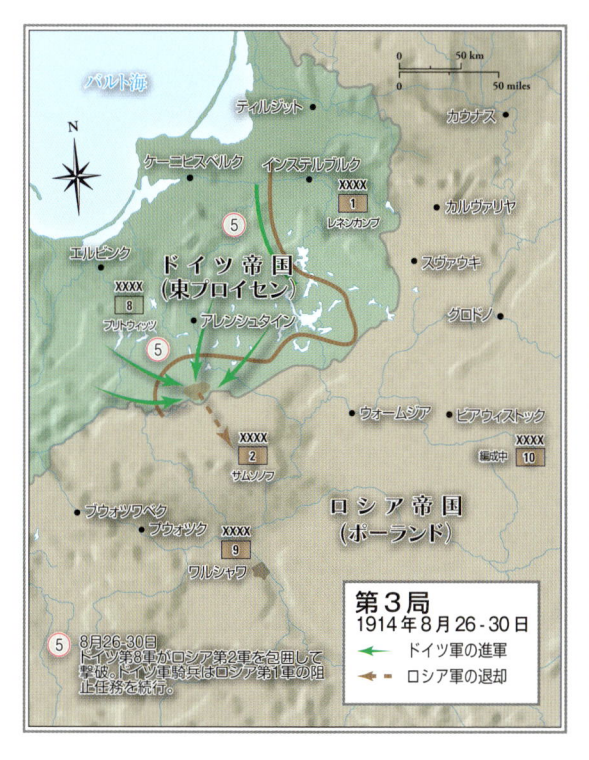

第3局
1914年8月26-30日
- ドイツ軍の進軍
- ロシア軍の退却

⑤ 8月26-30日 ドイツ第8軍がロシア第2軍を包囲して撃破。ドイツ軍騎兵はロシア第1軍の阻止任務を続行。

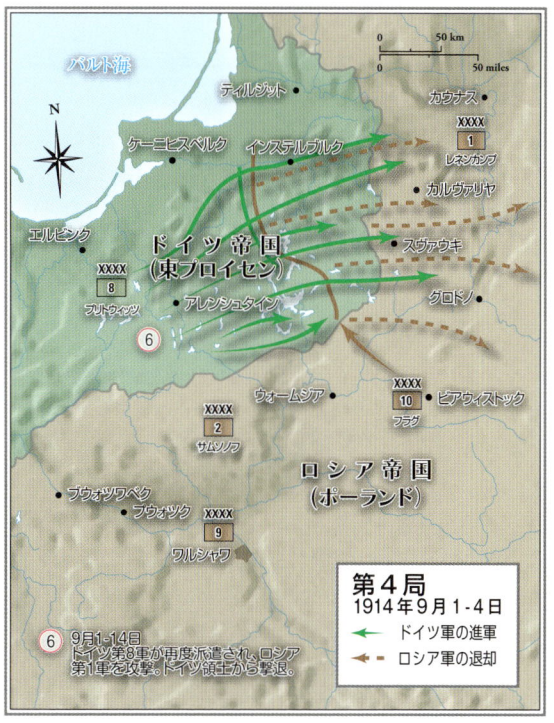

第4局
1914年9月1-4日
- ドイツ軍の進軍
- ロシア軍の退却

⑥ 9月1-14日 ドイツ第8軍が再度派遣され、ロシア第1軍を攻撃。ドイツ領土から撃退。

東部戦線では、ドイツ軍の戦争計画の想定よりもはるかに早く、ロシア帝国が軍を動員していた。東プロイセンに迫るのは、約37万の兵士を抱えるロシアの2個軍だ。ロシア第1軍はパーヴェル・フォン・レネンカンプ大将の指揮下、マズリア湖の北に進軍し、いっぽうアレクサンドル・サムソノフ大将が指揮する第2軍は、南へと進軍中だった。ロシア軍は協調して動くことはほとんどなく、各自で作戦を遂行した。そしてロシアの指揮官たちはこのお粗末な作戦を暗号化もせずに無線で連絡しあい、ドイツの無線オペレーターはそれを傍受しようとてぐすね引いて待っていた。ロシア軍の計画がある程度判明すると、ルンプラー・タウベによる偵察部隊が編制された。ドイツ軍の窮状を救うために、今こそドイツ飛行士の出番だった。

このとき、ドイツ軍東部戦線はパウル・フォン・ヒンデンブルク司令官とエーリヒ・ルーデンドルフ参謀長のふたりの将軍の指揮下にあった。ドイツ軍のタウベはロシア軍上空を1時間ほど飛び、その数と進軍方向を報告した。貴重な情報を入手したヒンデンブルクとルーデンドルフは、ロシアの2個軍にそれぞれ別の作戦で対処する計画を実行に移した。まずロシア第2軍を標的にし、その間、騎兵前哨部隊と現地の地上急襲部隊が第1軍を監視する。侵攻軍を個別に相手にすることで、ドイツ軍の数の上での不利を減じることができる。8月26日、タンネンベルクで戦闘が始まり、ロシア第2軍はあっという間に出し抜かれて降伏した。

ドイツ第8軍は3万人近いロシア兵を殺害、10万人を捕虜にし、ロシア第2軍をほぼ壊滅状態に陥らせた。指揮官であるサムソノフ大将は、自らの敗北という結果に向き合うことができずに拳銃自殺した。ドイツ軍は方向転換し、ロシア第1軍を目指して進軍した。今回、兵力じゅうぶんなドイツ第8軍と向き合うのはレネンカンプだが、ロシア領土まで退くほか策はなかった。ドイツ軍は不利を覆し、ドイツ東部からロシア侵攻軍を一掃した。ヒンデンブルク大将はただ一言こう述べた。

　　　飛行士がいなければ、タンネンベルクの勝利はなかった！

航空隊はまだ草創期にあったので、役割と戦術はつねに進化を続け、それはまた西部戦線でも同じだった。ごくわずかな飛行士が武装し始めてはいたが、空の防御という概念はまだ新しいものだった。飛行士たちは空から偵察をおこなって指揮官を助けたが、そうなると、敵に同じ便宜を与えないようにする手立ても必要になった。

それまでのところ、空対空の戦闘がおこなえるような装備も訓練も認められてはいなかった。軍指揮官の大半にとっては、2機の航空機が空で撃ち合いをするなどとてつもない案だったのだ。戦前にわずかにおこなわれていた実験も、効果的な空中戦をおこなうという計画を育てるまでにはいたらなかった。

第二次世界大戦でイギリス空軍戦闘機軍団を指揮することになるウィリアム・ショルト・ダグラス大尉は、1914年8月、第2飛行隊の観測員として飛んでいた。彼はドイツ機を発見し、自機との間隔をつめた。双方の機が武装していなかったので、パイロットは互いに翼を振って合図し、飛び続けることにした。しかしこのときダグラスは、航空機には防御能力が必要であり、敵にイギリス領空を飛ばせてはならないと確信した。早速、イギリス陸軍航空隊とイギリス海軍航空隊の全乗員が手当たりしだいに武器を手にし、航空機を武装した。

観測員用のコックピットでは小銃を軽くつかんで立て、さっと取り出せるようにしておく。敵機が見えたらこの小銃を取り出してチャンスを待ち、50から100メートルほどまで接近したら、敵をできるだけ狙いやすい位置に置く。100メートルを越えると銃弾は無駄になるし、近づきすぎてもうまくいかないことが多い。大きな運に恵まれなければ、敵を撃ち落とすことはできなかった。敵機が背後にいるときは、ベルトを外して立ち上がり、膝をついて相手の位置を確かめる。制御装置を吹き飛ばさないように、ごく慎重に撃つ必要があった。

アーチボールド・ジェームズ

10月2日、フランス軍は、ドイツ機の飛行士に対して空中戦にこだわって時間を無駄にするなという命令が発せられるのを傍受した。しかしフランス人飛行士のなかには好戦的なものもいて、数日後、機関銃を装備した推進式のボアザン機がドイツの複座機を撃墜した。とはいえ1914年末の数カ月は、航空隊のおもな任務といえば、いまだに偵察であることには変わりなかった。戦線はおなじみの包囲戦に落ち着きそうな気配だったため、正確な地図が不可欠だったのである。

空中からの地図作成

フランス政府は1870年の第二帝政崩壊まで、その領土をじゅうぶんには調査していなかった。ドイツ占領地域の調査をおこなうためには、40年から50年前の地図を良質な航空写真と付き合わせる必要があった。そして大規模な計画が実行されたが、それは、観測員が航空機から身を乗り出し、機につかまってカメラを構えるところから始まった。それ以降、写真はアングルによってはゆがみに悩まされたのだが、最終的にはその解決策も見つかった。

イギリス軍が「A」タイプのカメラを開発したのだ。このマホガニーのケースに収まったカメラは当初は手で持つタイプだったが、後には航空機の側面にストラップで取りつけが可能になった。6枚の「感光板」を露光することができ、パイロットが直線の水平飛行をおこなう間に、手作業で感光板を取り替えた。

砲撃の標定

いっぽうでは、係留索のついた気球も砲兵の主要な標定手段として使われていた。こうした気球はケーブルで地面につながれ、地上要員と有線電話で通じていた。気球は900メートル近い高度に浮かび、砲弾を落とす位置の調整や、砲手からは見えない敵陣地に間接砲撃をおこなえるよう指示を送った。水素気球は地上からの砲撃、ある

空の監視者
頭上を旋回するブレゲーBr14偵察機を興味津々に見上げるフランス騎兵。航空機は、まもなく騎兵隊に代わり偵察任務を担うことになる。

暗号表
左図のような、記号を用いた地対空の連絡は労力を要し効率も悪かったため、まもなく無線がこれにとって代わった。1912年のイギリス陸軍の作戦演習では、航空機による無線の実用化実験も一部おこなわれ、非固定翼機ガンマとデルタが送った信号が、56キロ離れた地点で受信された。

いは後ろの航空機からの攻撃には非常に弱く、1914年9月以降になると乗員はパラシュートを支給され、敵機が見えたらすぐに飛び降りるよう指示されていた。

観測機の無線利用は1914年以前に実験の対象となっていたが、しかし1915年に入っても、無線や、無線を扱える兵士を乗せた機はまったくなかった。連合国軍の飛行士には新しい地図が配布され、観測員は「クロック・コード」と呼ばれる12本の細い線が入った透明なセルロイド板を地図に載せて使った。「12」の線は北を指し、セルロイド板の中心からは、100ヤード（91メートル）間隔で円が記されていた。中央の円Aは中心から100ヤード（91メートル）を示し、いちばん外側のFの円は600ヤード（546メートル）だ。このため、狙った目標の300ヤード（273メートル）南に砲弾が落ちたら、航空機の観測員が砲兵の指揮官に「C6」という簡単なメッセージを送るだけで、火砲の照準を調整できるのである。泥と煙のなかを進軍する歩兵は地上にパネルを並べ、事前に打ち合わせ済みのシグナルを表示した。上空の航空機がこのシグナルを見つけて自軍の歩兵の正確な位置を確認すると、観測員が友軍の砲兵にそれを知らせた。こうすれば「友軍の誤爆」という恐ろしい事態は避けられ、これによって戦闘斥候の重要性がクローズアップされた。

不吉な影の出現

飛行船ツェッペリンの脅威は大きな不安となり、ことにイギリスでは恐怖心が大きくふくらんだ。ドイツ陸軍は飛行船第1号を1909年に、海軍は1912年に発注し、どちらも1913年の事故で失っている。それでもなお、ドイツ艦隊の偵察能力増強の

ために代替飛行船が発注された。新生ドイツ大洋艦隊は、優位に立つイギリス艦隊からの攻撃に立ち向かいこれをしのぐために、大きな強みとなるなんらかの方策を必要とした。そしてイギリス人からすれば、艦隊の上空高く回遊し、イギリス本土を攻撃することが可能な飛行船の能力は、いちばんの心配のたねだった。H・G・ウェルズの『空の戦争』といった大衆向けフィクション小説には、飛行船と航空機の艦隊が都市を次々と廃墟に変えていくという、身の毛のよだつようなシーンが描かれた。

1911年、ウィンストン・チャーチルが海軍大臣に就任し、航空機とその運用法におおいに興味を抱いた。飛行船による爆撃の脅威を減じようと、限定的ではあるがさまざまな策も導入された。そして1914年9月3日になってようやく、陸軍大臣のキッチナー卿が、チャーチルにイギリスの防空の責任を担うよう要請した。すぐに活用できる資源も人材も乏しく、この引き継ぎには時間も組織も必要だった。チャーチルは、攻撃こそが最大の防御だと判断する。ツェッペリンの格納庫への攻撃が、敵のイギリス爆撃をはばむ最善策になると考えたのである。

襲撃者を襲う

当時、飛行船が攻撃に弱い点は、今日ほどは知られていなかった。ある時期まで、引火性の水素が入ったツェッペリンの気嚢は、焼夷弾の威力を削ぐ不活性ガスの入った袋で覆われていると考えられていた。このためイギリスは、ツェッペリンの基地と、巨大で攻撃しやすい格納庫に爆弾を落とすのがいちばんの策だと考えた。イギリス海軍航空隊は態勢を整え、当時ベルギーのオスタンドに基地を置いていたイーストチャーチ飛行隊(後の第3飛行隊)が、イギリス海軍師団の先行部隊を支援した。飛行隊はアントウェルペンに移動し、悪天候でいったんこの攻撃を中止した後、1914年9月22日に第1回の任務を実行した。このときは2機で2カ所を襲撃し、ケルンとデュッセルドルフの飛行船格納庫を目標においた。この攻撃をおこなった4機の航空機のうち爆弾を投下できたのは1機しかなく、しかもデュッセルドルフへの爆弾投下も失敗に終わっている。10月8日、さらに2機が攻撃を試みると前回よりは成果が上がり、1機がデュッセルドルフの目標の爆撃に成功し、ツェッペリンZ9を破壊した。

この直後、アントウェルペンは進軍中のドイツ軍によって陥落した。翌月、イギリ

ショート・シープレーン
1914年1月に初飛行を行なったショート・シープレーン74は、イギリス海軍航空隊に配備された7機の1機である。グレーン、ケント、ダンディーの航空隊基地で共有されていた。

ス海軍航空隊の特殊任務群がフランスの東部国境地帯にあるベルフォールに派遣された。恐るべきツェッペリンの心臓部、全周およそ402キロのコンスタンス湖畔にあるフリードリヒスハーフェンの飛行船建造工場が目標である。航空機は11月21日に攻撃に飛び立った。当初は大きな損害を与えたと思われたこの攻撃は、実際にはほとんど被害はなかったが、ドイツ領土深くまで探知されずに潜入をおこなうという収穫を得ることができた。そしてこれが、1914年にイギリス海軍航空隊がヨーロッパ大陸でおこなった最後の攻撃となった。イギリス本国では、航空隊がドイツ海軍飛行船師団に対する攻撃計画を実行すべく励んでいた。諜報部の報告では、この師団はクックスハーフェン港に本拠を置いており、その名をとって、この計画はクックスハーフェン襲撃と呼ばれるようになる。

洋上からの攻撃

　戦前、イギリス海軍は巡洋艦〈ハーミーズ〉を飛行艇の母艦とする実験をおこなっていた。1913年の艦隊演習で試験を繰り返した結果、イギリス海軍は世界で初めて、未完成の商船を航空機の母艦に特化した艦に転用する注文を発した。残念ながら、この作業は開戦までに終わらなかったが、すぐに2隻のイギリス海峡連絡汽船、〈リヴィエラ〉と〈エンガディン〉を入手し、飛行艇母艦に転用した。そしてまもなくこの2隻に、同じく転用艦の〈エンプレス〉もくわわった。

　1914年8月にドイツの巡洋艦〈マグデブルク〉がバルト海を回遊し、このとき残された3冊の暗号書をロシア船が入手して、うち1冊がイギリスに渡った。この結果ドイツの海軍無線で使用されている暗号が解読され、クックスハーフェン襲撃の計画作成はずっと容易になった。

　実際にはそこから南へ13キロほどのノルドホルツに基地はあったのだが、クックスハーフェンの飛行船基地への攻撃には、それぞれ3機の飛行艇を伴った3隻の飛行艇

大胆不敵な襲撃
1914年のクリスマス、イギリス海軍はショート・シープレーンを用いた初の海・空協同攻撃をドイツ本土におこなった。7機の航空機の乗員は全員、この攻撃で生き残った。

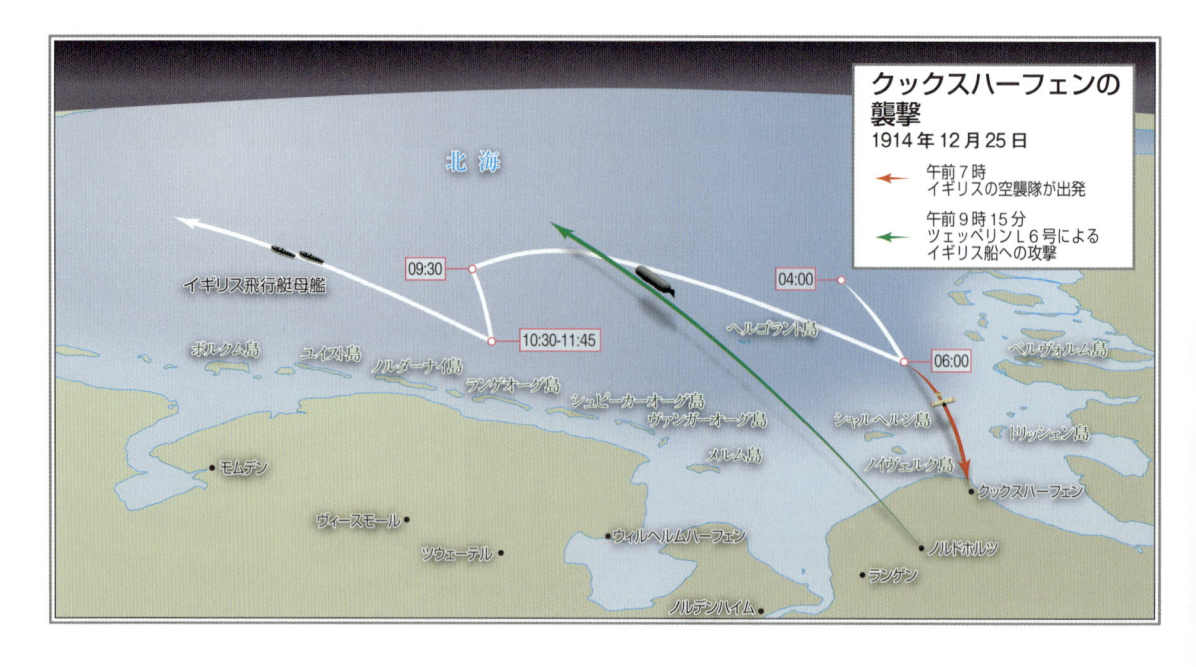

母艦を要した。そしてこれを「ハリッジ艦隊」の空母や駆逐艦が護衛し、大艦隊（グランド・フリート）の重装部隊は遠距離支援をおこなうことになっていた。作戦は12月23日に発動された。翌日、100隻を越す艦船が基地から援護に駆けつけ、わずか9機の頼りない飛行艇による作戦の支援に、ひとかたならぬ労力が費やされた。艦上機が艦隊の攻撃力を務める初の作戦なのだ。午前6時59分、最初の飛行艇が出発した。しかし2機のエンジンが完全に停止し、船上に引き上げられた。その後、7時10分から8時12分の間に、イギリス機のパイロットが、ヘルゴラント島に向かうドイツの飛行船L6号を発見したと報告してきた。

　イギリス機が霧深いドイツ沿岸を巡視している間に、ドイツ軍水上機が〈エンプレス〉を攻撃し、小型爆弾を8、9発落としたがそのすべてが外れた。L6号も〈エンプレス〉の攻撃に参加して50キロ爆弾を4発投下したが、これもすべて失敗した。〈エンプレス〉は反撃し、乗員は小銃を撃った。そして〈アンドーンテッド〉と〈アレトゥサ〉が救助に急ぎ、飛行船に榴散弾を浴びせると、L6号の指揮官は攻撃を打ち切った。

　イギリス軍が編隊を建て直して飛行艇の回収を始めたとき、ドイツ軍水上機が数を増して攻撃してきた。しかし爆弾はすべて目標を外れ、せいぜい数発がかすめた程度だった。するとノルドホルツから飛来した飛行船L5号がイギリス軍の近辺に姿を現し、飛行艇3機と一緒にいるイギリス軍のE11潜水艦を発見した。E11は、燃料がつきて母艦にたどり着けない3機の飛行艇の乗員を艦に収容している最中だった。イギリス潜水艦の乗員がドイツの水上機を機関銃で撃ち、潜水艦はツェッペリンからの爆弾を逃れて急速潜航した。まだ4機の飛行艇が見つかっていなかったが、おそらく破壊されたと思われた。Uボートが接近中であり、頭上にはL5号がいる。この状況に、イギリス軍の指揮官は撤退開始を命じた。結局目に見える成果はごくわずかでしかなかったが、初めて、攻守において航空機が主力を務めた作戦がおこなわれたのだった。

飛行船
1914-1918 年

　第一次世界大戦の空を支配するものといえば、「黄昏の怪物」ツェッペリン号を思い浮かべる人は多いだろう。この飛行船は、その製作者であるフェルディナント・フォン・ツェッペリン伯爵の努力によって名声を博すことになる。青年時代、1871年にドイツ統一以前のヴュルテンベルク王国陸軍の中尉であったツェッペリンは、アメリカ南北戦争の観戦武官となった。このとき、ツェッペリンは北軍気球隊の任務に感銘を受ける。そしてこの経験をもとに、11年後に飛行船の利用に関する考察を論文にまとめ始めた。次の15年、プロイセンがしだいにドイツ帝国陸軍を支配するなか、ツェッペリンは母国であるヴュルテンベルクへの忠誠を護り続けた。そして1892年に陸軍を去らねばならなくなってから、ツェッペリンの真の仕事が始まるのである。

　ツェッペリンはさまざまなデザインを検討し、1898年にはダヴィッド・シュヴァルツが持っていた飛行船設計の特許を手に入れた。これを自身の計画にくわえて新しい飛行船を製作、LZ1号と名づけ、1900年6月の飛行に備えた。ありとあらゆる問題が噴出し、試験飛行には何カ月も費やしたが、1906年の初め、ツェッペリンの2作目の飛行船であるLZ2号が初飛行をおこなった。この飛行船には1号機をもとに多くの改良がくわえられていたが、悪天候とエンジンの不調で2度目の飛行中に破損してしまう。ツェッペリンはくじけず、3号機であるLZ3号の製作へと邁進した。LZ3号が最も時代にマッチしており、ドイツ陸軍がこれに興味を示し始めた。しかし最新の飛行船といえども、ドイツ陸軍の要求をすべて満たしているわけではなかった。だがツェッペリンは立ち止まらず、4作目の飛行船LZ4号の製作にとりかかり、陸軍の要求を満たす設計を目指した。LZ4号は1908年6月に完成したものの、これまでの悲痛な事故が繰り返され、この飛行船もエンジンが故障し嵐で大破した。

恐ろしい獣の建造

　ツェッペリンは、飛行船が墜落したときにその努力を終わらせてもよかったのかもしれない。だが執念によって、彼はドイツの国民的英雄になった。ツェッペリンは科学の進歩のシンボルとなり、ドイツ国民は、ツェッペリンが会社を再建して事業を続けられるように寄付を始めた。ツェッペリン

フェルディナンド・フォン・ツェッペリン伯爵
軍を退役した後、52歳のツェッペリンは情熱のすべてを飛行船の設計に注いだ。1893年、技師のテオドア・コーベルと協力し、ドイツ戦争省に硬式飛行船を設計、提供した。

は「航空技術促進のためのツェッペリン財団」を立ち上げ、これがツェッペリン飛行船建造会社とドイツ飛行船運輸会社に出資し、後者はまもなくドイツ飛行船旅行株式会社（DELAG）、世界初の航空会社となった。その後、1909年にドイツ陸軍がツェッペリン号2機を発注し、ドイツ軍の増加しつつある空の資産に飛行船をくわえたのである。

1910-11年には、ライバル企業であるシュッテ・ランツが自社初の飛行船を建造した。アルミニウム製フレームのツェッペリンとは異なり、この飛行船の内枠は積層ベニヤ合板でできていた。シュッテ・ランツ飛行船はまたより新しい技術を取り入れ、航空力学を進歩させた。そして1912年には、ドイツ陸軍は飛行船を爆撃機だと公言するようになっていた。

>……我々が保有する最新のZ飛行船は、敵国が持つ類似の飛行船のどれよりもはるかに優れており、熱意をもってこれを完成させれば、将来どの国も真似できないものとなるはずである。緒戦において我々が効果的な第一撃を放ち、それが実質的かつ心理的にはなはだしい影響をおよぼすために、飛行船の兵器としての迅速な開発が求められる。
>
> 陸軍参謀総長　ヘルムート・フォン・モルトケ
> 1912年12月

飛行船はその構造によって、軟式、半硬式、硬式の3つのタイプに分類できる。軟式飛行船はガス圧によって形状維持をおこない、再膨張や梱包が可能なので最寄りの飛行船基地に輸送もできる。半硬式タイプは、一部はフレーム、一部はガスを充満させて形状を作る。硬式飛行船は、その名が示すとおりフレームで形状を維持して空中に浮かぶタイプの飛行船だ。

飛行船に興味を示したのはドイツ陸軍だけではなかった。力を増しつつあるドイツ海軍では、イギリスの海軍力に挑むべく、大洋艦隊の創設を進めていた。このため、戦闘艦隊創設が急務となって、巡洋艦の偵察任務は軽視された。そうした状況においては、艦隊の頭上を飛ぶ飛行船は手っ取り早く偵察任務に利用できると考えられ、1914年には急遽、新しい飛行船と基地建造の計画作成が命じられた。

ドイツの飛行船に挑む

飛行船の設計ではドイツが一見世界をリードしていたが、イタリアもまた、大半が軟式と半硬式タイプの飛行船を次々と建造していた。半硬式タイプの

サントス＝デュモン飛行船
1901年10月19日、アルベルト・サントス＝デュモンは、パリ飛行クラブの本部があるサン・クルーを発ち、エッフェル塔を1周して出発地点に戻り、5万フランの懸賞金を手にした。11キロを30分以内に飛ばなければならなかったが、サントス＝デュモンの所要時間は29分30秒だった。

大破するツェッペリン号
1913年10月17日、ヨハニスタール上空で爆発、炎上したツェッペリンLZ18号。水素が充満するツェッペリン飛行船の弱点が浮きぼりになった。28名の乗員は全員命を落とした。

1機、110馬力クレマン・バヤール・モーターを搭載した、2枚プロペラのクロコ・リカルディN1飛行船は、1910年に初飛行をおこなった。全長66メートル、時速52キロの飛行速度を持つこの飛行船は、その機種のなかでは最初に戦争に投入された。1911年、イタリアはトルコとの短期の戦争で小規模航空隊を派遣したが、この飛行船も3機がリビアに送られた。これら飛行船はおもに偵察任務を担い、時折小型爆弾も投下した。

　イタリアの飛行船は陸軍での使用を前提に設計されたため、爆撃能力を備えていた。このため、想定される迎撃や銃撃を回避できるように、比較的短時間でも高高度を飛行する能力が最優先された。ドイツやイギリスの飛行船は洋上偵察に必要な長時間の飛行能力を備えていたが、イタリアの飛行船では、その優先順位はずっと低かった。

　半硬式タイプの飛行船は、フランスでも何機も建造されている。1898年から1905年にかけて、航空機の革命家として著名なアルベルト・サントス＝デュモンが、14機もの飛行船を設計、建造し、試験飛行をおこなった。どの新型飛行船も、それ以前のモデルの技術の蓄積を生かして建造されており、20世紀初頭の飛行船の特徴の多くは、デュモンの実験が基盤となっている。1902年、デュモンは自作の飛行船の1機でパリ飛行クラブの飛行場を飛び立ち、エッフェル塔を一周して出発地点に戻った。この偉業で彼はドゥッシュ・ド・ラ・ムルト賞を受賞している。

　同年の終わりに、ルボーディ兄弟が技師のM・ジュリオ、飛行士のM・シュルクー

フと協力し、これまた半硬式タイプの新しい飛行船を設計、建造し、飛ばした。飛行船は1904年と1905年にも再度建造された。M・ルボーディは飛行船に大幅に改良をくわえてフランス陸軍大臣に提供し、大臣はフランス国家を代表してこれを受け取った。フランス政府は同タイプの新しい飛行船を発注し、誇らしげにラ・パトリエと命名したが、この2機は幸運には恵まれず、どちらも悪天候で失われた。1908年に発注された代替飛行船のラ・リパブリクは、並外れた性能を備えていた。その能力の高さに感銘を受けたイギリスの「モーニング・ポスト」紙の購読者たちは、同タイプの飛行船を購入してイギリス政府に寄贈した。こうした新しい兵器の配備に、政府はほとんど手を打っていなかったからである。

フランス企業のメゾン・クレマン・バヤールとソシエテ・アストラ・デ・コンストリュクション・アエロノティクは、それぞれ、クレマン・バヤール、アストラ・トーレという一連の巨大で高性能の飛行船を建造した。イギリスはアストラ・トーレを1912-13年にかけて多数購入した。

気乗りのしない後発者

イギリスの飛行船技術は、ヨーロッパ大陸の隣人たちに大きく遅れをとっていた。熱心な人物が個々に小型飛行船を数基建造してはみたが、政府は出費をできるかぎり抑え、他国の開発品を買い入れる意向だった。もっともそれには災難もついてきたのだが。

フランスとドイツの技術向上を注視していたのは、陸軍気球部長官、ジェームズ・テンプラー大佐である。1902年には、イギリス政府をどうにか説得し、実験用に小額の資金を引っ張り出した。小型飛行船が2機建造されたが、数回試験をすると資金がつきた。その後の進捗はなく、1907年になってようやく、テンプラー大佐が建造した飛行船の気嚢を再利用して初の軍用飛行船が完成した。この葉巻型の飛行船は、ヌリ・セクンダス［訳注：ラテン語で「最も優れた」の意］と申し分ない名がつけられた。飛行船は頑丈でよくできており、試験飛行を数回経て1907年10月にロンドン上空を飛び、水晶宮(クリスタル・パレス)に着陸した。3時間25分の飛行時間は、当時の世界記録だ。フランスから購入した2機の飛行船にくわえ、陸軍はベビー、ベータ、ガンマ、デルタ、イータと、イギリス製の飛行船の購入を続けた。このうち1912年建造、飛行のデルタが、最大で能力も高かった。同年、飛行船は毎年恒例の軍事演習に参加した。

1914年1月1日、イギリス陸軍は飛行船部を解体し、残った飛行船のベータ、ガンマ、デルタ、イータを、訓練済みの乗員とともに海軍に譲り渡し、その後は海軍がイギリス軍の全飛行船を管理することになった。イギリス海軍は高速飛行船の実験をおこない、一般公募でメイフライと命名した飛行船が1911年に完成していた。しかしこの飛行船は失敗に終わり、硬式飛行船の開発は1912年で終了した。

ペースを上げる

1914年8月に、各国の対立関係は全面戦争へと転じた。イギリスでは、ドイツの強力な飛行船艦隊への恐怖が、民衆にも政府にも大きく影を落としていた。全能の海軍が海を哨戒し、敵の侵攻から護っているかぎりイギリスは安全だという考えは、も

Atlas of Air Warfare

はや通用しなかった。イギリス軍部は、ドイツには、なんらかの爆弾を搭載してイギリスまで到達可能な飛行船が20機ほどあると見ていた。ドイツ陸軍の飛行船は、すでに陸軍部隊の進軍を援護してリエージュとアントウェルペンを爆撃していた。この爆撃を契機に、イギリス機が3度の空襲をおこなうことになる。2度はヨーロッパの基地発の襲撃、1度は飛行艇母艦を発してドイツ沿岸部におこなった、クックスハーフェン襲撃だ。計画の良し悪しというよりも運に恵まれて、ドイツの飛行船はわずか1機、デュッセルドルフのZ9飛行船が破壊されただけで終わった。

クックスハーフェン襲撃の後のほうが、どちらかといえば飛行船による攻撃への懸念は増した。1915年1月1日、戦争会議での演説でウィンストン・チャーチルは、ツェッペリンが空に浮かんでしまえば、これを食い止めるためには防空の有無などまったく意味がない、と警告を発した。ツェッペリン本拠地の破壊攻撃だけが、イギリスの望みをつなぐ道なのである。そしてこの策が実行される前に、イギリスを震え上

初期の空襲
ツェッペリンの指揮官はできるかぎり、イギリス海岸沿いの河口域に爆弾を投下しようとした。その地域は目視が容易だったのである。

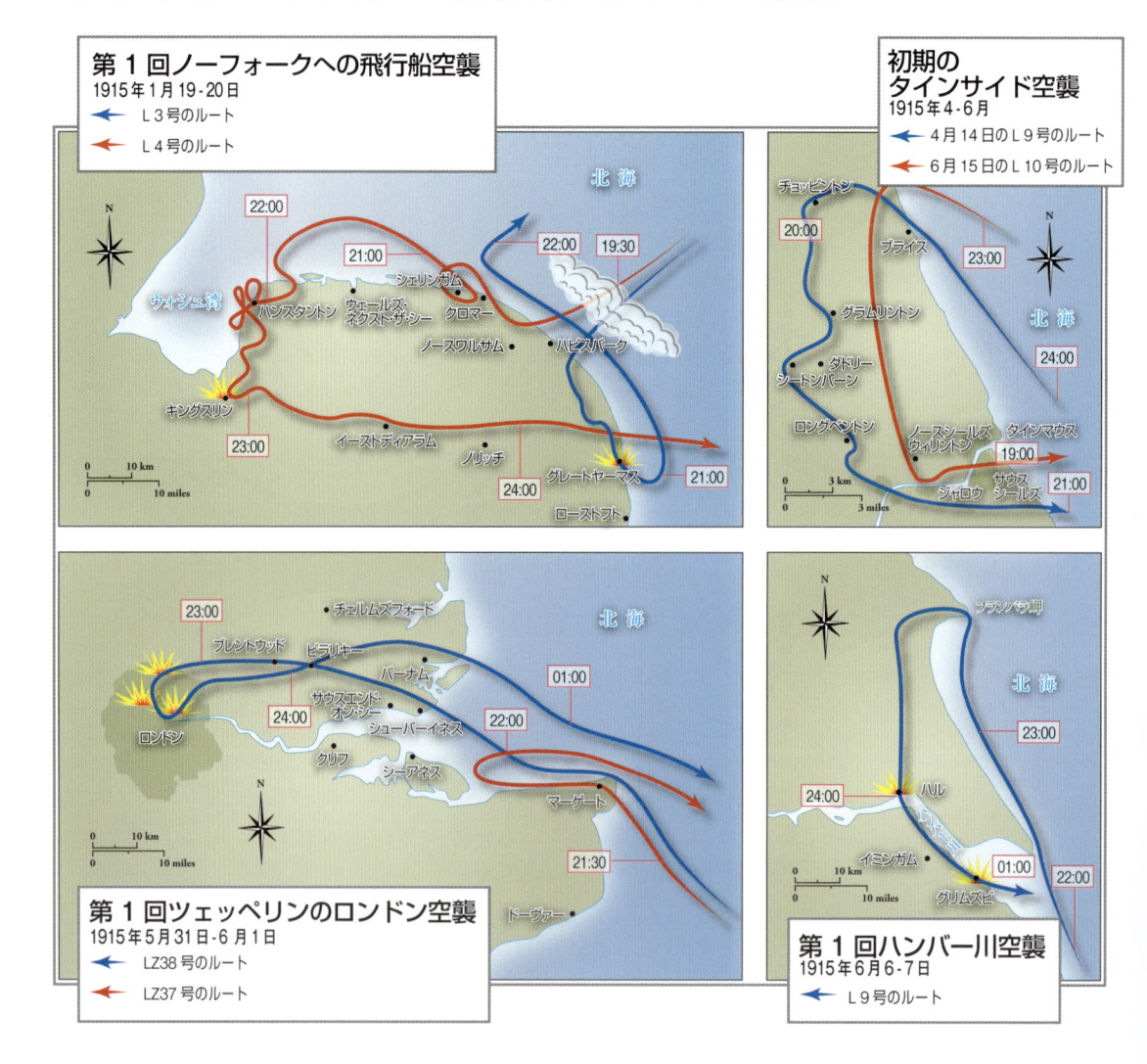

第1回ノーフォークへの飛行船空襲
1915年1月19-20日
- L3号のルート
- L4号のルート

初期のタインサイド空襲
1915年4-6月
- 4月14日のL9号のルート
- 6月15日のL10号のルート

第1回ツェッペリンのロンドン空襲
1915年5月31日-6月1日
- LZ38号のルート
- LZ37号のルート

第1回ハンバー川空襲
1915年6月6-7日
- L9号のルート

Airships: 1914-1918

ツェッペリン・キラー
1915年6月7日、イギリス海軍航空隊第1飛行隊のR・A・J・ウォーンフォード中尉は、ダンケルクからモラン・ソルニエLを飛ばし、一度ツェッペリンLZ37の上空でやり過ごした後、20ポンド爆弾6発を投下した。飛行船は爆発炎上して修道院に墜落し、修道女がひとりとふたりの子供が亡くなった。ウォーンフォードはヴィクトリア十字勲章を受賞したものの、数日後の墜落で命を落とした。

がらせる出来事があった。ツェッペリンがイギリスを爆撃したのだ。ドイツ海軍飛行船師団司令官のペーター・シュトラッサー少佐は、好天との報告を受けて、海軍軍令部長フーゴ・フォン・ポール大将から攻撃実施の承認をもらった。ドイツ陸軍はすでに飛行船をフランスの目標に派遣済みであり、今度は海軍がその栄光に浴すべきだった。シュトラッサーはすぐに行動に移った。第1回の襲撃は1月13日に実行され、L5とL6飛行船がノルドホルツ、L3とL4飛行船がフュールスビュッテルを発ったが、天候が悪化したため引き返しを余儀なくされた。襲撃はもう一度、1月19日にL3、L4、L6飛行船でおこなわれた。シュトラッサー自身がL6に乗り込んだが、この飛行船はイギリスに到達することはなかった。エンジンの調子が悪く、基地に戻るほかなかったのだ。L3飛行船はイギリスのノーフォーク州沿岸、グレートヤーマスの北に午後7時50分に到着した。この港と海軍基地はドイツの目標のひとつであり、飛行船はすぐに町の位置を確認すると、計11個の爆弾を投下した。L4は本来はハンバー川の河口域に向かう予定だったが、ノーフォーク州北部に午後8時30分に到着した。ここは本来の目標から何キロも南である。L4はソーンハム、ブランカスター、ヘンチェム、スネティッシャム、シェリンガムといった村やキングスリンの町を爆撃した。軍事目標はなかったものの、4名が死亡、18名が負傷し、イギリスの昔ながらの簡素なコテージが、同国に対する初の空襲の矛先となってしまった。L3とL4飛行船はフュールスビュッテルの基地に無事に戻った。この襲撃は戦前の小説に描かれたような激しいものではなかったが、それでも飛行船万能の神話が消えることはなかった。しかしL3、L4の不運な乗員たちは、まもなく消える運命にあった。どちらの飛行船も、北海上空での偵察任務中の2月に再び悪天候に襲われたのだ。そしてドイツでは流行歌が生まれ、飛行船にまつわる熱狂的な神話や期待をあおった。

　　飛べ、ツェッペリン
　　戦う私たちを助けて
　　イギリスへ飛べ
　　イギリスは炎に包まれ燃え落ちる……

　いっぽう、イギリス陸軍航空隊第1飛行隊の基地では指揮官のスペンサー・グレイが、飛行船に反撃し、この獣が基地にいるところをたたく決意を固めていた。6月6日の夜半、J・P・ウィルソン大尉の指揮下、3機の航空機が出発した。どの機も6発

の小型爆弾を搭載し、パイロットは小銃と数発の銃弾で武装していた。新人のレジナルド・ウォーンフォード中尉は、夜間飛行で僚機2機を見失った。指揮官のウィルソンと僚機のミルズは東のブリュッセルに向かい、2機はようやくエヴェレの飛行船格納庫を発見すると、完璧な攻撃を実行した。12個の爆弾のうち9個を格納庫に投下すると、引き返しざま、パイロットは巨大な炎が上がるのを確認できた。後の情報機関の報告によると、ロンドンを爆撃した最初の飛行船、LZ38飛行船が炎に包まれたという。

目をみはる成功……そして無事の帰還

ウォーンフォードはその頃、僚機を探して夜空をさまよっていた。彼はほかの2機を発見することができなかったが、偶然、定期哨戒中のLZ37飛行船と遭遇した。飛行船には、日々の飛行で生じる諸問題を実体験するために、ツェッペリン工場の専門家が大勢搭乗していた。ウォーンフォードは目の前に現れた158.5メートルの巨大飛行船に度肝を抜かれた。飛行船のゴンドラ部に機関銃の閃光が見え、銃弾がウォーンフォードのちっぽけな航空機に次々とあたった。彼は慌てずに射程を逃れ、状況を判断した。そして慎重に飛行船に忍び寄り、小銃で射撃を開始した。が、なにも起こらなかった。飛行船の指揮官フォン・デア・ヘイガン中尉は水のバラストを落としてすばやく高度を上げ、高度2130メートルで飛ぶウォーンフォードを置き去りにした。

ウォーンフォードは追跡をあきらめずに3350メートルまで航空機の高度を上げ、どうにかツェッペリンに対して戦術的に有利な位置につこうとした。すると飛行船は突然、鼻先を下に向け、雲のなかに隠れようとした。ウォーンフォードは機会をうかがった。今度は飛行船が自分の下にいる。ウォーンフォードはツェッペリンの無防備な横腹に向けて爆撃をおこなおうと急降下した。ちっぽけなモラン・ソルニエで突進し、6発の小型爆弾を投下すると、それは気嚢を貫いた。一瞬、なにも起こらなかった。そして、巨大な爆発。爆風でウォーンフォードの小型機はひっくり返ったが、彼は燃え上がる飛行船から目を離すことができなかった。何キロも下の地上までふわふわと落ちていく様子がはっきりと見えた。ツェッペリンはヘント郊外に墜落し、修道女がひとり死亡、ほかにも数人がひどい火傷を負った。乗員では、操舵員がひとりだけ命びろいをした。61メートルの高さから飛び降り、屋根を突き破って、誰もいないベッドに落ちたのだ。

徴兵ポスター
ツェッペリンの空襲は現実として迫り、その恐怖から首都を救うべく、イギリス政府はすぐに行動に移った。イラストは当時の徴兵ポスター。

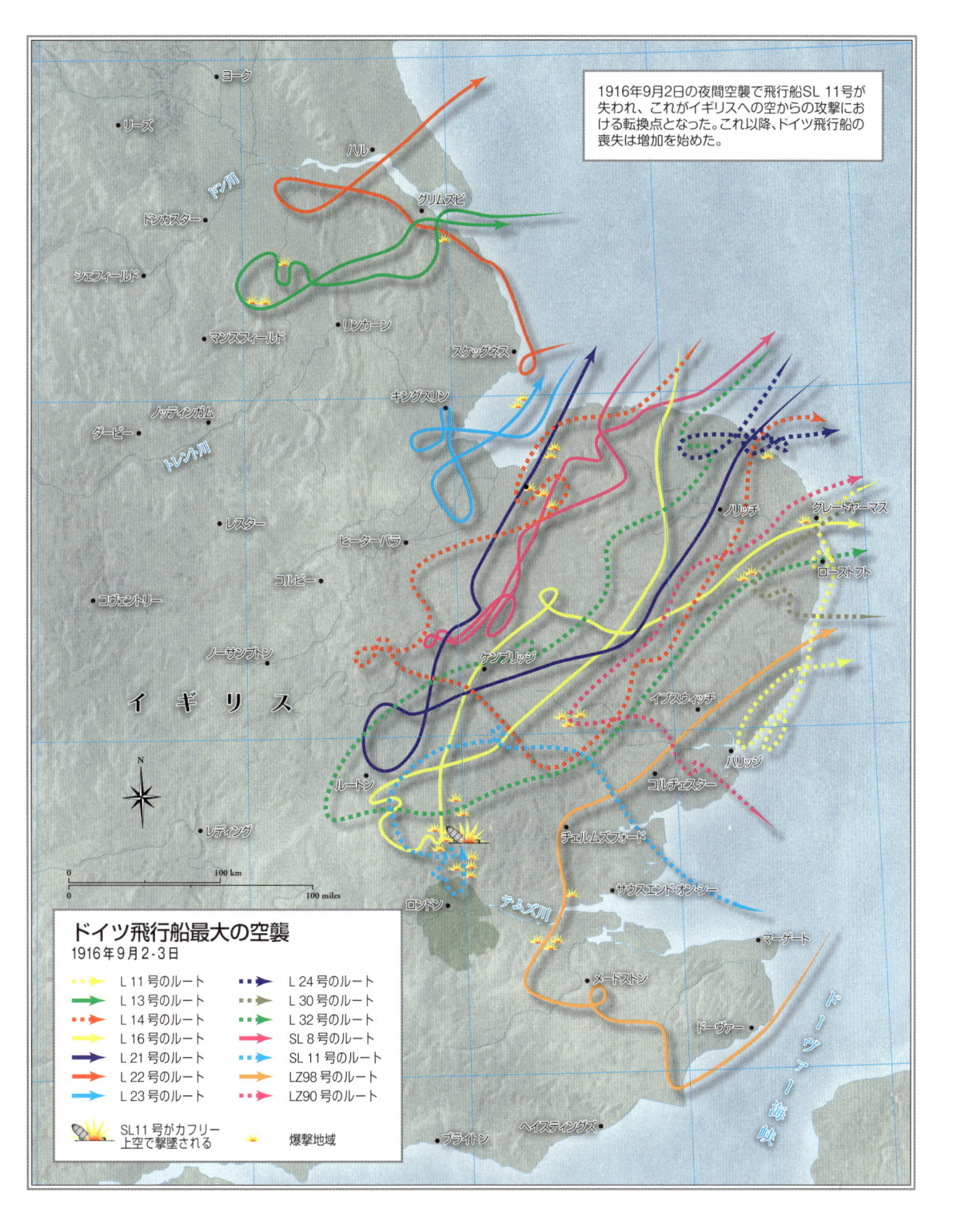

Airships: 1914-1918

1916年9月2日の夜間空襲で飛行船SL 11号が失われ、これがイギリスへの空からの攻撃における転換点となった。これ以降、ドイツ飛行船の喪失は増加を始めた。

ドイツ飛行船最大の空襲
1916年9月2・3日

- L 11号のルート
- L 13号のルート
- L 14号のルート
- L 16号のルート
- L 21号のルート
- L 22号のルート
- L 23号のルート
- L 24号のルート
- L 30号のルート
- L 32号のルート
- SL 8号のルート
- SL 11号のルート
- LZ98号のルート
- LZ90号のルート
- SL11号がカフリー上空で撃墜される
- 爆撃地域

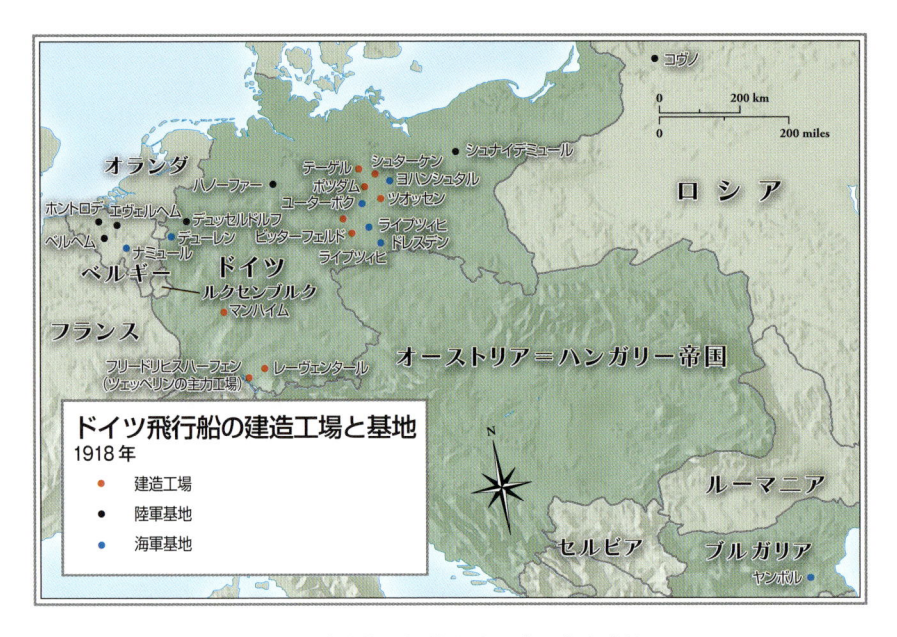

ドイツ飛行船の建造工場と基地
1918年
- 建造工場
- 陸軍基地
- 海軍基地

　ウォーンフォードは焦げた航空機の操縦を立て直そうと奮闘した。しかしル・ローヌ・エンジンはバタバタという音を立てると、パタリと停止してしまった。ドイツ軍の占領地域に60キロほど入ったところにウォーンフォードはいた。連合国軍の前線までたどり着けそうにはない。しかし彼はあきらめず、ガタガタの航空機をどうにか一軒の農家のそばに着陸させた。あたりは静まり返っている。まず頭に浮かんだのは航空機を破壊することだったが、じっくりと調べてみると、燃料管が切断されているものの、タンクにはじゅうぶんな燃料が残っていた。落ち着いてよくよく考え、ウォーンフォードが機を修理してプロペラをまわすと、まだ温かいエンジンはすぐにかかった。彼は航空機に乗り込んで離陸した。そしてついにカレーの海岸から16キロのグリ・ネ岬に着陸して、燃料を足すとダンケルクの指揮官に電話連絡を入れた。基地に戻る頃には、ウォーンフォードの名はイギリス中に響きわたっていた。イギリス国王ジョージ5世はウォーンフォードにヴィクトリア十字勲章を授与し、その勝利に謝意を表した。さらにフランスも、レジオン・ドヌール勲章の大十字章を授与した。飛行船神話は、ついに崩壊したのだ。

　結局、1915年には20基のドイツ飛行船がイギリスに37トンの爆弾を投下し、181人が死亡し、455人が負傷した。新聞の報道や人々の怒りは激しかったが、イギリスが被った損害は、ドイツが費やした労力のわりには小さかった。

はばむことのできない決意

　イタリアは1915年5月に、連合国側の一員として参戦した。イタリアの飛行船とカプロニ爆撃機はオーストリア＝ハンガリー帝国に飛び、フランスの飛行船はドイツおよび占領下フランスにいくどか襲撃をかけた。ドイツが戦略目標としてイギリスを最優先する姿勢は1916年も変わらなかった。ドイツ皇帝はもはや、ロンドンや、その他の目標に値する都市に爆撃をおこなうことへの気遣いを捨て去っていた。腹立たしいほど野蛮な戦争は手に負えないものになっていき、飛行船が好き勝手すれば数々

Airships: 1914-1918

骨組みだけの残骸
1916年9月22-23日の夜、ツェッペリンL33は、対空砲撃と航空機からの攻撃で激しく損傷してエセックス州リトル・ウィグバラの野原に墜落したため、乗員が火を放った。乗員22名は全員捕虜となった。指揮官はアーロイス・ベッカー海軍大尉。

最後の空襲
1918年8月5日深夜、イギリスへの戦時中最後の攻撃において、ツェッペリンL70（フォン・ロスニツァー海軍大尉指揮）はDH.4のエグバート・カドバリー少佐とロバート・レッキー大尉から攻撃を受けて炎上し、ノーフォーク州キングスリンの海に墜落した。22名の死亡者のなかには、飛行船師団の司令官であるペーター・シュトラッサーがいた。

の町や通りが死と破壊に見舞われた。

　1916年、ドイツの飛行船は23回にわたってイギリスを襲ったが、その多くは大きな損害を与えることはなかった。しかし9月2日の襲撃は戦時中最大のものとなり、16機の飛行船が出撃した。1916年にはふたつの世代の飛行船が就役しており、シュトラッサーが大きな希望を託す、新型の巨大なL30は5機が建造済みだった。9月2日に出撃した12機のドイツ海軍飛行船のうち、2機はこの超ツェッペリン級であり、陸軍は4機の飛行船をこの襲撃に提供していた。飛行船は計32トンの爆弾を搭載し、出発した16機のうち14機がイギリス東部および南部に到達した（海軍のL17飛行船と陸軍のLZ97は機器の不調で引き返した）。空襲警報が鳴り響き、サーチライトが夜の空を照らす。イギリス軍航空機は防御部隊を編制して空へと飛んだ。1916年夏、イギリス飛行隊には新しい機関銃の銃弾が届き始めていた。「ブロック」と「ポメロイ」という2種類の爆発弾に、さらにリン焼夷弾「バッキンガム」もくわわった。これを組み合わせて攻撃すれば、水素が充満した飛行船に致命傷を与えられるのだ。

　イギリス上空に浮かぶ14機の飛行船のなかに、ヴィルヘルム・シュラムが指揮する

陸軍のSL11飛行船があった。SL11はロンドンの北部郊外に午前2時頃到達した。爆弾を投下するときにサーチライトがこの飛行船を照らし出したので、飛行船は北へと方向転換したものの、悪評高いB.E.2cを飛ばしていたイギリス陸軍航空隊第39飛行隊のリーフェ・ロビンソン大尉に発見された。大尉は指揮官に次のような報告を送っている。

> 私は高度約3930メートルにいたのですが、前回の失敗を思い出し、高度は上げずに速度を上げて、ツェッペリンのほうへ機を向けました。砲弾が破裂し、曳航弾が周囲を飛び交っています。飛行船に近づくと、味方からの対空射撃は狙いが高すぎるか低すぎるかで、またかなり多くの砲弾が240メートルほど後方で破裂していました。数発の曳航弾がすぐ上を通りました。ツェッペリンから900メートルあまりまで近づくと、爆発音が聞こえました。私は飛行船の船首付近の240メートルあまり下方を飛んでおり、船首付近に向けて撃ち（新型のブロックとポメロイを交互に装塡した）ドラム弾倉を空にしました。なんの効果も見られなかったのでいっぽうに寄り、飛行船の横腹に向けて再度ドラム弾倉を空けました。これも効果はありません。そこで私は後ろにつき、このときは150メートルあまり下まで接近していたのですが、一カ所（船尾下部）に集中させて撃ちました。攻撃中の高度は3500メートルです。撃った箇所が赤くなるのが見えるまで、私は銃撃をやめることができませんでした。数秒たつと、飛行船の船尾全体が火を噴いています。3度目の射撃時には、ツェッペリンにサーチライトは当たっておらず、対空砲も止んでいました。私は炎を上げながら落ちていくツェッペリンからさっと離れると、高ぶった気持ちで赤いベリー式信号光を何発か打ち上げ、パラシュート付照明弾を落としたのです。

ロビンソンは時の人となった。そして何百万ものイギリス市民がSL11の最期を知り、その墜落現場に何千人もの人々が足を運んだことには、さらに大きな意味があった。市民の士気は大きく上がり、さらには飛行船の無敗神話をたたきつぶしたのだ。

9月23日早朝、エセックス州コルチェスターにほど近いリトル・ウィグバラで、イギリス軍戦闘機と対空火器がドイツ海軍ベッカー大尉指揮の海軍飛行船L33を撃墜すると、イギリスではさらに希望がふくらんだ。この飛行船は最新の技術を用いた新型飛行船であり、初めての任務についていた。イギリスの専門家は飛行船の残骸を丹念に調査し、イギリスの飛行船設計にヒントを得た。実際に、L33飛行船からは250馬力エンジン1基が回収され、旧型で馬力に劣るイギリスのR9飛行船に取りつけられるということもあった。

1916年の襲撃では125トンの爆弾が投下され、293人が死亡し、691人が負傷した。しかし、戦況は反転しつつあった。戦闘能力が増し、武装もじゅうぶんな戦闘機が、飛行船の脅威に終止符を打とうとしていたのである。

1916年末から1917年初頭にかけては、ドイツ指揮官の大半が、飛行船はコストと維持費が高くつくうえに壊れやすく、戦略爆撃を実行する最適な手段ではないと結論づけていた。それでも飛行船の開発は続いた。飛行船はより大型になり、戦闘機や対空砲の射程に入らないように、より高く飛ぶことができるようになったが、高高度では飛行船乗員の能率が大きく低下し、その結果、爆撃の精度は低くなった。とはいえ、

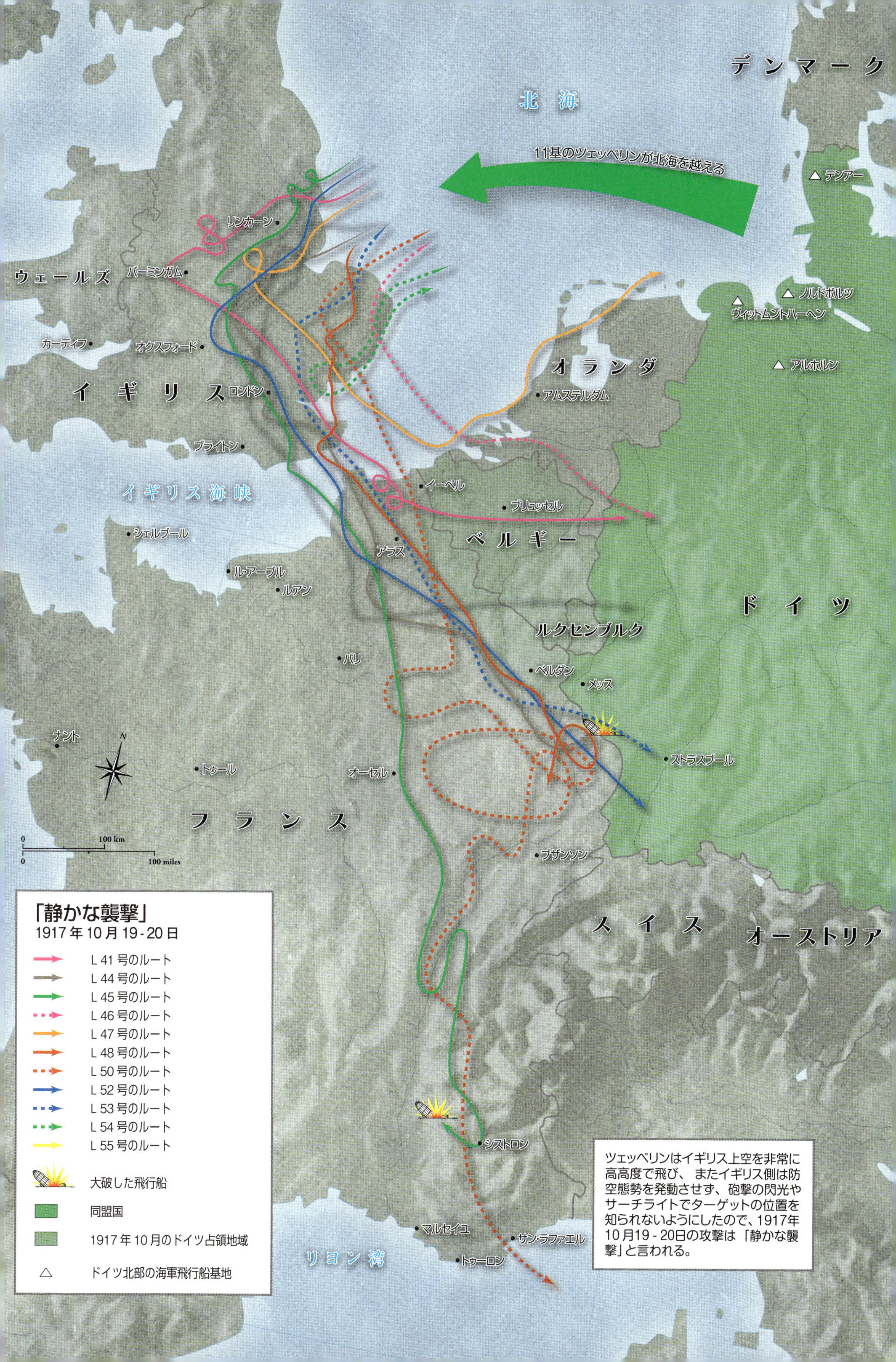

ツェッペリンはイギリス上空を非常に高高度で飛び、またイギリス側は防空態勢を発動させず、砲撃の閃光やサーチライトでターゲットの位置を知られないようにしたので、1917年10月19-20日の攻撃は「静かな襲撃」と言われる。

飛行船にはいまだに海軍飛行船司令官ペーター・シュトラッサーをはじめとする熱心な信奉者がついていた。シュトラッサーは、飛行船の脅威に対するイギリスの反応と飛行船襲撃の実態に、飛行船の価値が如実に表れていると思っていた。事実1917年には、戦闘機と何百もの火砲とサーチライト、1万あまりの兵士からなる10個飛行隊が、イギリスの防空に配備されていた。

消える支援、減る役割

1917年と1918年には、イギリスに対する飛行船襲撃はわずか11回にとどまった。1917年9月24日、ペーター・シュトラッサーはイギリス北部に10機の飛行船で襲撃をおこない、ハルをその主要目標に置いた。10月、今回は中部地方の産業都市やその他の都市を爆撃するために、11機の飛行船がイギリス東部に到達した。飛行船艦隊は高度約4600から6100メートルを巡航した。中部地方に近づくと、艦隊は時速100キロの南東の風にぶつかり、少なくとも4機の飛行船が防空態勢にあるロンドン上空やその付近に流された。

飛行船の下方では霧がすっぽりとロンドンを包み、さらに、火砲を撃たず、サーチライトも消すよう命令が出された。襲撃者は静まり返った首都の上を通り過ぎ、この作戦は「静かな襲撃」と呼ばれることになった。このときの襲撃では分散した目標に273発の爆弾が投下され、236人が亡くなり、55人が負傷した。ドイツは、作戦中に4機、ドイツに戻って着陸するさいに1機、計5機の飛行船を喪失した。飛行船による空襲は1918年まで続行され、ペーター・シュトラッサーは、ツェッペリンによる攻撃が戦争を勝利に導くのだとあおり続けた。シュトラッサーは、最新の建造であるL70で戦時中最後の飛行船空襲を指揮途中、1918年8月5日に亡くなった。しかし1917年以降、飛行船には爆撃機というライバルが燦然と現れた。

興味深いエピソードもある。飛行船の優れた航続能力を利用して、東アフリカの植民地で孤立するドイツ軍戦闘部隊への物資補給がおこなわれたことがあった。超大型のL59が選ばれ、ドイツの飛行船基地では最南端にあるブルガリアのヤンボル基地に飛んだ。2度の試行の後、ようやく飛行船は1917年11月21日に出発し、旧アングロエジプト・スーダンのハルツーム地域まで到達したところで無線で呼び戻された。ドイツ軍が降伏したと判断されたためであり、飛行船は北に向きを変え、11月25日の朝、基地に戻った。

総計88機のドイツ飛行船が建造され、うち74機が海軍飛行船師団に属していた。60機が失われたが、34機はおもに悪天候による事故が原因だった。残る26機は、17機がブリテン諸島に対する攻撃時に破壊され、一部は帰還途上にフランスの対空火器に撃墜された。また、ロシア戦線やフランスへの作戦で撃墜された飛行船もあった。1914年から1918年にかけて、ドイツの飛行船は5806発の爆弾を投下し、557人の命を奪い、1358人を負傷させた。しかし第一次世界大戦で生じた甚大な損害のなかでは、飛行船が与えた傷はほんの一刺しにすぎなかった。それは、西部戦線における1日の平均的損害と同程度のものでしかなかったのである。

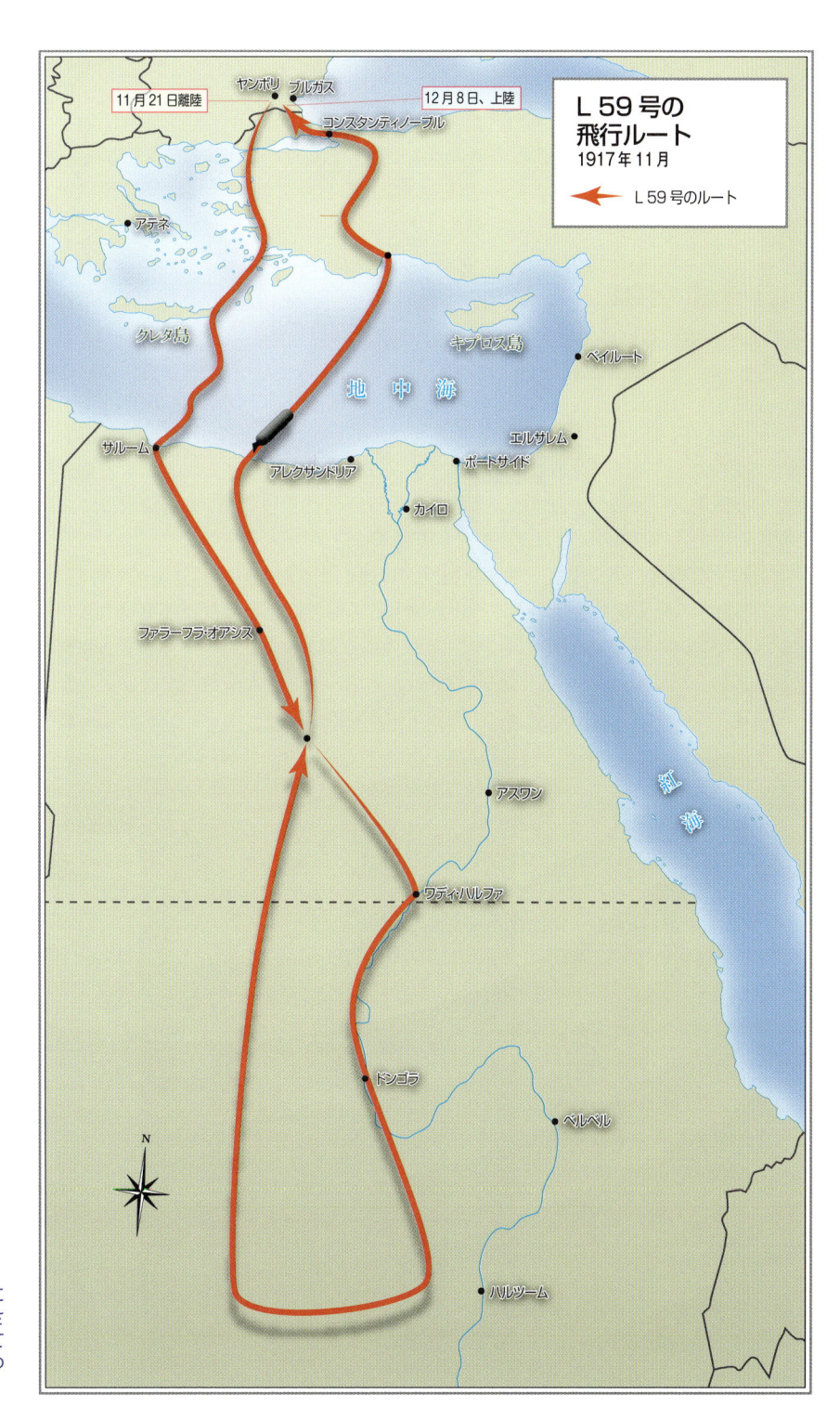

Airships: 1914-1918

L 59号の飛行ルート
1917年11月

← L 59号のルート

11月21日離陸 — ヤンボリ・ブルガス
12月8日、上陸 — コンスタンティノーブル

アテネ
クレタ島
キプロス島
ベイルート
地中海
サルーム
アレクサンドリア
エルサレム
ポートサイド
カイロ
ファラーフラ・オアシス
アスワン
紅海
ワディハルファ
ドンゴラ
ベルベル
ハルツーム

ツェッペリンL59の飛行によってその航続能力が証明され、1920-30年代にかけて飛行船が世界を飛ぶ道筋がついた。

戦闘機
1914-1918 年

軍用機といっていちばんに浮かぶのは「戦闘機」だろう。これは敵機を破壊し、作戦遂行の場である空を支配するために建造された航空機だが、こうした概念は1914年にはまだほとんど知られていなかった。

行きづまりの打開

塹壕にしがみつく戦いに機動戦が屈する数週間が続き、西部戦線は巨大な包囲戦の様相を呈していた。どちらの陣営もほぼ停止した戦況の打開を試みて、機動的な戦争に戻し、決定的勝利を得ようとした。しかし事はそう運ばず、どれだけ人命を犠牲に作戦を試みても、部隊の位置はほとんど変わらなかった。それまでのところ攻撃よりも防御戦に重点が置かれ、決定的な攻撃をしかけられたとしても、有刺鉄線に守られた塹壕から火砲や機関銃ではね返すことが可能だった。

血を吸った戦場の上空では貧弱な小型機が日課となった偵察に飛び回っていたが、ときには自軍の防衛線の偵察をおこなう敵機と遭遇してこれをはばむ必要が生じ、それが大きな問題になりつつあった。1914年後半になると、航空機による敵機への初の攻撃が記録されている。単座や複座機の乗員が拳銃や小銃を撃ち合ったのだが、その大半はなんの成果も上がらなかった。先端を切りつめたショットガンで武装して飛んだイギリス人パイロットは次のように語っている。

> 見慣れぬ航空機を発見した。我が軍のどの機とも違っていたので接近して確認すると、乗っているのはハンガリー人だ。私はショットガンを取り出し、そちらに向けて撃った。次は拳銃を握り、上空で銃撃戦となった。非常に接近しており、互いに相手がよく確認できた。私は6発撃ち終わり、相手も弾がつきた。そこで私たちは別れの合図を送って離れた。
>
> イギリス陸軍航空隊
> ケネス・ヴァン・ダ・スパイ

狙いすまして撃ったとしても、時速約110キロで飛ぶ航空機からの銃弾が致命傷を与える確率は、ほとんどゼ

戦闘機のパイオニア
モラン・ソルニエNのコックピットに座るローラン・ギャロ。彼は第一次世界大戦前に、フランスの飛行士のパイオニアとして名声を得ていた。3週間で敵機を6機撃墜した後、エンジン・トラブルで不時着して捕虜となった。

エアコ DH.2
DH.2は単座「推進」式機で、100馬力モノスーパーブ・エンジンを装着、コックピットの左側の旋回軸にルイス機関銃1機を装備していた。

ロに等しかった。

　この空中戦闘の問題を最初に解決したのは、戦前からの飛行士でありモラン・ソルニエ社のテスト・パイロット、ローラン・ギャロだった。レイモンド・ソルニエはすでに第一次世界大戦前に、回転するプロペラの間から機関銃を発射可能な装置を実験し、この仕組みで特許を取得したものの、戦争勃発前に完成させることはできなかった。

　この仕事を引き継いだのがギャロである。方向偏差を考慮した射撃は単に機関銃を発射するときでさえ簡単ではないため、ギャロはこの方法ではなく、機関銃を前方に向けて撃ち、プロペラの間を通すことにした。まだ効果的な同調ギアは開発されていなかったので、ギャロは自機のプロペラに金属製の反射板をとりつけた。地上のテストでは、プロペラに当たったのは10発中わずか1発だった。

　ギャロは新しい装置をつけた機で出発した。彼は敵機に後方から接近する方法をとった。双方の機とも同じ方向に飛んでいるので、方向偏差を考慮する必要がなく、命中率はずっと高くなると考えたのだ。もっとも、銃弾が自機のプロペラにはね返ってギャロ自身に当たったり、自機に致命的な損傷を与えたりしないかぎりは、であるが。このシステムは危険をはらんでいたにもかかわらず、ギャロは18日間で3機のドイツ機を撃墜した。それまでは、遭遇しても相手に与える損失がゼロに近かったことを考慮すると、これは大きな数字だ。

　4月18日、燃料管がつまったため、ギャロはエンジンを切って敵戦線後方に降りるはめになり、ギャロとモラン・ソルニエN機はすぐに捕らえられた。この機はただちにベルリンに送られ、そこで、フランス機が備える新たな脅威の解決策を見つける仕事を与えられたのがアンソニー・フォッカーだった。他国の技術者と同じく、ドイツ人技師たちも前方射撃用の遮断ギアを研究していた。フォッカーはある装置を完成させ、これを、80馬力のエンジンを備えたフォッカーE.I「アインデッカー」に装着した。

ドイツの撃墜王

　新しい装備をほどこしたフォッカーの機は急遽前線に送られ、ふたりの突出したパ

イロットがこの機に乗った。ひとりは1890年ドレスデン生まれのマックス・インメルマン。インメルマンは14歳でドレスデン軍事教練隊に入隊した。才能に恵まれた技師だったが、素行不良のために軍役から去ることになる。戦争勃発に伴い陸軍に再入隊すると、インメルマンは新しい工学や機械学、それに飛行に必要な技術に魅了されて、航空隊勤務を希望した。訓練を終えたインメルマンが最初に就いたのは、チラシ投下と前線飛行場への物資補給任務だった。

1915年6月3日の偵察任務中に、インメルマンはフランス機に撃墜された。彼はこれを生き延び、二級鉄十字章を授与された。そして、まだ無名のパイロットであるインメルマンは、自分の名を広めることになる航空機と出会った。

ちょうど、フォッカー社の工場から小型の単座戦闘機2機が我々のもとに届い

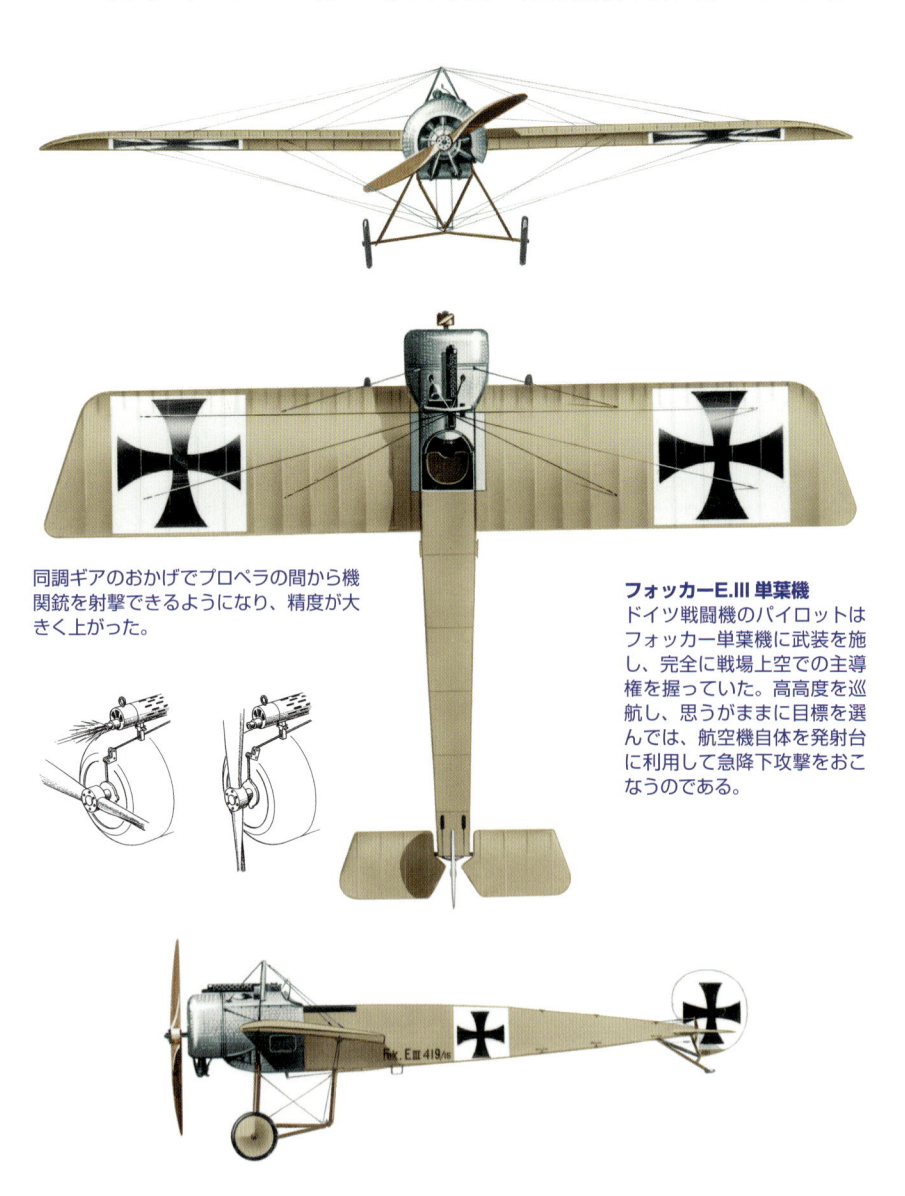

同調ギアのおかげでプロペラの間から機関銃を射撃できるようになり、精度が大きく上がった。

フォッカーE.III 単葉機
ドイツ戦闘機のパイロットはフォッカー単葉機に武装を施し、完全に戦場上空での主導権を握っていた。高高度を巡航し、思うがままに目標を選んでは、航空機自体を発射台に利用して急降下攻撃をおこなうのである。

Fighters: 1914-1918

旋回を停止して上昇をやめ、
パイロットは攻撃を繰り返す。

パイロットはつねに太陽を
背にし、機を目標に向けて
急降下させる。

急降下をやめて急上昇に切
り替え、パイロットは高度
を上げて再度優位に立つ。

インメルマン・ターンでは、速度を上げて敵に
向かって急降下する。それから下方から上昇
しながら射撃をおこなう。射撃後は、フォッカ
ーのパイロットはほぼ垂直になるまで上昇を
続け、そこで舵をぐっと引いて反転し、敵機に
向かって急降下して攻撃を繰り返す。

たところだった。バイエルン皇太子がこの新型の戦闘機と我々、それに第20班の見学に、格納庫に姿を現した。この機の製造者であるフォッカー社長が皇太子に呼ばれた。フォッカーとパーシャウ大尉は皇太子にデモンストレーション飛行を見せ、空から地上の目標に向けて射撃をおこなった。フォッカーの腕前に我々は目をみはった。

マックス・インメルマン

　それからまもなく、インメルマンはオズワルド・ベルケとともに、投入されたばかりの新型機フォッカーE.Iに搭乗した。前線に戻ったふたりのパイロットは8月1日に、ドイツの飛行場を爆撃した10機のB.E.2cを追跡する。ベルケは攻撃したが、数発撃つと銃がつまったので帰還した。インメルマンは飛び続け、数機を攻撃して1機に狙いをしぼり、それを追った。そしてついにパイロットを負傷させ、その機をドイツ占領地域へと着陸させた。この働きで、インメルマンは一級鉄十字勲章を授与された。

　インメルマンは敵機撃墜数を増やしていった。9月23日にはフランスのパイロットに撃墜されたが、運に恵まれ生き延びて空に戻り、イギリス陸軍航空隊のB.E.2cを撃墜し、これで4機目となった。すでにインメルマンの功績はドイツ紙にもてはやされており、「リールの鷲」と呼ばれるまでになっていた。卓越した飛行技術によってインメルマンは連合国軍の不倶戴天の敵となり、「インメルマン・ターン」をはじめ、さまざまな策を開発して賞賛を得た。機体が軽く出力不足で、補助翼（エルロン）を用いずに翼をゆがめて操縦したアインデッカー機に、この芸当が可能だったかは疑問が残る。しかし、誰かがこれをなしえるとしたら、工学の知識と卓越した飛行技術を備えたインメルマンその人だろう。インメルマンがかかわった操縦法はほかにもある。それは「ストール・ターン（失速旋回）」であり、舵を急転させて垂直に上昇し、航空機が失速する直前に舵を反転させ、急降下して敵を再び攻撃しに戻るという操縦法である。

　1916年6月18日に死亡するまでにインメルマンは15機を撃墜し、数々の勲章とともに、望んでいたプール・ル・メリット勲章（後に「ブルー・マックス」と呼ばれる）の栄誉を得た。

　オズワルド・ベルケもまたフォッカー・アインデッカー機の代名詞となった人物だ。ベルケは第2戦闘飛行中隊（ヤシュタ2）を編制し、自らの空中戦の経験を苦心して

マックス・インメルマン（上）
1915年の秋、ドイツ機パイロット初のエース、マックス・インメルマンとオズワルド・ベルケは目覚しい活躍を見せ、年末に向けて着実に敵機撃墜数を積みましていった。「エース」という言葉は、フランス軍が戦闘機の優れたパイロットを呼ぶときに使ったもので、ドイツ軍もこれを宣伝に利用した。

フォッカーE.I（左上）
フォッカーE.I単葉機はプロペラの間を通して発射するシュパンダウ機関銃1機で武装した初の航空機。この機の開発によって、速度の遅い「推進」式機にのみ前方射撃用機銃を装備していた連合国軍をかわすことになった。

ブリストル F2B 戦闘機
単座戦闘機と同じく、攻撃的に飛ぶときのブリストル F2B 戦闘機は強力な兵器であり、戦闘では並外れた勝利数を記録し続けた。F2B は西部戦線のイギリス陸軍航空隊 6 個飛行隊に配備され、イギリスに 4 機、イタリアにも 1 機置かれた。

後進に引き継いだ。新兵には細心の注意を払って指導し、率いる戦闘飛行隊のために「命令」として知られる実用的な注意書きも作成している。

1. 攻撃前に優位を確保する。可能であれば太陽を背にすること。
2. 攻撃を始めたら、つねに完遂すること。
3. 接近し、敵機がじゅうぶん視界に入ったときのみ攻撃すること。
4. つねに敵を目視し、敵の計略に欺かれないようにすること。
5. いかなる攻撃においても、後方から敵機を襲うことが肝要である。
6. 敵機が急降下して向かってきた場合は、敵の猛攻を避けずに応戦すること。
7. 敵戦線上空では、必ず退却ルートを確保する。
8. 4 から 6 機のグループでの攻撃を原則とする。1 機ずつの戦闘に分かれた場合は、数機で 1 機に向かわないようにする。

ベルケの命令（ディクタ）

これらのルールは非常に成果を上げ、第二次世界大戦でも用いられた。

1916 年 10 月 28 日午後の出撃が、第 2 戦闘飛行隊におけるベルケ最後の飛行となった。ベルケは、イギリスきっての飛行士である伝説のガンマン、ラノー・ホーカー少佐率いるイギリス陸軍航空隊第 24 飛行隊の DH.2 の迎撃に飛び、ドッグファイトを演じていた。ベルケが乗るアルバトロス D.II はエルヴィン・ベーメの操縦する僚機の降着装置とわずかに接触し、上翼の羽布が裂けた。損傷した機のコントロールを保とうと奮闘し、ベルケは苦心の末かなりうまく不時着をやってのけたのだが、急いで搭乗していたためにシートベルトを装着しておらず、その不注意が命とりとなった。この伝説の飛行士さえもが数々の戦闘で疲労し、単純なミスを犯してしまった。ベルケの撃墜数は 40 機にのぼった。敵もその死を悼み、あるイギリス機は、次のような弔辞

フォッカーDR.1 三葉機
1917年10月に投入されたロータリー・エンジン搭載のDR.1三葉機は、マンフレート・フォン・リヒトホーフェン男爵が機体を赤く塗ったことで有名になった。男爵はこの機で最期を迎えた。機動力に優れた戦闘機だったが、新世代の戦闘偵察機の登場で、すでに時代遅れになっていた。

を落としていった。

　　　我らが敵にして勇敢なる騎士、ベルケ大尉を悼む。

　　　　　　　　　　　　　　　　　　　　イギリス陸軍航空隊

フォッカーという悩みのたねの解決策

　「厄介者フォッカー」に対して、イギリスはエアコDH.2という解決策を持ち出した。エンジンがパイロット後方にある「推進」式のこの機は、ジェフリー・デ・ハヴィランドの指導の下、当初から「戦闘機」、または偵察機として設計されていた。推進式機の機体の利点は、前方射撃時に見通しが利く点にある。エアコDH.2は、100馬力のモノスーパープ・ノーム・エンジンを動力とし、じゅうぶんな操縦面をとってあるので操縦が容易であり、1915年7月に初飛行をおこなって11月には工場から出荷された。

　1916年2月には、初めてDH.2を配備したイギリス陸軍航空隊第24飛行隊がフランスに到着し、これが初の「戦闘機」飛行隊とされている。しかし1915年7月25日以降、第11飛行隊は複座の推進式機ヴィッカースFB5を投入して作戦行動をとっており、これが実質的には戦闘機の役割を担っていた。いっぽうフランスの航空隊は、新設の戦闘用飛行隊（エスカド

FE.2Dの後方射撃
後方からの攻撃からFE.2Dを護るために必要な技術を披露する将校。防御する射撃手にはシートベルトがなく、縦揺れ、横揺れする格闘戦では、航空機にしがみつき、果敢に銃を操作しなければならなかった。

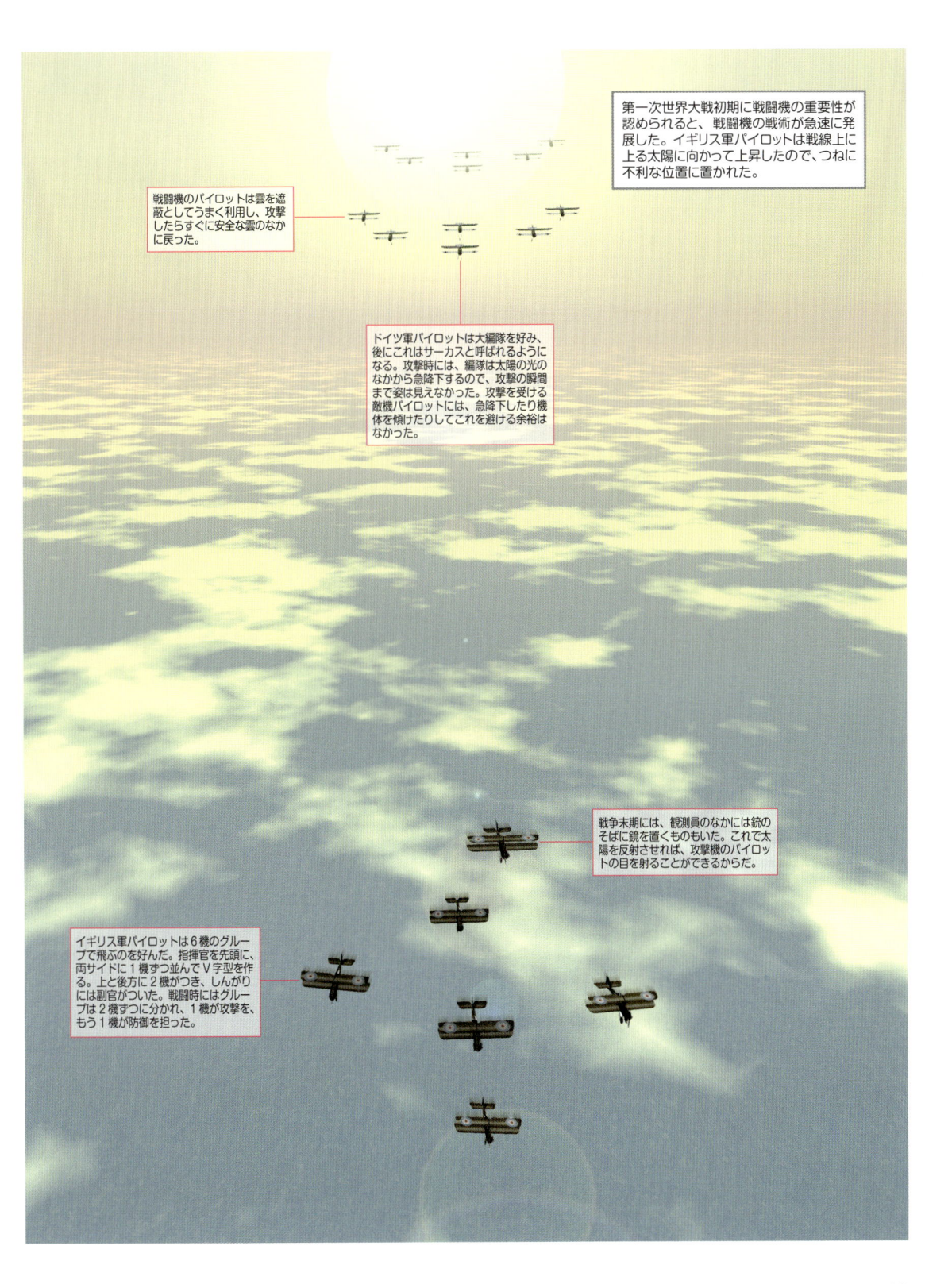

Fighters: 1914-1918

第一次世界大戦初期に戦闘機の重要性が認められると、戦闘機の戦術が急速に発展した。イギリス軍パイロットは戦線上に上る太陽に向かって上昇したので、つねに不利な位置に置かれた。

戦闘機のパイロットは雲を遮蔽としてうまく利用し、攻撃したらすぐに安全な雲のなかに戻った。

ドイツ軍パイロットは大編隊を好み、後にこれはサーカスと呼ばれるようになる。攻撃時には、編隊は太陽の光のなかから急降下するので、攻撃の瞬間まで姿は見えなかった。攻撃を受ける敵機パイロットには、急降下したり機体を傾けたりしてこれを避ける余裕はなかった。

戦争末期には、観測員のなかには銃のそばに鏡を置くものもいた。これで太陽を反射させれば、攻撃機のパイロットの目を射ることができるからだ。

イギリス軍パイロットは6機のグループで飛ぶのを好んだ。指揮官を先頭に、両サイドに1機ずつ並んでV字型を作る。上と後方に2機がつき、しんがりには副官がいた。戦闘時にはグループは2機ずつに分かれ、1機が攻撃を、もう1機が防御を担った。

リユ）に高性能のニューポール11「ベベ」を配備しており、これが戦闘機として設計された最初の機だった。単座、牽引式複葉機のこの機は上翼の上にルイス機関銃を装着し、プロペラの回転より上で前方射撃がおこなえた。これらの航空機は、フォッカーE.IIIより時速にして16から24キロほど速かった。

ドイツ軍はフォッカーのパイロットに連合国領空を飛ぶことを禁じ、同調ギアの技術の秘密を守り続けた。しかし、イギリス軍は1916年4月に敵機を捕獲した。フランス軍も偶然ではあるが、霧に迷い、誤ってフランス軍飛行場に着陸したドイツ機1機を無傷で手に入れた。連合国軍は早急にドイツ機の同調ギアを解体して模倣し、自軍の航空機に利用した。このときにフォッカーの飛行の特性も突き止めたのだが、それはフォッカー神話ができるのも納得の優れたものだった。しかしながらフォッカーが戦場を支配する時代は終わったも同然となった。

ようやく得た認識

交戦国の各軍最高司令部は、ようやく、速度がただの「一時的流行」、また操作性が単なる「曲乗り」ではなく、それらの機能が戦闘機乗りに不可欠な技術であることを認識し始めた。もっともこれは、パイロット自身はずっと以前に理解していたことだった。三次元の戦闘をおこなうさい、パイロットには、宙返りや急降下ができるだけでなく、追跡者を振り切りまた優位に立てるように、次々と新しい動きを取り入れること

エーリヒ・フォン・ファルケンハイン大将
フォン・ファルケンハインは結果を予見しながら、ヴェルダンでは消耗戦という戦略をとらざるを得なかった。甚大な損害によって、ヨーロッパの指導者たちが戦争を終わらせる交渉の席につくと期待してのことだ。

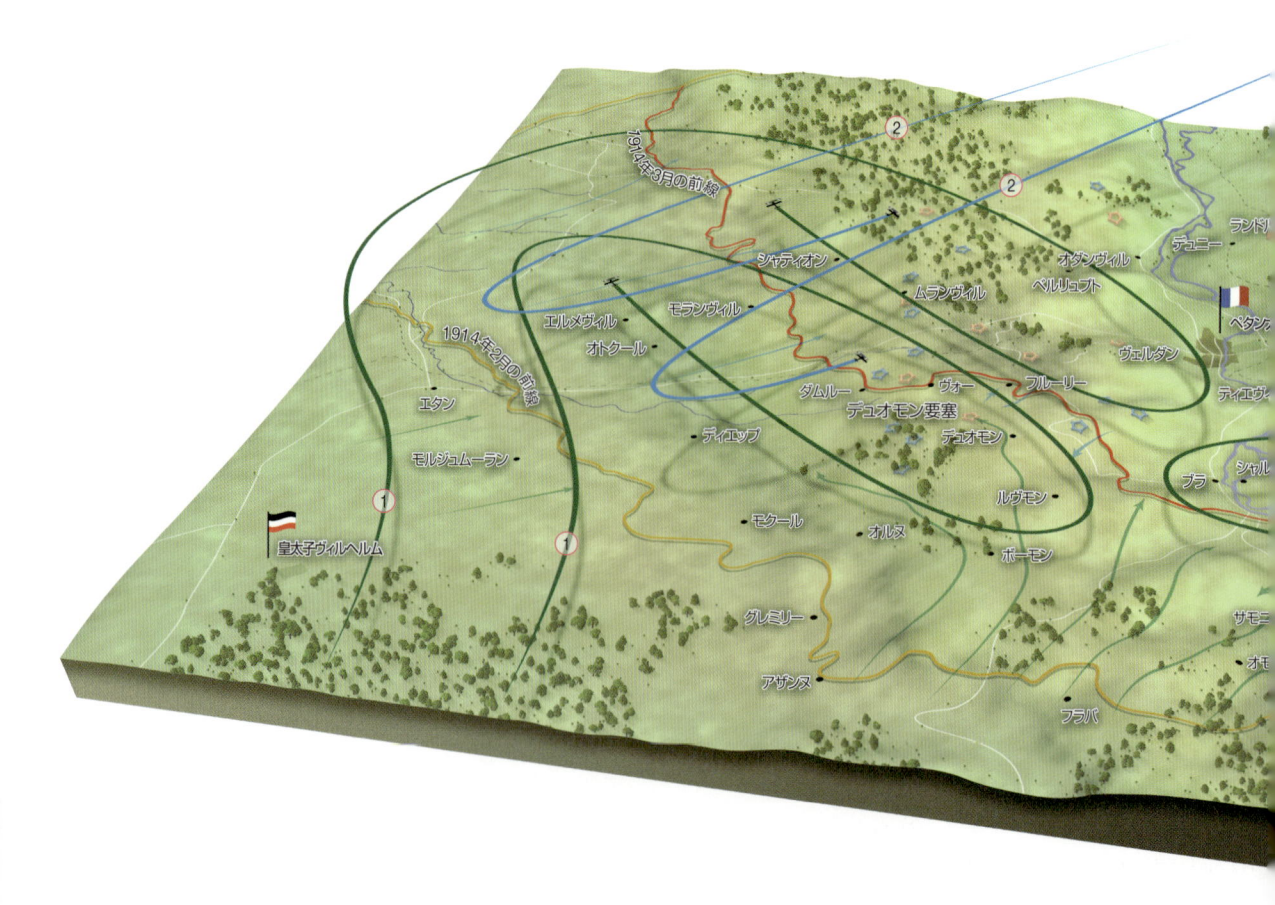

Fighters: 1914-1918

が求められたのだ。

　少なくとも空中戦で勝つ見込みがあるパイロットや搭乗員を戦闘飛行隊に供給するカギは、訓練が握っていた。この点、イギリス軍の訓練はかなり無計画だった。偵察機を1機製造するのに1000ポンド、それを飛ばすパイロットの訓練に5000ポンド必要だと見積もった程度であり、また訓練パイロットは飛行訓練を受ける以前に、2カ月軍事について学ぶ必要があった。フランスの訓練はイギリスに比べればまだ秩序だっていた。とはいえ、パイロットになっても共和国の兵士であることには変わりないという自覚を持たせるために、数週間の軍事教練と密集部隊教練を義務づけた。それからやっと兵士は飛行理論を学ぶことになる。その後、訓練兵は飛ぶことはできない短翼の航空機を与えられ、操舵による方向制御を学ぶ。少しずつ知識を積み重ね、テストを通過するごとに地上訓練でより強力な航空機に乗ることを許され、初飛行に臨む。訓練兵が自分の航空機を与えられるまでには、50時間程度の訓練を要した。

困難で危険な仕事

　パイロットがようやく飛行隊に配属されても、前線によっては16パーセント、大きな攻撃作戦では100パーセント近くが死亡するという恐ろしい数字が待っていた。第一次世界大戦中のパイロットは、平均すると50パーセントが命を落とすか、負傷するか捕虜となった。開放型コックピットで、しかも凍傷にかかるのが当たり前のような高

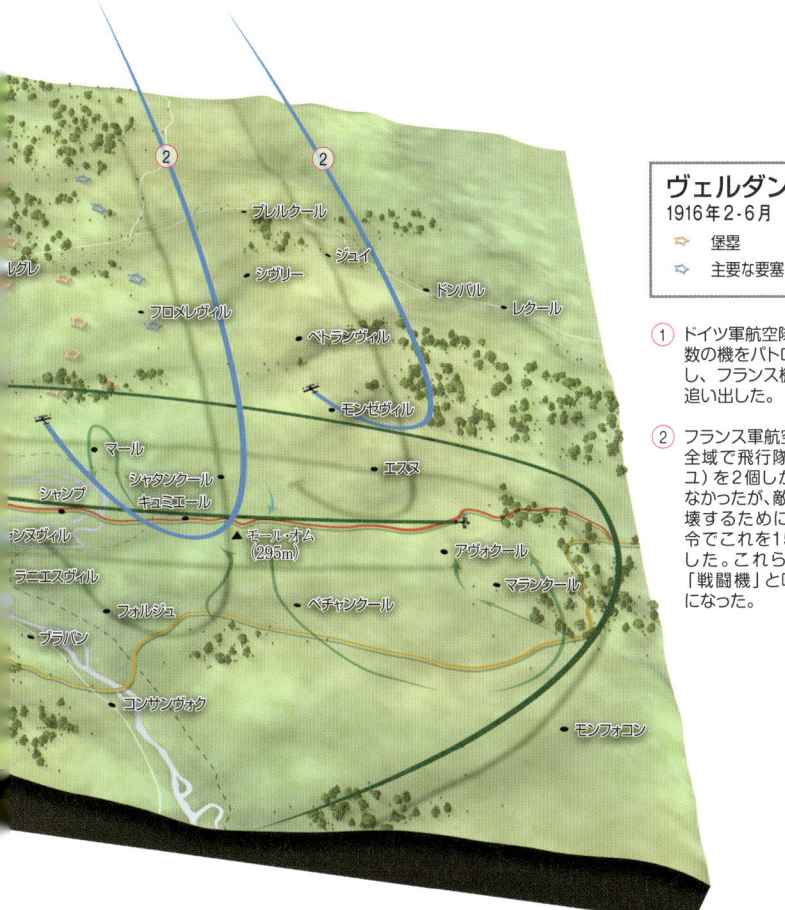

ヴェルダンの戦い
1916年2-6月
- 堡塁
- 主要な要塞

① ドイツ軍航空隊はつねに多数の機をパトロールに投入し、フランス機を戦域から追い出した。

② フランス軍航空部隊は戦場全域で飛行隊（エスカドリユ）を2個しか保有していなかったが、敵機を捕捉、破壊するために、一度の指令でこれを15個まで増やした。これらの航空機が「戦闘機」と呼ばれるようになった。

1916年2月21日に始まったヴェルダン攻防戦では航空機が奮戦し、フランス陸軍航空隊がドイツの観測機に対して攻撃を続けた。ドイツ軍は戦闘偵察機を増やしてこれを守った。

Atlas of Air Warfare

ニューポール10
1916年春以降、フォッカー機の脅威に打ち勝つ任務は、FE.2bとDH.2にくわえ、ニューポール・スカウト単座複葉戦闘機が担った。ニューポールはルイス機関銃1挺を上翼の上に装備し、回転するプロペラの上から射撃をおこなった。

ソンムの戦い
1916年7-11月

- 軍
- イギリス機
- フランス機
- ドイツ機

高度で後流にさらされている場合は、機体の制御だけでも、集中力の持続や身体の強健さが必要だった。

空対空の戦闘が増えるにつれ、日常的に攻撃および防御用編隊が組まれ、新しい技術の開発が必要となった。編隊内で持ち場を離れないためには訓練を要した。方向転換時、編隊の内側の機はスピードを落とし、外側の機はスピードを上げなければならない。スロットルレバーやキャブレターがあれば、燃料と空気の量を調節するだけでスピードを一定にできるのだが、第一次世界大戦中はこれらを使わずに、この作業のすべてをおこなわなければならなかった。

1916年2月、霜も降りなくなる頃、エーリヒ・フォン・ファルケンハイン大将は、ヴェルダン周辺のフランス戦線に対して大規模攻撃を発動した。フランス戦線を突破するまでにはいたらなかったとはいえ、この計画はかなり効果を上げ、フランス軍は大規模な銃撃戦で甚大な損害を被ることになった。850門の火砲に援護された100万のドイツ兵が攻撃をおこなった。そしてその上空では空を封鎖するドイツ軍の「哨戒機」が飛んで、フランス機がドイツ軍の動きを報告し、さらにはドイツ攻撃軍の進軍を妨害しようとするのをはばむという光景が見られた。

航空優勢をめぐる戦い

奇襲を受けたフランス軍だったが、防御戦のさなかだったのでどうにか持ちこたえることはできた。ドイツ機の大群に立ち向かう飛行隊は2個しかなく、ジョッフルは、現地の飛行隊指揮官であるトリンコルノ・ド・ロゼ中佐を本部に呼び、ヴェルダンの戦場上空に関するすべての権限を与えた。ド・ロゼは迅速に行動し、モラン・ソルニエと新型のニューポール11からなる15個飛行隊を集めた。パイロットに対する彼の言葉は簡潔明瞭だった。

飛行隊の任務は敵を発見し、戦い、破壊することである！

ドイツ機が兵士の頭上で哨戒任務に縛りつけられている間に、フランス機は角度も方向も自由に攻撃することが可能だった。フランス機は防御も哨戒もせずに、いちばん優位に立てる位置で攻撃に専念した。ドイツ機は空から追われ、なにより戦術に欠陥があったために撃墜された。ジョッフル大将とその飛行隊指揮官であるド・ロゼは、史上初めて、航空優勢を確保する作戦をおこなった。戦闘機に、敵を破壊する以外の任務を与えなかったのだ。そして各国の航空隊は戦闘機を、戦闘機大隊、戦闘飛行中隊、追跡飛行隊といった戦闘専門部隊としてまとめることに取り組み始め、ここに戦闘機飛行隊が誕生した。

1916年7月1日、イギリス軍によるそれまでで最大の攻撃が西部戦線で始まった。この大規模攻撃はドイツ戦線を突破することが目的であり、果てしなく続くかに思われる膠着状態を終わらせるものだった。総攻撃に先立って、航空機による攻撃と1週間におよぶ砲火弾幕がおこなわれた。ドイツの航空戦力に対する空からの攻撃は驚く

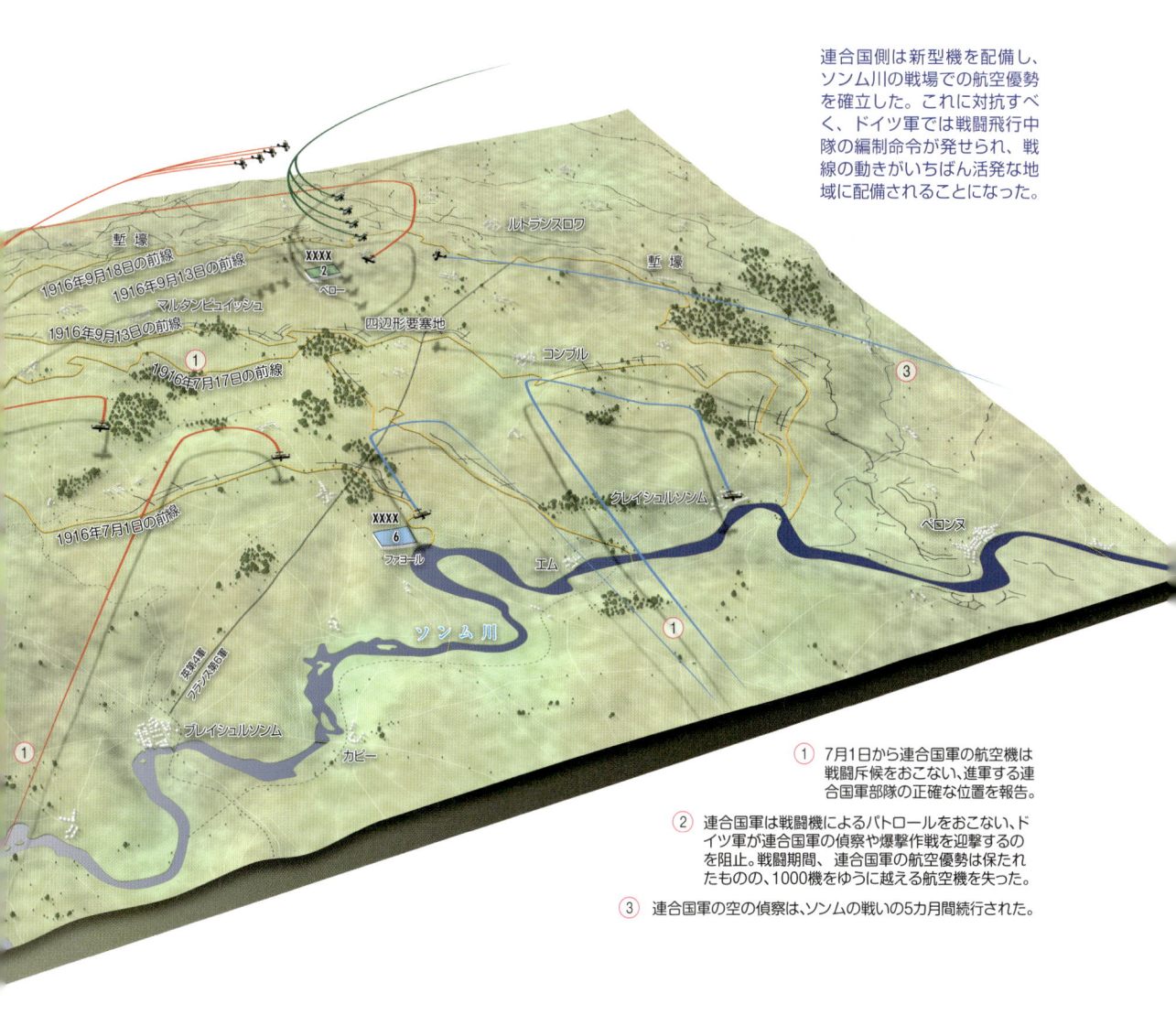

連合国側は新型機を配備し、ソンム川の戦場での航空優勢を確立した。これに対抗すべく、ドイツ軍では戦闘飛行中隊の編制命令が発せられ、戦線の動きがいちばん活発な地域に配備されることになった。

① 7月1日から連合国軍の航空機は戦闘斥候をおこない、進軍する連合国軍部隊の正確な位置を報告。

② 連合国軍は戦闘機によるパトロールをおこない、ドイツ軍が連合国軍の偵察や爆撃作戦を迎撃するのを阻止。戦闘期間、連合国軍の航空優勢は保たれたものの、1000機をゆうに越える航空機を失った。

③ 連合国軍の空の偵察は、ソンムの戦いの5カ月間続行された。

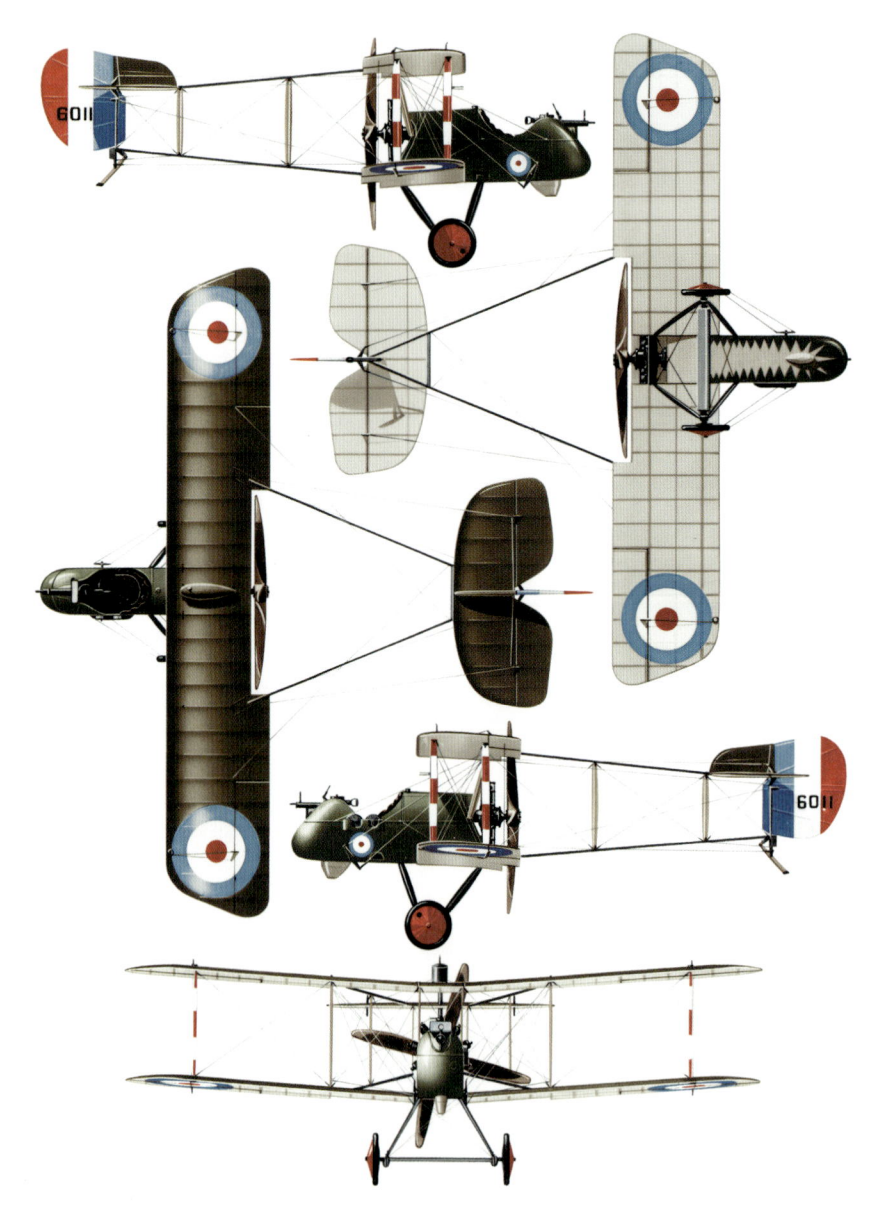

エアコ DH.2

DH.2は1916年4月2日に初めて撃墜に成功した。それ以降撃墜数を着実に増やしていき、1916年6月に17機、7月23機、8月15機、9月15機、11月10機と、敵機を破壊し続けた。11月23日、バポーム上空で35分間にわたり空中戦を演じた後、ラノー・G・ホーカー少佐（写真下）はドイツ機のパイロットに撃墜された。パイロットの名は、マンフレート・フォン・リヒトホーフェンである。

ほど効果を上げ、イギリス機とフランス機は、敵機の妨害を受けずに偵察と砲撃の標定をおこなうことができた。連合国軍の戦闘機が戦場の空を支配すると、連合国側上空に入ってくるドイツ機はほとんど見られなくなった。

　7月1日の運命の日、砲撃の音は止み、10万のイギリス軍騎兵中隊が「塹壕の胸壁を越えて」突撃した。この血塗られた1日が終わる頃には、1万9240人が命を落としていた。死亡、負傷、あるいは捕虜となった兵士は50パーセントを越えた。同日、上空ではイギリス陸軍航空隊の航空機の20パーセントが失われた。乗員が受けた訓練のお粗末さも、この損失の一因だった。イギリス軍は410機の航空機と426人のパイロットを動員して戦闘を開始し、4カ月後の戦闘終結時には、死亡、負傷、疲弊した576名のパイロットを失い、喪失した航空機は782機に上った。空の支配だけでは

なく、敵より精神的に優位に立つという攻撃目標に対して、とてつもなく高い代償を支払うことになってしまったのだ。

攻撃に立ち向かう

1916年の年末に向けて、航空優勢をめぐる戦いはドイツ有利にふれた。戦闘飛行中隊には、流線型の新型戦闘機、アルバトロスD.Iが届き始めていた。目的はただひとつ、戦場の制空権奪還だった。新型機そのものだけではなく、その展開方法も違いを生む一因となった。ドイツ機はより大規模な編隊で戦い、旧型機のDH.2やソッピース1½ストラッターを倒すために必要な地域に集中配備された。ソンムの会戦が終局に向かうにつれイギリス陸軍航空隊の損失は増加し始め、11月には、ソンム地区のイギリス陸軍航空隊乗員の平均寿命はわずか4週間にまで短期化していた。

1916年後半の数カ月と1917年春、ドイツ軍は西部戦線の防衛システム全体を見直し、深い防御を敷いた。有刺鉄線で入念に守られた何キロも続く防御陣地と機関銃陣地に最強の部隊を配し、いっぽうでは陸軍歩兵と砲兵の大軍が予備線に配置され、一部は連合国軍の火砲の射程外に置かれた。最前線は連合国軍の攻撃を破ろうとし、予備部隊は、機会をうかがって連合国側に反撃した。

頭上ではアルバトロスが航空優勢を得、連合国軍の偵察機や観測気球を制圧した。立場は変わり、ドイツ軍は見える側、連合国軍は見えない側にまわった。

戦闘機飛行隊はさまざまな支援編隊を訓練し、先頭機が敵機を探し、最善の戦術を決定して攻撃に専念できる策を模索した。編隊僚機、つまり援護機は後方か編隊の両端で防御に専念した。脅威がないか、空をくまなく調べることだけを任務としたのだ。多くの戦闘機飛行隊で好まれたのが階段状の「V字」編隊であり、2、3番手は先頭機の45メートル後方、45メートル上空に続く。それから4、5番手が同じ間隔をとり、1から3番手までの防御任務を担う。この編隊は攻撃機と防御機の2機ずつに分かれるか、あるいは各機が前方機の後ろを護る円形に形を変えることもできた。空中で混戦になると、編隊があっという間に崩れることもあった。また、支援しあう訓練をおこなってはいても、戦闘ではバラバラになる場面もある。雲のなかで生き延びるための戦闘に気がそれると、個々の機が激しい戦闘のただなかに置かれることがある。旋回、回転しているうちに、突然、僚機と離れて1機になり、戦闘が分散していることに気づくのだ。よほど腕利きのパイロットが乗っているのでなければ、1機になった航空機ほど空中で弱いものはない。できるだけスピードを上げて、自軍に戻るのがいちばんだ。そして数多くのパイロットのなか、エキスパートも登場した。

伝説のパイロット

1916年2月27日、イギリス初の戦闘機飛行隊が指揮官とともに西部戦線に配置された。指揮官であるラノー・G・ホーカー少佐の操縦の腕前は伝説となっていた。ホーカーは自機のDH.2で経験を積み、これを完璧に乗りこなしていた。また少なくとも初期には、お気に入りの武器である、みごとな造りのウェズレー・リチャーズ300シングル・ショット・ストーキング・ライフルを使い、その射撃の腕もすばらしかった。彼の照準はみごとで、1発の偏差射撃で敵パイロットを殺すか、敵機に致命的損傷を

アルバトロス D.III
V字型の脚柱を持つアルバトロスの最初のモデル、アルバトロス D.III は、第一次世界大戦中に製造された全アルバトロス戦闘機のなかで、実戦で最も力を発揮した機である。

与えた。敵飛行隊は、墜落にはつきものの機関銃の射撃音も聞こえないのに僚機が落ちていくのを見て、ひどく困惑した。しかしアルバトロス D.I の導入で、DH.2 は大きく時代遅れとなる。ホーカーが生き残ったのは、ひとえに操縦と射撃の腕前のおかげだった。彼は 2 度撃墜され、1 度は負傷している。

そしてようやく、イギリスの工場からも新型機が到着しつつあった。1916 年秋から、ソッピース・パップと、機動力に優れた名機ソッピース・トライプレーンがイギリス海軍航空隊に届く（陸軍航空隊には配備されなかった）。この機は敵機パイロットの心臓めがけて攻撃したので、ドイツ機はこれを避けて通った。ちなみに、ホーカー少佐の第 24 飛行隊は旧型の DH.2 で戦闘をおこなった。少佐の名声は西部劇のガンマンなみに響きわたり、ドイツ機の新参パイロットたちがその腕試しに寄ってきたものの、誰もかなう者はいなかった。しかしそれも、騎兵大尉であるマンフレート・フォン・リヒトホーフェン男爵という敵が現れるまでのことだった。「赤い男爵」リヒトホーフェンはベルケの弟子であり、訓練を積み、ホーカーに目標を狙う「数秒」の猶予を与えることなく攻撃した。1916 年 11 月 23 日、退路はなかった。ホーカーは巧みにリヒトホーフェンの射撃ラインから機を外した。旋回し、方向転換しながら、ふたりのパイロットはかたや生き残りをかけ、かたや相手をしとめようと戦った。ホーカーは低空で

マンフレート・フォン・リヒトホーフェン
騎兵大尉マンフレート・フォン・リヒトホーフェン男爵は第一次世界大戦中の最高撃墜数を誇るエースであり、80 機を仕留めた。1918 年 4 月 21 日に撃墜され死亡。当時、この手柄を立てたのはイギリス陸軍航空隊第 209 飛行隊のロイ・ブラウン大尉だとされていたが、現在では、オーストラリア兵機関銃手だったというのが通説となっている。

Fighters: 1914-1918

ソッピース・キャメル
1917年7月にまずイギリス海軍航空隊第4飛行隊とイギリス陸軍航空隊第70飛行隊に配備されたソッピース・キャメルは、欠点は多数あったものの、スキルのあるパイロットの手にかかると非常に優れた戦闘機となった。1918年11月には多くの飛行隊にこの機を配備しており、少なくとも敵機3000機を破壊したとしている。これはほかのどの型の機よりも多い撃墜数である。

あらゆるチャンスを試み、建物の間や高木の周囲を縫うように飛んだが、強力なアルバトロスは接近してくる。ホーカーは最後の力をふりしぼり、得意技でもあったのだが、左いっぱいに旋回して敵と向かい合おうとした。リヒトホーフェンは余裕をもってその方向転換をさえぎり、ホーカーの身体と機体に向かって銃弾を浴びせた。DH.2は地面に墜落し、炎上した。

第24飛行隊が被った、その指揮官をはじめとする損失は、イギリス陸軍航空隊司令官ヒュー・トレンチャード少将がとった「攻撃的哨戒」という方針の結果だった。この方針に従えば、敵に比べて訓練が不充分なイギリス機パイロットを、前線の飛行隊へと次々と送り込まなければならなかった。大半は20時間程度の飛行経験しかなかったのだ。優秀なパイロットでさえ、前線の戦闘では数日生き延びるのがやっとだった。飛行隊の兵士のなかには、新人パイロットの操縦技術を高めるために力になってやる者もいたが、新兵とまともに顔を合わせることができず、自分の隊を避ける者もいるような状況だった。

誤った方針を利用する

こうした新人パイロットを次々と葬ったのが、マンフレート・フォン・リヒトホーフェンの第11戦闘飛行中隊であり、伝説的指揮官が率いる隊の名はすでに響きわたっていた。ドイツ機のパイロットたちは優れた航空機を操り、戦闘の時と場所を選ぶことができた。いっぽうのイギリス軍は攻撃的飛行という方針をとったため、乗員はつねに敵機を探しまわらねばならず、その結果、避けられたはずの損失まで被ることになった。

このソンムとヴェルダンの会戦からは、戦闘機を少数配備し、前線の防御部隊と現地部隊の指揮官の下に分けて置くのは誤りであるという教訓が導き出された。フランス航空隊司令官、ジャン・ドゥ・ピューティはこう報告している。

攻撃をおこなう戦闘機は、ひとつの司令のもとに集団で行動すべきである。

Atlas of Air Warfare

　ドイツ軍は1916年末にはすでにこの教訓を学んでおり、この時点では、大規模で独立した戦闘機部隊を創設することに精力を傾けていた。1916年半ばにドイツ軍が西部戦線に配備する戦闘機は60機ほどだったが、年末までには、ひとりの司令官のもとに18機編制の戦闘飛行中隊33個が置かれて作戦をおこなっていた。そしてこの組織は「航空軍団」という新しい名を与えられた。

　ドイツ軍はさらに、トレンチャードに言わせると道徳心に欠ける戦術だったが、敵をおびき寄せることを好んだ。トレンチャードは、いちばんよい条件で敵と戦うという簡単な原則を把握できていなかった。ドイツの航空戦力は、連合国軍がドイツ軍空域に急襲をかけるのを歓迎した。そうすれば、ドイツ機は時と場所を選び、敵機に攻撃をおこなえる。フランス軍とイギリス軍は、というよりイギリス軍といったほうがよかったが、損失の増加という局面に入りつつあった。

　第一次世界大戦の傑出したエースであるリヒトホーフェンは、本来は騎兵将校だった。西部および東部戦線に従軍したものの、有刺鉄線と機関銃に騎兵の伝統的役割の終焉を感じ取り、航空隊に志願した。当初彼は観測員を務め、東部戦線において1915年6月から8月まで、第69飛行分遣隊で伝統的騎兵の役割である偵察任務についていた。西部戦線に移ると前線のシャンパーニュ地域で活動し、そこで観測員として、機関銃でフランス軍のファルマン機を撃墜した。だがその機は連合国側領土内に落ち、リヒトホーフェンの撃墜は認められなかった。そこで彼は1915年10月からパイロットの訓練を開始した。1916年3月、彼はアルバトロスC.III複座機に乗り、第2爆撃航空団のパイロットとして初めて作戦に参加した。フォッカーE.Iに乗った期間は短く、この機でフランス軍のニューポール機をヴェルダン上空で撃墜したものの、

ソッピース・トライプレーン
ソッピース・トライプレーンは、ソッピースの才能豊かな設計士ハーバート・スミスが製作した名機であり、パップの基本設計にさらに機動性がくわわった。トライプレーンは運動性能と上昇速度にすぐれ、1917年夏に新世代のソッピース・キャメルが登場したときもまだ、時代遅れになっていたわけではなかった。

Fighters: 1914-1918

このときも撃墜したとは認められなかった。

　彼は再度東部戦線に戻り、複座機を飛ばした。そこで彼は、前線の飛行中隊をまわって新しい戦闘機部隊である第2戦闘飛行中隊のパイロットを集めていたベルケと出会った。そしてリヒトホーフェンは選ばれた。彼は再び西部戦線に戻ってアルバトロスD.II単座機に乗り、カンブレー上空での戦闘中の1916年9月17日、初めての撃墜を認められた。リヒトホーフェンはベルケの熱烈な崇拝者であり、戦闘中は彼の「命令(ディクタ)」に従って危険な戦術をとらず、慎重な攻撃計画を組み立てて遂行し、彼と僚機はつねに優位にたった。優れた航空機でこうした攻撃をおこなうことで、敵に逃げるチャンスをほとんど与えなかった。そしてドイツ航空隊の殺傷能力は頂点を極めた。

　同月、フランスの新しい陸軍司令官ロベール・ジョルジュ・ニヴェルが、寡黙なジ

フォッカーDr.I
フォッカー三葉機の登場初期には、致命的な墜落が続いてその名に傷がついた。設計者のアンソニー・フォッカー自身が驚くほどこの機が多大な賞賛を浴びたのは、リヒトホーフェンやヴェルナー・フォスなど、この機を操縦した腕利きの飛行士によるところが大きい。大量に投入されることはなかった。

ョセフ・ジョッフルから任務を引き継いだ。ジョッフルはどうにか戦線を維持したものの、計画どおり突破口を開くことはできず、新たに赴任したニヴェルは、その答えを携えていた。敵後方地域に対し7000門もの火砲で慎重に計画した砲撃をおこない、それに続いて移動弾幕射撃をおこなって70万人の部隊を投入し、さらに、その後のドイツ戦線突破のために予備部隊を配置する。そしてこの攻撃に先立って、イギリスおよびその自治領の第1、第3、第5軍がアラスとヴィミー・リッジで攻撃をおこなう、というものである。これと同じか、あるいは非常によく似た計画は以前にも試みられたことがあった。そのときに失敗しているのだから、今回もうまくいくはずはない。それに伴う恐ろしい損失を考えると、フランス軍の大半は暴動状態に陥った。

　頭上の雲のなか、連合国軍機はいつもと同じく偵察任務についていた。大攻勢（ビッグ・プッシュ）が差し迫っているので、この任務は以前にも増して重要だった。しかしこれはドイツの航空戦力が得意とするところで、何百機もの連合国軍機が空から撃ち落とされ、「血の4月」とまで言われた。

　アルバトロスに対して唯一持ちこたえたのがソッピース・トライプレーンだった。製造されたのはわずか140機で、イギリス海軍航空隊に配備されてベルギー沿岸で任務に就いた。パイロットたちが「牧羊犬（トライプハウンド）」と呼ぶのを好んだこの機もドイツ機の標準的武装には劣っていたが、しかし少なくともこの機によって、さらに優れた航空機が開発されるという希望も生まれたのである。

増加する損失

　連合国軍の地上戦での戦術と似ていなくもないが、敵戦線に対して攻撃をしかけるというトレンチャードの方針は変わらず続き、再び死傷者は増加し始めた。性能の低い航空機と劣った戦術がもたらしたものは、1917年4月半ばの、わずか17日という新人パイロットの平均寿命の短さだった。

> 振り返ると、みごとな外観の小型戦闘機が機関銃を撃ちながら、驚くほどの速度で我々のほうに向かってくるのが見えた。敵機が（プロペラの間から銃撃しつつ）再び私たちの後方にまわり込もうとしている間、私の機の観測員は必死に射撃をおこなった。敵がもう一度我々のほうに急降下しようとしたとき、私は機を方向転換させ、射撃を続けた。相手が再び急降下の態勢をとる頃には、私たちから30メートルほど上空にいた。そこで私は急旋回に入ったので敵の姿も見えなくなった。敵機は慌てて離れたが、水平飛行に入ると私は再び相手に銃弾の嵐を浴びせた。ようやく我が軍の戦線に帰りついたとき、私の複葉機の機体には16個もの穴が開いていた。その時点でさえ、地上部隊は私たちを放っておくことはせず、地上から私たちに銃弾を浴びせかけた。
>
> 　　　　　　　　　　　　　　バーナード・ライス

　大きな戦果を上げる予定だった地上攻撃はほとんどそれを達成できず、そこここで瑣末な成果しか得られなかった割には、その代償はすさまじかった。フランス軍の部隊は不服を唱え、イギリス軍は消耗していた。そしてニヴェルは解任された。

　4月29日、戦闘も終結する頃、リヒトホーフェンは4機を、すべてドイツ領空で撃

墜した。1917年4月の1カ月で、リヒトホーフェンは計21機の撃墜に成功している。

地平線上の明かり

　ようやく連合国軍に新型航空機が投入され始め、それによって均衡が戻りつつあった。より強力なエンジンが必要であるという問題は、スペイン在住のスイス人技師ビルキヒトがフランス政府のために開発したエンジンによってある程度解決された。ビルキヒトの革新的エンジンである、アルミニウム合金製、モノコック構造のイスパ

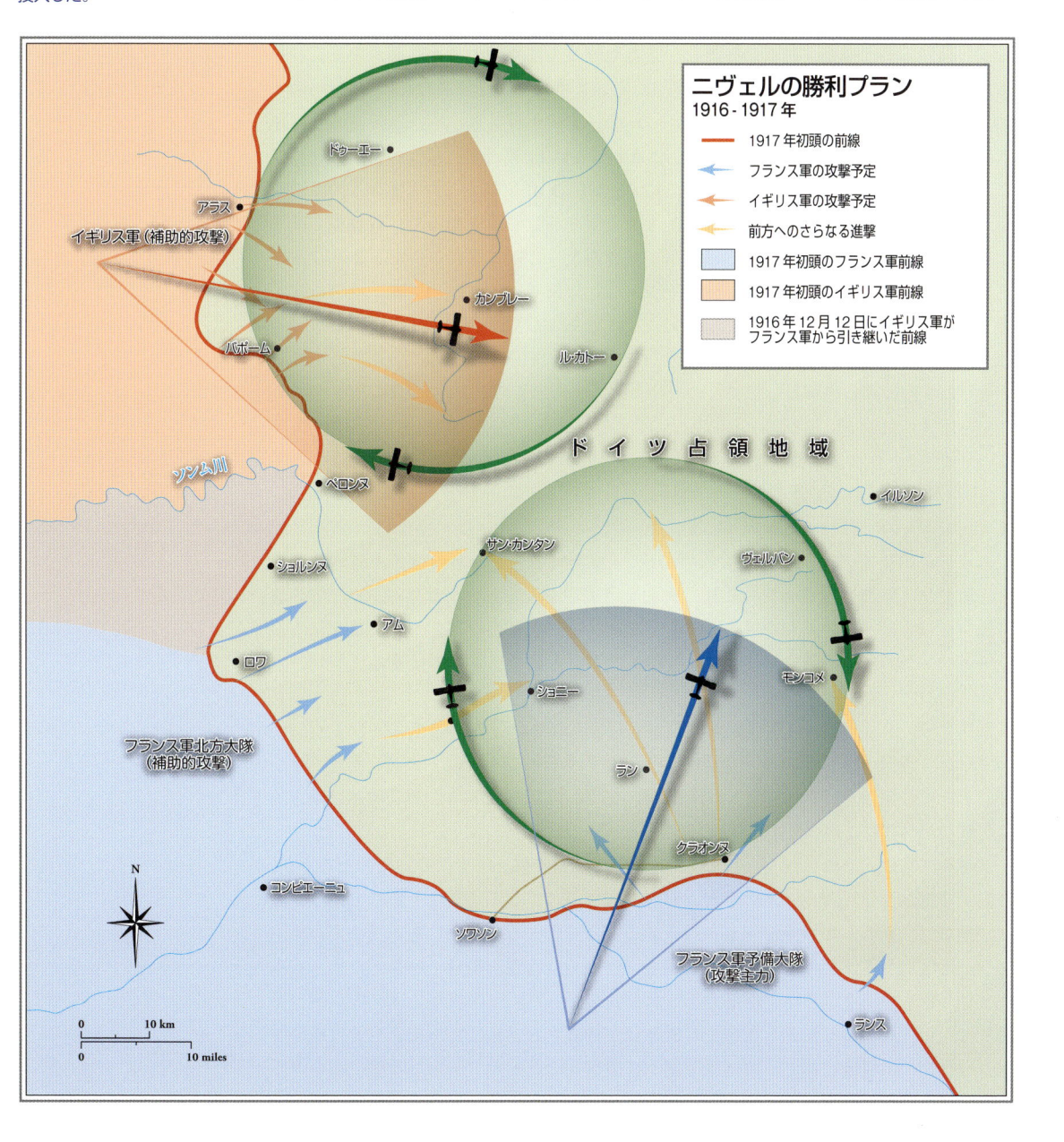

1917年以降、爆撃機は、連合国軍の地上攻撃支援の役割が増加した。フランス軍は戦術および戦略爆撃の先駆者であり、名機ブレゲーBr14を投入した。

ニヴェルの勝利プラン
1916-1917年

- 1917年初頭の前線
- フランス軍の攻撃予定
- イギリス軍の攻撃予定
- 前方へのさらなる進撃
- 1917年初頭のフランス軍前線
- 1917年初頭のイギリス軍前線
- 1916年12月12日にイギリス軍がフランス軍から引き継いだ前線

ノ・スイザは、気筒はV8型配列で駆動部分はエンジンのケーシング内にあり、すべてが非常に優れ、バランスのとれたデザインだ。最初のモデルは150馬力だったが、後の改良型は220馬力まで増加した。1917年初頭には王立航空工廠のS.E.5aが登場し、ビルキヒトのエンジンを搭載したこの機は、時速210キロ超で飛行可能だった。当初はいくらか不具合もあったが、S.E.5aはイギリス陸軍航空隊の主力機のひとつとなった。

同じ頃、土壇場のフランス軍戦闘機飛行隊に、これもビルキヒトのエンジンを搭載したスパッドXIIIが配備され始めていた。フランスの産業界は1917年1月から終戦までにイスパノ・スイザ・エンジンを2万基製造し、またこれを上回る数がイギリスとアメリカの両国でライセンス生産された。

連合国側はようやく、ドイツ機の飛行能力や攻撃力に匹敵するか、あるいはこれを超える戦闘機を手に入れた。しかし、ドイツの航空機産業はまだ負けてはいなかった。1917年には、高性能の小型機フォッカーDr.1三葉機が導入された。この機の上昇速度と機動性は驚異的であり、製造されたのはわずか420機だが、華々しい活躍を見せた。リヒトホーフェンの撃墜の大半はアルバトロスD.IIIに搭乗したときのものなのだが、リヒトホーフェンといえば、赤いDr.1がトレードマークとなった。戦闘機の戦術は進化を続け、戦闘機飛行中隊では「グループ編制」が始まった。リヒトホーフェン自身は第1戦闘機戦隊を編制、指揮したが、これは第4、6、10、11戦闘飛行中隊で構成されていた。空だけではなく、地上にも機動部隊が置かれてじゅうぶんな車両を与えられ、前線が危機にあれば、そこへ基地を移動することが可能だった。そのテント張りの本部はつねに移動していたのでサーカスにたとえられ、「フライング・サーカス」と呼ばれた。

主導権確保への努力

ニヴェルの攻撃の失敗という大惨事の後、「主導権」らしきものはイギリス軍が握り、新たな攻撃を発動させた。これは大きな突破口を開くというよりも、軍を限界まで追いやらずに一定の勝利を目的とする、綿密に検討された攻撃だった。攻撃はヴィミー・リッジの戦線沿いにおこなわれ、ヴェルダンではフランス軍による反撃が予定されていた。

6月7日、ドイツ戦線に敷設された地雷が爆発し、このとき第3次イープル会戦が始まった。数百ポンドのTNT火薬が爆発し、その音はロンドンにまで届いた。パッシェンデールの戦いとして有名なこの会戦は1917年11月まで続き、連合国軍は限定的な勝利しか得られなかった。

イギリス軍は、この会戦でひとまず1917年の作戦を終えてもよかったのだろうが、最高司令部は陸軍元帥ヘイグのもと、別の計画を温めていた。戦場となっていない地区が選ばれ、新兵器の戦車を大量に投入する実験をおこなうことになったのだ。カンブレー地区はドイツ兵の配置が比較的少なく、地上は砲撃を受けていないため、戦車戦という新しいテクニックを使用できる点が大きかった。この攻撃では、航空機が撮影した何百万枚もの写真から正確な目標地図が作成され、地図の座標をもとに砲撃をおこなうために精度は高く、敵陣地を個々に破壊することができた。目標に命中するよう、火砲の照準を調整する必要さえなかった。これなら敵に急襲をかけることも可

メッシーナ・リッジ
航空写真の重要性は非常に高く、偵察機を護るために戦闘機が必要とされるようになる。そしてそれが、空対空の戦闘へと発展していった。

能だった。短い砲撃に戦車と歩兵が続き、これを地上攻撃機と戦闘機が支援した。3カ月半におよぶパッシェンデールの戦いで大量の血を流して得たのと同じ成果を、カンブレーの攻撃ではわずか1日で上げたのである。

　西部戦線の空中戦は、東部およびイタリア戦線に物理的影響を与えた。同盟国軍のなかで技術が最も進んでいたドイツは、つねに、戦い、可能であればイギリス軍およびフランス軍を圧倒すべしという圧力の下に置かれていた。ロシア軍とオーストリア＝ハンガリー帝国軍はどちらも、西部戦線に配備された航空機に匹敵するような航空隊を生み出すことができなかった。とはいえロシア軍は、4発の大型機、シコルスキー・イリヤ・ムーロメッツを製造しており、1914年にはこれが少数だが配備されていた。しかし、帝国の統治組織全般の無能さと航空機産業の遅れとがあいまって、ロシアが航空機を開発、製造し、創設中の飛行隊に配備する能力はかなり低かった。きしみが生じているオーストリア＝ハンガリー帝国にしても、たいした違いはなかった。そしてこうした深刻な状況にあっても、帝政ロシアは、1914年には戦闘任務につける航空機の保有数が最大だったのである。今回も、この国を崩壊させたのはその組織だった。

ロシアの航空機の大半は効率の悪い単発機であり、多くの将官たちは、製造に時間がかからないという理由でこれを好んだ。航空機の数を重視して、質は度外視されたのだ。さらに東部戦線では、地対空の戦闘の割合は、西部戦線の状況とはまったく異なっていた。

東部戦線では広大な空間で陸軍が作戦をおこない、事態が急速に展開するために、わずかな航空機を投入しても大きな役割は果たせなかった。ドイツ軍は1914年にタンネンベルクでロシア軍を倒したが、1914年秋から1915年春にかけて、ロシア軍はオーストリア＝ハンガリー帝国軍に手痛い打撃を与え、ほぼ戦場から追い出した。ドイツ軍の介入で、ようやくロシア軍の進軍は止まった。

東部および南部への前兆

1915年春までに、ドイツとオーストリア帝国はゴルリツェ・タルヌフ間で攻撃準備に入った。いっぽうのロシア軍は、まとまりはないうえに疲弊していて陣容が整わず、航空機はとくにそうした状態がひどかった。ドイツおよびオーストリア軍には敵の陣地が「見え」たが、ロシア軍はそうではなかった。ドイツ軍最高司令部には、この攻撃の勝利に続きロシアに大規模な侵攻をおこなおうとする声があったが、ファルケンハインはこれを認めずに攻撃作戦を終え、ヴェルダンの戦闘に向けて部隊を西方に移動させた。いっぽう、オーストリア軍は同盟国と協議もせずに、部隊をイタリア戦線に向けた。これによって思いがけない休息がとれ、ロシア軍は奇跡的回復をとげた。

「ブルシーロフ攻勢」として知られる戦いでは、ロシア軍は250機という少数の航空機を投入して最大の効果を上げた。ロシア機はオーストリア＝ハンガリー軍の陣地を丹念に撮影したのだ。数少ないロシア軍のエース・パイロットのひとり、アレクサンドル・カザコフは、多数の撃墜に成功した。彼は1915年5月にモラン・ソルニエで初めて撃墜に成功し、1916年半ばに第1戦闘飛行群を指揮した。1917年にルーマニアで最後となる撃墜を記録し、負傷したのち現役を退いたが、最終的に20機を撃墜している。

帝政ロシア最後の大規模戦闘が始まった。新たな脅威に、ドイツ軍とオーストリア軍は部隊を東方へと急がせ、フランスおよびイタリアでの陣地は弱体化した。しかし帝政ロシア軍はすでに最後の力を出し切っていた。ロシアの疲弊した軍は、革命の気運の高まりにかき乱され崩壊し始めていた。帝国軍数個師団が前線を護ってはいたが、ただそれだけでしかなかった。

オーストリア軍はロシアだけではなく、1915年5月以降はアルプス山脈の戦線沿いにイタリアをも相手にしていた。イタリアは、1911-12年のオスマン帝国との戦争中に、「航空戦力」を初めて積極的に展開した国である。1915年には陸軍航空隊が、カプロニCa.3爆撃機など100機近くの航空機を保有していた。この高性能の爆撃機は、1915年8月20日に初めて戦闘に投入された。イタリアは、堅固に要塞化されたオーストリア陣地の攻撃にエネルギーを注ぎ込んだ。上空には頼もしいカプロニ爆撃機が飛び、重要な鉄道中継駅をはじめ、オーストリア戦線後方の設備の攻撃任務をおもに担った。いっぽうオーストリア軍は、同盟国ドイツ軍の支援を受けてかなり能力の高い戦闘機部隊を作り上げ、ゴドウィン・ブルモウスキといったパイロットがこれを指揮した。ブルモウスキはリヒトホーフェンの教えに従って飛び、また自分のヒーローに

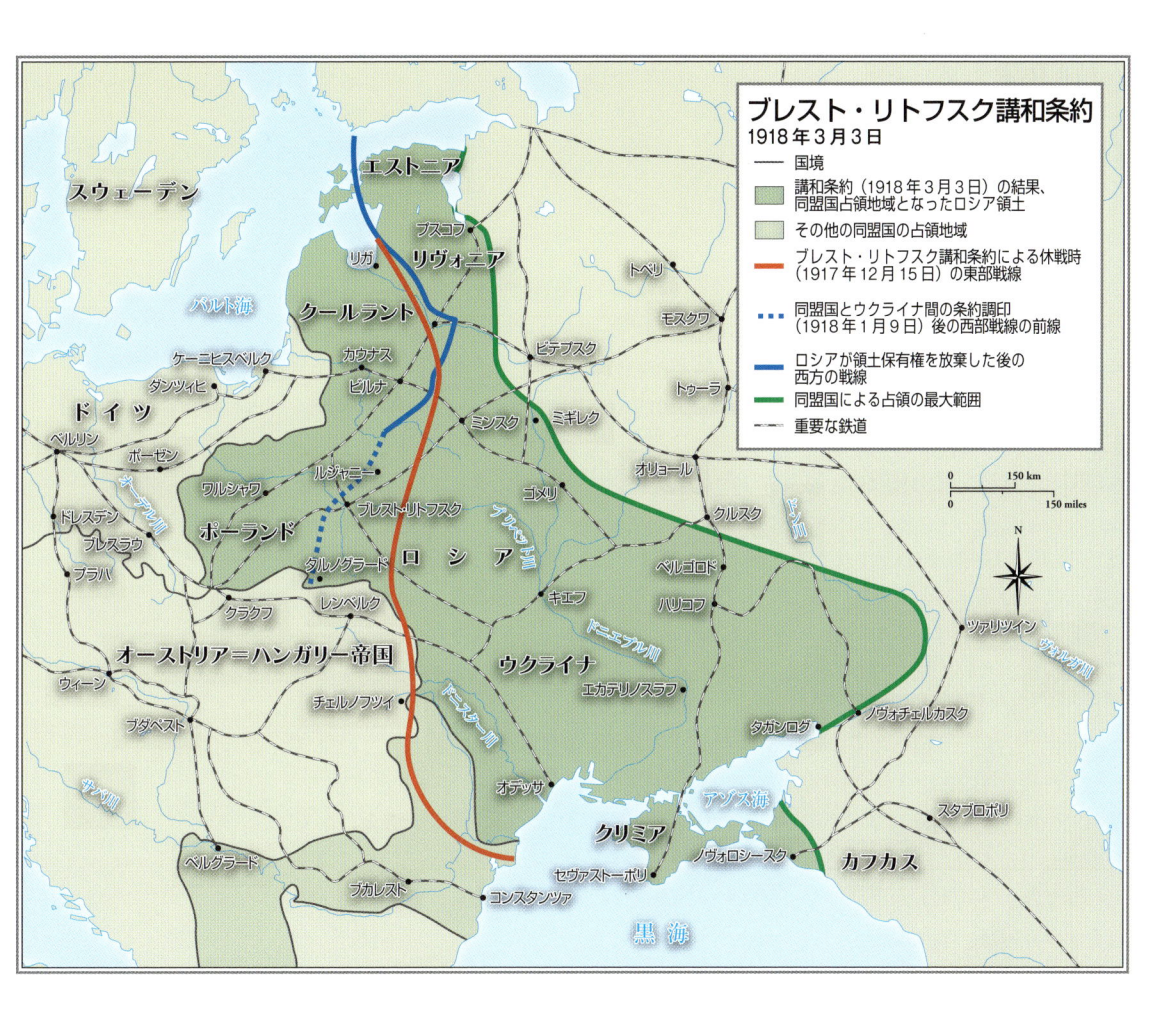

Fighters: 1914-1918

ブレスト・リトフスク講和条約
1918年3月3日

- 国境
- 講和条約（1918年3月3日）の結果、同盟国占領地域となったロシア領土
- その他の同盟国の占領地域
- ブレスト・リトフスク講和条約による休戦時（1917年12月15日）の東部戦線
- 同盟国とウクライナ間の条約調印（1918年1月9日）後の西部戦線の前線
- ロシアが領土保有権を放棄した後の西方の戦線
- 同盟国による占領の最大範囲
- 重要な鉄道

1918年3月に同盟国側とロシアのボルシェヴィキ政権の間で調印されたブレスト・リトフスク講和条約によって、ドイツ軍は春の攻撃に備え、多くの師団を西部戦線に振り向けることが可能になった。

ならって自機のアルバトロス D.III を赤く塗った。彼は 35 機の撃墜に成功している。この撃墜数の多さに、イタリア爆撃機のパイロットは夜間に飛ばざるを得なくなり、その結果爆撃の精度は低くなった。イタリアでは第一次世界大戦前に、すでにジウリオ・ドゥーエ少将が航空戦力の必要性を説いていた。彼はまた、爆撃機には敵の士気を崩壊させる力があるとも主張したが、1915-18 年にはまだ、未熟な技術とアルプス山脈という障壁があまりにも高かった点が残念である。

爆撃機
1916-1918 年

　1911年11月1日、初めての空爆任務がリビアのトルコ軍陣地に対して実行された。この作戦は、イタリア・トルコ戦争当時、イタリア軍の小規模航空隊を指揮する将校だったジウリオ・ドゥーエの指揮下でおこなわれたものだ。それ以降、彼は航空戦力にかかわる理論家の先頭に立ち、戦略爆撃の筋金入りの支援者となった。

空中におけるより優れた戦略のために

　1869年5月生まれのジウリオ・ドゥーエはモデナ軍事学校に学び、後にイタリア陸軍の有名な狙撃隊に歩兵として配属された。陸軍勤務期にドゥーエはトリノ工科大学院で科学と工学を学び、1900年代初めにはドイツ参謀本部に配属された。彼は、初期の飛行船、ついで航空機が開発され、またそれが初めて戦争に効果的に投入されるまでを目の当たりにした。

　イタリア・トルコ戦争を受けて、ドゥーエはイタリア陸軍参謀本部から、この紛争で集めた教訓をすべて報告書にまとめるよう命じられた。ドゥーエは提案のなかで、軍用機の第一の役割は爆撃であるべきだと述べている。彼は当時、最も影響力のある軍事理論家であり、熱心な信奉者をひきつけ——多くは当時の最高司令部からははみ出し者とみなされるような連中だったが——軍部で似たような考えを持つ将校から賞賛を受けていた。

　戦争という暗雲がヨーロッパを覆い始めると、準備不足のイタリアに対して、ドゥーエはしだいにいらだちを募らせた。彼は正式な承認も得ず、友人であるジャーンニ・カプロニに、3発エンジンの長距離爆撃機を多数発注した。イタリア軍最高司令

カプロニ Ca.3
Ca.3をはじめとするカプロニ爆撃機は、トリエステの港や町など、アドリア海沿岸の目標に対し多くの戦略的作戦を実行した。オーストリア軍がポルデノーネにあるカプロニ機の本拠地を壊滅させ、その後イタリア軍がカポレットで敗北すると、戦略的作戦は1917年11月初旬に事実上終了した。

シコルスキー・イリヤ・ムーロメッツ
巨大機イリヤ・ムーロメッツを配備した帝政ロシアは、交戦国のなかでも最初に重爆撃機の能力を認めた国である。8挺の防御用機関銃という重装備に4発のエンジンを搭載した同機は、450回の任務をこなして65トンの爆弾を投下し、1917年の10月革命で就役を終えるまでの3年間に、わずか3機の損失しか出していない。

部にとって、この「侮辱」は我慢の限界だった。それまでにも、航空戦力と独立した空軍の必要性について過激な考えを持つとみなされていたドゥーエは、即刻飛行大隊の指揮官を解任され、歩兵師団に送られた。しかし彼が勝手に発注していたカプロニCa.3は非常に性能が高く、時代の最先端を行く3発の傑作爆撃機だった。269機が陸軍航空隊向けに製造され、数機はフランス航空隊にもわたった。

歩兵師団への左遷にもかかわらず、ドゥーエはイタリアの、とくに空中戦闘能力を向上させるべく、熱心に論文を書き、議論を続けた。

> これまで我々は地上にばかりはりついてきたが、陸、海にくわえて空が重要な戦場になる点にもっと目を向ける必要がある。海から到達できない国はあっても、空が通じていない国はないからである。
>
> ジウリオ・ドゥーエ

同じ頃、何百キロも東では、もうひとつ、革新的航空機が飛び立とうとしていた。4発のイリヤ・ムーロメッツ。ロシアの航空機設計士、イゴール・シコルスキーの作品である。この航空機は当時にしては並外れた能力を備え、航続距離は400キロ、搭載量も抜きん出て大きかった。ドイツおよびオーストリア＝ハンガリー軍にとっては幸いだったが、ロシア軍最高司令部はその価値に気づかず、製造、配備されたのはごくわずかだった。しかしこの機の登場が、ドイツに悟られずに済むわけはなかった。

1915年5月にイタリアが参戦すると、ドゥーエはイタリア軍のさえない戦闘能力にあきれはて、上官や政府に、情けない戦績を改善するには空からの戦闘能力が必要であると訴える姿勢をいっそう強めた。ドゥーエは軍部が無能で準備不足であるとの見解を引っ込めなかったため、軍法会議にかけられ、偽りの情報を広め煽動したとして1年間の服役を科された。

ドゥーエは獄中でも航空戦力に関する論文を書き続け、連合国が協同の大規模航空艦隊を編制し、同盟国側を爆撃して降伏に追い込むことを提案した。彼は1917年に釈放されて軍務に戻り、航空兵站部の航空局長に就任した。1918年に退役後は、偉大な研究の成果である『制空（*The Command of the Air*）』の執筆を続け、1921年に完成させている。このなかでドゥーエは、それまでの主張と同じく、航空戦力は敵に対して、いかなる地上軍よりも力を発揮するはずであると説いている。空は果てし

なく広がっているため、空からの攻撃に対する防御は実質的に不可能であり、攻撃こそが航空戦力の本質的役割となる。敵の地上軍や都市、工場、住民を爆撃すれば、敵を降伏させることができる、と彼は考えたのだ。攻撃を信条とするイギリス航空隊指揮官ヒュー・トレンチャードもこれと同意見だったが、しかしまた、ドイツ軍にも同じ意見を持つ者はいた。

ドイツ軍の増強する航空戦力

　ドイツ軍最高司令部内の多くは、当初、飛行船を遠距離爆撃の手段と考えていた。1914-15年にかけて、飛行船の航続距離と搭載能力は、当時のどの航空機よりもはるかに優れていた。ドイツ海軍と陸軍の間にはかなりのライバル意識が存在し、双方がイギリスに対する飛行船攻撃を展開した。1915年5月31日、ロンドンに最初の爆撃を実行したのは陸軍の飛行船だった。飛行船による空襲は第一次世界大戦終結まで続いたが、飛行船建造には莫大な費用がかかり、また攻撃で損害を受けることが多くなったため、ドイツ軍最高司令部はイギリス本土を航空機で攻撃する計画に着手した。

　1914年10月には、ヴィルヘルム・シーゲルト少将が最高司令部（OHL）にこうした計画を働きかけており、彼はベルギーのオステンデ付近を本拠とする小規模航空隊の指揮を任された。ドイツ部隊の進軍は止まり、イギリス海峡に面したフランスの港は連合国軍の手中にあった。シーゲルトの小部隊はイギリス国内の主要目標まで到達できる航続距離を備えていなかったので、彼はカレーとブールージュへの爆撃で満足しなければならなかった。ドイツ機にはイギリスの海岸まで到達する能力もないのに、

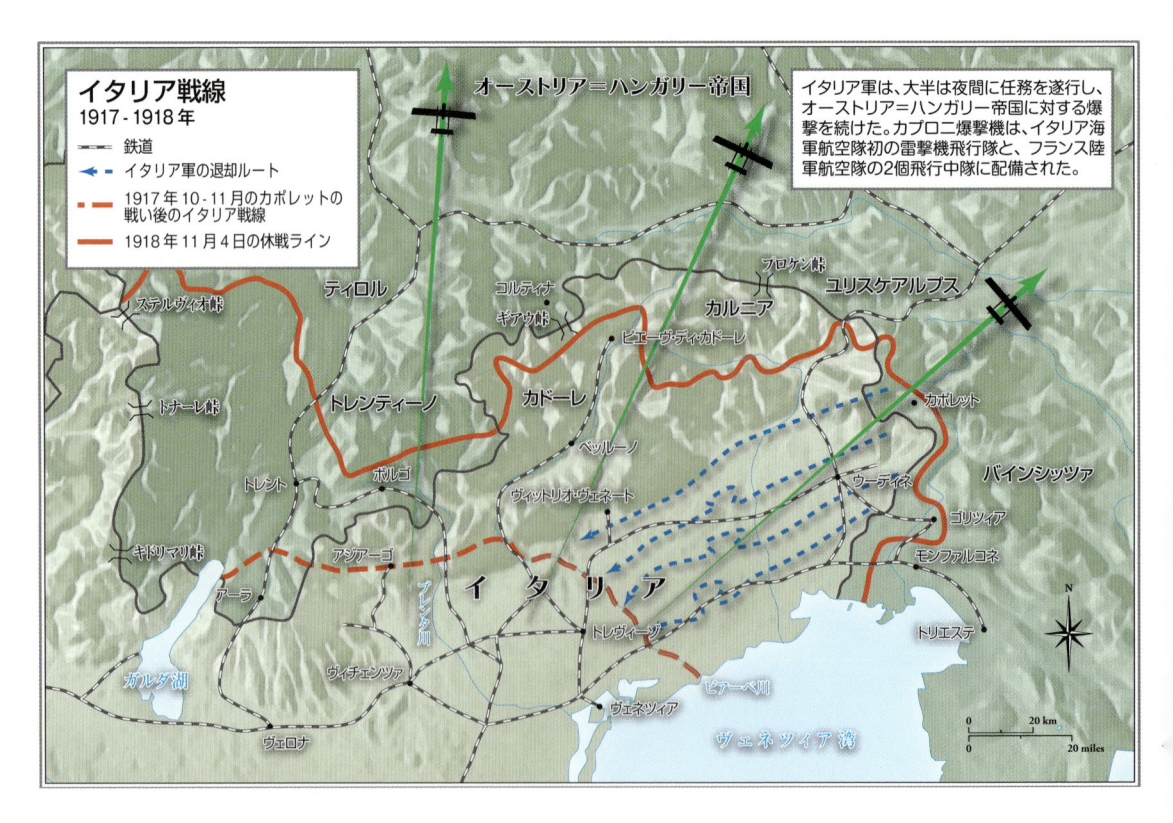

Bombers: 1916-1918

空襲下のイギリス
1914-1917年

- ドイツ機に空襲を受けた地域
- ドイツ飛行船に空襲を受けた地域

ロシアはイリヤ・ムーロメッツを開発し、イタリアではカプロニ爆撃機が戦果を上げているという状況に、新型の「巨大な戦闘兵器」の設計が多数のドイツ企業に対して要請された。そして1915年に最初の航空機が姿を現し始める。ドイツ軍最高司令部はこの時期には航空戦力の重要性を理解しており、エルンスト・フォン・ヘップナー将軍を航空軍団の指揮官に任命した。長距離を飛べる新型航空機が利用可能となったため、シーゲルトの計画に再び日があたり、再度検証されることになった。

実戦的航空戦力

1917年の春には、最初の爆撃機飛行隊が実戦に投入可能になった。ゴータG.IV爆撃機を配備したこの飛行隊には、より大型の航空機、ツェッペリン・シュターケンR型爆撃機を配備した別の飛行隊がくわわった。シーゲルトが指揮した旧基地は第1爆撃隊（カゴール1）と呼ばれるようになり、このオステンデ付近の本来の基地に、新しく、ゴントローデ、シント・デアイス・ウェストレム、マリアケルケの飛行場がくわわった。エルンスト・ブランデンブルク大尉がこの新しい部隊の指揮官に選ばれ、厳しい訓練の後、彼が慎重に選抜した爆撃機乗員が作戦に備えた。

1917年5月25日、23機のゴータがイギリスに対する初の大規模空襲に向けて離陸した。この機はノイミュンスターに降りて燃料を補充した後、目標に定めたロンドンへと向かった。技術上の問題で戻った2機を除く機が前進し、21機のゴータは高度3660メートルで飛び、バーナム・オン・クラウチ上空でエセックス州の海岸を越えたものの、そびえる雲にぶつかり視界をさえぎられた。この状況ではロンドンを爆撃するのは不可能だったため、ゴータの編隊は南へ向きを変えてケント州を目指し、目標は当日の状況しだいということになった。その地方でいちばん大きい町はフォークストンの港である。ブランデンブルクが合図を送り、海峡を臨むこの小さな港町は、ロンドンに投下予定だった爆弾を浴びるはめになった。航空機は5トンあまりもの爆弾を投下し、死者95人、負傷者195人と、空襲によるそれまでで最大の死傷者を出した。イギリスの対空砲がドイツ機に向かって火を噴いたが、砲弾の射程はあまりにも短かった。さらに74機の戦闘機が送り出されたものの、敵編隊に損失を与えることはできなかった。ドイツ軍が失ったゴータはわずか1機であり、これはおそらくエンジン不調のために海上に墜落したものと思われる。

6月5日の2度目の空襲は22機によるもので、テムズ川河口域にあるシェアネスと

ドイツの攻撃力
1917年、ドイツ軍は投入可能な重爆撃機を数機保有していた。なかでもゴータG.IVとG.V（写真）は傑出した機だった。

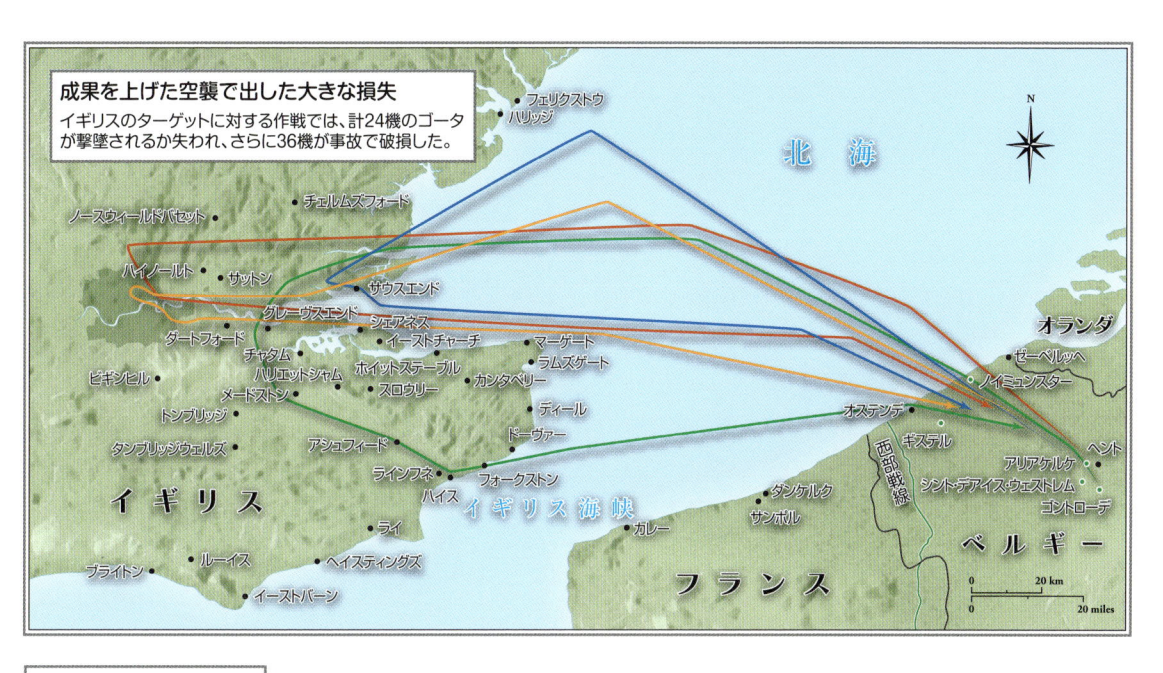

成果を上げた空襲で出した大きな損失

イギリスのターゲットに対する作戦では、計24機のゴータが撃墜されるか失われ、さらに36機が事故で破損した。

ゴータの昼間空襲
陸軍直轄第3爆撃隊による主要な攻撃

- 1917年5月25日、5.1トンの爆弾を投下：死者95名、負傷者195名
- 1917年6月13日、4.3トンの爆弾を投下：死者162名、負傷者432名
- 1917年7月7日、4.3トンの爆弾を投下：死者57名、負傷者193名
- 1917年8月12日、2.1トンの爆弾を投下：死者32名、負傷者46名
- ドイツ軍飛行場

シェピ島の海軍造船所を目指した。今回はイギリスの戦闘機がドイツ機を迎撃し、1機のゴータ爆撃機を撃墜した。6月13日、ブランデンブルクはゴータ爆撃機を再びイギリスに向かわせ、20機が出発した。3機が技術上の諸問題で引き返したが、3機がテムズ川河口域の海軍の目標に爆撃をくわえた。編隊のほかの機は前進を続け、午前11時32分頃イースト・ロンドン上空に到達した。ドック周辺に数発の爆弾が投下され、さらに編隊の本来の目標であるリヴァプール・ストリート駅には2トン近い爆弾が投下された。しかし、最悪の結果を生んだのはポプラーの東部郊外にある学校に投下された爆弾であり、16人の子供が命を落とした。この爆撃で死者162人、負傷者432人という損害を被ったイギリスでは、国民は憤り、一致団結した。混乱に乗じようとする一部の略奪者や騒擾者はすぐに抑えこまれ、その状況は、ドゥーエラが予言した士気の崩壊とはほど遠かった。

防衛力増強を求める声に、西部戦線から精鋭飛行隊2個がイギリスに呼び戻された。ヒュー・トレンチャード少将の当惑は大きかった。西部戦線にある少将指揮下の部隊は全勢力で防御し、また攻撃的方針を維持していたのだ。そしてイギリスの防御部隊はここにきて能力を増しつつあり、戦闘機は爆撃機を迎撃するか、少なくともその当初の目標から追い払うことが可能になっていた。

割り当てを増やす

イギリスの指導者たちは、空中戦を新たな段階まで引き上げることを迫られていた。イギリス軍参謀長ウィリアム・ロバートソン卿は、航空戦力をひとつにまとめた軍を創設する必要性を理解していた。ロイド・ジョージ首相の支援もあり、ジャン・スマッツ大将が航空組織にかんする新設委員会の長についた結果、あっという間に、航空戦力の指揮権が海軍と陸軍に分散しているという状況は終わった。新しい指揮系統が組織されて整い、ロンドンにはより包括的防空態勢が敷かれ、もはや爆撃機や飛行船

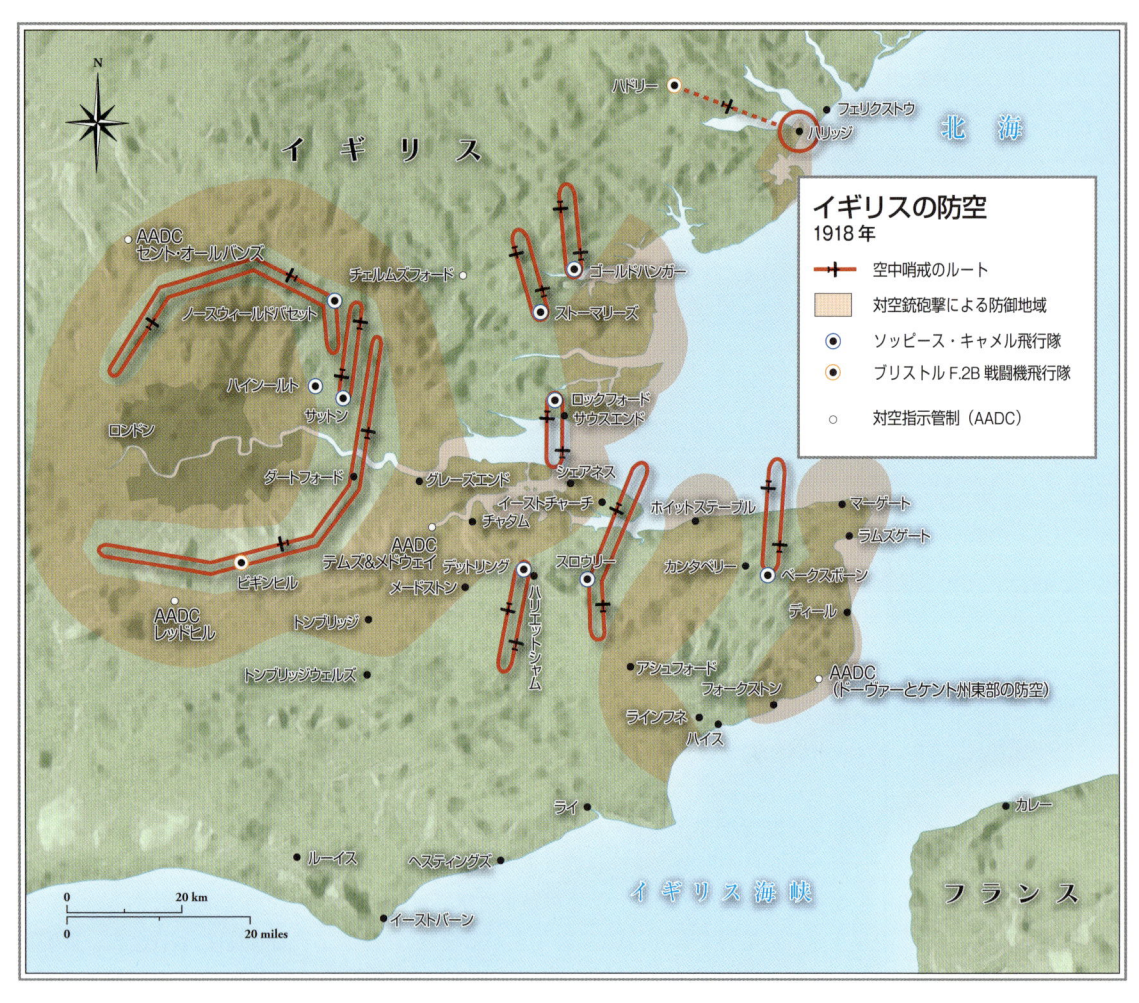

の格好の目標とは言えなくなった。これに、ドイツの爆撃機飛行隊は夜間爆撃で応じた。これに対してイギリス軍は、対空砲と阻塞気球を配備した特別地域を設定した。戦闘機が哨戒地域を明確にできるような火砲の配置がなされたのだ。

いっぽう、ドイツ軍航空隊は巨大な航空機を開発していた。ツェッペリン・シュターケンR型機である。そしてイギリスに対する空の攻撃を強化するため、第501巨大機飛行隊がベルギーに派遣された。R型爆撃機は夜間にゴータ機と飛び、そのうちの1機がゴータ機2機とともに、1917年9月29日の夜にロンドンに到達した。イギリスは防空態勢の強化と、ベルギー西部にあるドイツ爆撃機の飛行場攻撃を続け、さらにはドイツ本国の爆撃計画も練り始めていた。

フランス軍はすぐに戦略爆撃の重要性を理解し、1916年から高性能のブレゲーBr14を投入して、これを戦闘機が強力に援護してラインラントの目標に昼間攻撃を実行した。しかしイギリスは、開戦当初から長距離爆撃機の開発に熱を入れていた。そして誕生したのがハンドレページO/100である。1914年12月に出された、ドイツ爆撃用の「恐怖の襲撃機」開発要請から生まれた機だ。O/100機は1916年11月にイギリス海軍航空隊第3航空団とともに西部戦線に配備され、翌年の春以降、この航空団の第14および第16の2個飛行隊が、Uボート基地や鉄道駅といった主要な施設

イギリスの防空
イギリス陸軍航空隊および海軍航空隊の本土防空隊の戦闘機飛行隊は、1917年、空襲に反撃する新たな戦術をとり入れた。短いクラクションが3回鳴って「準備」の合図が出ると、パイロットと整備士は自機に走り、格納庫から押して出す。エンジンをかけ、パイロットはコックピットに座って次の命令を待つ。「パトロール」の指令が出ると、防御機は担当地域に編隊を組んで上昇し、地上からの信号に従って行動する。

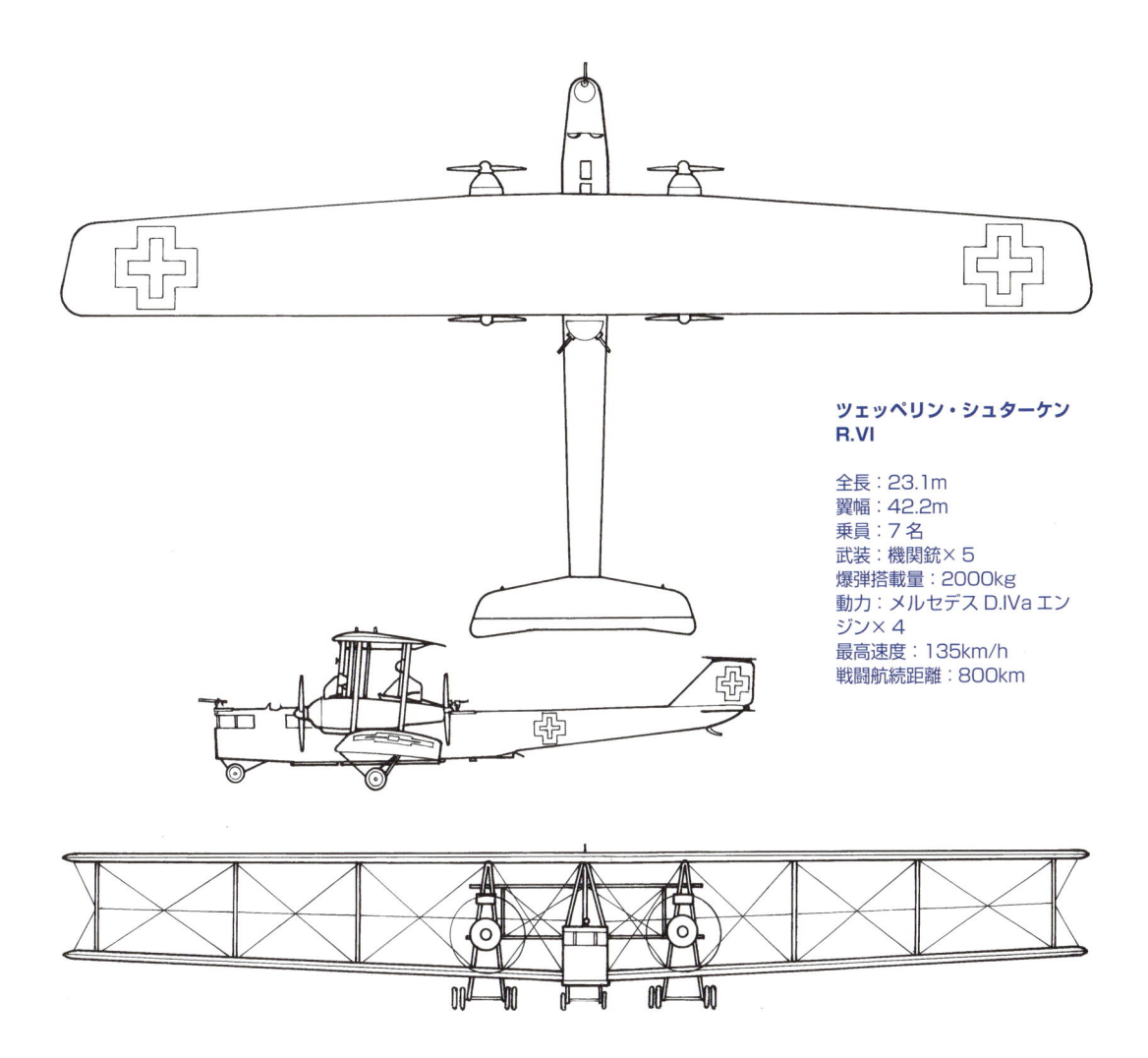

Bombers: 1916-1918

ツェッペリン・シュターケン
R.VI

全長：23.1m
翼幅：42.2m
乗員：7名
武装：機関銃×5
爆弾搭載量：2000kg
動力：メルセデス D.IVa エンジン×4
最高速度：135km/h
戦闘航続距離：800km

ツェッペリン・シュターケン
R.VI
巨大な R.VI は、密閉型コックピットを備えた初めての軍用機。1947年、ハワード・ヒューズの H-4 ハーキュリーズ「スプルース・グース」の登場までは、木製機としては最大だった。

85

や、ドイツ産業の中心地に対する夜間爆撃に専念した。

　トレンチャードは西部戦線の日々の戦闘から部隊を削ぐのには反対だったが、爆撃に専念する部隊の編制にしぶしぶながら同意した。この部隊には新型のハンドレページO/400を配し、1917年後半には準備を終えることになっていた。新設の爆撃部隊は、すでに投入可能なDH.4軽爆撃機8機で初のドイツ攻撃をおこない、1917年10月17日の夜に出発したDH.4軽爆撃機が、ザールブリュッケンの製鉄所を攻撃した。スマッツは、ドイツ本土に戦争をしかける能力を備えた、独立した航空隊を創るべきだと提言していたが、これは1918年4月に現実のものとなった。1917年10月に3個飛行隊で攻撃を始めていた第41航空団は、1個飛行隊のみが双発のO/100爆撃機を配備していたが、この航空団が5個飛行隊にまで拡大し、さらに5月には、イギリス陸軍航空隊と海軍航空隊を一体化して新しく編制されたイギリス空軍のなかに取りこまれた。

　新設軍は、空軍参謀長となったトレンチャードの指揮下に置かれた。トレンチャードは爆撃方針を積極的に推し進めた。実際には、作戦の大半はイギリス陸軍を支援する戦術的なものではあったが、長距離爆撃向けに設計された新型機、デ・ハヴィランドDH.17とハンドレページV/1500「ベルリン爆撃機」が建造中だった。これらの航空機が終戦前に部隊に届いていれば、ドイツは大都市に集中爆撃を受けていたはずである。

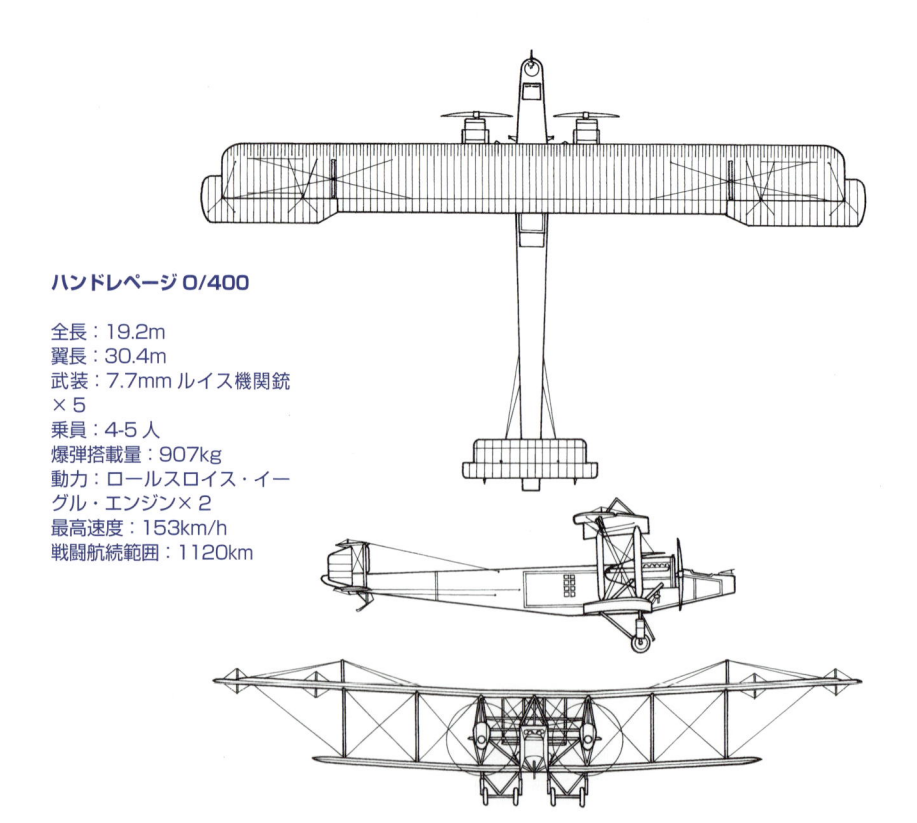

ハンドレページO/400

全長：19.2m
翼長：30.4m
武装：7.7mm ルイス機関銃×5
乗員：4-5人
爆弾搭載量：907kg
動力：ロールスロイス・イーグル・エンジン×2
最高速度：153km/h
戦闘航続範囲：1120km

ハンドレページO/400
イギリスは有効な重爆撃機の製造にも着手した。1916年にハンドレページO/100が製造され、翌年には改良型のO/400がくわわった。

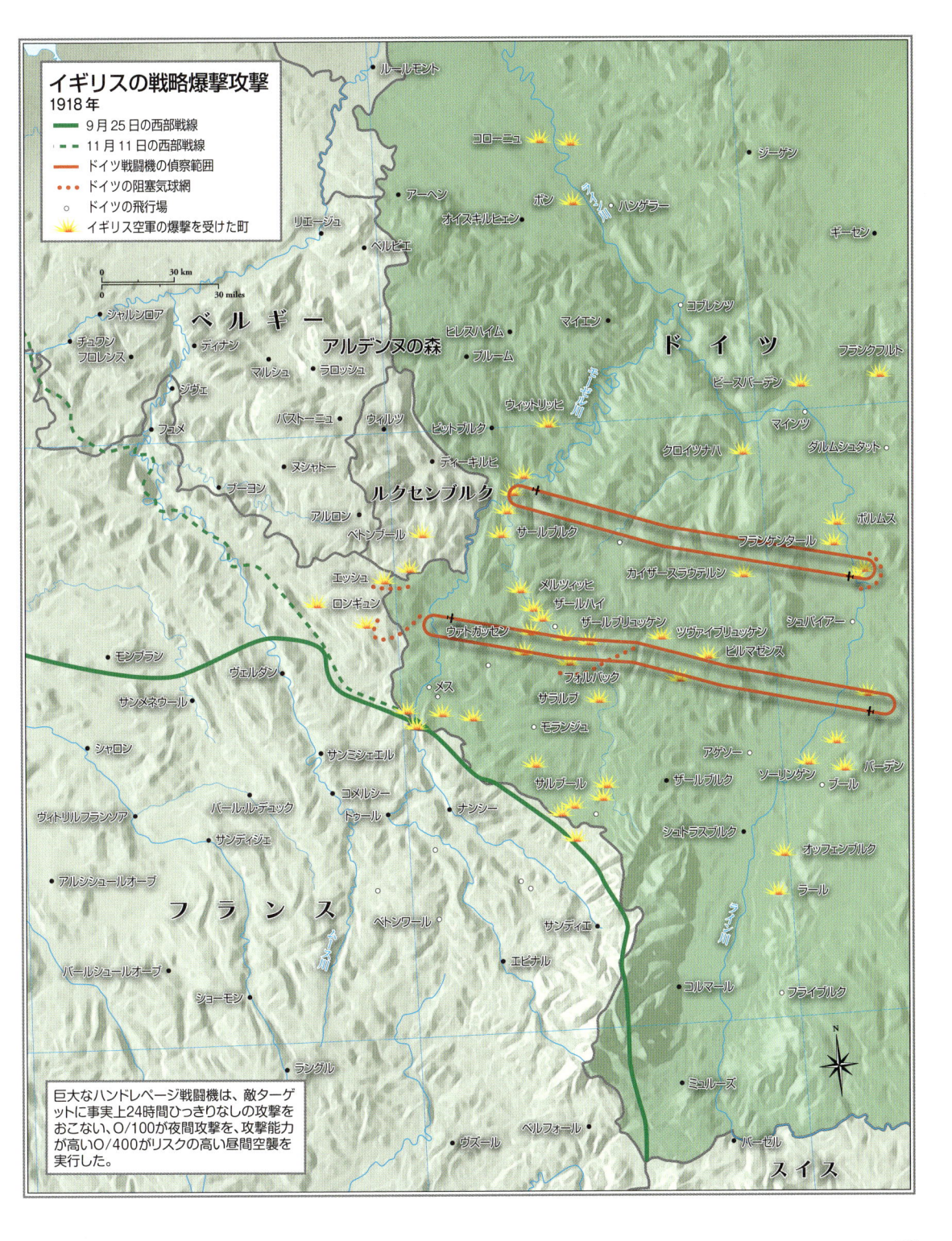

Bombers: 1916-1918

イギリスの戦略爆撃攻撃
1918年
- ━━ 9月25日の西部戦線
- ╍╍ 11月11日の西部戦線
- ━━ ドイツ戦闘機の偵察範囲
- ••• ドイツの阻塞気球網
- ○ ドイツの飛行場
- ☀ イギリス空軍の爆撃を受けた町

巨大なハンドレページ戦闘機は、敵ターゲットに事実上24時間ひっきりなしの攻撃をおこない、O/100が夜間攻撃を、攻撃能力が高いO/400がリスクの高い昼間空襲を実行した。

アメリカの戦時体制
1917年

　ドイツのUボート作戦は、海外の広大な領土や、とくに大西洋を挟んだ隣国、アメリカからイギリスへの補給線を潰す目的で実行された。作戦は短期的にはある程度の成功を収めたものの、最終的にはドイツに負の結果をもたらした。アメリカ大統領ウッドロー・ウィルソンは、ドイツがアメリカ商船を攻撃するならば、それはじゅうぶんに宣戦の理由となると言明した。アメリカ商船の損失が甚大となり、とくに〈ルシタニア〉の撃沈で168名のアメリカ国民が命を落とすと、アメリカは1917年4月に連合国軍として参戦した。

　純粋に軍事的観点から評価すれば、海軍を除き、アメリカ軍は取るに足りない存在だった。アメリカは、ヨーロッパ大陸の戦闘に参加してもとても役に立てるような立場にはなかった。そこで、大規模な動員が始まった。

義勇兵の献身

　アメリカが正式に参戦するのは1917年になってからのことであるが、第一次世界大戦の勃発時から、アメリカ人はアメリカ野戦病院を設置し、戦場で活動していた。その後、ニューイングランド出身の冒険好きな男ノーマン・プリンスに率いられ、アメリカ人義勇兵がフランス航空隊で飛行隊を編制し、1916年4月16日から任務に就いている。フランス航空隊へのアメリカ人義勇兵は総数209名に上った。大半はフランスのブクで通常訓練を受けてブレリオ機を飛ばし、うち31名がラファイエット飛行隊に配属され、残りは他のフランス軍飛行隊で任務に就いた。

　　　　　　フランスの訓練学校はぜいたくな環境とはほど遠かった。毎朝日の出前に起床し、たった一杯、生ぬるいチコリーの代用コーヒーを飲んで、11時のその日初めての食事まで腹をもたせる。日が昇る頃、私たちは多数の滑走路に分かれて震えながら、恐ろしくもすばらしい航空機、ブレリオ単葉機に乗る順番を待っていた。

　アメリカ陸軍航空部隊はメーソン・パトリック少将の指揮下、アメリカ海外派遣軍（AEF）に組み込まれた形で創設された。海外派遣軍の総司令官を務めるジョン・J・パーシング大将は、本来260個の戦闘飛行隊の創設を求めていたものの、実際にできたのは202個でしかなかった。その内訳は、101個の観測機、27個の夜間爆撃機、14個の昼間爆撃機と60個の追跡（戦闘）飛行隊であり、これら飛行隊は、フランスで編制中の第16軍団の3個軍と協力する予定だった。戦争勃発時、アメリカは航空機をわずかしか保有しておらず、これを供給する航空機産業もたいした力はなかった。そのため、アメリカ政府はフランス機とイギリス機を多数発注し、観測および爆撃用のDH.4やサルムソン2、戦闘機用のニューポール28、スパッドXIII、S.E.5などが届いた。ライセンス生産もまた、その能力のある企業ができるかぎり分担しておこな

っていたが、しかしこうした作業はとても成功しているとは言いがたかった。

ヨーロッパの製造技術は、手作業で仕上げ、それを組み立てる職人を大勢必要としたが、これを、製造ラインが幅を利かせるアメリカの大量生産方式にうまく移し代えるには無理があった。また製造業者は、民間向けの生産から軍用へと切り替える時間の余裕がほとんどなかった。こうした困難にもかかわらず、純アメリカ産の180馬力エンジン、リバティのみを搭載したDH.4が4000機近く生産されている。1917年のアメリカ議会では、航空機数の増大のために6億4000万ドルという莫大な予算が承認された。これは、ひとつの案件につぎ込まれた一度の予算では、それまでで最大のものだった。

海の向こうで！
アメリカが1917年4月6日にドイツに宣戦したとき、アメリカ陸軍飛行部が保有する航空機は300機に満たず、どの機も戦闘機タイプではないうえに、1100名の兵士のうちパイロットの資格を持つものはわずか35名だった。1917年の航空法によって莫大な資金が投入され、大規模な徴兵キャンペーンが行なわれた。

ついにヨーロッパで

　アメリカ初の戦闘飛行隊であり、偵察任務を担う第1航空飛行隊がフランスに到着するのは、1917年8月になってからのことだ。1918年2月にはアメリカ陸軍航空部が戦闘に参加しており、5日には初の撃墜にも成功した。アメリカの飛行隊は第3次エーヌ会戦やサン・ミエルの戦い、ムーズ・アルゴンヌの攻勢で、地上作戦をおこなうアメリカ軍部隊の重要な援護を担った。

　フランスのラファイエット飛行隊とともに飛ぶアメリカ人飛行士たちは、第103飛行隊としてアメリカ陸軍航空部に組み込まれた。そして1918年11月11日には、7個爆撃機、18個観測機、20個戦闘機飛行隊が西部戦線で任務に就いていた。なかには、ドイツ戦線の後方257キロまで飛んで空爆をおこなう任務もあった。これら飛行隊は敵機を756機、気球を76個破壊したと主張するまでになる。また、26機を撃墜したエディ・リッケンバッカー大尉をはじめ、31人のエースも生まれた。アメリカ陸軍航空部隊は、任務において289機の航空機と48個の気球を失い、237人の乗員が命を落とした。休戦時には、各地に配されたアメリカ軍の飛行隊は総数185個に達し、航空機製造業や補給部門、工学技術、訓練施設が万全の態勢でこれを支えた。

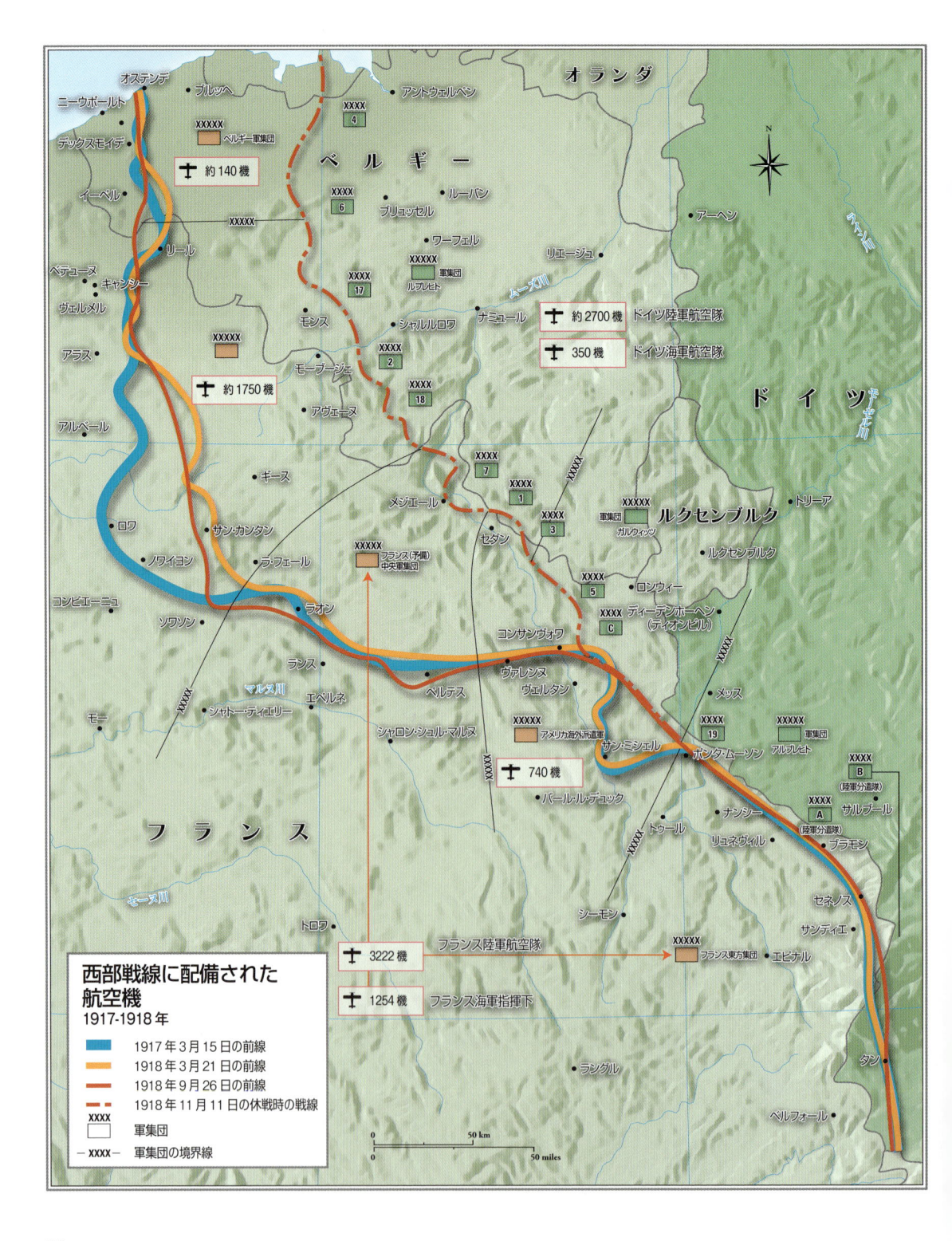

Atlas of Air Warfare

約140機

約2700機 ドイツ陸軍航空隊
350機 ドイツ海軍航空隊

約1750機

740機

西部戦線に配備された航空機
1917-1918年

- 1917年3月15日の前線
- 1918年3月21日の前線
- 1918年9月26日の前線
- 1918年11月11日の休戦時の戦線
- XXXX 軍集団
- —XXXX— 軍集団の境界線

3222機 フランス陸軍航空隊
1254機 フランス海軍指揮下

最終決戦
1918年

　1917年末になるとロシアの帝政は疲弊し、信用が失墜して革命に倒れた。新たに生まれた民主制の臨時政府は、当初は西方の連合国軍への責務を果たそうとした。ケレンスキー政権は、戦場で大きな勝利を挙げさえすれば新生ロシアの統治は一気に進むと考え、6月にブルシーロフ攻勢を発動した。攻撃は短期的にはうまくいったがまもなく下火になり、そして消滅してしまう。ロシアは分裂の道をたどり、権力はボルシェヴィキへと移行した。ボルシェヴィキが当初描いたのは、革命をヨーロッパ全体に広め、その過程で戦争を終結させるという計画だった。これには失敗したものの、ボルシェヴィキ政権は少なくともロシアの各都市では権力を掌握した。ボルシェヴィキ政権がロシアにおける不安定な権力掌握を強固なものにするためには、いかなる代償を払ってもドイツとの和平が不可欠だった。その結果、ブレスト・リトフスク講和条約が調印され、広大な領土をドイツおよびオーストリア＝ハンガリー帝国に割譲した。これによってある程度、連合国軍の包囲による同盟国側への圧力は緩和された。東部戦線でどうにか和平がなったことで、同盟国側はほかの戦線へと目を向けることが可能になった。

　ドイツ軍はフランドル地方でイギリスの攻撃を防ぐと、1917年10月にイタリア戦線を攻撃した。部隊を移動させてオーストリア＝ハンガリー帝国軍を補強し、カポレットで攻撃を開始してイタリア軍に大きな敗北をもたらした。ドイツ軍は129キロほど前進したが、イギリス軍およびフランス軍の支援を受けて、イタリア軍はピアベ川沿いにこれを防いだ。

　フランスのカンブレーでは、イギリスが新兵器の戦車を適所に配置して攻撃をおこ

前進簡易発着場
発着場に駐機しているのは王立航空工廠R.E.8。B.E.2から観測任務を引き継ぐと、その後非常に幅広く用いられるようになり、イギリス陸軍航空隊の33個飛行隊に配備された。B.E.2と同様、がっしりしすぎて戦闘では敏捷に動けず、大きな損失を出した。任務につくさいには、重装備の護衛機を必要とした。

Atlas of Air Warfare

西部戦線のドイツ軍　1918年8月

沿岸地域　　　　　　　　　　　　　　　　　　　　　　　　スイス国境

日	4	6	17	2	18	9	7	1	3	5	C	19	A	B

航空機の損失
1918年8月
- ドイツ軍
- 連合国軍

1918年8月の連合国軍およびドイツ軍の航空機の損失を表すグラフ。第一次世界大戦における最終攻撃の開始時期である8月8、9日には、連合国軍航空隊が大きな損失を出している。

ブレゲーBr 14
第一次世界大戦中のルイ・ブレゲーの最高傑作といえば、Br 14複座偵察・爆撃機をおいてほかにない。陸軍飛行隊に配備されて実戦に初めて投入されたのは1917年春であり、たちまち頑丈で信頼のおける機だという評価を確立した。

ない、これに脅威を感じたドイツ軍最高司令部はイタリア戦線の停止を命じた。イタリア軍は、大幅に回復しないかぎりは攻撃をおこなえるような状況にはなかった。またフランス軍は、春のニヴェルの攻撃で受けた深い傷がいえてはおらず、アメリカ軍は部隊の訓練をおこなってヨーロッパへの派遣にとりかかっている段階で、戦場にはまだほんのわずかな部隊しか到着していなかった。1918年のこうした状況において、ドイツ軍に残る大きな敵は、イギリスのみだった。

急がれる製造力の強化

アメリカ軍はまだ戦場に足を踏み入れたばかりだったが、それでも、ドイツ軍最高司令部はアメリカの大きな産業能力を認識していた。1917年半ば、ドイツはその名もアメリカ・プログラムという計画に着手した。この計画は、1カ月に2000機の航空機と2500基のエンジンを製造することを要請し、フランス、イギリス、さらにアメリカの工場で増加しつつある製造数に対抗しようとするものだった。ドイツ産業にこの努力が課されると、航空機の価格は上昇し、またこの計画はドイツ産業の労働者の士気に重くのしかかることにもなった。戦争への熱意は冷め、ストライキが起こり、労働意欲は低下した。1917年には、ドイツでは1万3977機の航空機が製造されたが、エンジンは1万2029基にとどまっている。同じ時期に、フランスとイギリスは計2万8781機の航空機と3万4755基のエンジンを製造した。そして、アメリカの工場からも航空機が姿を現し始めているのが不気味でもあった。

1918年に入って数カ月は、ドイツでは1カ月に1100機程度の航空機しか製造していない。それはドイツの航空隊にとって凶兆だった。この数字では前線の兵力を維持するための予備兵の確保や訓練もおこなえなかったし、前線の兵力はしだいに損なわれ、空の支配がまったく不可能になることもありえた。長期におよぶ防御方針が必要となりつつあった。ドイツとオーストリア＝ハンガリー帝国は東ヨーロッパのかなりの部分を支配下においていたものの、貧しい農業地帯が多く、そこには、同盟国側の戦争努力に貢献するような産業はほとんどなかった。確かにイタリア軍は打ちのめされ

てはいたが、アメリカ軍の成長が連合国軍の大きな力となってくると、西部戦線の状況はいずれ悪化するはずだった。ドイツ軍にとって、勝利を手にできるのは1918年の春しかなかった。この時期、同盟国側は一時的ではあるが有利な状況にあった。ブレスト・リトフスク講和条約調印後には東ヨーロッパの広大な地域を治めなければならなかったが、まだ西方へと部隊を派遣する余裕があり、連合国軍の169個師団に対し、同盟国軍は192個師団と優位に立っていたのである。

　3月21日、西部戦線でミヒャエル作戦が発動された。この攻撃は、アラスとサン・カンタン付近において、イギリス第3および第5軍に向けたものだった。ドイツ軍は新しい戦術を取り入れた。奇襲性を維持すべく、自動火器を装備した突撃部隊が敵防御陣地を迂回して前進し、防御陣地は後続の支援部隊が掃討する。頭上では、地上攻撃機を配備した新設の「攻撃飛行中隊」が戦闘航空団をつくり、敵の補給部隊や機関銃台座、抵抗拠点を見つけしだい攻撃を繰り返し、また進軍中の部隊指揮官に報告をおこなった。攻撃飛行隊は前線の小隊を援護し、銃弾と燃料が少なくなると交代を繰り返した。つまり、ドイツ軍では航空機が機動力の高い軽砲兵隊としての任務をおこない、指揮官は常時更新される情報を利用できたのだ。しかし、連合国軍もまた同様の戦術をとることになる。

ソンム川に向かって

　ドイツの航空戦力は、1917年後半の2270機から、1918年3月には3670機に増加していた。1918年初めの数カ月に投入されたのが、新型機のフォッカーD.VIIだ。ドイツ軍の平均的パイロットが乗ったときでも危険な敵ではあったが、経験を積んだパイロットが操縦するとなると、この機は連合国側のパイロットがこの世で最後に目にするものになることもしばしばだった。ドイツ軍は南西のソンム川を目指す攻撃を計画していた。イギリス軍およびベルギー軍の戦線へと北西に向かって攻め立てる作戦は当初はうまくいき、連合国軍の戦線に対して、同盟国軍が大きく突出した。しかし4月4日には、ドイツの物資補給が攻撃を支えられなくなり、推進力が枯渇してしまった。連合国軍はこの機に最高司令部と師団の配置を再編制し、戦線を維持した。ルーデンドルフは4月9日に第2の攻撃であるゲオルゲットを開始し、当初はいくらか勝利を得たものの、4月17日にはイギリス軍の反撃がある程度の成功を収めていた。

　この時期、ドイツ陸軍航空隊は1カ月にパイロットの14パーセントを失い、その損失を兵員の訓練によって埋めることができなかった。さらに4月の死傷者のなかには、マンフレート・フォン・リヒトホーフェンがいた。ソンム川にほど近いモーラン・コー・リッジ上空で撃墜されたのだ。リヒトホーフェンの死は、近年の調査によって、当初考えられていたようにイギリス第209飛行隊のロイ・ブラウン大尉によるものではなく、オーストラリア軍の機関銃手によるものではないかと言われている。この損失はドイツ国民に大きな衝撃を与え、陸軍元帥ルーデンドルフは、士気への影響はドイツ軍10個師団の壊滅に等しい、と述べている。

　5月27日、今回はフランス軍が攻撃を受けることになった。ドイツ軍は最初の24時間で21キロ前進し、1914年以降、西部戦線における1日の最長前進距離を記録した。6月3日には、ドイツ軍は1914年8月から9月にかけての激戦の地であるマルヌ川に到達した。しかしイギリス軍に対する先の攻撃と同じく、ドイツ軍の攻撃を支

Final Battles: 1918

死の降下
パラシュートを装着する以前は、パイロットは生きて焼かれるよりも、死に向かって飛び降りる方を選んだ。初めてパラシュートを装着したのはドイツ兵である。ドイツ機のエンジンは一般に強力なため、余分な重量も搭載可能だった。

える物資補給は枯渇し、攻撃は中止された。

　アメリカ軍は来るべきものに備え、5月28日のカティグニーでは第1師団、6月2日のベローウッドでは第2師団が、反撃をおこなう連合国軍に参加した。ドイツ軍は6月9日から7月15日にかけてさらに2度の攻撃をしかけたが、どちらも先細りに終わってしまう。ドイツ軍はすでに疲弊していた。攻撃には100万人もの死傷者という代償を払い、そしてこのなかにはドイツ軍の優秀なパイロットが含まれ、2900機もの航空機を喪失していた。

戦況の反転

　進撃するのは連合国軍の側と転じた。フランス軍は7月18日から、マルヌ川を渡り反撃を開始した。フランス軍は8月2日にソアソンに到達し、8月8日にはイギリス第4軍とフランス第1軍がアルベールの南を攻撃した。これは大きな成功を収め、とくにイギリス・オーストラリア軍の攻撃は成果を上げた。航空写真によって主要な防御陣地を慎重に確認したうえで適所に短距離爆撃がおこなわれ、それに近接航空支援を受けた戦車と歩兵が続いた。これは「電撃戦」の初期形態である。今度ばかりは、連合国軍の部隊が一気に「無人地帯(ノーマンズ・ランド)」を殺戮の場にしてドイツ防衛線を破った。ルーデンドルフはこの日を「ドイツ陸軍暗黒の日」と呼んだ。

　ドイツ戦闘機戦隊は消耗しつつも、地上部隊が後退する間、連合国軍の爆撃を食い止めるために戦った。戦隊は連合国軍の空爆からソンム川にかかる橋を防御するのに成功し、また新型機フォッカーD.VII機を配備した部隊が奮闘して、敵攻撃機に多数の損失を被らせた。40キロにもおよぶ前線で、わずか365機のドイツ機が、1900機あまりの連合国軍航空機を退けようと必死に戦った。

　9月12日、ルーデンドルフが撤退の準備にかかった頃、新たに編制されたアメリカ第1軍がサン・ミエル突出部を攻撃した。8、9月には、まだドイツ軍は空中戦で奮戦して敵に多大な損失を与えており、アメリカ第1昼間爆撃隊はサン・ミエル突出部上空で31名の乗員を失った。しかしアメリカ機の攻撃によって、事実上ドイツ機は偵察をおこなえなくなった。アメリカ軍のエース、フランク・リュークは第27航空飛行隊の気球攻撃のスペシャリストであり、18日間で17個の気球を破壊した。ドイツ軍最高司令部は、戦況を明確に把握するための写真撮影ができなくなってしまったのである。

　連合国側の攻撃は続き、ドイツ軍は大半の戦線で後退を余儀なくされた。撤退のたびに、ドイツ軍の航空機部隊は準備も設備もじゅうぶんではない飛行場を使わざるをえず、それに応じて戦闘力は低下していった。3月から11月までの間に、ドイツの航空戦力は3700機から2700機へと落ちていた。そしてドイツが直面する状況の悪化は、航空機の製造数に表れていた。11月までにドイツが製造したのは8055機の航空機とわずか9000基あまりのエンジンでしかなかったが、同じ時期にはイギリスとフランスが5万6378機の航空機と6万6651基のエンジンという膨大な数を製造しており、イギリス、フランスおよびアメリカの航空部隊にじゅうぶん行きわたる航空機が確保されていた。そして、アメリカの野心的な計画はまだ大きな成功を収めてはいなかったものの、1919年までにはすばらしい成果を出すものと期待されていた。

　航空機の世界は予想を超えた変化を見せた。1914年には、航空機は「空飛ぶ監視所」といった扱いだったが、1918年と休戦の頃には、航空機の配備なしの戦争など考えられなくなっていた。ヴェルサイユ条約でも、航空機全般、およびとくにフォッカーD7が1918年の晩夏に大きな力をふるった点に触れている。第一次世界大戦の開戦時、主要国が持つのは数百機の航空機と乗員からなる航空隊であり、それが休戦時には何千機もの航空隊に膨れ上がっていた。空中戦からの後戻りなど、もはやありえなかった。

Final Battles: 1918

1920年になると、敗北した同盟国とオスマン帝国のなかから、ポーランド、チェコスロヴァキア、ユーゴスラヴィアといった新しい国家が誕生し、ヨーロッパの地図は大きく姿を変えていた。

戦間期

　1919年6月28日に締結されたヴェルサイユ条約は、ドイツと連合国側との間で公式に「すべての戦争を終結させる」ための和平協定であり、1918年11月11日の実際の戦争終結からおよそ半年後に結ばれた。条約はドイツに、軍用機の保有禁止をはじめとする厳しい罰を科した。しかし民間機保有や、またドイツが新しい体制に移行することまでは禁じなかった。休戦時の連合国軍最高司令官であるフランス陸軍元帥フェルディナン・フォッシュは、この条約は「20年間の休戦」でしかないと述べるに留めた。

くず鉄の山の上で

　平和の到来とともに、何千機という航空機が余剰となってスクラップにされたり、売られたり、あるいはしまいこまれた。最新の王立航空工廠製造S.E.5a戦闘機を（銃は外した状態で）5ポンドで買えたり、製造ラインから出てきたばかりのカーティス・ジェニーが1機300ドルで手に入ったりというありさまだった。さらに、数年前はわずかだったパイロットも今では何千人もおり、航空機に関するさまざまな専門家にしてもそれは同じだった。元軍用機パイロットの多くが、戦争を経験した後では、普通の市民生活に戻るのは難しいと感じていた。アメリカでは「地方巡業の曲乗り」が縁日のショーの主流となり、パイロットたちは北アメリカじゅうの小さな町に航空機のすばらしさを紹介した。そして冒険好きで創造的な人々は航空機に新たな意義を求め、航空機が爆弾を搭載して何百キロも飛べるのなら、郵便や、もしくは人も運べるのではないか、と考え始めた。

　第一次世界大戦前に、すでにドイツではドイツ飛行船旅行株式会社が、何千人もの乗客を安全に運んでいた。また、1913年には、フロリダで初の定期航空便が試行されている。しかし、初めて継続的な航空便が開設されたのは1919年8月25日であり、この日、イギリス企業のエアクラフト・トランスポート・アンド・トラベル社がロンドン・パリ便を設けた。その後、間をおかずヨーロッパのほかの首都間の航路も登場し

チャールズ・キングスフォード・スミス
初の完全な大西洋横断飛行は、1928年にチャールズ・キングスフォード・スミスが指揮し、「サザンクロス」と名づけたフォッカーE.VIIB-3mで達成している。雷を伴う嵐のなか、いくどか危険に見舞われ数回着地した後、ブリスベーンのイーグル・ファームに到着した。サザンクロスは飛行時間83時間38分、飛行距離1万1890キロの大西洋横断を達成した。

爆撃機からの転用
大型機ハンドレページO/400爆撃機の一部は、第一次世界大戦後に輸送機に転用された。写真は、1919年4月30日にクリックルウッドから初の商用フライトを行なったときのもので、新聞と11人の乗客を乗せ、3時間後にマンチェスターに到着した。

た。ヨーロッパ諸国の大半は当初から航空業務に助成金を出したが、イギリスでは少し時間がかかった。民間企業数社が航空業務に失敗した後、残った4社が合併して助成を受け国営航空となり、1924年3月13日にイギリス帝国航空と立派な名をもらっている。そこには、イギリスと世界に広がる大英帝国の領土を空から戦略的に結びつけるという大きな目的があった。休戦からちょうど1カ月後、本来はベルリン爆撃用の特別仕様ハンドレページV/1500爆撃機がイギリスから飛び立ち、インドへの初飛行をおこなった。これが、イギリス空軍がおこなう多くのパイオニア的飛行の始まりとなった。

マルタ島、カイロ、東および西アフリカを経由して南アフリカへと向かう航路も開拓され、フランス人パイロットはアフリカのフランス領におけるハブ都市、ダカールに飛び、そこから辺境の植民地へと向かった。オランダのパイロットは中東とインドを経由して東アジアに飛び、ヴェルサイユ条約によって海外領土を奪われたドイツは、ソ連とそこから中国へと飛ぶ航路を開拓した。ドイツとソ連は、憎きヴェルサイユ和平条約をかいくぐり、1920年代から1930年代初頭にかけて活発な関係を持つようになっていた。そしてヨーロッパ諸国が本国と海外領土とを結ぶ計画を進めるいっぽうで、アメリカの目は大西洋制覇へと向けられた。

草分け的横断飛行
ロス・スミスとキース・スミスの兄弟は、1919年、イギリスからオーストラリアまでの飛行に初めて成功した。ヴィッカース・ヴィミーで28日間の旅を終えると、オーストラリア首相から1万ポンドの賞金を授与された。またピエール・ファン・ライネヴェルド中佐とクゥインティン・ブランド大尉は、ヴィミーでロンドンからケープタウンまで記録破りの飛行を達成し、同額の賞金を獲得した。4人の飛行士はみな、この功績によりナイトの称号を得た。

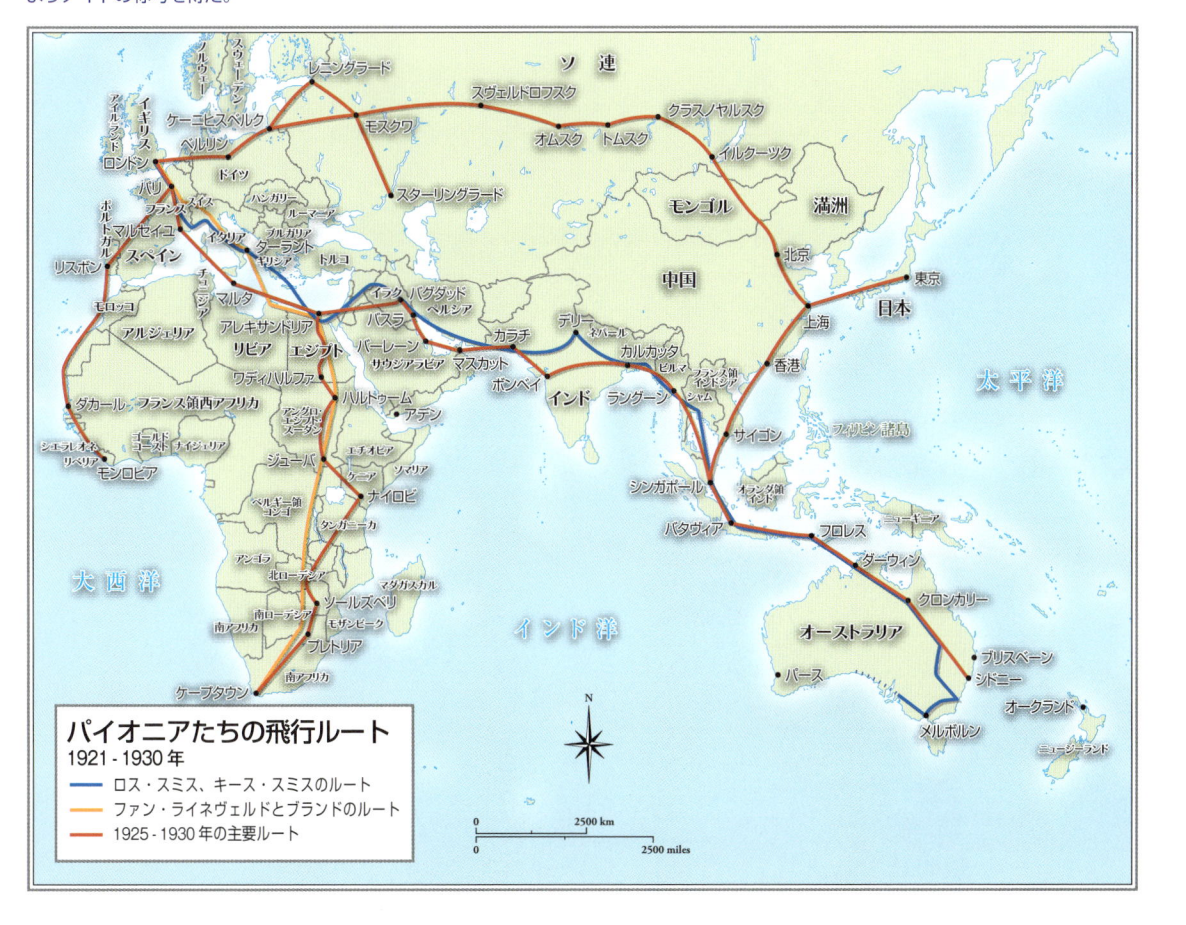

パイオニアたちの飛行ルート
1921 - 1930年
- ロス・スミス、キース・スミスのルート
- ファン・ライネヴェルドとブランドのルート
- 1925 - 1930年の主要ルート

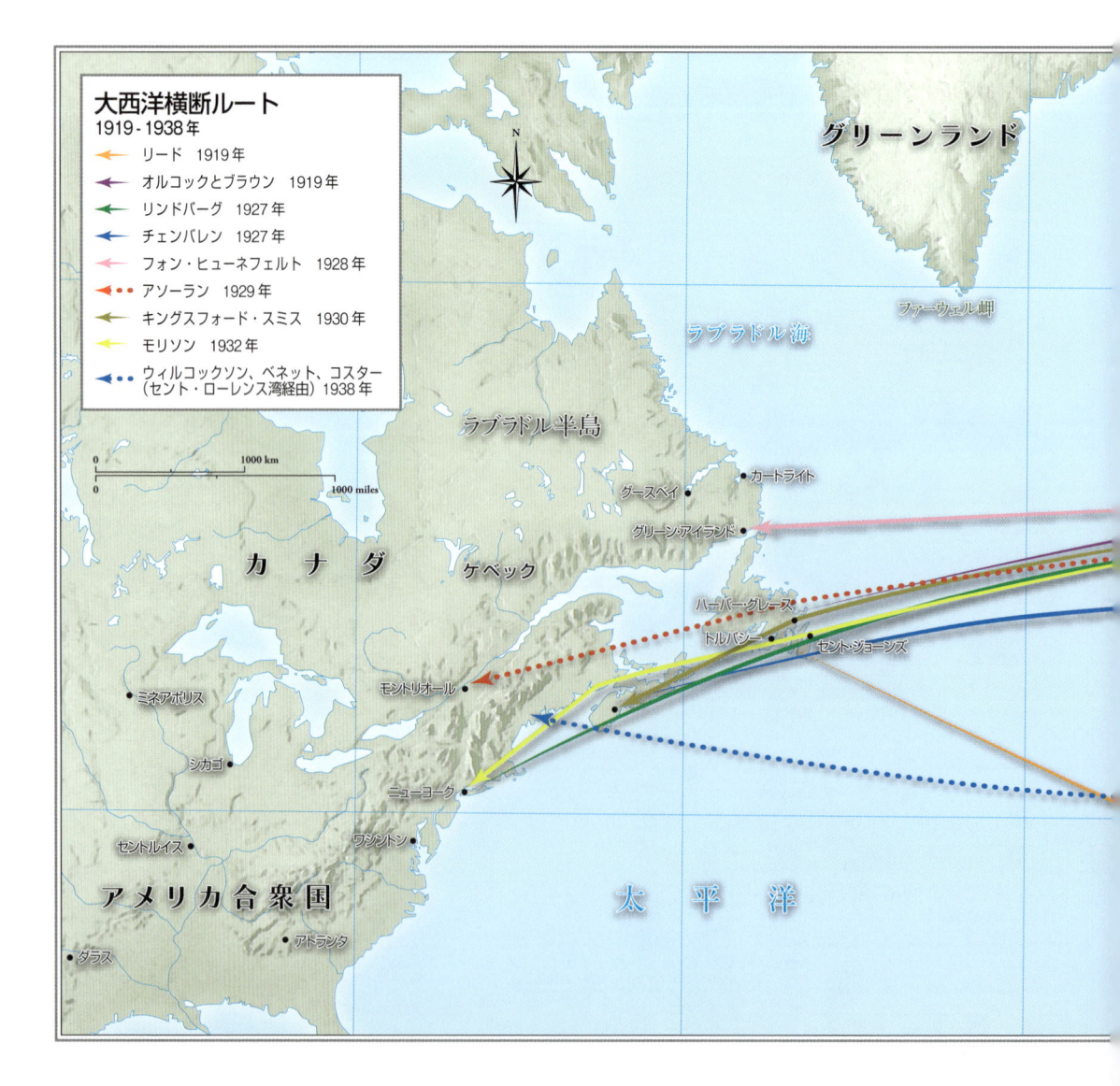

Atlas of Air Warfare

カーティス NC-4
1919年5月27日、アメリカ海軍第1飛行艇師団のカーティス NC-4 飛行艇が、A・C・リード少佐の指揮下、初の大西洋横断飛行を成し遂げ、ニューファンドランド島からアゾレス諸島を経由しポルトガルのリスボンに到着した。同伴した NC-1、NC-3 の2機は、どちらもゴール手前で脱落した。横断に成功した機はリスボンに10日間滞在後、イギリスのプリマスに向けて飛び立った。

大西洋横断ルート
1919 - 1938年
- リード　1919年
- オルコックとブラウン　1919年
- リンドバーグ　1927年
- チェンバレン　1927年
- フォン・ヒューネフェルト　1928年
- アソーラン　1929年
- キングスフォード・スミス　1930年
- モリソン　1932年
- ウィルコックソン、ベネット、コスター（セント・ローレンス湾経由）1938年

大西洋の誘惑

「デイリー・メール」紙の社主であるノースクリフ卿は航空機への関心が高く、アメリカとイギリス、あるいはアイルランド間の大西洋横断初飛行に1万ポンドの懸賞金を提示していた。着陸地として好まれたアイルランドは、当時はイギリスの一部である。1914年に2度、イギリス人とアメリカ人が1度ずつ挑戦したが、どちらも戦争の勃発によって中止されていた。当時のアメリカの計画に参加していたグレン・カーティスは実用的な飛行艇を設計済みであり、1918年には新型でより高性能の飛行艇を飛ばすことにとりかかっていた。1号機のカーティスNC-1飛行艇は牽引式400馬力リバティ・エンジン3基を搭載していた。テストを繰り返して製造されたNC-2、NC-3、NC-4は、どれも同タイプのエンジンを4基搭載していた。翼幅38メートルの複葉機で、ボート形の機体の長さは13.7メートル、幅は3メートルとゆったりした

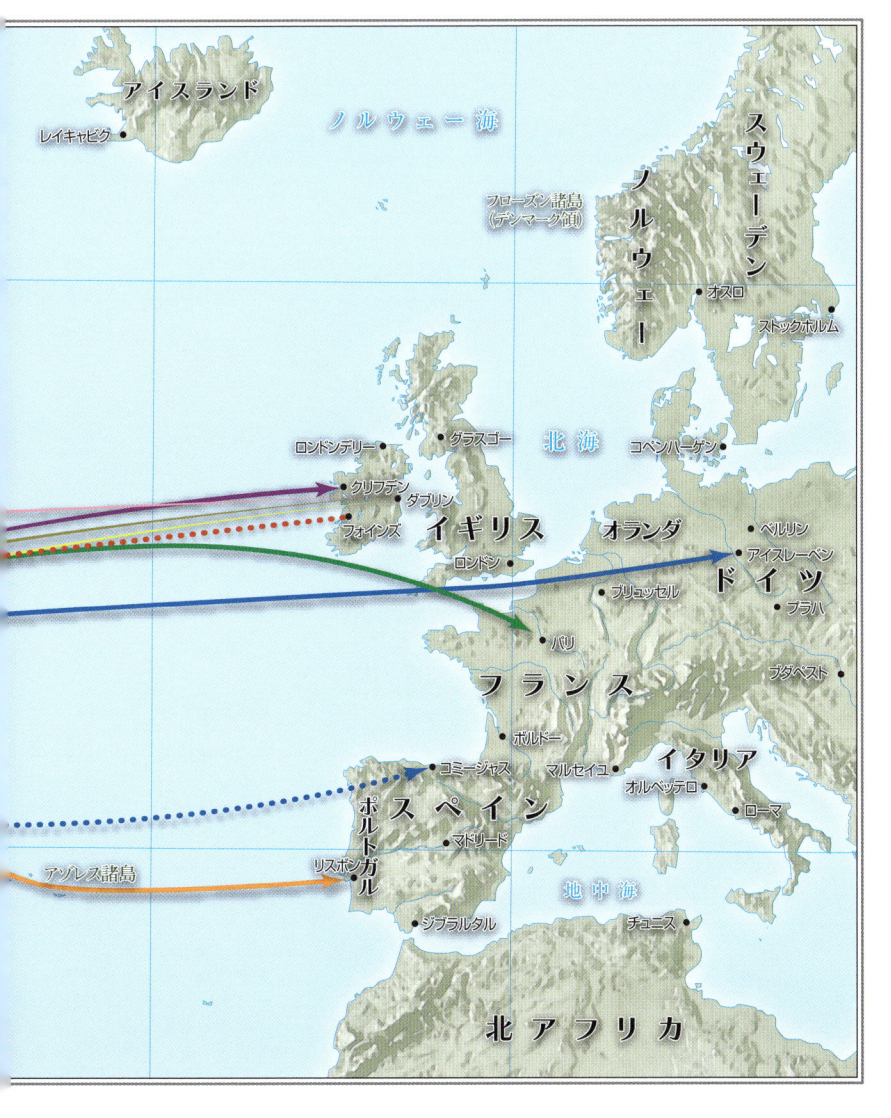

大西洋の冒険
航空機による大西洋横断が達成されたのは、ふたつの大戦間の「黄金期」である。アメリカ海軍のリード少佐による横断や、オルコック、ブラウン、リンドバーグがノンストップの草分け的飛行に成功した後、冒険者たちが次々と空へと飛び立った。クラレンス・チェンバレンは初めて乗客ひとりを運び、フォン・ヒューネフェルトは東から西へ向かうノンストップ飛行を達成し、明るい黄色のワゾー・カナリ号に乗ったアソーランは、大西洋を渡った初のフランス人となった。キングスフォード・スミスはオーストラリアへ向かうルートを開拓したが、大西洋横断にも挑戦し続けた。1938年7月20日から21日、ウィルコックソン、ベネット、コスターが横断に成功して多くの商用フライトの先陣を切ると、大西洋横断への挑戦は頂点に達した。

飛行艇だ。この飛行艇にはヨーロッパ海域でのアメリカ海軍の作戦を支援する目的があったのだが、基地に配備できるようになる前に、戦争は終結していた。

だが長距離輸送への興味は、失われはしなかった。アメリカ海軍航空局は大西洋の空輸に固有な諸問題を研究するための大西洋専門部を立ち上げ、遠征団を組織した。1919年には、このプロジェクトに非常に潤沢な資金が投じられている。

飛行艇の最大航続距離は2366キロほどしかなく、これではノンストップの大西洋横断は問題外だ。このため、アゾレス諸島を経由する航路が選ばれた。各飛行艇にはパイロットが2名、ナビゲーターが1名、無線オペレーター1名、エンジニアも兼ねる予備パイロット1名が搭乗した。4機の飛行艇は、機体の中央部にそれぞれ6094リットルの燃料を貯えた。そしてトレパシー湾、ニューファンドランド島、アゾレス諸島を経由する航路には、50隻もの艦船が散らばった。出発の直前になって、NC-2飛行艇は整備上の問題が原因で遠征団から外れなければならなかった。

大西洋横断の成功

5月16日、カーティスNC-1、NC-3およびNC-4飛行艇は、アゾレス諸島に向かって出発した。闇のなか、艦船の列がサーチライトや照明弾で航空機を導いた。5月17日の朝、NC-4のナビゲーターがアゾレス諸島西端のフロレス島を発見し、そこから最大の島であるサン・ミゲル島への航路をとったが、2229キロ飛んだところで、霧のために飛行艇はファイアル島のオルタに着陸を余儀なくされた。3日後、NC-4はサン・ミゲル島に飛び、そこにさらに7日間留まった。5月27日、NC-4はアゾレス諸島を出発してリスボンへと1489キロの航程を飛んだ。そして9時間43分かけてリスボンに到着し、航空機による初の大西洋横断を達成したのである。飛行艇の指揮官であるA・C・リード少佐とともに飛んだのは、W・ヒントン大尉、J・W・ブリーズ大

ヴィッカース・ヴィミー
ニューファンドランド島のレスター飛行場からゴルウェーのクリフデンまで、初のノンストップ大西洋横断が達成されたのは1919年6月15日のことだった。ジョン・オルコック大尉がヴィッカース・ヴィミーの転用機を操縦し、アーサー・ホイッテン・ブラウン中尉がナビゲーターを務めた。ふたりは「デイリー・メール」紙から1万ポンドの賞金を受け取り、ナイトの称号を得、世界的名声に浴して飛行史にその名を刻んだ。

チャールズ・リンドバーグ
1927年5月21日、ライアン単葉機「スピリット・オブ・セントルイス」号が、闇のなか、パリのル・ブールジェに着陸した。この機はニューヨークからパリまで平均時速163キロで飛び、内気で真面目そうな顔の若きパイロット、チャールズ・リンドバーグは歴史上の人物となった。リンドバーグにとって初の単独大西洋横断飛行は、名声だけではなく悲劇をもまとった波乱万丈の人生の始まりでしかなかった。

尉、E・ストーン大尉、H・C・ロッド少尉およびE・S・ローズ機関長だった。ほかの2機のうちNC-1は、霧のなかを飛びアゾレス諸島の山岳地に衝突することを恐れ、途中で着水した。NC-1は荒れた海で破損し、乗員が商船〈イオニア〉に救出されるとまもなく沈んだ。NC-3は位置判断のために着水したものの、そこから発進することができなかった。荒れた海で受けた損傷は激しく、翼の羽布もぼろぼろになってしまったが、アゾレス諸島の首都であるポンタ・デルガーダまで無事に誘導されると、飛行艇は大きな歓迎を受けた。

NC-4はリスボンを発って北を目指し、ちょっとした災難にはぶつかったものの、1919年5月31日の午後、イギリスに到着した。飛行時間は53時間58分、トレパシー湾からイギリスのキャッテウォーターまでの6952キロを踏破した。

ノンストップで飛ぶ

このわずか2週間後、大西洋初のノンストップ横断飛行を、イギリス人の二人組、ジョン・オルコック大尉とアーサー・ホイッテン・ブラウン中尉が成し遂げた。ふたりの乗る機は終戦近くに製造された爆撃機、ヴィッカース・ヴィミーだ。ロールスロイス・イーグルVIIIエンジン2基を搭載したこの機は、時速160キロの飛行が可能だった。兵装はすべて外して予備の燃料タンクを取りつけることで計3274リットルの燃料を積み込め、これで3936キロまで飛ぶことができるようになった。

1919年6月14日午後4時13分過ぎ、オルコックとブラウンはニューファンドランド島にあるほどよい飛行場から飛び立ち、コーヒーのボトルとサンドイッチ、チョコレートを安全にくるみ、大西洋上空を東へと向かった。船舶のサイレンに送られ、ふたりはセント・ジョンズ上空を越えた。陸地が見えなくなってまもなく、機は霧堤にぶ

つかった。無線通信機用の発電機は故障し、おまけに最新式の暖かいフライングスーツも役には立たなかったが、少なくとも追い風には恵まれ平均速度は上がった。だが、ふたりの置かれた状況はぞっとするようなものだった。速度計は凍り、ラジエーターのシャッターと補助翼の蝶番(ちょうつがい)には氷が張っていた。オルコックが操縦桿を握り、ブラウンは翼の上にのぼって、2基のエンジン・ナセルにある燃料取り入れ口から6回も氷を取り除かねばならなかった。

夜が明ける頃、航空機は高度3353メートルを飛んでいた。ブラウンが六分儀で測定し、アイルランドの真西にいることが分かる。オルコックが雲の層を抜けて海上61メートルまで下降すると視界が開け、ついに、クリフデンのラジオ局にそびえるアンテナが姿を現した。ふたりは飛行場代わりになる着陸用の土地を探したが、あいにくそのあたりは湿地で、航空機はのめりこみ、地面に鼻先を突っ込んで止まった。ベルトをしっかりと締めていたオルコックとブラウンには何事もなく、ラジオ局の職員たちはおおいに胸をなでおろし、歓声を上げた。ふたりはノースクリフ卿から正式に1万ポンドの賞金を受け取り、そのうち2000ポンドを、ふたりの大西洋横断飛行成功を支えてくれた整備士たちに渡した。

▌全米のヒーロー

大西洋横断飛行のなかでいちばん有名なパイロットは、おそらく、単独でニューヨークからパリまでのノンストップ飛行を成功させたチャールズ・A・リンドバーグだろう。リンドバーグは初めて開設された郵便用航路でパイロットの経験を積み、また陸軍予備兵のパイロット有資格者でもあった。リンドバーグはセントルイスの企業数社を口説き、長年の夢である大西洋横断飛行に1万5000ドルの資金を引き出した。それからこの飛行に適した航空機を探しにかかり、最終的にサンディエゴのライアン・エアラインという小さな会社にたどり着き、同社はきっかり60日でリンドバーグのための航空機を設計、製造することに同意した。そして、簡素で均整がとれ、定評のあるライト・ワールウィンドJ-5エンジンを搭載した高翼タイプの航空機が完成した。リンドバーグはこの機を、支援者への謝意を表して「スピリット・オブ・セントルイス」号と名づけた。航空機は、もちろんセントルイス経由でサンディエゴ・ニューヨーク間のテストフライトをおこなうことになった。

リンドバーグは1927年5月10日、太平洋標準時午後3時55分、サンディエゴのロックウェル飛行場を出発した。彼はロッキー山脈の3810メートルの頂(いただき)を、152メートルの余裕をもって軽々と飛び越えた。リンドバーグはセントルイスのランバート飛行場に1日滞在し、それからニューヨークへと向かい、5月12日、現地時間の午後5時33分に着陸した。この北アメリカ大陸横断の後、航空機には完全なオーバーホールがおこなわれた。テストと改良をほどこし、それからちょうど1週間後、好天に恵まれるとの予報が出た。航空機は最終準備のためにルーズヴェルト飛行場の長い滑走路に移され、航空機のタンクには容量いっぱいの1703リットルの燃料が入れられた。これから背負うとてつもないリスクを自覚しつつ、リンドバーグはその小型機のスロットルを開き、滑走路を走らせた。5月20日午前7時52分、リンドバーグがサンディエゴでこの機のデザインスケッチの初稿に目を通してからわずか12週間後のことだった。彼は電話線の列をちょうど6メートル上で飛び超し、機をニューファンドランド

島目指して北西に向け、それから大西洋横断の旅に出た。

　リンドバーグは雲堤を抜けて徐々に機を東へ向け、夜明けを追いかけながら夜通し飛んだ。彼の目に小型漁船が飛び込んできたので、自機の位置を把握しようと旋回したが、通信することはできなかった。リンドバーグは飛び続け、1時間後にアイルランドの南西端を横切った。イギリス上空を飛び、イギリス海峡を越え、フランスの港町シェルブールを下に見て飛ぶ。薄暗がりのなか、地平線上にパリの灯が見えてきた。

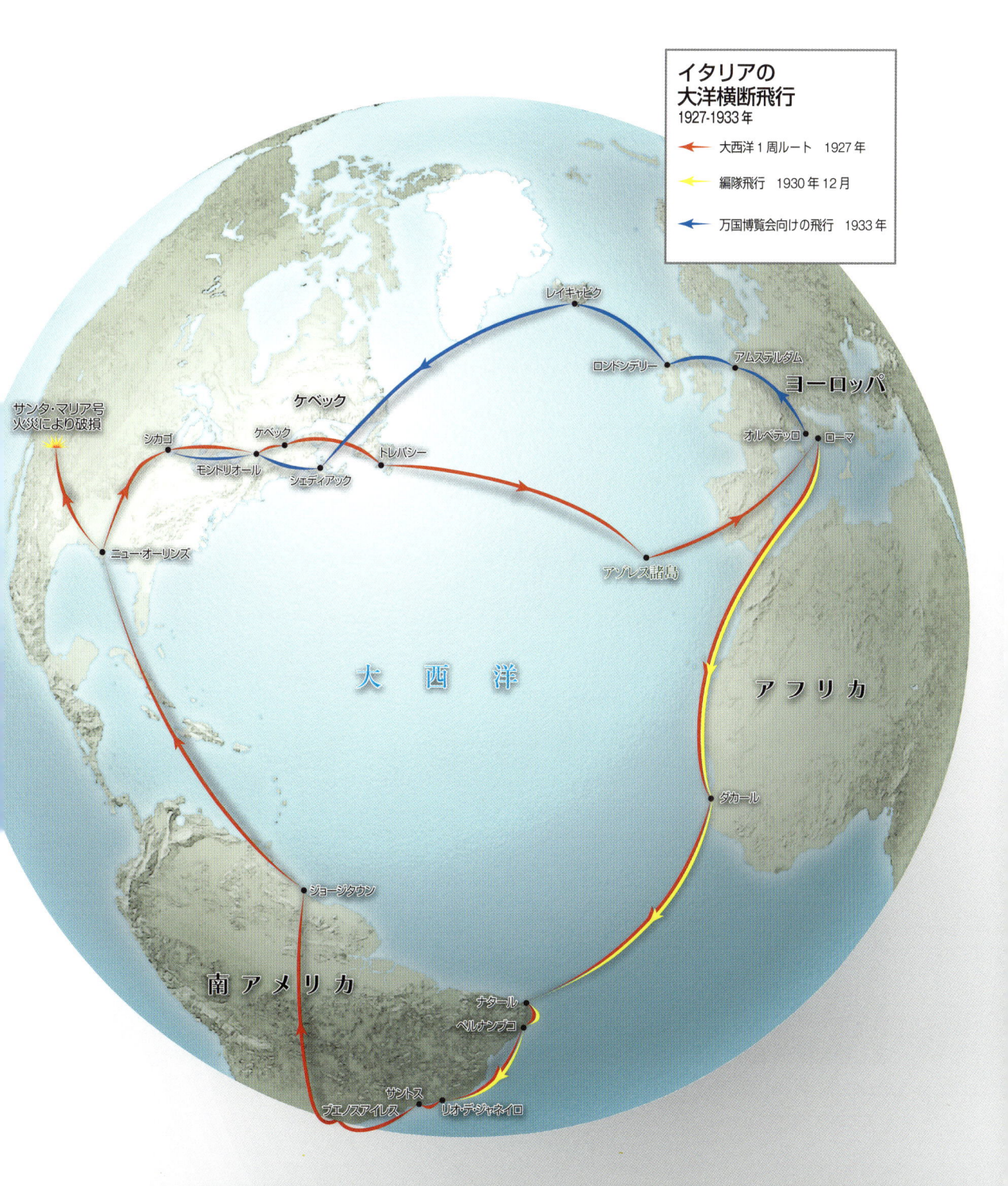

イタリアの大洋横断飛行
1927-1933年

← 大西洋1周ルート　1927年
← 編隊飛行　1930年12月
← 万国博覧会向けの飛行　1933年

リンドバーグはル・ブールジェ飛行場の周囲を飛び、着陸する地面の状態を確かめると、1927年5月21日午前10時24分、着陸した。33時間30分、5809キロにおよぶ飛行を達成すると、リンドバーグはにわかにアメリカのヒーローとなり、国民的崇拝を集めた。

逆方向への飛行

1919年7月には、イギリスの飛行船R34が東から西へと大西洋を横断していたが、1928年4月13日にユンカースW.33「ブレーメン」もこれに成功し、初めて同方向で大西洋横断を成し遂げた航空機となった。ギュンター・フォン・ヒューネフェルトとヘルマン・ケールというふたりのドイツ人、それにアイルランド人のジェームズ・フィッツモーリスがダブリン近くのボードネル飛行場から、ラブラドル半島沿岸のグリーンリー島という小さな島までの飛行を達成したのだ。アミー・ジョンソンやジム・モリソンをはじめとする当時の偉大なパイロットたちもまた大西洋横断に成功しているが、そのなかでもひときわ目をひくのが、イタリアの大西洋横断だ。1920年代から1930年代にかけて長距離飛行艇開発の先駆的存在だったイタリアは、24機のサヴォイア・マルケッティS-55の編隊を、イタリア空軍大臣のイタロ・バルボ大将の指揮下、世界1周の旅に出すことを決定した。

世界1周飛行については、すでに1927年に、フランセスコ・ド・ピネドが指揮し

サヴォイア・マルケッティ S.55
1926年、この機は大洋横断飛行にくわえ、高度、速度、飛行距離など、14もの世界記録を打ち立てた。

てイタリアの飛行艇サンタマリア号でテスト済みだった。この乗員3人のサヴォイア・マルケッティはイタリアのオルベテッロを飛び立ち、南大西洋を越え、ダカールとカボ・ベルデ諸島を経由して南アメリカ沿岸を目指し、リオ・デ・ジャネイロに到着した。その後飛行艇は、北を目指しアメリカへと飛んだ。この飛行艇がアリゾナ州で火災にあい破損して飛べなくなると、サンタマリアII号がこれに代わった。乗員は代わらず、この新しい飛行艇をシカゴ、モントリオール、ケベックへと飛ばした。彼らはその後、1919年にアメリカ人が初めて横断に成功したのと同じルートを飛び、アゾレス諸島を経由してリスボンへと向かい、ローマに到着して熱狂的な歓迎を受けた。1930年12月17日には、バルボ大将が14機の飛行艇で編隊を組み、同じルートをリオ・デ・ジャネイロへと飛んで、10機が無事これに成功している。1機だけは大破し、乗員が命を落とす結果となった。

そして、イタリアが北大西洋上でおこなう新たな挑戦に、世界中が注目した。イタリア飛行艇の編隊は、出発が数回延びた後、1933年7月1日に飛び立った。飛行艇は陸地上空を飛ぶ場合、緊急着水が必要になったときに備えて、着水可能な湖や川がある地域を選んだ。一行はついにゾイデル海に到達し、アムステルダム付近に着水した。1機が損傷すると、すぐに代替機が送られてきた。アムステルダムから北アイルランドのロンドンデリーへと飛び、数日の遅れはあったが、アイスランドのレイキャビクに到着、そこからラブラドル半島のカートライトへと向かい、その後、ニュー・ブランズウィック州のシェディアック湾を経由してモントリオールへと向かった。そして7月16日、編隊はついにシカゴに到着し、万国博覧会に間に合うことができた。飛行艇は9799キロの旅を成し遂げたのだった。

帰路はニューヨークを経由し、そこでバルボ将軍はフランクリン・D・ルーズヴェルト大統領と昼食をともにした。イタリア人乗員は行く先々でもてなしを受けている。帰路は悪天候にはばまれアゾレス諸島経由のずっと南のルートを取らざるをえず、8月8日にアゾレス諸島に到着した。1機が発進時に転覆したのは不運だったが、ほかの23機はリスボンへと飛んだ。23機がそろってローマに到着したのは8月12日のことだった。世界が注目するなかでこの驚異の大洋横断飛行が達成され、イタリア国民のプライドの高まりは頂点に達した。

空の帝国

　第一次世界大戦において、世界は多くの命を失うという高い代償を払っただけではなく、経済や財政に大きな打撃を受け、その影響は長期におよぶことになる。イギリスでは、戦間期にイギリス空軍が厳しい資金のしめつけにあえぎ、その発展は細々としたものになった。戦後もイギリス空軍司令官の座にあったヒュー・トレンチャード卿は政治的敏腕さを発揮し、イギリス空軍の将来をおびやかすこの状況と戦い、陸・海軍から資金を引き出した。トレンチャードは空軍の主要な役割は戦略爆撃にあり、これが母国および海外領土の利益を護り、大英帝国の治安維持を助けるのであると説いた。広大な地域の哨戒と支配に航空機を利用すれば、限りある財政資源を有効に活用することになる。第一次世界大戦終結時に締結された数々の和平条約の結果、イギリスはイラクの長期支配を獲得していた。イギリス空軍はイラクで起きた大規模な民族暴動をすばやく終結させ、地上部隊が展開するよりもかなり低い損失に抑えることができた。1920年代には、イギリス空軍はインド北西辺境部の、無法状態にある部族地域にも活発に展開した。軽爆撃機で懲罰代わりの空襲をおこなえば、少なくともしばらくの間は秩序の回復にじゅうぶん効果があった。

　トレンチャード空軍司令官の下、イギリス空軍の予算の大部分は、国内および植民地の設備や航空基地につぎ込まれた。1930年代後半に世界がついに領土拡張の時代に入ると、これが賢明な投資だったことが証明される。1933–35年にかけては、イギリスにとっては脅威が育ちつつあった。ヨーロッパ大陸におけるドイツ、命綱の地中海および紅海におけるイタリア、そして東アジアにおける日本である。本国が経済的衰退に苦しむなか、イギリスとその無秩序に広がった帝国が弱体であることはあきらかだった。

　いっぽう、イギリス帝国航空は日々の業務をおこない、ヨーロッパ内の航路と、さらには大英帝国の領土を結ぶ重要な航路の開拓を担っていた。創業の年に同社は新型機のハンドレページW8Fを導入し、その年には1万1395名の乗客と、21万2380通の郵便を運んだ。そして次の10年あまりで、帝国領土のほぼ全域をつなぐまでになる。さらに、4発、高性能のハンドレページHP.42複葉機は乗客にスムーズで快適な空の旅を提供し、ぜいたくな内装のキャビンではスチュワードがフルコース料理を給仕した。製造された8機のすべてが、ひとりの死者を出すこともなく、160万キロ以上を飛んだ。

他国も利益を確保する

　ヨーロッパの向こうでは、新生ソ連も航空会社設立の準備を進め、1923年にドブロレ社が設立された。同社が最初に就航したのは、新首都のモスクワと、新しい産業が生まれつつあるニジニ・ノフゴロド間だった。ソ連では、航空会社のとくに国際線は、国家方針や主義の道具として用いられることになる。1921年には、ヨーロッパののけ

ヒュー・トレンチャード
空軍大将ヒュー・トレンチャード卿は1919年に空軍参謀総長となり、空軍は独立した組織であるべきだと決断する。イギリス空軍が第一次世界大戦後の国家の疲弊の犠牲にならないように心を砕き、また誕生したばかりの空軍を恐るべき兵器に育てようと奔走し、大英帝国の治安維持に航空戦力を用いることを主張した。

者であるドイツとソ連が、ロシアから西ヨーロッパへの航空便に特化した共同事業を設立した。1927年5月1日に東プロイセンのケーニヒスベルクとモスクワを結ぶ定期便が開業したが、この路線は、両国が「アウトサイダー」的国家となった結果生じた緊密な関係を表していた。ドイツはこの定期便をソ連に差し出す見返りに、モスクワ付近のリペックで極秘に新型機を開発、テストし、そしてソ連は、ドイツの高度な専門技術から利を得た。

　フランスもまた航路を拡張し、植民地を結んだ。新しい航空会社はアメリカでも次々と誕生し、北アメリカ、中央および南アメリカ全域に航空便は伸びた。ひるがえってヨーロッパでは、野望を抱くイタリアが地中海と北アフリカに焦点を合わせ、イギリスをはじめ諸国家の領土に手を出そうとしていた。

空の帝国
- イギリス領土
- 戦略的航路
- 航空基地

世界中に領土を保有する巨大な帝国であるイギリスは、ほかの国々よりも大陸横断航路の開設に熱心だった。辺鄙な帝国領土にも郵便を配達する必要があり、長距離航路開拓にはずみがついた。

洋上の航空機

　航空戦力が初めて洋上で展開されたのは1914年のことだ。日本海軍が水上機母艦〈若宮〉を差し向け、ドイツ軍の極東基地である青島を攻撃した。イギリスもまた同様の艦艇を、ノルドホルツとクックスハーフェンにあるドイツの飛行船基地攻撃に配置した。1918年4月の時点では、世界でも突出した海軍力を有するイギリスが、西部戦線の海岸や飛行場130カ所あまりに3000機ほどの航空機と103機の飛行船を配していた。そして同月、世界初の独立した空軍であるイギリス空軍が創設された。厳密には、航空機1機とパイロットひとりを有するフィンランド空軍が、これより数日早かった。

最初の空母

　航空機が艦隊の作戦支援に洋上に出る場合は、本来、水上機母艦が水上機を運ぶかたちでおこなわれた。水上機はわきをウィンチで吊り上げられて海に降ろされ、好天であればそこから飛び立ち、与えられた作戦を遂行するのだ。イギリス艦隊はまた戦闘機による援護も必要としたため、1917年以降はソッピース戦闘機が、戦艦や巡洋艦の主回転砲塔上に設置されたプラットフォームから発進できるようになった。実際1918年8月には、巡洋艦から発進した1機の戦闘機が、ツェッペリン飛行船を破壊している。

W・L・「ビリー」ミッチェル
W・L・「ビリー」ミッチェル准将は航空戦力の熱心な支援者であり、爆撃機が戦艦に対する攻撃力となりうることを証明しようとした。将来の戦争において日本がアメリカの大きな敵になると見てとると、太平洋における日本軍の攻撃力の展開について詳細な報告書を作成し、真珠湾の攻撃を予測した。

〈オストフリースラント〉への爆撃
アメリカは捕獲したドイツ戦艦〈オストフリースラント〉に対する航空機の攻撃力をテストした。アメリカ陸軍、海軍および海兵隊の航空機は、2日で計63発の爆弾を投下し、戦艦は沈没した。

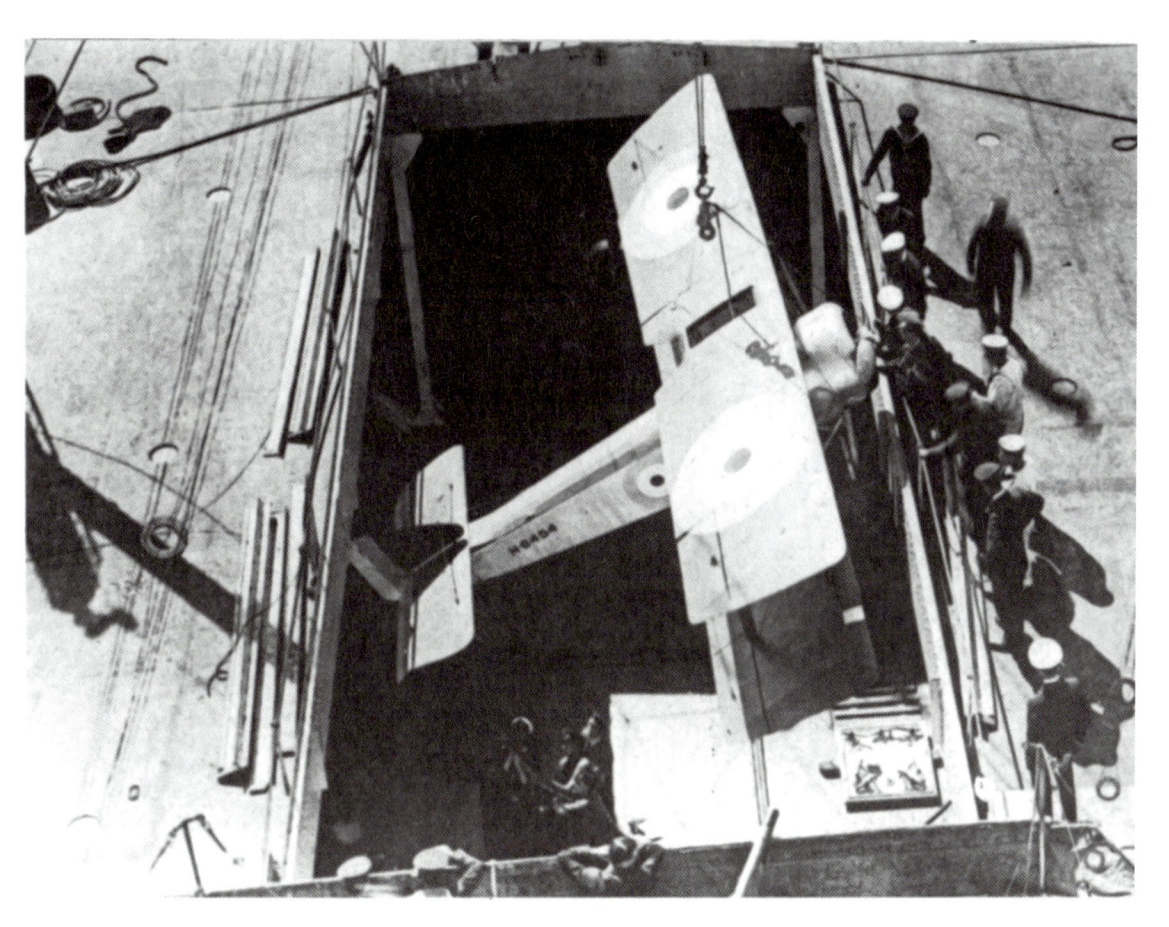

Seaborne Aviation

イギリスの空母
空母〈フューリアス〉の格納庫から吊り上げられるソッピース・パップ。1917年8月2日、飛行隊の指揮官エドウィン・ダニングは、パップをこの空母上に着艦させることに成功した。

　洋上発進するさいに戦闘機のパイロットが直面する問題がひとつあった。それは、付近で不時着水する場合には友軍の船を見つけ、任務の終了時には最寄りの飛行場に飛ぶ必要があった点だ。このため高速の駆逐艦が上面が平らな艀を牽引し、一種の移動飛行場とする策も開発された。また1917年7月には、イギリス巡洋艦〈フューリアス〉が、間に合わせの空母に転用されていた。8月にはイギリス海軍のE・H・ダニング中佐が、自機のソッピース・パップで〈フューリアス〉の前方甲板に降り、空母への着艦に初めて成功している。その後〈フューリアス〉の上部構造物は完全に取り払われたので、発進・着艦は非常に容易におこなえるようになった。そして定期船から転用された〈アーガス〉は、初めて発進と着艦にじゅうぶんな長さの甲板を備えていた。

　次は、未完成の戦艦の船体部分に改変がほどこされてこれが〈イーグル〉となり、1918年6月に進水した。この艦に続いたのが、初めて当初から空母として建造され、1919年9月に進水した〈ハーミーズ〉だ。この時点で、イギリス海軍は航空隊の指揮権を新生イギリス空軍に引き渡していた。これとともに経験や創意の蓄積も空軍に渡り、イギリス海軍は当初の、洋上における航空戦力をリードする立場を失った（アメリカ海軍および日本海軍はどちらも航空隊に対する指揮権を保持していた）。

　資金源に苦労するイギリス空軍は、仮想あるいは実在の敵に対する爆撃を主要な役割に据え、その他の要求は優先リストのなかでも低く抑えられていた。その結果、イ

ギリス海軍は旧型で時代遅れの航空機を使用せざるを得なかった。しかし、1928 年と 1930 年にはどうにかさらに 2 隻の空母を建造（あるいは転用）した。〈アーク・ロイヤル〉は初の「近代的」空母として 1935 年に建造が始まり、1938 年に完成すると、搭載総重量 2 万 7700 トンのこの空母は、大半が時代遅れの航空機 60 機からなる航空隊を収容した。

艦隊空母の建造と改良

　アメリカは 2 隻の巡洋艦の船体を、初の巨大艦隊空母に仕立てた。1925 年 4 月進水の〈サラトガ〉と、10 月進水の〈レキシントン〉だ。搭載量 3 万 3000 トン（戦時搭載を除く）の艦だとされていたが、満載時 3 万 7600 トン、4 万 3000 トンまで引き上げられている。これらの巨大・高速艦は 65 機程度の航空機からなる航空隊を運び、さらに 203 ミリ砲 8 門という重巡洋艦並みの武装をほどこしていた。空母の厳密な役割はまだ明確に定義されてはいなかったものの、アメリカ海軍では 1920 年代末にこのように 2 隻の巨艦が就役し、専任の大規模飛行隊とともに作戦訓練をおこなう配置が整っていた。

　資金が限られていたにもかかわらず、技術は大きく進歩して計器の性能も向上し、

〈サラトガ〉
空母〈サラトガ〉は、巡洋艦から転用された。CV-3 と呼ばれたこの空母は 1925 年 4 月 7 日に進水し、10 月には姉妹艦〈レキシントン〉が続いた。どちらの空母も 1929 年 1 月に初めてアメリカ太平洋艦隊の演習に参加した。完成当時は、どちらも世界最大の空母だった。

USS Saratoga (CV 3) with two O2U "Corsair" aircraft overhead on 3 May 1929. The ship was commissioned Nov. 16, 1927, at Camden, N.J., Capt. Harry E. Yarnell, commanding. 80-G-462938

またオレオ緩衝支柱や折りたたみ翼の開発など、さまざまな要素によって空母の能力が増強された。また「急降下爆撃」といった新しい戦術が開発され、船舶に対する雷撃の訓練や改良もおこなわれた。そして主力艦隊と協力した演習が実施されると、航空機が洋上に出ることの価値も証明されたのである。

　日本海軍も大きく遅れをとっていたわけではなかった。商船の船体を転用した日本海軍初の空母〈鳳翔〉が1922年に就役し、1927年には巡洋艦から転用の〈赤城〉、1928年に戦艦の船体を利用した〈加賀〉と続いた。〈赤城〉と〈加賀〉は重量4万トンあまりの重装備の巨艦であり、90機程度の航空機からなる航空隊を運ぶことができた。第一次世界大戦で連合国側についた日本は、ドイツから太平洋中央地域に領土を得ており、この遠く離れた領土を護るため、巨大戦闘艦隊の支援には航空戦力が不可欠だと考えられた。日本の航空機設計士は、長距離航行が可能な空母の設計にも携わった。

　1920年代から1930年代にかけては艦隊の演習が実施されるようになり、航空機には重装備の戦艦も破壊する能力があることを見せつけた。アメリカの爆撃機パイロット、ウィリアム・ミッチェル准将は、1921年にドイツの旧型戦艦〈オストフリースラント〉を撃沈してこの能力を証明した。この先、洋上の艦隊の戦いは、伝統的な艦船対艦船の戦闘から、航空機が艦船を攻撃するという形に変わる可能性をはらんでいた。

ドイツ空軍誕生

　ドイツが第一次世界大戦終結時に和平協定として調印したヴェルサイユ条約は、ドイツのプロイセン流軍国主義を罰し、それを一掃するために、産業および経済を弱体化させる策を課した。これにはドイツの戦争遂行能力を減じる目的もあった。しかし経済制裁と領土の喪失によって、多くのドイツ人が、もはや帝国ではなくなった母国を再び世界の列強に押し上げようとする決意を抱いたのである。

代理で「空軍」を生み出す

　1918年、ドイツの航空隊はおよそ2万機の航空機を保有していた。ヴェルサイユ条約の条項によって、これらは大量のドイツ戦闘艦隊とともに連合国軍に引き渡され、ドイツ陸軍は10万人まで減らされた。さらにドイツは軍用機の開発や製造、あるいは軍用機やその部品の輸入が禁じられた。しかし連合国軍は、民間機は見落としていた。民間機は戦前にわずかに存在した程度であり、条約はほとんどこれに言及していなかった。そして民間航空機の製造に科された制限は、わずか半年だった。

　ドイツは国防省を残すことは許されており、そこには軍部の主要な将校たちが用心深く留まっていた。そしてこの合法組織を隠れ蓑に、軍務局という名で、禁じられていた「参謀本部」が組織された。この組織は、有能で策略に富むハンス・フォン・ゼークト大将の指揮下に置かれていた。ゼークトは慎重を期して、いかなる手段を使ってもひたすら隠密にドイツ国軍を育てようとした。彼はエルンスト・ブランデンブルク大尉を運輸省内の新生民間航空局の局長に据えた。ブランデンブルクは第一次世界大戦中に陸軍直轄第3爆撃隊の指揮官を務め、ゴータ機による1917年のイギリス空襲を率いた人物だ。民間機とその開発はこれで無事にドイツ国防軍の手に渡された。航空機の開発を支援するために、ドイツ企業は母国での活動に科された禁止事項や検閲をすり抜け、「友好」国に工場を建設した。ハインケル社はスウェーデンに、ユンカース社はトルコとスウェーデンに工場を置いた。1924-26年頃になると、両社はドイツにおける合法的な活動を活発化し始める。1924年には、ヴィリー・メッサーシュミットがバイエルン航空機製造会社に招かれ「スポーツ機」の設計に携わった。そしてバイエルン社に移ったことで、メッサーシュミットは第二次世界大戦におけるドイツの最も高性能にして重要な航空機、メッサーシュミットBf109の設計に一歩近づいたのである。

ハンス・フォン・ゼークト
ドイツの国軍はヴェルサイユ条約によって骨抜きにされたものの、ベルリンに小規模な国防省は残され、ハンス・フォン・ゼークトがこれを指揮した。

シュトゥーカ試作機
「シュトゥーカ」の第3の試作機であるJu87V-3は1936年に初飛行を行ない、その年に戦闘にデビューした。

より大型に、より高性能に

　ヴェルサイユ条約は、ドイツが大型商用機を製造することも禁じた。1926年にこの禁止条項が失効したとき、ドイツの設計および産業部門はすぐに行動に移り、この遅れを取り戻そうとした。同年、ドイツは新しい国営航空会社ドイッチェ・ルフトハンザを設立したが、この航空会社の運営には、戦時中のパイロットであるエルハルト・ミルヒがおおいに腕をふるった。ミルヒはおおがかりな乗員訓練プログラムを開始し、並外れた地上施設を建設して設備を整えた。開業の年には、この航空会社はベルリン・モスクワ間の便を就航させ、さらに試験路線は南アメリカにまで達した。1928年にはドイッチェ・ルフトハンザは大きな収益を上げ、ヨーロッパ一効率のよい航空会社に育っていた。そしてモスクワ便はおおいに有効活用されることになる。1923-24年、ゼークトはソ連政府との極秘取引に成功した。モスクワの南東およそ438キロのリペックに基地が置かれ、そこでドイツの新型機と兵器のテストをおこない、新しい戦術案を開発することが可能となった。この地は西方の列強の詮索好きな目からじゅうぶんに離れており、そしてここで、「影の国防隊」が極秘に動いていた。

　いっぽう、ドイツは市民への「飛行奨励」策を推進した。1920年設立のドイツ航空スポーツ協会は、1929年には5万人の会員を有するまでになり、グライダーを取り入れて民衆に飛行技術を紹介した。このおかげで、動力機が投入可能になったときには、ドイツは少なくともパイロット不足に陥ることはなかった。

　1929-30年には世界経済が不況の波にのみこまれ、航空機産業や航空会社への助成は50パーセント削減された。そんなときに登場したのがヘルマン・ゲーリングだ。

ドイツ空軍の作戦管轄地域 1939年

1923年、ゲーリングはアドルフ・ヒトラーのミュンヘン一揆を支持した。この暴動は失敗に終わったものの、彼はナチスの忠実な党員とみなされて国会の代議員に任命された。さらに1933年にヒトラーが首相になると、航空大臣の地位を与えられた。ゲーリングは大衆受けのする人選であり、宣伝活動では第一次世界大戦時のパイロットとしての功績がものを言った。ミルヒが政府による助成継続を願い出た相手がゲーリングであり、新設の航空省の権力と影響力を確立したいゲーリングは、これを承認した。自国の防衛予算をますます削らざるをえなくなっていた西ヨーロッパ列強とは異なり、ドイツの航空訓練や調査は経済危機のあおりを受けずに進められた。

1932年2月、国際連盟が主導してジュネーヴで世界軍縮会議が開催され、ドイツ代表団はまもなく、西ヨーロッパ列強がドイツの再軍備はいかなる類のものであっても阻止しようと躍起になっていることを知る。1933年3月、日本が傀儡国家である満洲国を承認されなかったために国際連盟を脱退すると、軍縮会議は消滅することになった。

Bf109V-4 試作機
Bf109V-4 試作機は、3挺のMG17機関銃をエンジン後方に搭載し、プロペラのハブごしに射撃をおこなうほぼ初の航空機だった。

ユンカース Ju52
1934年、Ju52/3m 民間機の軍用機版が、まだ存在を秘匿されたドイツ空軍向けに製造された。Ju52/3mg3e と名づけられた機は重爆撃機として設計され、乗員4名、2挺の MG15 機関銃で武装し、1挺は後部に、もう1挺は機体下にある格納式の「突出銃座」に設置された。しかしユンカース Ju52 は輸送機として活躍することになる。

動力：BMW132 星型エンジン×3
飛行速度：265km/h
戦闘航続距離：870km
全長：28.9m
翼幅：18.8m
武装：7.92mm 機関銃×2
乗員：3名
爆弾搭載量：455kg
戦闘搭載：フル装備の空挺隊員12名まで

政権を掌握したナチスと新生空軍

　1932年7月31日の選挙で、国家社会主義労働者党、つまりナチスが、その救世主的指導者ヒトラーのもとドイツで政権を得た。ヒトラーは1933年1月30日に首相に就任する。1934年にはドイツは国際連盟から脱退し、徴兵制を導入、既存の国防省は廃止され、戦争省と国防軍最高司令官を組み合わせた新しいポストが生まれた。同年にはヒトラーの前任者ともいえるパウル・フォン・ヒンデンブルク大統領が亡くなり、旧きドイツはそれとともに消え去ってしまった。急進的新党であるナチスのリーダー、アドルフ・ヒトラーは、国家統治の全権を一手に握った。そしてヒトラーと革命の同志ゲーリングは、それ以前の軍事組織が進めた極秘の再軍備を引き継いだ。
　ゼークトは1925年の極秘の覚書で、ドイツの空軍は陸・海軍から独立すべきであ

ると薦めていたのだが、ドイツ空軍発足当初の発展に力をふるったのはミルヒら陸軍の将校だった。初代空軍参謀総長ヴェーファー大将は、長距離爆撃隊の構想を温めていた。1936年には、エンジン4基搭載の大型単葉機、ドルニエDo19およびユンカースJu89が初飛行をおこなった。ユンカースの最高速度は時速約390キロ、航続距離は1609キロで、4000キロの爆弾を搭載可能であり、これに匹敵するイギリス空軍の爆撃機は1941年後半まで登場しなかった。しかしヴェーファー大将は、1936年の飛行中の事故で命を落としてしまう。その後任に就いたのは元陸軍士官のアルベルト・ケッセルリングであり、航空隊では3年の経験しかない人物だった。航空機開発計画を調査後、ケッセリングはこのふたつの爆撃機を計画から外した。その結果、ドイツ空軍は戦略的攻撃部隊ではなく、戦術的支援部隊として発展することになったのである。戦略爆撃機の開発計画が飛行中隊として形をなしていたら、1940年のバトル・オブ・ブリテンの結果も大きく異なっていたのかもしれない。

ヘルマン・ゲーリング
22機を撃墜した第一次世界大戦の戦闘機エースであるヘルマン・ゲーリングは、リヒトホーフェン戦隊最後の指揮官である。1933年のナチス政権樹立後、ゲーリングは航空相に任命されドイツ空軍を創設する。

戦闘中のシュトゥーカ
「Sturzkampfflugzeug」の略語である「シュトゥーカ」は、文字どおりに訳すと「急降下爆撃機」であり、第二次世界大戦中はドイツの急降下爆撃能力を備えた全機にこの言葉が使われた。機体の線の醜さ、反転したガル翼と、とりわけ目標に飛び込んでいくときに鳴らす、翼についた空襲サイレンのけたたましい音が特徴のユンカースJu87は、この先もずっとこの名で呼ばれることだろう。

空へと飛び立つ

　新しい航空機が製造ラインから送り出され、ドイツ飛行学校からは訓練を終えた乗員が到着した。新生ドイツ空軍は1935年3月に創設され、ゲーリングはその最高司令官に任命された。創設時、ドイツ空軍は2万の兵士と1888機の航空機を有し、40カ所の工場では月に184機の航空機が製造されていた。そしてこの数字は12月までに月300機以上に増加する。ハインケルHe111やドルニエDo17、メッサーシュミットBf109、ユンカースJu87、ユンカースJu52といった航空機が続々と工場から出荷され、その数は増加していった。これらの機はすべて、1936年に勃発したスペイン内戦で初めて戦闘に投入された。ヒトラーとイタリアのファシスト党指導者ベニート・ムッソリーニは、フランシスコ・フランコ将軍率いる右派反乱軍を支持した。ドイツ空軍の義勇兵はフーゴ・シュペルレ少将（かつてモスクワ付近で極秘に設置されたリペック訓練学校にかかわっていた人物）の指揮下、ドイツ軍からは独立したコンドル軍団と呼ばれる航空隊で作戦をおこなった。軍団はその規模に見合わぬ大きな働きをした。前線は流動的だったため、部隊は柔軟性と機動性を発揮して戦うことができたのである。

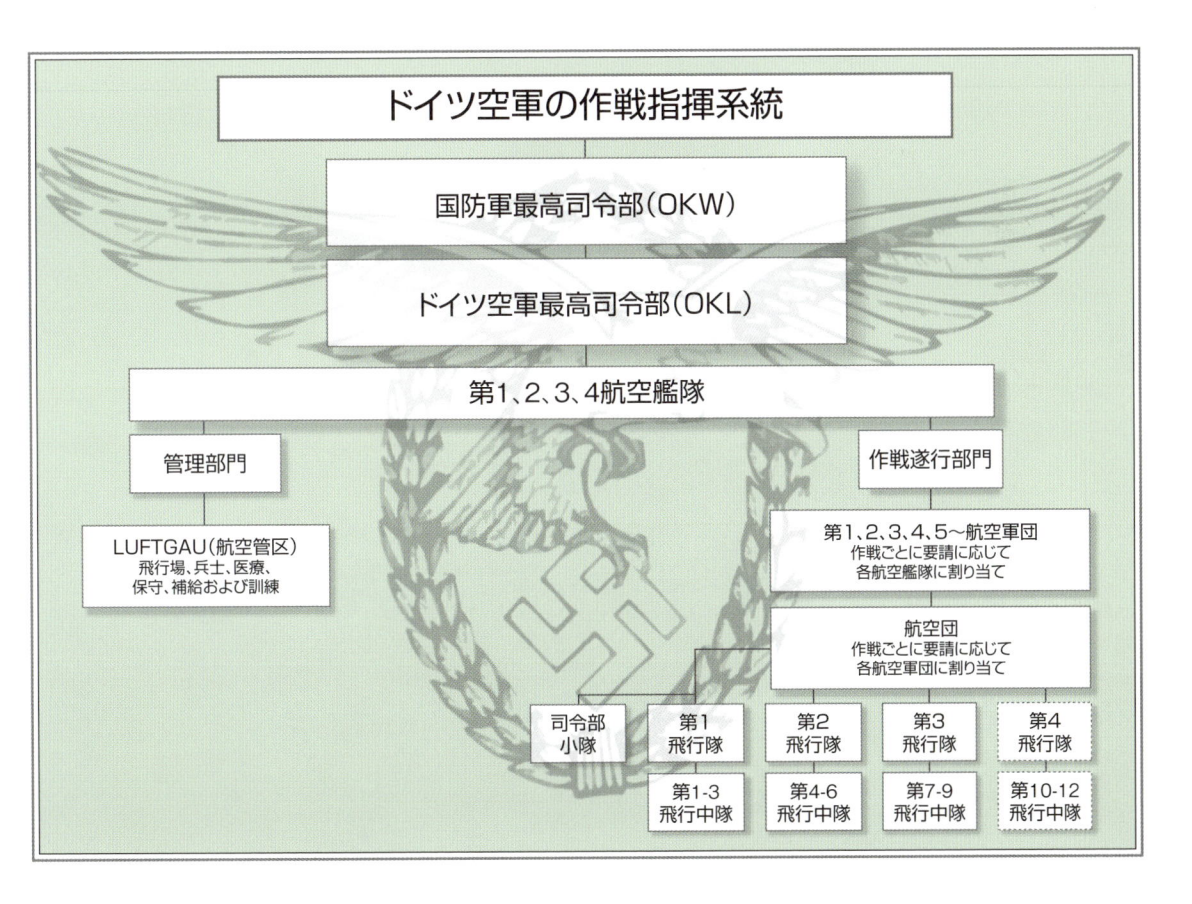

ドイツ空軍の作戦指揮系統

- 国防軍最高司令部（OKW）
  - ドイツ空軍最高司令部（OKL）
    - 第1、2、3、4航空艦隊
      - 管理部門
        - LUFTGAU（航空管区）
          飛行場、兵士、医療、保守、補給および訓練
      - 作戦遂行部門
        - 第1、2、3、4、5〜航空軍団
          作戦ごとに要請に応じて各航空艦隊に割り当て
        - 航空団
          作戦ごとに要請に応じて各航空軍団に割り当て
          - 司令部小隊
          - 第1飛行隊
            - 第1-3飛行中隊
          - 第2飛行隊
            - 第4-6飛行中隊
          - 第3飛行隊
            - 第7-9飛行中隊
          - 第4飛行隊
            - 第10-12飛行中隊

Atlas of Air Warfare

スペイン内戦
1936-1939 年

　1936 年、選挙できわどい勝利を得てスペイン政権を引き継いだのは、信頼がおけず無能な社会主義政府だった。この政府は、富と土地の再配分をおこなうための大々的な改革の実施に熱を入れ、国民全体が繁栄する社会を目標とした。しかし、政府は陸軍の大幅な削減もおこなって、軍部の政治的影響力の低下をもくろんだ。この結果、右翼の指導者フランコ将軍が内戦を始める。国家の理想を戦わせるこの紛争においては、国際社会もそれぞれの側に分かれ、ソ連は共産社会主義の共和国政府軍を、ファシスト国家イタリアとドイツはフランコ軍を支援した。双方の軍が軍事援助を受け始め、とくに航空機は早い時期にスペインに到着した。ドイツは、紛争を新型航空機の実地テストの場として利用する機会をうかがっていた。

フランコ反乱軍への目に見える支援

　1936 年 7 月 17 日の開戦から数日で、共和国政府軍のスポークスマンとヒトラー自身との緊急会談がもたれ、その後フランコ将軍は 20 機のユンカース Ju52 輸送機と経験を積んだパイロットの提供を受けた。そしてわずか 1 日で、3000 名もの反乱軍

ポリカルポフ I-15
ポリカルポフ I-15 複葉戦闘機は、ソ連からスペイン共和国空軍に多数提供された。改良型の I-153 はその特徴的な翼の形からチャイカ（カモメ）と呼ばれ、第一級の爆撃機であるこの機は、空中戦ですぐにその力を証明した。戦闘で相手にした機は、ほぼ全てを倒すことができた。

Spanish Civil War: 1936-1939

海峡を越えて
反乱軍の蜂起が始まると、フランコ将軍はその本拠地であるセビーリャに確固とした基地を置き、そこから作戦の指揮を取ることが不可欠になった。このとき、Ju52輸送機の小部隊が大きな力を発揮した。ジブラルタル海峡を越えて、アフリカ方面軍の兵を大量に運んだのである。

サヴォイア・マルケッティ SM.81
1935年に戦場に登場したSM.81ピピストレッロ（コウモリ）は、イタリア空軍の爆撃機が大きく進歩したことを見せつけた。スピードがあり、武装に優れ、航続距離もあるこの機は、1935年10月に始まったエチオピアにおけるイタリア軍の作戦に効果的に投入された。さらに、1936年8月からはスペイン内戦で用いられた。

スペイン内戦時における空輸
1936年夏

を妨害するため、国政府軍が戦闘飛ばす。

1936年8月から9月にかけて、反乱軍のアフリカ方面軍兵士1万7000人が、ユンカースJu52でセビーリャに空輸された。

スペイン沿岸は共和国政府軍の海軍部隊の統制下にあった。

121

スペイン内戦の恐怖の爆撃機
フランコ将軍の反乱軍支援にスペインに派遣されたドイツのコンドル軍団は、その装備に50機ほどのJu52/3mg4e爆撃機を有していた。

部隊がモロッコ北部のテトゥアンからスペイン本土へと空輸された。洋上では、当時はまだ共和国政府軍に従っていたスペイン海軍の大部隊が反乱軍をはばんでいたので、8月から9月にかけて、1万2000人あまりもの兵士が海峡を越えて空から運ばれた。これが、航空機による戦闘地域への初の大量輸送であり、こうした空輸はこれ以降も続くことになる。

1936年末にはドイツが戦闘機集団3個を提供し、ハインケルHe51複葉機を配置した。あっという間に旧式になったこの機は、同じレベルの航空機に対してはいくらか成果も上げたが、ソ連が共和国政府軍に提供したより近代的設計の航空機にはすぐに通用しなくなった。さらにユンカースJu52輸送機の4個飛行隊が提供されて爆撃任務に就いたものの、この機は効率的かつ高精度な爆撃照準装備を欠いていた。

得がたい経験

イタリアとドイツがフランコの反乱軍に提供した航空機には、「義勇兵」のパイロットがついていた。この内戦は、とくにドイツ空軍にとっては、パイロットに貴重な戦闘経験を積ませるまたとない機会だった。できるだけ多くの兵士が戦闘に向かえるようにローテーションが組まれ、ドイツ空軍は1万9000名もの兵士の訓練を効果的におこない、さらにその経験を何千人ものパイロットと乗員に伝えることができた。第二次世界大戦が始まると、1939年にポーランド、1940年には西方侵攻に成功し、ドイツがスペイン内戦できわめて貴重な経験を得たことが証明された。

ドイツ空軍には、アドルフ・ガラントをはじめとするエースが登場し始めた。くわえタバコで哨戒に出かける威勢のいいガラントは、これまでにない革新的な戦闘機戦術を提案した。彼は「ロッテ」という、先頭機が後方を編隊僚機に護衛させる戦法を導入している。これは編隊僚機が先頭機の片側、少々上方を飛んで護衛するので、先頭機は目標の確定に専念できる。この編隊は今日もなお、多数の空軍で取り入れられている。

Spanish Civil War: 1936-1939

　ガラントの後任に就いたヴェルナー・メルダースもまた天与の才能を持った人物だった。メルダースはガラントの戦術を発展させ、2組かそれ以上のロッテで構成する「飛行小隊」を創った。1940年夏のバトル・オブ・ブリテンで、イギリス南部上空を飛ぶ大規模な爆撃機艦隊を護衛していたのが、この飛行小隊だ。

　1937年、ファシスト国家イタリアは軍団を創り、フランコ将軍に兵士と航空機の提供を始めた。このなかには3発のサヴォイア・マルケッティSM.81爆撃機と、高性能の複葉戦闘機であるフィアットCR.32があった。いっぽう共和国政府軍は大義のために、ソ連をはじめとする国々から手当たりしだいに航空機を集めていた。こうした航空機は金で前払いをしなければならなかったが、このとき買い入れたのがポリカルポフI-16「ラタ」だった。背が低く、ずんぐりしたこの小型の単葉戦闘機はスピードと武装が優れており、まもなくフランコ側の複葉機より優位に立った。しかし1936年には、メッサーシュミットBf109Bが戦場に姿を現した。スペイン上空を飛ぶ戦闘機のなかでも抜きん出た能力を持つこの機は、すぐに戦場を支配し始めた。

　3年におよぶ厳しい内戦では多くの戦術が試された。ドイツ軍の指揮官は、「いちば

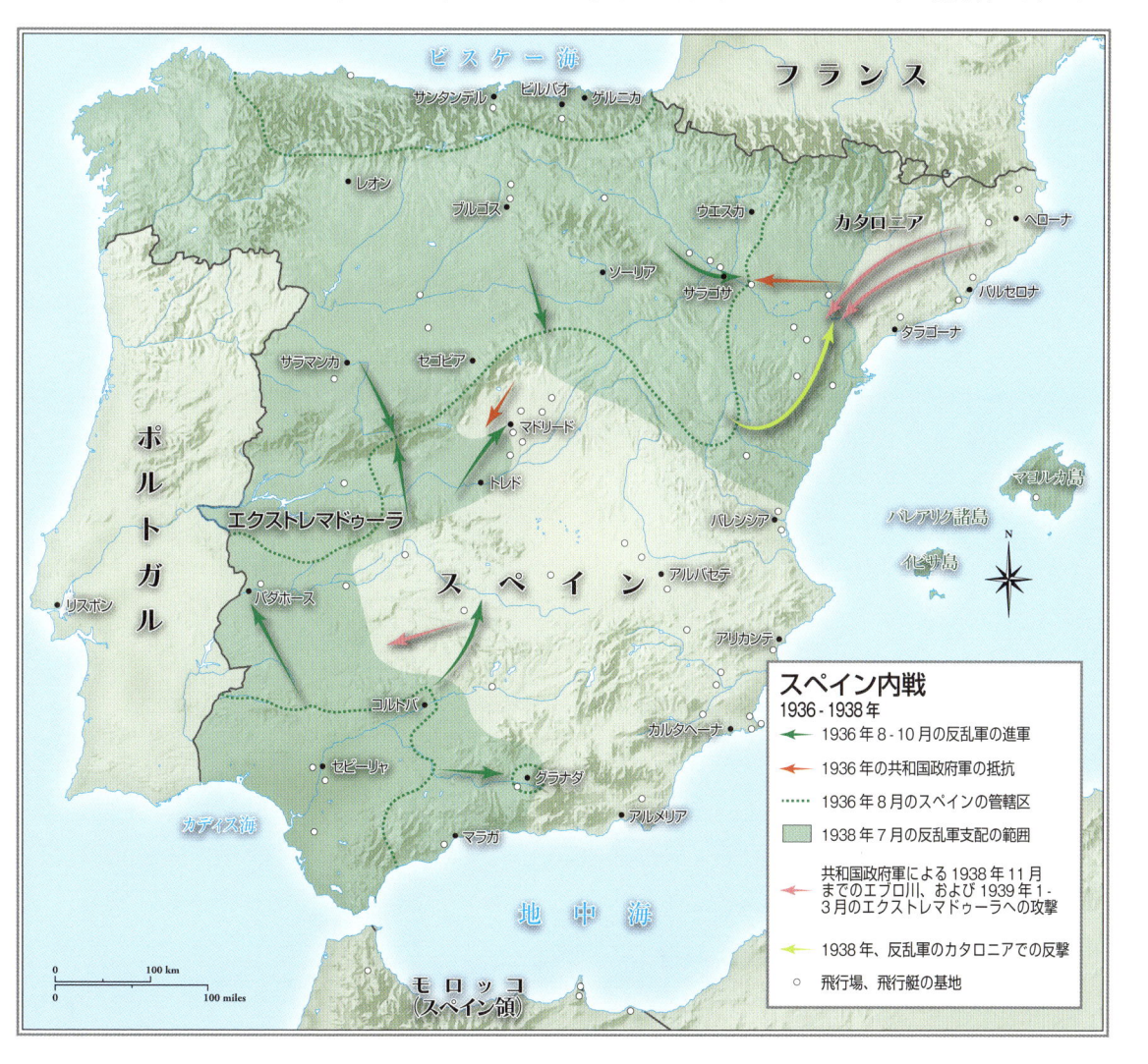

スペイン内戦
1936 - 1938 年

- ← 1936年8 - 10月の反乱軍の進軍
- ← 1936年の共和国政府軍の抵抗
- ┄┄ 1936年8月のスペインの管轄区
- ▦ 1938年7月の反乱軍支配の範囲
- ← 共和国政府軍による1938年11月までのエブロ川、および1939年1 - 3月のエクストレマドゥーラへの攻撃
- ← 1938年、反乱軍のカタロニアでの反撃
- ○ 飛行場、飛行艇の基地

ん成果が上がったのは、航空隊が地上部隊の攻撃を支援し、要請されれば、地上部隊の進軍をはばむ障害物に爆撃や機銃掃射をおこなうなどして、地上部隊と密に協力した場合であった」と述べている。そしてこれに手をくわえたものが、後に電撃戦の初期形態となった。戦闘機の編隊もテストが繰り返され、フランコ軍支援の標準編隊には、2機が組むロッテ戦法が採用された。

新しいタイプの戦争

航空隊の指揮官は、集結した部隊や都市に対して戦略爆撃を実行する機会があれば、逃さず利用した。この結果、スペイン北部バスク地方の町、ゲルニカへの悪名高い爆撃がおこなわれることになった。本来この空爆は、町はずれの橋だけを目標としていた。しかし第一波として襲来したコンドル軍団の計43機の航空機——ハインケルHe51戦闘機が護衛するハインケルHe111中型爆撃機と爆撃機の役割を担ったユンカースJu52輸送機——が、市場の町を地獄に変えた。市場でにぎわう広場に爆弾が投下されると、多くの市民が命を落とした。第一波の攻撃で立ちこめる塵埃がおさまる間もなく、第二波が、目標も確認せずに雲のなかから爆弾を投下すると、町はさらに激しく破壊された。この空襲では1500人を超す人々が亡くなった。

恐ろしい前触れ

ゲルニカの爆撃に国際社会は憤り、またこの爆撃は、その先に待ち受ける不穏な時代を予見させるものとなる。兵士だけではなく市民までもが目標となり、恐ろしい爆撃によって都市が炎上する時代が到来するのだ。フランコ軍とそれを支援するドイツ

フィアットCR.32
フィアットCR.32は計1212機製造され、当時の複葉機のなかでは最大数を誇った。

は、しばらくはゲルニカの爆撃を否定していた。後にこれを認めたものの、この攻撃は、ゲルニカの町が共和国政府の予備部隊をかくまい、またその重要な活動拠点だったからだと主張した。しかし後日、外国人ジャーナリストたちが現地の生々しい写真をつまびらかにし、真実はあきらかになった。スペイン人画家パブロ・ピカソはこの空襲を絵に描き、この日の恐怖と、先に待つ悲嘆の日々を表現した。

1939年初めにはフランコ軍が次々と勝利を挙げ、スペイン全域を掌握した。ソ連は1000機あまりの航空機を乗員とともに共和国政府軍に提供し、ドイツは600機、イタリアは660機の航空機を、何千人もの乗員と地上要員とともにフランコ軍に提供した。全ヨーロッパを巻き込む来るべき紛争では、この内戦で得た経験がきわめて重要であったことが判明する。スペイン内戦で学んだ多くの教訓を母国に持ち帰り、その後にいちばん生かしたのがドイツ空軍だった。イギリス、フランス、ソ連の指揮官が遅れを取ったのはあきらかであり、ドイツの戦争用兵器に追いつくまでには数年を要することになる。

日中戦争
1937-1941 年

　日本の航空機は1918年から1930年の間に格段の進歩を遂げていた。三菱、川崎、中島の主要3社が航空機を開発し、実質的に日本の航空機産業を確立した。初期の日本機の大半は外国機をライセンス生産したものであり、とくにダグラスとフォッカーが多かった。1920年代半ばには、星形エンジンというアメリカの新技術の助けを借りて、国産デザインの航空機が大日本帝国海軍および陸軍に配備され始めた。

　大日本帝国政府では、右派の力が増していた。そして、隣国中国で国家主義の国民党による国家統一がおこなわれたことは、日本の利益に反するとみなされた。日本はアジアにおける地位を強固にすることを決意する。1931年、5カ月と短期ではあるが容赦のない作戦によって、日本は中国東北部にある満洲の支配を手にした。日本の航空隊はおもに陸軍の支援任務をおこなったが、いくらか空対空の戦闘も経験した。小規模だが成長しつつある日本の航空隊は、貴重な知識を得たのである。

増す攻撃

　1931年以降、日本と中国は断続的に小規模な紛争をおこなうが、1937年7月には全面戦争が勃発した。日本は、中国を支配し、天然資源という価値ある資産を手中に収めようともくろんだ。8月に激しい航空戦が始まり、翌年の年末には中国の航空隊はほぼ一掃された。中国には、航空機を補修したり、新型航空機を製造したりするのに必要な工業設備がなかった。少数の輸入機では戦闘を維持できず、中国部隊は激しい抵抗を見せたものの、日本軍は、陸軍が展開する戦場の上空を支配した。

　日本軍は中国の主要都市を破壊にかかり、航空機が戦闘中の地上部隊の頭上高く飛んで中国の産業や補給の中心地を爆撃し、重慶と武漢にはとくに激しい攻撃をおこなった。海軍がくわわると、空母発進の新型航空機を中心に上海や広州といった都市を攻撃した。そして民間の目標に対して初の大規模連続空襲がおこなわれ、死傷者や家を失った人々は数百万人に上った。

> このような空襲の報に文明世界が抱く深い恐怖感は、とても言葉では言いつくせない……。軍事目標が存在する地であっても、それは完全に二の次になっているようだ。市民の無差別虐殺によって恐怖を喚起することが、大きな目的であるように思われる……。
>
> クランボーン卿
> イギリス外交担当国務次官

　日本が真珠湾攻撃をおこない、日中戦争が第二次世界大戦という大規模な戦争に拡大する1941年まで、中国は一国のみで戦った。

Japanese War in China: 1937-1941

Atlas of Air Warfare

「クリッパー」長距離輸送
1934-1939年

　19世紀、北アメリカ大陸を縦横に走って人の移動や商業を支えていたのは鉄道だった。20世紀、鉄道はまだ商品や原材料を運んではいたが、乗客の輸送といういちばん「おいしい」役割は、航空機が担うようになっていた。

洗練された、新しい輸送手段

　現代の我々にもなじみのある旅客機、ボーイング247型機が初めて飛んだのは1933年2月8日のことだ。550馬力プラット＆ホイットニー星型エンジンを2基搭載した低翼、片持ち翼の単葉機で、全金属製、引き込み式脚の247型機は、時速240キロ超で飛び、10人の乗客を運ぶことが可能だった。この洗練された247型機の登場で、ユンカース社、フォッカー社、フォード社が製造したエンジン3基搭載の固定脚機はあっという間に時代遅れとなってしまった。ボーイング247の初期の開発機はユナイテッド航空に納入され、大陸横断航路を飛んだ。途中5、6度降りてアメリカの東西海岸を結ぶ便の所要時間はちょうど20時間で、旧型の3発機よりも7時間も短縮された。

　トランスコンチネンタル・アンド・ウエスタン・エア社はなんとか247型機を購入しようとしたが、ボーイングはこの要請に応えることはできなかった。そこでダグラス・エアクラフト社に仕様の明細を指示し、DC-1（ダグラス・コマーシャル1）が開発された。DC-1は1933年7月に初飛行をおこない、トランスコンチネンタル・アンド・ウエスタン・エア社に納入された。まもなくダグラスDC-1は、ロサンゼルス・ニューヨーク間で飛行所要時間わずか13時間4分という記録を作り、同社は28機を発注した。改修型のダグラスDC-2は馬力を強化したエンジンを搭載し、可変ピッチのプロペラを持ち、14人の乗客を運ぶことが可能だった。オランダ国営航空のDC-2は、1934年のイギリス・オーストラリア間航空レースに参加し、レース専用機のデ・ハヴィランド・コメットより数時間長く飛んで、その部門で優勝した。

　DC-2に続くのが、20世紀半ばの象徴的航空機と言えるダグラスDC-3だ。この航空機の登場で、世界各地を結ぶ信頼のおける航路が開拓され、より大型の4発機の導入につながった。DC-3および、同タイプの軍用機であるC-47は1万4000機あまり

快適さを求めて
ダグラスDC-2は空の旅に新たな一面をもたらし、それは快適さだけに留まらなかった。写真は、DC-2のゆったりとしたキャビンで食事を楽しむ乗客。

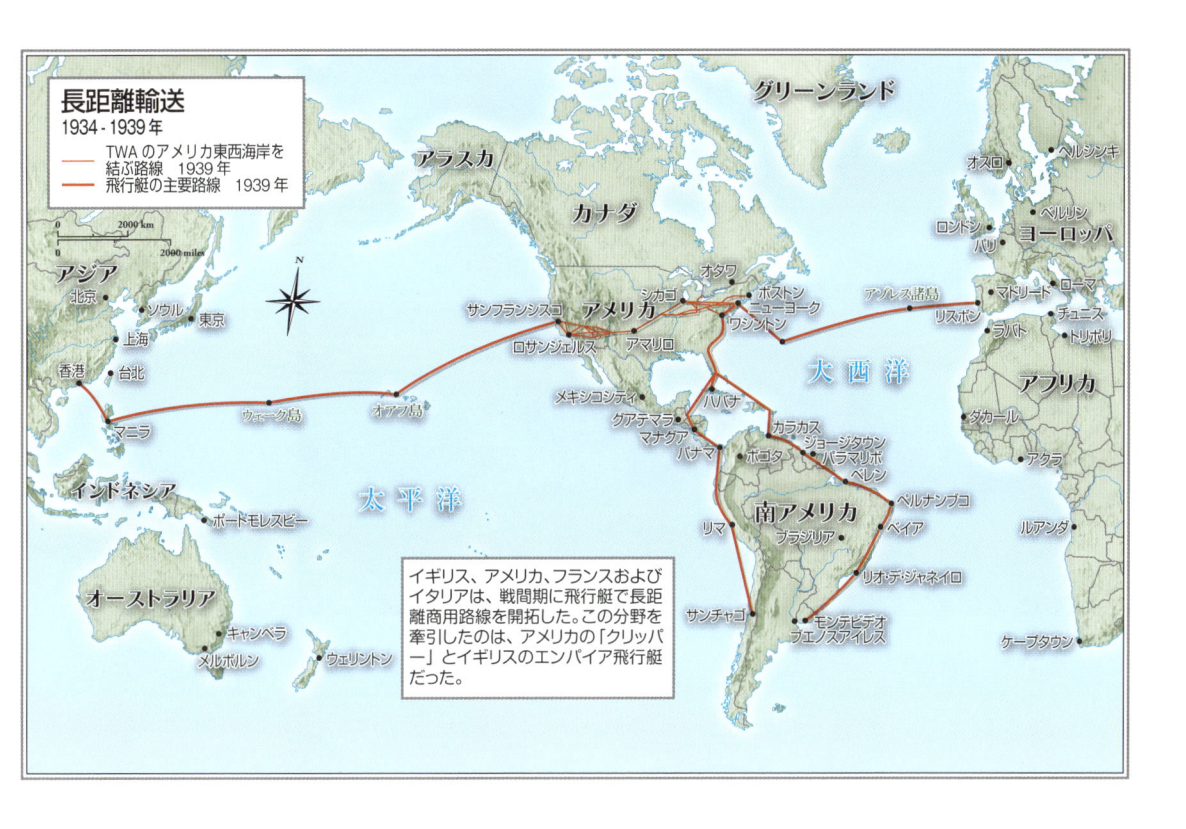

Clippers: Long-range Transport 1934-1939

長距離輸送
1934 - 1939 年
― TWA のアメリカ東西海岸を結ぶ路線　1939 年
― 飛行艇の主要路線　1939 年

イギリス、アメリカ、フランスおよびイタリアは、戦間期に飛行艇で長距離商用路線を開拓した。この分野を牽引したのは、アメリカの「クリッパー」とイギリスのエンパイア飛行艇だった。

製造された。

商用国際路線の開設

　アメリカ運輸省の援助を受けてアメリカの国内線市場が発達するいっぽうで、国際線についても同じような動きが起こりつつあった。1927年、元アメリカ海軍パイロットで起業家でもあり、商用機を飛ばす野心を抱くジュアン・トリップが先頭にたち、裕福な友人たちとともにアメリカ飛行協会を設立した。トリップのグループは、当時アメリカ・キューバ間の郵便空輸を請け負っていたパンナムを配下に置いた。トリップが経営する新しい航空会社は、カリブ海を越えて南アメリカに路線を開拓し始めた。この航空会社の最初の旅客機は、1929年1月9日、フロリダ州マイアミからベリーズ（旧イギリス領ホンジュラス）経由でプエルトリコのサン・フアン、ニカラグアのマナグアまで飛んでいる。3200キロにおよぶこの便は地上で2泊し、56時間を要した。

　パンナムは路線を増やしていき、競合する航空会社を圧倒すると、その多くを買収した。パンナムの路線のほとんどには、「クリッパー」とロマンチックな名がついた飛行艇が就航していた。トリップは機敏に商機をとらえ、著名な大西洋横断パイロットであるチャールズ・リンドバーグを技術アドバイザーに据えた。宣伝活動で忙しいなか、リンドバーグは妻を連れてカリブ海と中部アメリカを島伝いに飛ぶスリルあふれる飛行をおこなった。その抜け目のないビジネスとマーケティングの才を発揮して、ジュアン・トリップはアメリカ政府から事実上すべての郵便空輸契約を取りつけ、またパンナムは、アメリカ政府の外交における「御用達航空」同然となった。

DC-2 型機
最初に DC-2 を購入したのはトランスコンチネンタル・アンド・ウエスタン・エア社（TWA）であり、最終的に 32 機を導入した。写真は、カンザスシティ上空を飛ぶ DC-2。

　パンナムは大洋横断という野心も抱いていたため、新路線には広大な太平洋を飛び越せる新型機が必要だった。1934 年、トリップのもとに新しい飛行艇が 2 機届き、このシコルスキー S-42 とマーチン M-130 が新路線を開拓、確立することになる。新しい無線方位技術も開発され、広大な太平洋に浮かぶ島々を見つけることも容易になった。

　1935 年 11 月 22 日、マーチン M-130「チャイナ・クリッパー」がサンフランシスコを飛び立ち、マニラまで郵便を運んだ。1936 年 10 月 21 日には、航空料金を支払った乗客 15 名が初めて太平洋を横断した。この特権の対価は、1 名につき 799 ドルほどだった。

　ヨーロッパ諸国も新しい市場でのシェアを伸ばそうと熱心に動いていたので、相互着陸権の交渉が難航し、大西洋横断の商用飛行は 1939 年 5 月までずれ込んだ。

ボーイング 314
ボーイング 314 型機は飛行艇の技術を大きく発展させた機だ。パンアメリカン航空は 6 機を発注し、そのうちの 1 機「ヤンキー・クリッパー」（これはパンナムの有名なコールサインとなる）が、1939 年 5 月 20 日にニューヨーク・マルセイユ間の郵便空輸業務に就いた。

イギリス・フランスの再軍備

第一次世界大戦中にイギリスと、とくにフランスは甚大な損失を被り、また、戦い勝利したことによって莫大な負債が生じて、両国は多大な経済的重荷を負うことになった。戦時編成が解かれると航空機産業向けの予算は大きく削られ、航空機の注文にキャンセルが生じた。1918年、イギリス・フランス両国の航空機産業には何万人もの雇用があったが、1920年にはその数がどちらも数千人まで減少していた。航空機部門を切り捨てる企業もあり、イスパノ・スイザ社は航空機エンジンの製造を中止し、利益が望める自動車ビジネスに参入した。

大戦後の再建

イギリス・フランス両国は植民地を保有していたため、防衛予算は少額を幅広い分野で使わなければならなかった。防衛予算の配分を議論するさいにいちばん大きな影響力を持つのは、フランスでは陸軍、イギリスでは海軍だった。フランスの航空隊はまだ陸軍の管理下にあり、独立するのは1934年になってからのことだ。イギリス空軍は1918年に独立していたものの、適切なコスト削減をおこなうために、イギリスの陸、海軍は、空軍をそれぞれの管轄下に置くべきだと論じていた。ヒュー・トレンチャード卿はやせ細ったイギリス空軍を守り、発展させようと最善をつくしたが、それでも1920年には、1918年式のソッピース・スナイプからなる1個飛行隊のみにイギリスの防空を頼っている時期があった。

大半の航空機関連企業はわずかな商用機を製造することで生き残った。しかし1920-22年には、小規模ではあるが、新型軍用機開発のための一定の契約が結ばれた。その後の10年はイギリス・フランスともに窮状から抜け出せず、契約にかない、航空機産業がどうにか存続可能なだけの航空機しか購入しなかった。1935年にはドイツの再軍備計画があきらかになり、新生ドイツ空軍がその力を見せつけようとしていた。ドイツ各地の工場の製造ラインからは着々と新しい航空機が送り出されていた。初期の兆候を見逃していたイギリスの政治家たちは、ここにきてしぶしぶながら、ドイツという力を増しつつある脅威に対処するための準備が必要であることを認めた。

1935年にイギリス・フランスの空軍が使用していたのは、1920年代半ばに生産された、機関銃を最大で4挺搭載する複葉機だった。イギリスはただちに最新型の航空機を発注した。1936年までに

レジナルド・ミッチェル
レジナルド・ミッチェル設計、スーパーマリン社の水上レーサーは、高速における航空力学および強力なエンジンの発展に寄与し、10年のうちに、イギリスはこの機のおかげで最大の危機を生き延びることになる。

ホーカー・ハリケーン
ホーカー・ハリケーンはイギリス初の単葉戦闘機であり、ロールスロイス・マーリン・エンジンを搭載し、0.303インチ・コルト・ブローニング機関銃8挺で武装した。写真の試作機K5083は、1935年11月6日に初飛行を行なった。

アームストロング・ホイットワース・ホイットレー
ホイットレーの試作機は1936年3月17日に飛び、その後34機のホイットレーMkIが製造されて、1937年3月に第10飛行隊に初めて配備された。第二次世界大戦勃発時、イギリス空軍は207機のホイットレーを保有していた。

ホーカー社は3012機の注文を受け、うち1582機は別の航空機製造会社に下請けに出した。こうした契約が航空機関連産業を救い、新しい従業員の雇用と訓練や、新しい機械の購入、工場の建設をおこなうことも可能になった。

フランスでは、航空機の発注はなされたものの、航空機産業が弱体化していた。16年間放置されていたため、フランスの航空機産業は時代の要請にあった航空機を提供することができなくなっていた。新設の空軍大臣の職にあったピエール・コットは、国家の安全は重大事項であり、軍用機の生産を民間企業の手にゆだねてはおけないと主張した。1936年7月にはフランス政府が航空機産業の国営化に着手し、巨大な国営企業が6社誕生した。そしてこれらの企業が、フランスにモラン・ソルニエ406戦闘機、ブロシュ210爆撃機をはじめとする多数の新型航空機をもたらすのである。

イギリス空軍の戦闘機部隊は従来どおり複葉戦闘機を用い、その最新型機のグロスター・グラディエーターが1935年に製造開始された。空軍省と話し合いの末、ホーカー・エアクラフト社のシドニー・カムは、ダービーで製造された新型のロールスロイスP.V.12エンジン（後に「マーリン」と名がつく）を搭載した新しい単葉機を提案した。翼部分には、ライセンス生産した信頼性の高いコルト機関銃8挺が装着可能だった。この機はそれ以前の複葉機フューリーをもとに設計され、機の大部分がいまだに金属の枠組みをキャンバス地で覆う構造だった。この機がホーカー・ハリケーンである。スーパーマリン社もまた、単葉機の設計に取り組んでいた。ホーカー社と同じエンジンを搭載し、武装も同じタイプのこの機は、レジナルド・ミッチェルが設計を手がけた。この機はより進化した構造を持ち、全金属製だった。この楕円の翼を持つ強靭で優雅なデザインは、おそらくそれまでに製造された航空機のなかで最も美しい代表的戦闘機であり、スーパーマリン・スピットファイアと命名された。

ホーカー・ハリケーンは1935年11月6日、スーパーマリン・スピットファイアは

スピットファイアの製造ライン

バーミンガム近郊キャスル・ブラミッジの工場では、何千機ものスピットファイアが製造された。この工場で製造された機は、記録破りのパイロット、アレックス・ヘンショー率いるグループがテスト飛行をおこなった。

1936年3月5日にそれぞれ初飛行をおこなった。デモンストレーション飛行も成功し、初回はハリケーン機が500機、スピットファイア機が310機と好調な注文を受け、その後はさらに注文が続くことになる。ハリケーンは1937年12月、スピットファイアは1年後の1938年12月に初めて就役した。

新しい戦闘機部隊

新型爆撃機の設計もまた順調に進んでいた。ヴィッカース・ウェリントンが1936年6月15日に初飛行をおこない、6日後にはハンドレページ・ハンプデンが飛んだ。製造が開始された新型爆撃機のなかでいちばん大型のタイプがアームストロング・ホイットワース・ホイットレーであり、エンジン2基搭載のこの機は当時にしては航続距離が長く、大量の爆弾を搭載可能だった。ホイットレーの初飛行はほかより少し早い1936年3月である。イギリス空軍は切実に新型爆撃機を必要としており、年末までに、ホイットレー、ハンプデン、ウェリントンが520機発注された。これらの爆撃機は1937年3月から、実戦配置につく飛行隊に届き始めた。

さまざまな空軍拡大案が出され、イギリス空軍の爆撃機に最大の資金配分がおこなわれるようロビー活動が展開されていた。しかし毎年おこなわれる演習では、イギリス防空部隊の戦闘機飛行隊が、攻撃をしかける爆撃機編隊を巧みに迎撃していた。レーダーや明確な命令指揮系統が確立するずっと以前の1932年の訓練において、イギリス防空部隊は昼間攻撃の50パーセント、夜間攻撃の25パーセントの迎撃に成功した。当時用いられていた防衛システムは、1918年までさかのぼる旧いものだったのに、この数字だったのである。

1937年になるとイギリスでも近代的な爆撃機がいくらか製造され、1938-39年にかけては相当数が飛行隊に届くことになる。それはフランスでも同じだったが、イギリスに1年ほど遅れており、フランス空軍に以前より優れた航空機が届くのは、1939-40年にかけてのこととなった。残念ながらどちらの軍も、フェアリー・バトル軽爆撃機をはじめとする旧型機もいまだに製造中だった。フェアリー・バトル軽爆撃機は、戦闘中に姿を現せば必ず撃墜されるという代物だった。

1939年9月には、高速の単葉戦闘機が旧型の複葉機とほぼ入れ替わり、とくにイギリスでは、航空機と同じく大きく発達した防空システムにこの戦闘機が取り入れられていた。さらに爆撃機もかなり大量に届いてはいたものの、爆撃機が目標まで到達するシステムはまだ系統だっておらず、熟練の腕と絶対的な忠義心に頼っているような状態だった。

世界の空軍
1939 年

　1939 年時点で最大の空軍を保有するのはソ連であり、およそ 2 万機の航空機を保有し、うち 7000 機強がソ連最西部に配置されていた。しかし空軍もまたほかの軍事組織と同じく、当時の政治力学の巻き添えになっていた。ソ連は新しい国家の生き残りをかけ、かなりの時間をかけて準備を進めており、第一次世界大戦の帝政ロシアと同じ轍を踏まない覚悟だった。

　ソ連の産業は 1920 年代後半に発展したが、つねに軍事的緊急事態を想定し、タイプライターやトラクターを製造する工場も、必要となれば航空機や戦車を製造することが可能だった。ドイツとソ連は多年にわたってリペックの基地で協力したものの、結局、この力を増しつつあるふたつの国家は、全体主義といえども対極に位置していた。

深まる溝

　スペイン内戦は、ソ連とドイツに互いの航空機と戦術を試す場を提供した。何千人もの「義勇兵」がスペインにわたり、両国は戦闘を実体験した。ソ連の航空隊は 1939 年には満洲国境で日本軍と交戦し、またフィンランドとも戦った。これらの作戦でさ

ダグラス TBD デヴァステイター
TBD デヴァステイターは戦闘機からの攻撃に非常に弱く、太平洋戦争初期の戦闘では大きな損失に苦しむことになる。

ヨーロッパの空軍
1939年9月1日の戦闘序列

ドイツ
第2および第3航空艦隊（西部戦線）
26個戦闘飛行中隊：メッサーシュミットBf109Dおよび109E――336機
5個駆逐飛行隊：メッサーシュミットBf109C、109D、110――180機
9個爆撃飛行隊：ハインケルHe111、ドルニエDo 17、ユンカースJu88――280機
3個急降下爆撃飛行隊：ユンカースJu87――100機
予備：26個戦闘航空団、一部は新しく編制中か訓練中

フランス
4個戦闘機連隊：モラン・ソルニエMS.406――225機
2個戦闘機連隊：カーティス・ホーク75A――100機
13個爆撃機連隊：ブロシュMB.210――155機
この他240機の爆撃機のうち、大半がブロシュ200とアミオ143といった旧型機であり、新型機と言えるのはわずか5機（リオレ・エ・オリヴィエ451）だった。また偵察・観測連隊59個にポテーズ63とANFミューロー115/7が配備されていた。

イギリス
イギリス空軍戦闘機軍団
16個飛行隊：ホーカー・ハリケーンMkI*――347機
10個飛行隊：スーパーマリン・スピットファイアMkI*――187機
2個飛行隊：グロスター・グラディエーターMkII――24機
7個飛行隊：ブレニムMk.IF――63機
*予備隊も含む

イギリス空軍爆撃機軍団
15個飛行隊：ヴィッカース・ウェリントン――158機
5個飛行隊：アームストロング・ホイットワース・ホイットレー――73機
10個飛行隊：ハンドレページ・ハンプデン――169機
12個飛行隊：ブリストル・ブレニムMk.I、IV――168機
16個飛行隊：フェアリー・バトル――340機

イギリス空軍陸軍協力軍団
5個飛行隊：ウエストランド・ライサンダー――60機

イギリス空軍沿岸哨戒軍団
10個飛行隊：アヴロ・アンソン――120機
3個飛行隊：ロッキード・ハドソン――36機
4個飛行隊：ショート・サンダーランドMkI――40機

ポーランド
追跡旅団（ワルシャワ防空）
4個飛行隊：PZL P.11c――48機
1個飛行隊：PZL P.7A――8機

陸軍航空隊
8個飛行隊：PZL P.11cb――100機
2個飛行隊：PZL P.7A――24機

爆撃機旅団
4個飛行隊：PZL P.37 ロス――36機
5個飛行隊：PZL P.23 カラス――45機

ベルギー
3個飛行連隊
9個飛行隊：フェアリー・フォックス――150機
2個飛行隊：レナールR.31――20機
1個飛行隊：グロスター・グラディエーター――15機
2個飛行隊：フィアットCR.42――23機
1個飛行隊：ホーカー・ハリケーン――11機
1個飛行隊：フェアリー・バトル――14機

オランダ
陸軍航空旅団
フォッカーD.XXI――36機
フォッカーTV――9機
フォッカーG.I――25機
観測機55機（多種）

らに実戦の経験を得たものの、1930年代後半のソ連国内の政情に影響を受け、ソ連軍は効率のよい訓練をおこなうことができなかった。ソ連は、スターリンが粛清を進め、経験豊富な将校がなんらかの言いがかりをつけられて告発、逮捕されるような状況にあった。

　1939年8月11日、ソ連はイギリス・フランスと一連の会談を持ち、ドイツとの戦争が生じた場合は、相互防衛に140個師団を配置することに関して話し合った。イギリスは16個師団がすぐに配置可能だと主張した（当時保有しているのは6個師団にすぎなかった）。マジノ線の後方で塹壕を掘るフランスは、90から100師団を集めることが可能だった。ところがドイツは、ソ連にまったく新しい関係を提示してきた。

　8月14日、ドイツ・ソ連間で不可侵条約の案が持ち上がった。ヒトラーは、計画中のポーランド侵攻（1939年9月1日に予定されていた）によってソ連と戦争に突入しない点を確認しておく必要があった。政治および外交的かけひきのすえ、結局条約は1939年8月23日に調印され、ポーランドの将来は閉ざされた。ポーランド西部はドイツ領土となり、いっぽう東部は、バルト海沿岸諸国とともにソ連が手にする。ドイツは、背後からの攻撃をわずらうことなく西方に目を向けることが可能になった。

　9月、ドイツ空軍は3750機の前線用戦闘機からなる、世界で最も進歩し、経験豊富な航空隊を作り上げていた。航空機は月に300から400機の割合で工場から続々と出荷され、パイロットは月に1100人あまりが訓練を受けた。同月、この恐るべき部隊の70パーセントが東のポーランドを目指した。

ヨーロッパのその他地域

　西ヨーロッパでは、フランスの航空機産業が多数の近代的な戦闘機を製造していた。だが残念ながら、空軍はまだ準備を終えていなかった。フランス空軍の210個飛行隊のうち、戦闘準備を終えているのはわずか119個であり、その飛行隊でさえ、40代の予備兵を引っ張り出して戦闘機を操縦させ、どうにかやりくりをつけているありさまだった。さらに、せっかくの新型機も遠く離れた飛行場に置かれてフランス全土に分散し、アメリカの製造ラインから出荷された機は、まだ配置が済んではいなかった。そして軍隊組織における陸軍と空軍のライバル意識は、フランスの防衛能力を弱める決定要因となっていた。

　イギリスはしぶしぶながら空軍を拡大させていた。「影の工場」計画によって、自動車製造業者は航空機の機体とエンジンを製造する能力を身につけていた。しかし、イギリス空軍はじゅうぶんな乗員を確保してはいたものの、訓練済みのパイロットと乗員の継続的補充という問題は解決できていなかった。これを支援し、拡大を続けるために、月に700機強の航空機がイギリスの工場で製造され、それにくわえてアメリカからも航空機が輸入された。

　イタリア空軍は、1939年には3000機ほどを保有する軍に成長していた。航空機の乗員は1935年にエチオピアでも軍事行動の経験を積み、スペイン内戦では、大勢の「義勇兵」部隊がフランコ将軍の右派反乱軍を支援し、大きな戦闘も経験した。空軍の役割は、地中海中央地域上空を支配して北アフリカのイタリア領土への補給線を支援し、また北アフリカに敵が生まれるのをはばむことにあった。イタリアの戦闘機はかなり旧型だったが、新型機もいくらか投入されつつあり、そしてイタリア空軍は、爆撃

機部隊という新しい資産も手にしているようにみえた。

東方と極東

　極東では1933年以降、日本が中国での領土拡張戦争をおこなっており、1939年にはすでに中国上空を支配していた。1939年5月から9月まで、日本は満蒙国境で激しい戦闘を繰り広げた。遊牧民を巻き込んだささいな出来事は、ソ連軍との武力衝突に発展する。日本の中島九七式戦闘機はソ連のポリカルポフI-15を倒し、ポリカルポフI-16単葉機にも屈しなかった。しかしこうした日本軍の規律と訓練の水準の高さは、ヨーロッパやアメリカに報告されることはなかった。1939年末には、日本海軍航空隊と日本陸軍航空隊は、高性能の航空機を2500機ほど保有し、腕の立つ優れた乗員を配していた。

　1939年になると、アメリカは同国政府だけではなく、イギリス・フランスからの新型機設計、製造の注文で潤っていた。アメリカの航空機産業は拡大し、来るべき戦争で必要不可欠となる新工場や製造ラインを建造していた。1937年には、ボーイングB-17長距離爆撃機をはじめとする重要な新型機が軍に導入され、1939年になるとカーティスP-40ウォーホークが工場から出荷された。航空軍は5000機の航空機を保有し、そのうち就役に適していると認められたものが1500機あった。産業界は新しい工作機械をそろえ、ボーイングB-29スーパーフォートレスとなる機の計画も緒に就いたばかりだったが、この機は6年後に第二次世界大戦を終結させることになるのである。

ポリカルポフI-16
ソ連のポリカルポフI-16は、片持ち翼、引き込み脚の初の単発戦闘機であり、世界各地の戦闘に投入された。

電撃戦の始まり
ポーランド　1939年

　ドイツのポーランド侵攻は世界に近代的かつ迅速な攻撃を見せつけ、死傷者も比較的少ないうちにあっという間に勝利を達成した。この侵攻は、「タイム」誌のアメリカ人記者が戦況を報道するさいに用いた表現をとって、「電撃戦（ブリッツクリーク）」と呼ばれることになった。この迅速、熾烈に展開する戦術において、航空戦力は決定要因となった。ドイツ空軍には銃弾が不足し、その飛行中隊のすべてに新型機が配備されていたわけではなかったが、それでも、役割を果たす準備はできていた。

敵に包囲されて

　ポーランドには逃げ場がなかった。三方をドイツに囲まれ、東国境で接するのは、相性の悪いソ連である。ポーランドでは重工業の多くが国の西部に本拠を置いていたので、攻撃を受けた場合は西側国境を守ることになっていた。これによって、フランスとイギリスが駆けつける時間を稼げるとも考えられていた。両国は、戦争になった場合は軍隊を動員してポーランドを援護することを保証していた。しかし結局両国から支援は届かなかった。ポーランド国境の防衛は1600キロ近い戦線となり、部隊が分散して非常に手薄な守りになった。どこを攻めるにしろ、ドイツ空軍はこれを飛び越えさえすればよく、前線でポーランド軍の輸送や通信連絡の連携を断ち、銃弾と補充要員もつきた防御軍を壊滅させ、指揮系統を混乱させた。

　しかしドイツ空軍がまずおこなうべき任務は、制空権の確立だった。ポーランド軍は国境でのドイツ軍の増強を警戒し、急遽戦闘機を建造してそれを各飛行場に分散させるよう命じていた。1939年9月1日の侵攻時、ポーランドの飛行場を急襲したドイツ空軍は、ごくわずかな戦闘機しか発見できなかった。そして地上で破壊された航空機の大部分は訓練機か輸送機であり、ドイツ空軍を迎え撃つ戦闘機は生き残った。双方の戦闘機が戦闘でぶつかったとき、旧型のポーランド機の戦いぶりはお粗末では

電撃戦の爆撃機
Ju87シュトゥーカはポーランド侵攻作戦初期の攻撃に投入された。地上部隊の支援任務を行なうまでは、非常に精度の高い爆撃で通信手段を攻撃した。

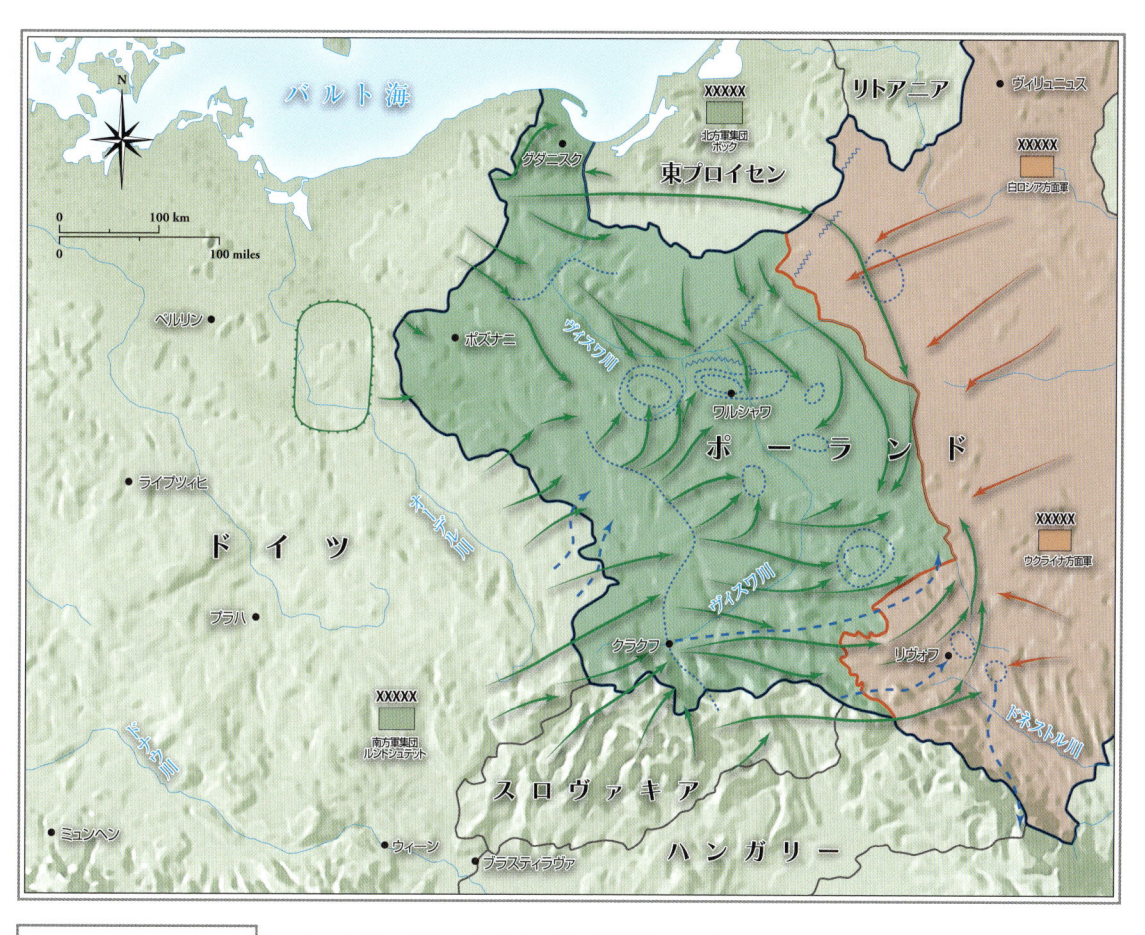

Introduction to Blitzkreig: Poland 1939

ポーランド侵攻
1939年9月1-28日

- → ドイツ軍の進軍
- → ソ連の進軍
- ⇠ ポーランド軍の退却
- ― ポーランド国境
- ⌇ ポーランド軍の防衛線
- ― ドイツ軍の堡塁
- ⌇ ポーランド軍陣地
- ― ドイツ・ソ連間の境界画定ライン
- XXXX 軍集団

大規模軍
1939年8月31日、ポーランドに対するドイツ空軍戦闘序列においては、爆撃機648機、急降下爆撃機219機、対地攻撃機30機、戦闘機210機、偵察、輸送、その他種々の航空機474機が、第1および第4航空艦隊に配備された。

あったが、それでもドイツ機の不意をついた。

　侵攻開始の朝、ポーランド軍のミェチスラーフ・メドウェキ大尉と僚機のラディスロー・ニスは、PZL P.11に乗り込んで離陸し、ドイツ機のクラクフ攻撃を追った。2機は離陸から間もなく、2機のユンカースJu87に攻撃を受けた。メドウェキは銃撃されて死亡し、これがドイツ空軍が空対空の戦闘で挙げた初勝利となった。ニスは2機のシュトゥーカを追跡したものの、敵は彼の銃撃をかわして逃れた。ニスは単機で哨戒を続け、帰還中のドルニエDo17機2機と遭遇した。ニスは高度を利用すると、爆撃機の不意をついて急降下し、2機とも撃墜した。これが第二次世界大戦における連合国軍初の撃墜成功となった。ニスはルーマニアに逃れてイギリス空軍に合流するまでに、もう1機を撃墜している。ポーランド軍の航空機にかかわる死傷者の多くは、急遽建設した小さな飛行場に着陸するさいに出たものだった。さらに、ポーランド軍の輸送システム全般が混乱し、取り替え用部品や代替機は手に入らなかった。どうにか空へと飛び立った戦闘機は、ドイツ空軍のDo17やシュトゥーカと遭遇し、間をおかず護衛機のメッサーシュミットBf109やBf110と交戦することになった。旧型のP.11機を飛ばすポーランド軍は力でも数でも圧倒されていた。しかし、こうした戦争準備段階の小競り合いで生き残ったパイロットのうち、中立を保つルーマニアに逃れた者はわずかしかおらず、多くのポーランド人パイロットがドイツに報復すべく飛び続け、一部はバトル・オブ・ブリテンで多数の撃墜に成功している。

重点の変化

　ドイツ空軍は、創設当初の目的である地上軍の支援という役割に重点をおくようになった。ユンカース Ju87 と、まもなく時代遅れになるヘンシェル Hs123 が迅速進軍の支援に投入され、両機は対人爆弾や焼夷弾で防御陣地や孤立した抵抗部隊を爆撃し、ポーランド軍の防御部隊に多大な損害を与えた。シュトゥーカが急降下するさいに「ジェリコのラッパ」と呼ばれたサイレン音が鳴り響くと、ポーランド軍地上部隊の悲痛は増すいっぽうで、士気は著しく低下した。

　シュトゥーカはまた洋上の目標にも攻撃をしかけ、高精度の急降下をおこなって、狙いすまして徹甲弾を投下することが可能だった。この攻撃で、ポーランド軍の駆逐艦〈ウィッカー〉が、機雷敷設艦とともに撃沈された。これは、この先イギリス海峡や、とくに地中海でおこなわれる戦闘の不吉な前触れとなった。

　ドイツ国防軍は地上を迅速に進軍したため、その側面が大きくさらされることになった。ポーランド軍はブズーラーでこの状況を利用し、ドイツの通信連絡線を集中攻撃して進軍を失速させた。しかしドイツ空軍もこの問題を利用し、爆撃機を送り込んだ。爆撃機は橋や逃走路をすべて吹き飛ばしてポーランド軍をうまく追い込むと、急降下爆撃機でひっきりなしに攻撃をおこなって、情け容赦なくとどめをさした。

　9月17日にソ連が東から侵攻し、ポーランドの将来は事実上閉ざされた。ドイツとソ連という強大な国を撃退できる公算などなく、ポーランド東部には侵攻に反撃する部隊も利用可能な航空機もなかったため、ここはあっという間にソ連に占領された。

　9月下旬には、ドイツ国防軍がワルシャワ郊外まで達していた。ヒトラーはこの歴史的都市を爆撃し、破壊のかぎりをつくすよう厳命した。ドルニエやハインケルが次々と飛来してワルシャワに爆弾を投下し、多くの建物を破壊した。この爆撃で、ワルシャワの半分が損害を受け、何千もの人々が命を落とした。

　10月6日、ポーランド軍の抵抗はすべて止んだ。ドイツ空軍はそのすべてをいとも簡単にやってのけたかに見えたが、しかし多くの死傷者を出しており、それはとくに、補充が容易ではない訓練済みや経験豊富な航空機の乗員に多かった。また戦闘1カ月分の銃弾のストックの30パーセント近くを消費しており、指揮官たちにとっては痛手となった。

Introduction to Blitzkreig: Poland 1939

シュトゥーカのパイロットは平均高度3650メートルで目標を定め、旋回から急降下に入る。

ダイブ・ブレーキを作動させ、シュトゥーカは目標に向かい60-90度の角度で急降下する。

高度460メートルほどでパイロットは操縦桿を離し、自動引き抜き機構を作動させる。

シュトゥーカが搭載するのは、250キロ汎用爆弾2個、500キロ爆弾1個、または対人「小型爆弾」など、さまざまな爆弾だった。

ドイツ空軍シュトゥーカのパイロットの大半は、目標の20メートル以内なら80パーセントの確率で命中させた。

スカンディナヴィア
フィンランド　1939-1940年

　1939年、ヨシフ・スターリンはソ連の北部国境を強固にするため、フィンランドに目を向けた。スターリンはまたフィンランドのハンコ港を30年間租借するという要望も出したが、ソ連がカレリヤ地方を対価として差し出したにもかかわらず、フィンランド・ソ連間の会談では合意にいたらなかった。1917年に独立を果たしたばかりのフィンランドとしては、わずかでもつけいるすきを与えると、スターリンの要求は増大するという懸念があった。交渉が失敗に終わると、スターリンは軍事介入に訴えた。

粘り強い防衛

　フィンランドの防衛には、10個師団からなる軍を数個の専門部隊が援護して当たった。これら師団の装備は貧弱で、自動火器も火砲も、いちばん肝心な対戦車兵器さえもなかった。各師団には1918年以前の火砲が30門ほどしかなく、銃弾の備蓄も少なかった。しかし装備で劣る部分を、フィンランド軍は訓練と献身で補った。とくに、鬱蒼と茂った森や雪に覆われた地方の演習では、スキー部隊が奇襲をかけ、すばやく森に姿を隠す技術を磨いた。こうした部隊は熟練の士官や下士官たちに率いられ、フィンランドの独立維持のために戦うという気概に満ちていた。

　フィンランドの防衛を指揮したのは、カール・グスタフ・フォン・マンネルヘイム元帥である。マンネルヘイムは1930年代初めに防衛線の構築にかかっており、広大なラドガ湖とフィンランド湾の間に65キロにおよぶ戦線を敷き、敵の主要ルートをさえぎってフィンランド一人口の多い地方を護ろうとした。この防衛線は、カレリヤ地峡沿いに造った近代的なトーチカと対戦車塹壕からなっていた。しかし、これは敵を防ぐための防御陣地とはいえ、ソ連が差し向ける大軍を相手にとうてい持ちこたえられるものではなく、外からの支援が到着するまでの時間稼ぎのための戦線にすぎなかった。

　この防衛線に向かったのは、1500輌の戦車と、230機のポリカルポフI-15はじめ、後には新型のポリカルポフI-16などあらゆるタイプの航空機750機に支援を受けた26個師団、120万のソ連軍だった。ソ連軍はソ連・フィンランド国境沿いの全域に配置された。双発のイリューシンDB-3FとツポレフSB-2が爆撃隊を作り、これら爆撃機はレニングラード周辺に集中配備されて、一部はエストニアに置かれた。目標はフィンランドの防衛線であり、またフィンランド南部の人口集中都市だった。いっぽう、ソ連の猛攻に対するのはわずか145機からなるフィンランド空軍だった。戦闘機による防衛は、フォッカーD.XXIの2個飛行隊と旧型のブリストル・ブルドッグ1個飛行隊にかかっていた。そして、爆撃隊を作るのは、ブリストル・ブレニムMk.Iの2個飛行隊だった。侵攻前夜、フィンランドの前線部隊には、わずか55機ほどの航空機しか置かれていなかった。

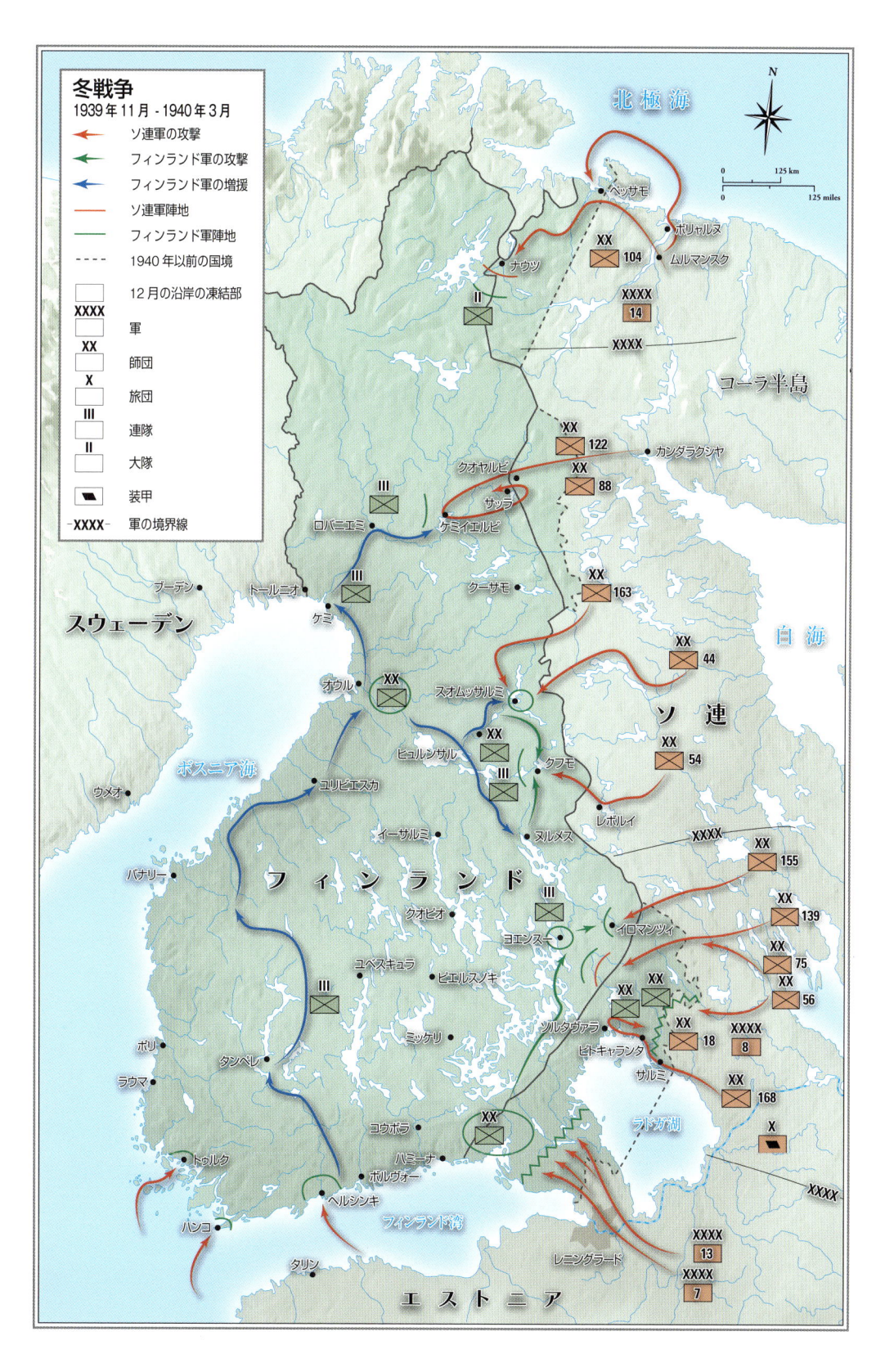

Scandinavia: Finland 1939-1940

経験豊富な将校の欠如

　数では大きく優っていたものの、ソ連はまもなくつまずいた。航空機と機甲および歩兵部隊間の連絡の不備が大きな原因であり、また補給にも問題があった。ソ連は、全線にわたって進軍し、フィンランド全域を占領する計画をたてていた。しかし、マンネルヘイムはカレリヤ地峡でのソ連の進軍をたいした苦労もなく阻止し、戦術的予備部隊を配置する必要さえなかった。これはソ連側に経験豊富な指揮官がいなかったのも原因のひとつであり、先にスターリンが将校クラスにおこなった血の粛清がもたらした結果だった。

　多数の航空機を保有しているという利点も、ソ連に有利には働かなかった。日が短い冬には昼間の飛行可能な時間は数時間しかないために、作戦上の損失は大きく、得るものはほとんどなかった。フィンランド軍に対する戦車の数は大きな問題を生じることにもなった。ソ連軍は対装甲兵器をまったくといっていいほど保有しておらず、装甲戦に関する知識もほとんどなかった。状況が厳しくなってくると、こうした弱点はすぐに顕在化した。フィンランド軍は、簡単な導火線をつけたビンに石油をつめ着火して投げるモロトフ・カクテル（火炎瓶）など、多くの即席兵器を取り入れた。ソ連は戦車を歩兵部隊から独立させて運用したので、フィンランド軍が夜間に忍び寄って攻撃することも、比較的簡単だった。しかし北部ではソ連部隊がペッサモ港を落とし、ナフチ目指して南下を始め、フィンランドを北極海から切り離そうとしていた。

カーティス・ホーク 75A
ドイツはフィンランドに28機のカーティス・ホーク75Aを提供した。1940年にフランスを侵攻したさいに捕獲した機だ。フィンランド軍パイロットはこの機を飛ばし、ソ連機を190機撃墜したことになっている。

フィンランド軍の反撃

　1月6日、フィンランド軍は東部戦線沿い全域にわたって反撃をおこない、道路網を利用するしかなくなっていたソ連軍の周辺や後方にスキー部隊が散らばった。この攻撃でソ連軍には孤立部隊が生まれ、それはひとつひとつ、時間をかけて潰されていった。ソ連は、ほぼ4個師団という大きな損失に苦しみ、フィンランド軍は、航空機をはじめとする捕獲した装備を、以前の所有者であるソ連に対して用いた。空中では、フィンランド軍がどうにか耐え抜いていた。同日、8機のイリューシンDB-3爆撃機がウッティ地域を急襲したが、すべてが撃墜され、うち6機はヨルマ・サルバント中尉ひとりの手によるものだった。

　ソ連軍は戦車と歩兵が協同して集中訓練をおこない、2月に入るとマンネルヘイム線に向けて新しい攻撃を開始して、これを2月11日に突破した。フィンランド軍は第二の防衛線まで後退したが、これもまた大規模な攻撃軍に破られた。ソ連はその後、ヴィイプリの西の凍った海越しに、フィンランド戦線の後衛陣地に攻撃を開始した。フィンランドはイギリスからいくらか補強を受けており、グロスター・ガントレット24機、グロスター・グラディエーター戦闘機30機、ブレニムIV爆撃機11機が届いていた。またフランスはモラン・ソルニエMS.406戦闘機を30機、イタリアはフィアットG.50を数機送っていた。そしてスウェーデンの小規模な義勇兵部隊は、恐ろしく旧型の航空機を伴って到着したが、それは少なすぎ、そして遅すぎた。事態は絶望的状況に陥り、マンネルヘイムは政府に講和を促した。

　ソ連は、ハンコ港と、ヴィイプリとラドガ湖北部を含むカレリヤ地峡全域の割譲を条件として提示した。フィンランドはイギリス・フランスの介入を望んだがかなわず、結局1940年3月12日にモスクワ講和条約に調印した。ソ連軍は12万6000人あまりの兵士を失い、30万人以上が負傷や凍傷で後送された。多くの戦争資源が失われたが、それよりも大きかったのは、小さなフィンランド軍をたたくさいに露呈した軍事能力の欠如であり、この後ソ連軍は真剣に再編に取り組んだ。そしてこの戦いを注視していたドイツにも、教訓は生かされることになる。

スカンディナヴィア
デンマークとノルウェー　1940年

　ヒトラーの第三帝国領土拡大計画を支えるため、ドイツでは、成長しつつある産業に原料を供給する必要があった。その必要性がいちばん切迫していたのは、ドイツが中立国スウェーデンから輸入する鉄鉱石だった。鉄鉱石はノルウェーのナルヴィク港を経由し、船でドイツ北部の港に運ばれる。フランスとイギリスは鉄鉱石の重要性をよく理解しており、誰がこれを手に入れるのか競争となった。ドイツはノルウェー侵攻計画を描き、そしてこれを達成するためには、まずデンマークに向かう必要があった。

　デンマークは中立国であり、小規模な陸軍とそれよりさらに小さな海、空軍を有していた。これがドイツ国防軍にとって難しい相手になるはずもなかった。1940年4月9日早朝、ドイツ軍は侵攻した。ノース・シュレスビヒで多少の抵抗にあったものの、まもなくドイツ軍はこれを制圧した。デンマークに多数ある港の防衛を担うデンマーク海軍は、ドイツ部隊の艦船が意のままにコペンハーゲンに入港するのを眺めているしかなかった。この短期の作戦中には、初めて空挺部隊による攻撃もおこなわれ、ユトランド半島北部のマドネソの要塞とアールボルク飛行場が、あっという間に精鋭の「降下猟兵」に制圧された。首都コペンハーゲンは昼前には占領され、デンマーク政府は攻撃中止を命じた。ドイツのデンマーク侵攻は上首尾に終わった。

ノルウェー奪取の戦い

　フランスとイギリスはフィンランドとソ連の交戦開始当初から、遠征軍を北部のナルヴィク港に派遣する計画を立てていた。実はこの計画の裏には、港の安全を確保し、スウェーデンからの鉄鉱石の輸入の流れを管理する目的があった。

　先手を打ったのはナチスだった。ドイツ軍があまり労せずデンマークを手に入れている頃、別のドイツ統合部隊がノルウェーに向かっていた。空と海から、部隊は総力で奇襲をかけた。頼りになるユンカースJu52が運んだ空挺部隊が、スタヴァンゲルとオスロの飛行場を占領した。そこは、今後空輸機が部隊や物資を運びこむのに不可欠な飛行場だった。南部のクリスチャンサンからはるか北のナルヴィクにいたるまで、ノルウェー沿岸部の都市も占領された。そしてメッサーシュミットBf110双発長距離戦闘機は航空支援をおこない、ノルウェー空軍のわずかなグロスター・グラディエーター機をひとひねりした。港を護るノルウェー軍はまもなく制圧されたが、魚雷とオスロフィヨルドのオスカースボルク要塞からの砲撃によって、ドイツ軍巡洋艦〈ブリュッヒャー〉を撃沈するという損失も与えた。

　これらの敗北の後、ノルウェー政府は内陸部に退き、ノルウェー王ハーコン7世はオットー・ルーゲ少将に陸軍の指揮権を与えた。ルーゲ少将は早速、他国からの支援部隊が到着するまでドイツ軍の進軍を遅らせる戦闘計画作りに着手した。そしてノルウェー南部のトロンヘイム港から、イギリス欧州大陸派遣軍という支援が到着した。

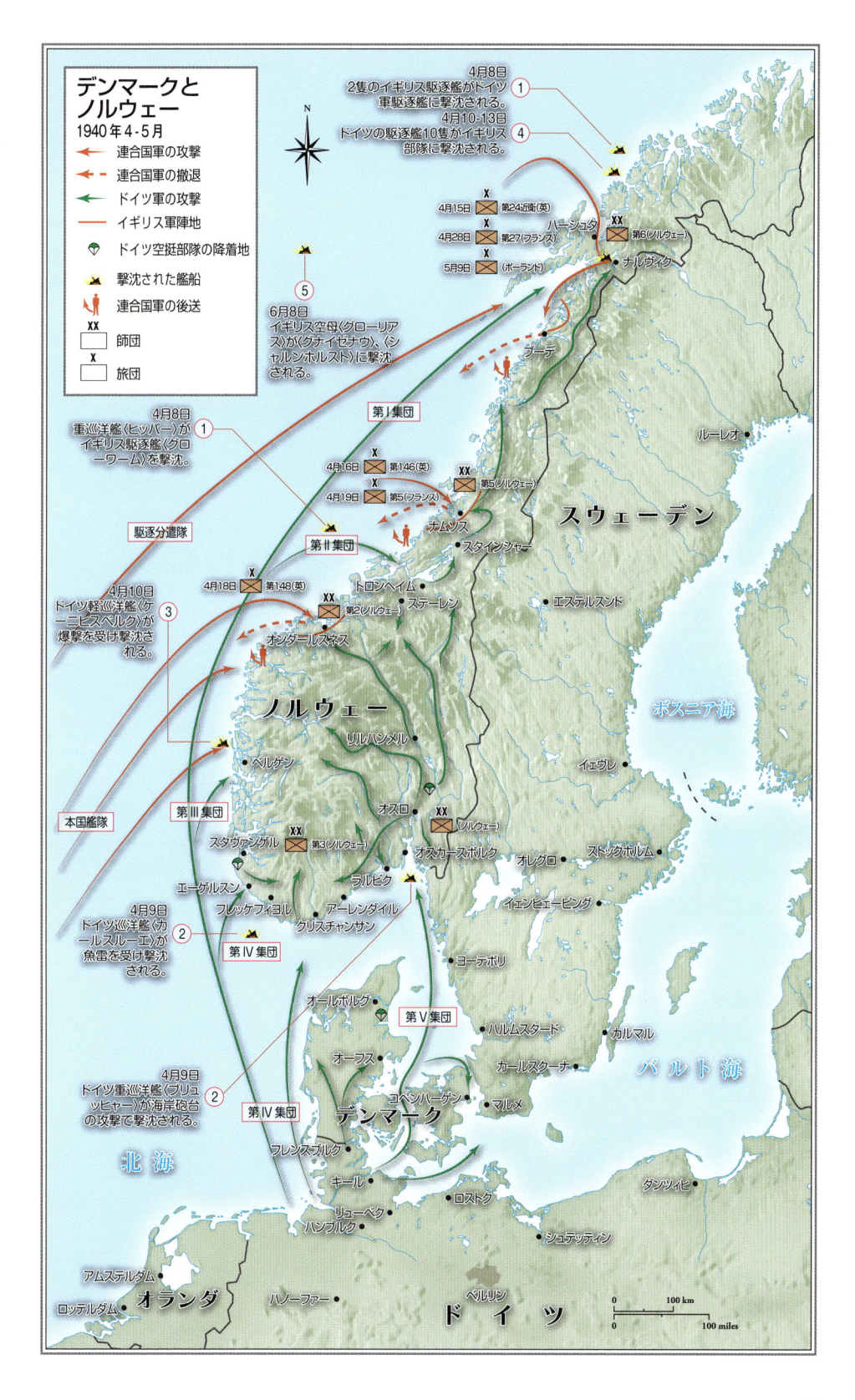

Scandinavia: Denmark and Norway 1940

Atlas of Air Warfare

しかし、イギリス欧州大陸派遣軍はこの地域のノルウェー部隊の増援部隊として派遣されたにもかかわらず、港にお粗末な攻撃を試みた後、まもなく撤退した。この後、連合国軍の抵抗はすべてノルウェー北部を拠点におこなわれた。

　北部では、連合国軍がドイツ軍をナルヴィク地域から追いたてるべく、死に物狂いで戦った。イギリス海軍は海からドイツ海軍を追い払い、じゅうぶんにその役割を果たした。イギリス空軍第263飛行隊の18機のグロスター・グラディエーターは空母〈カレージャス〉から発進し、オンダールスネス付近の凍った湖から作戦をおこなった。しかしこれは失敗に終わり、大半はドイツ空軍によって氷上で破壊された。4月25日には生き残った数機も破壊され、乗員は再装備のため撤退した。いっぽう、イギリス海軍航空隊は大きな勝利を挙げた。第803飛行隊のブラックバーン・スキュアが、ドイツ巡洋艦〈ケーニヒスベルク〉をベルゲン付近で撃沈したのだ。

　連合国軍はいまだにナルヴィク地域に戦力を集中させていた。地上部隊は要塞を護り、第263飛行隊が新たにグラディエーター機の一団を伴って戻り、ホーカー・ハリケーンを配備した第46飛行隊はブーデ地域での作戦をおこなった。ドイツ軍は奪取したノルウェー南部および中央部の要塞の護りを固めると空襲を激化させ、北端部の連合国軍はしだいに孤立していった。

低下する重要性

　ナルヴィク港は結局、5月28日にフランスとノルウェー部隊によって奪回された。

メッサーシュミット Bf110
長距離飛行が可能なメッサーシュミット Bf110 ツェルステラーは、ノルウェーに対する作戦に最適であり、連合国軍戦闘機はほとんど迎撃を行なえなかった。

Scandinavia: Denmark and Norway 1940

グロスター・グラディエーター
ノルウェー空軍およびイギリス空軍のグラディエーター機はこの作戦に投入され、旧型ではあったが、多数の侵攻機をしとめた。

しかし、ベルギー、オランダ、フランスが侵攻されると連合国側はほかに目を向けなくてはならず、その時点でノルウェーは当初ほど重要な存在ではなくなった。イギリス海軍は6月はじめにノルウェー政府、ノルウェー王とともに部隊の撤退を開始し、王は終戦までロンドンで亡命生活を送った。

ドイツ軍の死傷者は甚大で、5500名の兵士と260機の航空機を失った。さらに、2隻の新型主力戦艦も失い、これ以降、ドイツ軍の水上艦隊の陣容が完全に回復することはなかった。イギリスは4000名ほどの兵士を失い、うち1500名が、ドイツ巡洋艦〈グナイゼナウ〉と〈シャルンホルスト〉がイギリス空母〈グローリアス〉を撃沈したさいに命を落としている。ノルウェー軍の損失は1800名、フランス軍は500名を失った。

西方侵攻作戦
1940年

　ポーランドが降伏した1939年9月27日、ヒトラーはドイツ軍部へ西方攻勢を宣言した。10月19日、攻撃の青写真である「黄作戦」がドイツ陸軍総司令部によって提出された。この作戦では、オランダ、ベルギー沿岸部に進軍し、フランス北部に駐留するイギリス・フランス両軍に対する作戦遂行のための基地確保が求められた。しかしヒトラーはこの計画に不服だった。悪天候のせいで一連の作戦は延期を余儀なくされ、さらにこの作戦の写しを持った数人のドイツ軍将校が1940年1月9日にベルギーに不時着すると、「黄作戦」は中止された。

　ドイツ陸軍総司令部の頭脳であるエーリヒ・フォン・マンシュタイン大将は、新しい作戦計画「鎌の一撃」を作成した。これは前作戦よりもヒトラーの意に沿うものであり、これがイギリス・フランス両軍包囲の基本計画となった。陸軍総司令部が作戦の詳細をつめ、1940年2月24日に準備は整った。

マジノ線の防衛

　連合国側はフランス・ドイツ国境の防衛をマジノ線に頼っていた。フランスは莫大な資金を投じてこの防衛線を建造していたのである。

　連合国側とドイツ軍の勢力は、ほぼ拮抗していた。フランス軍94、イギリス軍12、オランダ軍9、ベルギー軍が22個師団に対し、ドイツ軍は136個師団だ。しかし連合国側には、戦車に特化した部隊編制がほとんどなかった。ドイツは戦車を10個装甲師団に集めており、2500輛の戦車は、連合国軍が分散して配備する3000輛の戦車よりもはるかに効果的に動かせた。ドイツはまた3200機あまりの新型航空機を、陸

ドヴォアチヌD.520
ドヴォアチヌD.520は間違いなく1940年におけるフランス軍最高の戦闘機だったが、供給に時間がかかって登場が遅く、ナチスによるフランス侵攻の結果を左右することはできなかった。後に、ヴィシー政府フランスの戦いにおいて、この機はシリアで連合国軍と戦った。

Invasion of the West: 1940

軍の支援に配備することが可能だった。連合国軍は2000機ほどの航空機を保有していたが、多くはその性能に疑問符がついた。おそらく、作戦中いちばんの決定要因となったのが、ドイツの電撃戦という壁だった。連合国側は防衛戦しか訓練しておらず、最高司令部には、明確で確固とした指揮および統制系統が確立されていなかった。

1939年9月、イギリスはおよそ45万人、フランスは300万の兵士を動員しており、イギリスの30万ほどが欧州大陸派遣軍としてフランスに派遣された。イギリスの機動部隊のほぼすべて、また戦車部隊のすべてがここに派遣されたのだ。9月以降、イギリス軍はマジノ線に沿って、スイス、ベルギー国境とイギリス海峡沿岸部まで延びる「前線」に配置された。

「奇妙な戦争」(フォーニー・ウォー)が何カ月も続いた後、ヒトラーの西方攻勢の準備は整った。マンシュタインは、連合国軍が、ドイツの攻撃主力部隊はベルギーとフランス北部を通ると見ていると予測した。このため、オランダとベルギー方面で陽動攻撃をおこなって連合国軍の兵士と予備部隊を北にひきつけ、その間に戦車部隊がアルデンヌの森を抜けて沿岸部へと進撃し、連合国軍の主力部隊を大きく孤立させるという計画を立てた。

フェドール・フォン・ボック大将が、正規歩兵29個師団からなるB軍集団を率いてベルギーとオランダに向かい、連合国軍の防衛軍本隊をひきつけておくことになった。ゲルト・フォン・ルントシュテット大将率いる44個師団からなるA軍集団には戦車師団のほぼすべてが配置されており、これはアルデンヌの森を進撃するにはじゅうぶんな数だった。そしてヴィルヘルム・リッター・フォン・レープ大将は、17個師団からなるC軍集団をスイスとルクセンブルク間で指揮し、フランス軍をマジノ線に縛

破壊的な攻撃
1940年5月13-14日、ドイツ軍はセダンでフランス戦線を突破した。イギリス空軍前進航空攻撃部隊は、投入可能なフェアリー・バトルおよびブレニム爆撃機を総動員し、この地域の浮橋や縦隊を攻撃した。この攻撃に参加した71機のうち、39機が対空砲火や戦闘機に撃墜された。

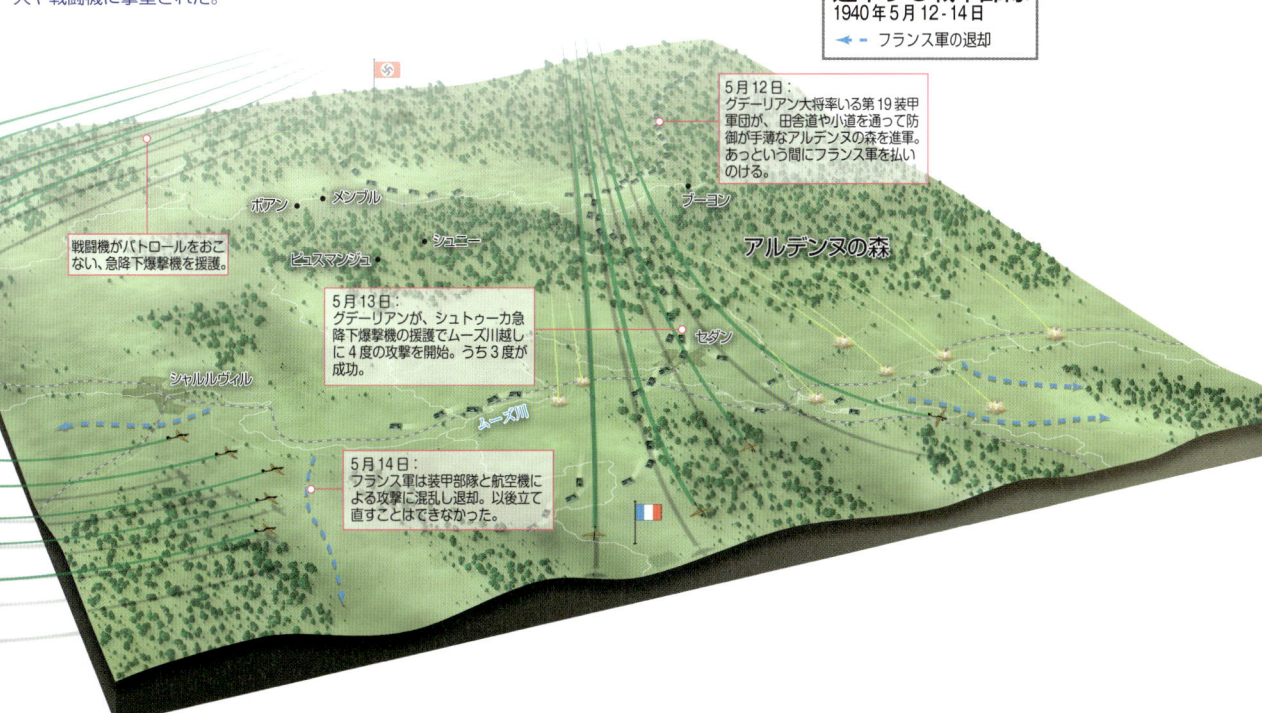

アルデンヌの森を進軍する戦車部隊
1940年5月12-14日
← フランス軍の退却

5月12日：グデーリアン大将いる第19装甲軍団が、田舎道や小道を通って防御が手薄なアルデンヌの森を進軍。あっという間にフランス軍を払いのける。

戦闘機がパトロールをおこない、急降下爆撃機を援護。

5月13日：グデーリアンが、シュトゥーカ急降下爆撃機の援護でムーズ川越しに4度の攻撃を開始。うち3度が成功。

5月14日：フランス軍は装甲部隊と航空機による攻撃に混乱し退却。以後立て直すことはできなかった。

ボアン・メンプレ・ビュスマンジュ・シュニー・ブーヨン・セダン・シャルルヴィル・ムーズ川・アルデンヌの森

151

りつけておくのである。
　フランス軍は数の上ではドイツ軍と拮抗していた。しかしモーリス・ガムラン大将下の指揮系統は対応が遅く状況の変化についていけなかったため、この利点も役には立たなかった。フランスはまた、マジノ線という傑出した防衛線に大きな自信を持っており、これがあっさりと迂回されるなどとはまったく予期していなかった。イギリスは、フランスの防衛軍の支援に10個師団からなる遠征軍を派遣し、フランス軍の指揮下に置いた。連合国軍は、ドイツの進軍本隊は1914年と同じくベルギーを抜けてくると見ており、これに基づいた防衛作戦を敷いた。イギリス・フランス両軍はディール・プランを策定し、連合国軍の本隊を、ディール川からブリュッセルの真東にあるヴァヴルにかかる戦線まで進軍させた。1940年にこの戦線はオランダのマース川まで延長され、イギリス海峡沿岸部からフランス・ベルギー国境までの1本の長い戦線となった。

　5月10日の朝、ベルギーのエバン・エマール地下要塞がドイツ空挺部隊の攻撃を受け、空挺隊員がグライダーから要塞の屋根に降りた。そして専門の工兵が指向性爆薬を用い、展望塔を破壊した。この展望塔は、ムーズ川とアルベール運河の合流部分にかかる戦術上重要な橋に接近する部隊を見おろす格好になっていた。工兵が要塞を襲っている頃、降下猟兵部隊は橋のそばに降着し、あっという間にそこを占領した。そして1日もたたないうちに、第4装甲師団が到着して橋頭堡を固めた。いっぽうベルギーの残軍は、占領された要塞をまだ護ろうとしているありさまだった。ドイツがこの作戦で失った兵はわずか6名であり、第二次世界大戦中の空挺部隊による攻撃のなかでも、もっとも成功を収めた例となった。

アルデンヌの森の攻撃

　連合国軍をベルギー北部の防衛線に誘い込むマンシュタインの計画は、大きな成果を上げた。ルントシュテットはアルデンヌの森を抜けて進軍し、セダンにあるムーズ川にかかる橋を目標にした。機甲部隊は深い森を進んだが、申し訳程度の反撃にしか遭遇しなかった。ドイツ軍が航空優勢を得ているという事実は、フランスとイギリスにとって、ドイツ軍の進軍を大きく滞らせるチャンスなどないということを意味した。5月12日の夕方には、7個装甲師団が北部のディナンから南部のセダンまで伸び、進軍態勢に入っていた。5月13日、ハインツ・グデーリアン大将はムーズ川を越えて進軍するよう命じられた。上空では航空機が大規模な支援を展開し、チャールズ・ハンツィガー大将の指揮下、シュトゥーカが防衛部隊を見つけては急降下爆撃し、フランス第2軍をおびやかした。その日の夜には第1装甲師団が幅5キロ、深さ7キロにお

ハインツ・グデーリアン大将
聡明な戦術家であるハインツ・グデーリアン大将は、1940年5月の西方侵攻で第19軍団を率いた。軍事史に将軍が遺したのは自らが生み出した装甲部隊であり、これは現代もなお、陸軍部隊の中核を担っている。

フランスの陥落
1940年5月10日から6月22日までの6週間で、軍事史上最も迅速で破壊的な作戦がおこなわれた。ドイツ軍は、戦車が大規模な航空支援を受けて電撃的な突撃をおこなう装甲戦という新たな概念をとりいれ、これをたくみに、また柔軟に用いた。しかしこれはフランス軍の頑強な抵抗と、高いリーダーシップや士気にぶつかった場合、成功しない恐れのあるギャンブルでもあった。

Invasion of the West: 1940

よぶ橋頭堡を確保した。フランス軍の反撃の動きは鈍かった。第3機甲師団は、進軍するドイツ軍の弱い側面部をどうにか攻撃しようとしたが、押し戻され、薄い防衛線に沿って分散してしまった。連合国側もこの頃にはドイツ軍の橋頭堡に気づいており、旧型のフェアリー・バトルを送り込んで、第1装甲師団が渡河を強行するのに利用した浮橋を破壊しようとした。しかし連合国側は壊滅的損失を被り、橋頭堡は無傷で残った。

フランス軍が装甲師団をムーズ川に縛りつけようとして失敗すると、ドイツ軍の指揮官たちはこの機に乗じてイギリス海峡めざし、西へと方向を転じた。フランス軍指揮官は、パリなのかイギリス海峡なのか、敵の本来の目的をつかめず混乱した。連合国側はたいして反撃もおこなえず、若く聡明な戦術家であるシャルル・ド・ゴール大佐が率いて、モンコルネの町付近で局地的な攻撃がおこなわれた程度だった。しかし、これもまもなく優勢なドイツ軍に潰された。グデーリアンの装甲師団は10日間で330キロ近く進軍し、5月19日にイギリス海峡に到達した。連合国側選りすぐりの戦闘部隊の大半は、いまやフランス北部とベルギーに孤立して逃げられる見込みはまずなく、壊滅するのは確実だった。

反撃と撤退

連合国軍は5月24日に第2装甲軍の側面に反撃を試みたが、ドイツ軍は結局その日の夜には元の位置まで押し戻した。その頃、総統から、装甲師団の指揮官たちのもとに衝撃的な知らせが届いた。全装甲軍は進軍停止という命令だった。ヒトラーは、先を行く戦車に補給線を追いつかせ、また残るフランスの非占領地域のために戦車を

フェアリー・バトル
前進航空攻撃部隊のフェアリー・バトル飛行隊は、バトル・オブ・フランスにおいて驚くほどの死傷者に悩まされた。写真は第218飛行隊のフェアリー・バトルと3人の乗員。この飛行隊は、1940年5月14日のムーズ川にかかる橋に行なった1度の攻撃で、11機のうち10機を失った。

温存しておきたかったのだ。ヒトラーは、イギリス欧州大陸派遣軍の駆除はゲーリング率いるドイツ空軍に任せる意向であり、それは陸軍を意気消沈させることになった。

軍の撤退はおおがかりな仕事であり、しかも連合国軍は急遽撤退する必要があった。イギリス欧州大陸派遣軍を率いるヴィクトリア十字勲章受勲の大将ゴート卿は、アー、スカルペ、イーゼルの各運河沿いの海岸に敵歩兵を断じて寄せつけないように、防衛境界線を設定した。チャーチルはバートラム・ラムゼー中将を海軍の撤退責任者につけ、イギリス南部の海岸で3から10メートル程度の船舶を、手段を問わず入手するよう命じた。こうした船舶の大半は所有者が操縦し、包囲された部隊を拾い上げるべく、爆撃や掃射をものともせずにまっすぐにフランスの海岸に向かった。その後8日間にわたり、数では圧倒されていたものの、イギリス空軍がドイツ空軍の食い止めに力をつくし、海軍と種々雑多な協力船舶は、33万8226名もの人々を撤退させた。

イギリス軍の撤退と5月28日のベルギー降伏後、フランスは独力で戦った。ドイツ国防軍はフランスの他地域に目を転じ、フランス軍はソンム川とエーヌ川沿いに塹壕を掘って防衛線を作った。フランス軍は果敢に戦ったものの、ドイツ軍はまもなくこれを突破し、6月14日にパリに入城する。フランスは休戦に合意せざるをえず、6月22日に調印がおこなわれた。

連合国側の敗北は、空軍の作戦に一貫性がなかった点が大きな要因だった。1940年5月の戦闘開始当初の重要な時期に、フランス軍最高司令部は報復を恐れて爆撃機部隊を出し渋り、このためフランスでは資源も限られるイギリス空軍が、攻撃作戦の矢面に立たざるをえなかった。

とはいえ、フランスも空中戦に大きく貢献したことはたしかだ。フランスにおいて、イギリス空軍は1940年6月24日までに578機の航空機を失ったが、フランス空軍と海軍航空隊が失った航空機は892機に上り、うち3分の1が地上で破壊された。連合国側の航空部隊は敵機を1735機撃墜したというが、この数字は大きく誇張されている。またドイツ空軍が認めた戦闘での損失は543機だが、これには事故や戦闘で激しく損傷して失われた機は含まれていない。

Atlas of Air Warfare

バトル・オブ・ブリテン
1940 年 6-10 月

　ヒトラーはヨーロッパ本土でたて続けに勝利を収め、いまや彼の第三帝国の敵はイギリスを残すのみとなった。ヒトラーはイギリス侵攻まで突き進みたくはなかった。それはイギリスが保有する海軍の強大さのためであり、イギリスを打ち負かすためには、イギリス海軍を近寄らせずに、イギリス空軍を空から追い出すしか道はなかった。そうすれば、ドイツ空軍とかなり小規模なドイツ海軍でも、侵攻艦隊を護ることが可能だった。イギリス首相ウィンストン・チャーチルは、来るべき衝突に国を備えさせた。頼りにするのは創設間もない戦闘機軍団と無線早期警報システムであり、このシステムは実証する間もなく、どうにか戦闘開始前にイギリス南部の海岸沿いに配置された。
　ヘルマン・ゲーリング率いるドイツ空軍は自信に満ちてはいたものの、開戦以来のたて続けの作戦や、北海沿岸低地帯やフランスでの戦闘で被った大きな損失から完全に回復するまでにはいたっていなかった。とはいえドイツ空軍の兵器は効力を実証済みであり、パイロットは経験を積み、そして戦術も万全だった。

バトル・オブ・ブリテン
1940 年 6 月、バトル・オブ・フランスのさなかに、ドイツ空軍はイギリス東および南東沿岸部の「小さな」目標に小規模攻撃を開始した。こうした攻撃は 8 週間ほど続いたが、目立った損害は生じなかった。しかしドイツ空軍は大規模航空戦に備えて、乗員に作戦やナビゲーションの経験を積ませることを目標においていた。

ダウディング・システム
第二次世界大戦勃発時、イギリスには世界で最も優れた最先端の防衛システムがあった。いわゆる「ダウディング・システム」は、1917-18 年に立ち上げた防空網をもとに、さらにレーダーという大きな強みがくわわったシステムだ。

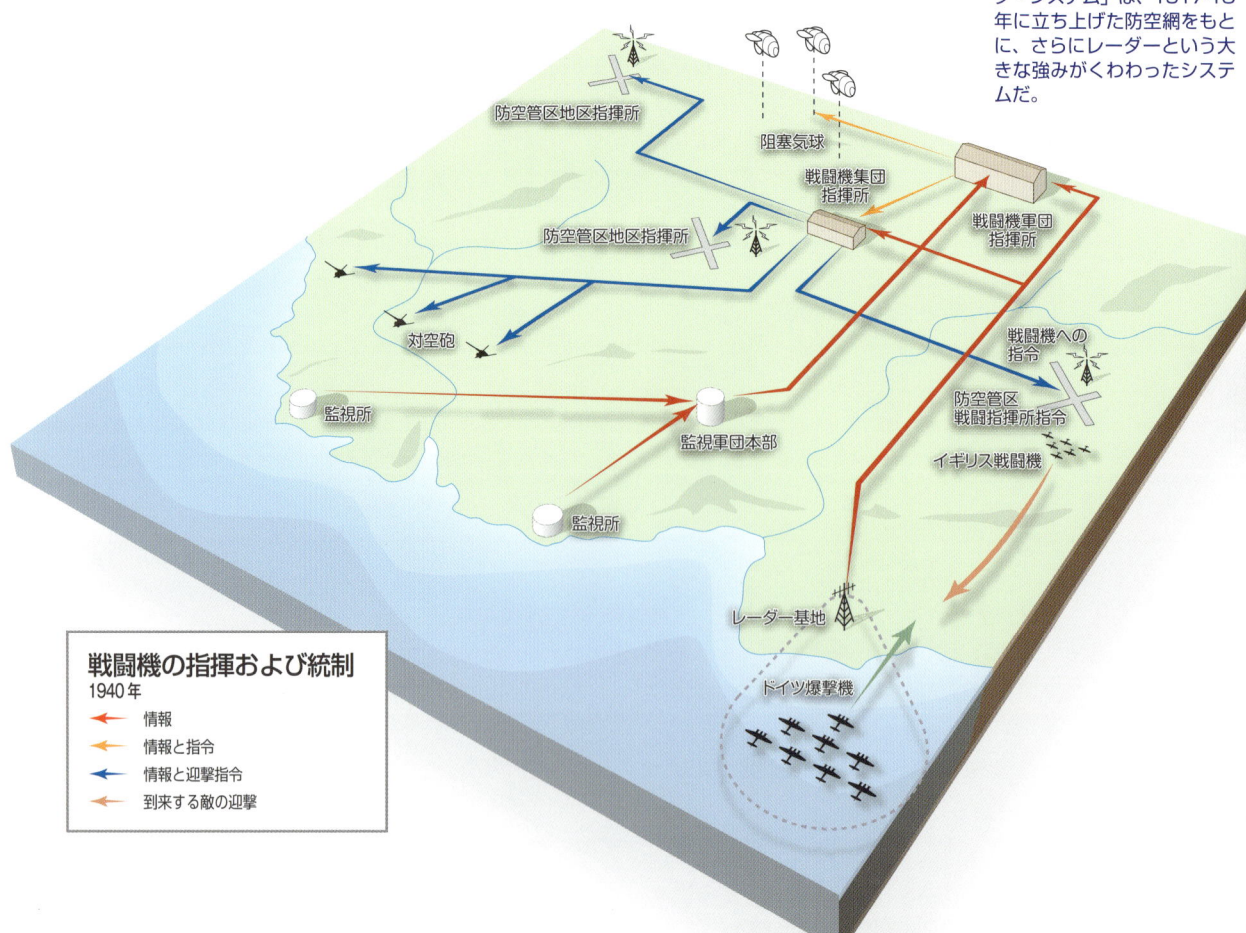

戦闘機の指揮および統制
1940年
→ 情報
→ 情報と指令
→ 情報と迎撃指示
→ 到来する敵の迎撃

The Battle of Britain: June-October 1940

新兵器——レーダー

　イギリス空軍戦闘機軍団は開戦直前、800機の航空機を保有していた。うち640機はスーパーマリン・スピットファイアとホーカー・ハリケーンという最高の戦闘機であり、どちらも8挺の機関銃を搭載し、恐るべき攻撃力を備えていた。さらにイギリス軍では、才気煥発の空軍大将ヒュー・ダウディング卿が、ある指揮統制システムを考案し、これを稼働させようとしていた。このシステムは新しい技術である無線方位測定を利用したもので、後にこれはRADAR（無線方位測定および測距）、さらには簡単に「レーダー」と呼ばれることになる。イギリス南岸の各地に散らばる多数の塔が無線ビームを送り、これが航空機などの物体に反射すると、攻撃者の位置、高度、方位を読み取ることができるシステムだ。監視団の目と双眼鏡がこの情報を補足して司令本部に送ると、そこから防空管区戦闘指揮所に情報がまわされて、さらに適切な飛行隊に命令が下される。このシステムのおかげで航空機は離陸に時間の余裕ができ、有利な高度で敵を迎え撃つことが可能になった。またひっきりなしに哨戒に飛ぶ必要がないため、パイロットと航空機が過度に疲弊することもなくなった。ドイツはレーダー・システムをじゅうぶん察知してはいたがあまり注意を払わず、このシステムは目標として重視されなかった。そもそもレーダー塔は、当時の電線塔と同じような外観だったために攻撃は難しかった。また直撃でないと、爆発の衝撃波を逃がしやすい構造になっていた。

　7月上旬の戦闘開始期間に、ドイツ空軍はイギリスの防衛力を調査するためにレーダー基地など沿岸部の目標を攻撃したが、とくにイギリス海峡の海軍戦力を把握しておくことは重要だった。この局面は防衛力を試すものではあったが、また、イギリス空軍を空中戦に引きずり出し、完膚なきまでにたたきのめす意図もあった。しかしここでレーダーが本領を発揮し、イギリス空軍は戦力を節約することができたのである。

　こうした開戦当初の小競り合いの間に、両軍ともに多くのことを学んだ。とくに、撃墜されたパイロットを救助するための専門の空・海救援部隊を創設する必要があり、これはドイツ空軍がすでに交戦前に気づき、すでに運用をおこなっていたものでもあった。ボールトン・ポール・デファイアントと、それから初めてシュトゥーカの欠陥もあきらかになった。どちらの機もよく戦闘に投入され、速度もある機だった。デファイアントには前方射撃用装備がなく、メッサーシュミットBf109に前方から簡単に狙い撃たれた。いっぽうシュトゥーカにはスピードと敏捷性がなく、たやすくハリケーンやスピットファイアの餌食になった。

次の局面へ

　8月初旬に始まる戦闘の次の局面に向けて、ドイツ空軍はイギリス空軍の飛行場や管制塔、イギリスの航空機産業に対して総攻撃を開始した。これはまた、ノルウェーの基地から初めて第5航空艦隊がイギリス東部に飛来し、攻撃を試みる作戦でもあった。単発のBf109の航続範囲外であったため、護衛機にはBf110が投入された。イギリスの抵抗は驚くほど大きかった。Bf110はイギリス軍戦闘機に歯が立たず、ほかのドイツ機もすべて空から追い払われた。このため第5航空艦隊は、爆撃機の大群で

The Battle of Britain: June–October 1940

猛攻

バトル・オブ・ブリテン最大の戦闘は1940年8月15日に起き、イギリス南部および北部に激しい攻撃が行なわれた。北部では、ユルゲン・シュトゥンプ大将率いる第5航空艦隊が予期せぬ戦闘機の反撃にあい、甚大な損害を被った。ドイツ側の損失は71機にのぼり、これは戦闘における1日の損失では最大のものだった。いっぽうイギリス空軍の損失は28機だった。

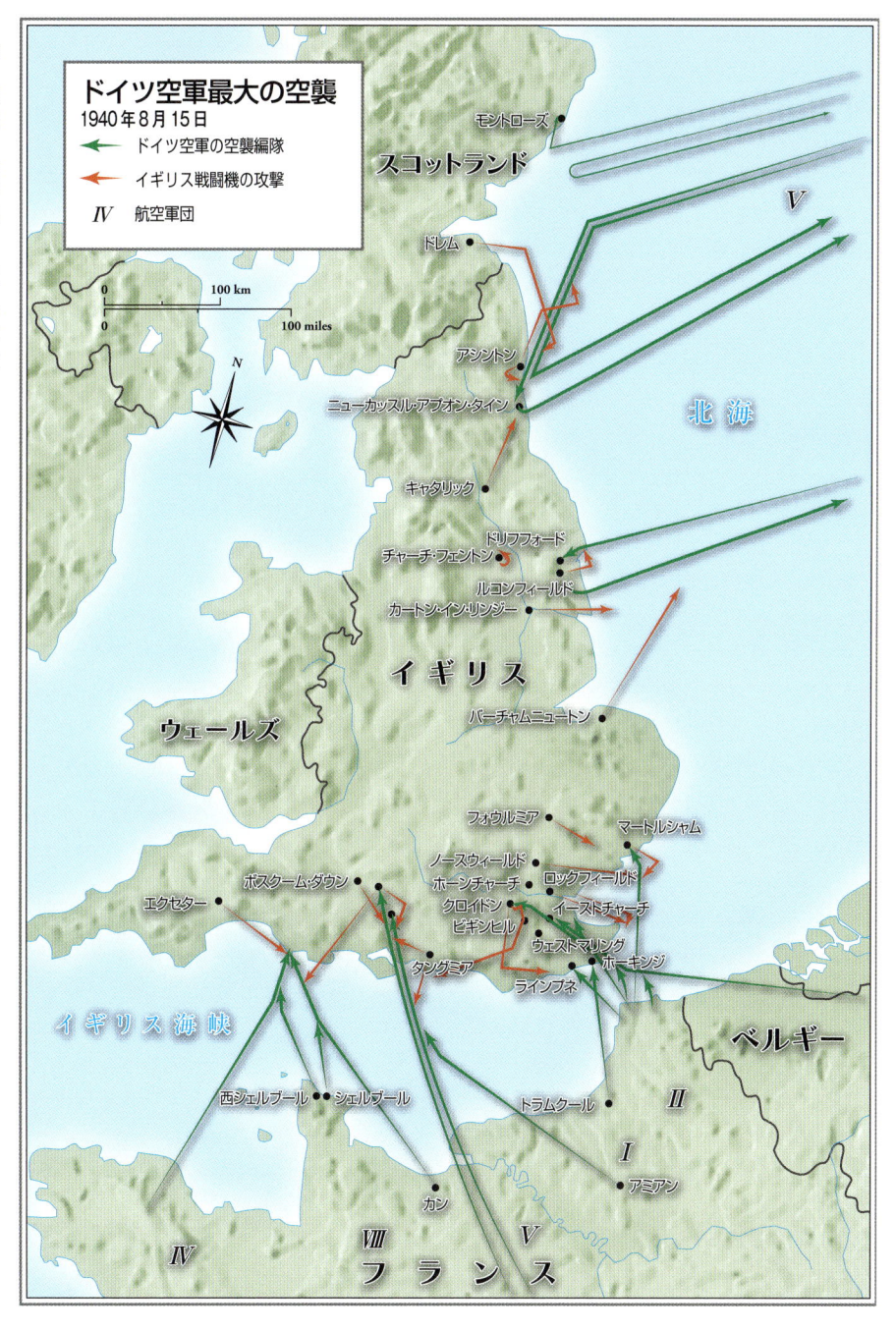

ドイツ空軍最大の空襲
1940年8月15日
→ ドイツ空軍の空襲編隊
→ イギリス戦闘機の攻撃
Ⅳ 航空軍団

日中に襲撃しようとはせず、闇に紛れて忍び寄る策をとった。

　イギリス第11戦闘機集団が基地にする飛行場への攻撃では、ドイツ軍はとくに地区司令所である飛行場を目標にし、イギリス軍に悲惨な結果をもたらした。この攻撃では、重要基地であるビギンヒルの爆撃でこの地区に激しい損傷を与えるという成果が上がった。しかしレーダーのおかげでイギリス空軍は適時、適所に駆けつけることができ、損失はつねに防御側のほうが少なかった。ドイツ空軍のメッサーシュミット

Bf109はイギリス上空での飛行継続時間が短いため、護衛中は、爆撃機にごく接近して飛ばざるを得なかった。これによって高さと奇襲という利点はすべて失われ、戦闘機も爆撃機も、ドイツ空軍の損失は上昇し始めた。イギリス空軍はより旋回性の高いスピットファイアを防空につけ始め、いっぽうで、ハリケーンの固定機銃からの銃撃が、大挙して押し寄せるドイツ爆撃機を倒した。

ドイツ空軍がイギリス空軍の飛行場攻撃を最後まで続けていたら、ドイツが勝利していた可能性もある。だがイギリス空軍がベルリンに空襲をおこなうと──それ自体がドイツ空軍によるロンドンへの突発的な攻撃に触発されたものだったが──それに続き9月初めに、ゲーリングは攻撃の主眼をイギリスの都市に置くよう命じた。そしてロンドンは激しい攻撃を受けることになる。

戦闘の後退

ドイツ軍の目標が変わったことで、イギリス空軍には傷をいやす好機が訪れた。損害を受けていない比較的安全な飛行場があるため、ドイツ機の撃墜に専念することも可能だった。これは第12戦闘機集団の指揮官であるトラフォード・リー・マロリー少将にとっては、対抗する第11戦闘機集団を率いるキース・パークの戦術に疑問を呈するチャンスだった。リー・マロリーは、2個あるいは3個飛行隊で「ビッグ・ウィング」を編制すれば、イギリス空軍は絶え間なく襲ってくる敵爆撃機をひとまとめに攻撃可能になると提案した。しかしこの編制には時間を要し、さらにテストしてみると結果は限定的であるか、パークの戦術と似たりよったりだった。パークは、ドイツ爆撃機が目標まで往復する間ずっと、航空機の小グループを次々と送り込み、爆撃機群

戦闘機の攻撃
イギリス空軍の戦闘機は数ではつねにドイツに圧倒されたが、レーダーの「目」に頼って優位に立った。戦闘機を正しく配置して攻撃を開始することが可能になったのだ。

イギリス南部上空を飛ぶユンカスJu88爆撃機。3基の銃座を備高速で旋回するため、撃墜が難しい機だった。

イギリス空軍機のパイロットはドイツ機よりも高く有利な位置につくよう心がけ、護衛のドイツ戦闘機が反応する間もなく、敵爆撃機編隊に向けて急降下した。

メッサーシュミットBf109護衛機は、高度と速度で優位に立つために爆撃機のはるか上空で留まった。イギリス空軍が爆撃機部隊を破ったら、損傷を受けた爆撃機をできる限り低く飛ばせることを優先した。

バトル・オブ・ブリテン：1940年7月10日-10月31日

イギリス	ドイツ イタリア
指揮官	
ヒュー・ダウディング	ヘルマン・ゲーリング
戦力	
単座戦闘機754機 複座戦闘機149機 爆撃機560機 沿岸哨戒機500機 計：1963機	単座戦闘機1107機 複座戦闘機357機 爆撃機1380機 偵察機569機 沿岸哨戒機233機 計：4074機
死傷者および損失	
イギリス空軍： 死亡したパイロットと乗員（戦闘機軍団）：544名 航空機の損失： 戦闘機：1023機 爆撃機：376機 洋上機：148（沿岸哨戒軍団） 計：1547機が破壊された	**ドイツ空軍：** 死亡したパイロットと乗員：2500名 航空機の損失： 戦闘機：873機 爆撃機：1014機 計：1887機が破壊された

を撹乱するという戦術を採っていた。いっぽうビッグ・ウィングは編制を済ませてからでないと攻撃できず、それでは、爆撃機はすでに爆弾を目標に投下して、帰還途上にあるということにもなった。

ロンドン上空の戦闘におけるドイツ機の損失は受け入れがたいほど大きく、ヒトラーは9月17日に、イギリス侵攻を無期延期する。9月末には、ドイツ空軍は夜間空襲のみしかおこなわなくなっていた。イギリスはバトル・オブ・ブリテンに勝利し、後世に残る言葉も生まれた。

> 人類の闘争の場において、このように多数の人々が、このように大きな恩恵を、このように少数の人々から受けたことはなかった。
>
> ウィンストン・チャーチル

再びイギリス侵攻が試みられることはなく、それは戦時中に第三帝国の中心部にさらなる攻撃をおこなう基地が残ったということであり、また世界中に、イギリスはヒトラーのドイツを打ち負かす覚悟であると再確認させたということでもあった。ヒトラーの目は、今度は東方侵攻と、そこから得られる生存圏（レーベンスラウム）に向けられた。

爆撃
イギリスとドイツ　1940-1941年

「電撃（ブリッツ）」としてイギリス人に広く知られるドイツの爆撃作戦は、1940年8月に始まり、工場や造船所、石油ターミナルなど、イギリスの戦争遂行を支える施設にぴたりと狙いを定めていた。また不幸にしてその途上にある住宅も、見境なく狙われた。都市部の中心には、1940年8月から1941年5月にかけて際限なく爆撃がおこなわれ、その後、ドイツ爆撃機の大軍は、ロシア攻撃に備え東へと移動した。

　この事態が予測されていないわけではなかった。イギリスは空襲がじゅうぶんにありうると見て、これに備えていた。国民の大半にガスマスクが配られ、都市部でも田舎でも、訓練を受けた空襲監視員が通りや小道をパトロールし、住民に導入済みの灯火管制を守らせた。夜間には、ドイツ爆撃機を目標に導かぬように、工場であろうと、住宅や鶏小屋であろうと、ちらとも光が漏れることは許されなかった。かつてないほど大規模な疎開が計画され、子供たちや若い母親は大都市から比較的安全な田舎へと移された。主要都市の中心地周辺には、阻塞気球やサーチライト、対空砲が配置された。この貴重だが数が少ない装備の大半はイギリス南東部とロンドンに配備されたが、42門の対空砲は、主要な工場を守るために地方に置かれていた。例えばダービーにあるロールスロイス社の工場では、スーパーマリン・スピットファイアとホーカー・ハリケーン戦闘機向けのマーリン・エンジンを製造していたのである。

　8月には、ドイツ空軍はロンドンを集中攻撃し、昼間空襲をおこなった。しかし航空機の損失が大きいことが判明すると、9月半ばには夜間空襲が一般的になっていた。夜間の攻撃は精度を欠き、闇のなかで照準を合わせるために爆弾は目標からかなりずれ、工場だけではなく住宅も直撃した。心構えはあったものの、攻撃の激しさにイギリスの一般国民は衝撃を受けた。プリマスなど地方都市の住民は爆弾を避けるため、毎晩付近の野外で休んだ。ロンドンの地下鉄網は夜間には避難所となり、人々は夜ごと訪れる侵略者から身を護るシェルターを求め、通りの地下深くにあるプラットフォームで眠った。それにもかかわらず、9月末までに7000人近くの国民が命を落とし、何千人もが負傷し、家を失った人々は何万人にも上った。

激しさを増すドイツの作戦

　1940年11月14日から15日にかけ、ドイツ軍の先導爆撃機が無線方位ビームに沿って飛来し、イギリスの戦争努力に大きく関与する産業都市、コヴェントリーを爆撃した。先導機の後には400機を超す爆撃機が続いた。すでに攻撃を始めていた対空砲を狙い、爆撃機は503トンの高性能爆弾と3万発の焼夷弾を投下した。この結果、何百人もの人々が命を落とし、1200人以上が重傷を負い、そして何千もの人々が爆撃で家を失った。何千もの建物が全壊やそれに近い損害を受けた。しかしこうした殺戮にもかかわらず、数日で工場は操業を再開し、あっという間に士気は回復した。戦い、生き延びようとする意志は、爆撃でも砕くことはできないかに見えた。イギリス国民

Bombing: Britain and Germany 1940-1941

は、共通の敵に対してプライドと決意を奮い立たせたのである。

1940年のクリスマスには、イギリスの大半に空襲がおこなわれるようになっていた。グラスゴー、ベルファスト、リヴァプール、シェフィールドはみな激しい空襲を受け、ロンドンも見逃されはしなかった。クリスマス直後の12月29日から30日、130機の爆撃機がロンドン中心部を襲い、ロンドン市庁舎からセントポール大聖堂にかけての一帯が燃え上がった。大聖堂は類焼を免れたものの、周辺の住宅やオフィス、歴史的教会は灰になり、築何百年という建物も歴史も失われてしまった。こうした辛い時期を経たにもかかわらず、イギリスは生き残った。爆撃を受けた工場からは新しい装備が出荷され、そのなかには、爆撃機の高度と方位を予測可能なレーダー誘導砲もあった。夜間戦闘機はレーダーを備え、夜間空襲の迎撃も成功することが増えてい

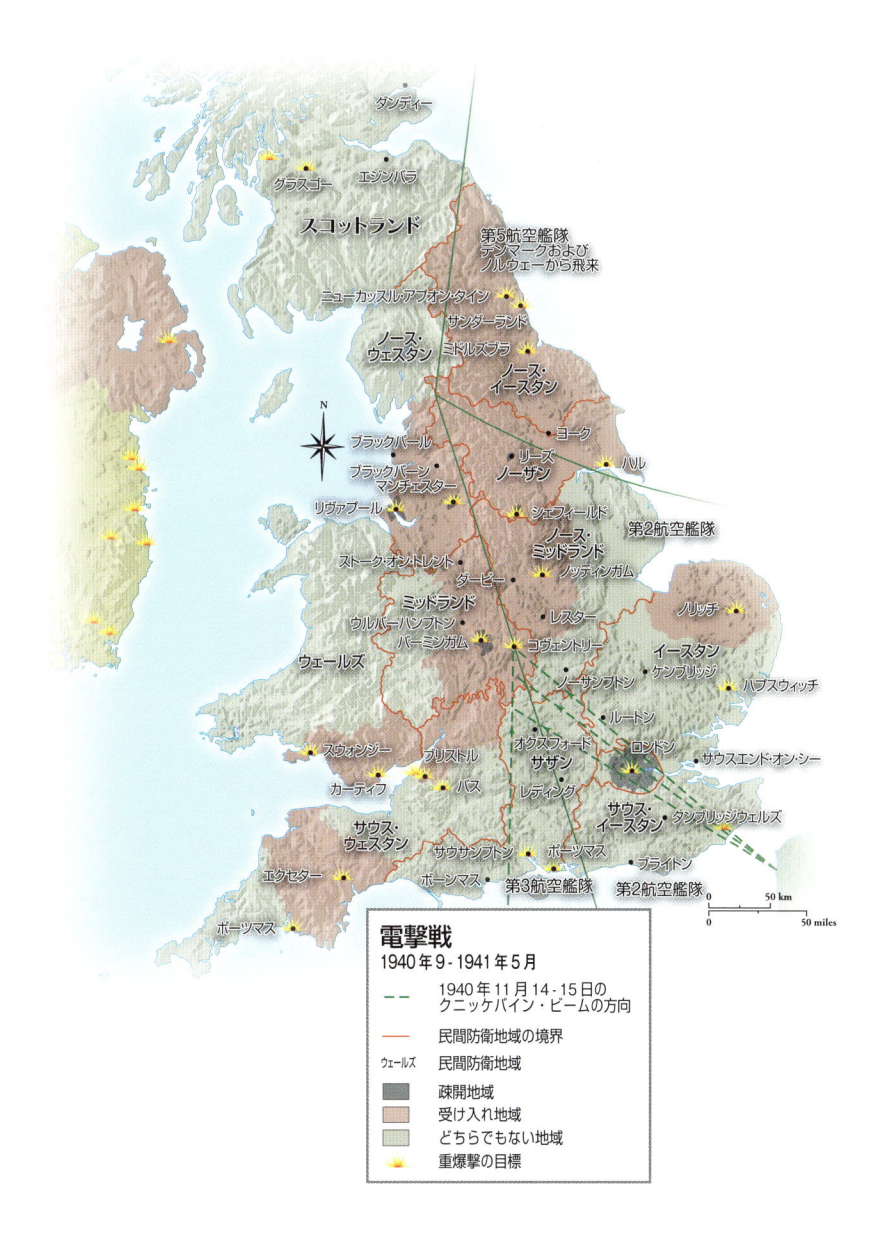

電撃とクニッケバイン・ビーム
イギリスは敵領土海岸に置かれたクニッケバイン無線送信機をいち早く確認しており、これを利用した攻撃に対抗する手段がとられた。コヴェントリー空襲の後、イギリスはビームを「屈折させる」方法を工夫し、ある敵爆撃機部隊がベルファストではなくダブリンを攻撃するはめになる、という成果も上がった。

電撃戦
1940年9-1941年5月

- ---- 1940年11月14-15日のクニッケバイン・ビームの方向
- ── 民間防衛地域の境界
- ウェールズ 民間防衛地域
- ■ 疎開地域
- ■ 受け入れ地域
- ■ どちらでもない地域
- ※ 重爆撃の目標

ヴィッカース・ウェリントン
バーンズ・ウォリス設計のヴィッカース・ウェリントンは大圏構造を特徴に持ち、頑丈で大きな戦闘ダメージも吸収することが可能だった。1940年開発のイギリス空軍機のなかでは性能が抜きん出た爆撃機だった。

た。砲撃と救援チームは技術を磨いていた。そして爆弾処理部隊は、不発弾の処理という危険な仕事に励んだ。イギリスが情け容赦ない爆撃に屈しはしないことは、誰の目にもあきらかだった。

イギリスの対応

　第二次世界大戦開始時、イギリス空軍は4種の爆撃機を投入した。ブリストル・ブレニム、ハンドレページ・ハンプデン、ヴィッカース・ウェリントン、アームストロング・ホイットワースAW38ホイットレーである。どれもが相応な設計で、メカニズムに大きな欠点もなかった。爆弾の最大搭載量はブレニムの454キロからホイットレーの3630キロまでさまざまだ。ブレニムは航続距離が限られたが、ほかの3つの機は東端部を除けばドイツ全土に到達することが可能だった。イギリス空軍爆撃機軍団は、主要な爆撃作戦はつねに、統制のとれた、自衛能力を持つ昼間攻撃編隊で実行する意向であったため、第4爆撃機集団のホイットレー飛行隊だけが夜間爆撃の訓練を受けていた。

　1939年9月1日、アメリカ大統領フランクリン・ルーズヴェルトは、一般市民を巻き込む爆撃作戦の禁止を要請し、イギリスとフランスは即座に同意した。9月18日にはドイツも同意したものの、ポーランドに対する作戦が終了しただけのことだった。いっぽうイギリス空軍は、それが埠頭や造船所周辺でないかぎり、ドイツ船舶を攻撃する許可を受けた。爆撃機はまた敵領空を飛び、プロパガンダ用ビラもまいた。これを時間の無駄だと思うイギリス空軍指揮官も多かったが、総力をあげた爆撃作戦の実行前に、敵領空で作戦をおこなう経験を積むことにつながった。また、航空機を建造し、乗員を訓練する時間を稼ぎ、戦争勃発時よりも戦力を増強させることもできたのである。

　フランスの降伏後、ドイツはスペイン国境からノルウェー北部にいたる大西洋沿岸

部を支配した。バトル・オブ・ブリテンの期間中、イギリス空軍爆撃機軍団はおもに、イギリス海峡沿岸のドイツ占領地域に集中する艀（はしけ）の爆撃任務を担った。ドイツ産業に対する攻撃計画よりも、その時期に必要な攻撃が優先されたのだ。とはいえ、少数ではあるが爆撃機がドイツに夜ごと派遣されてもいた。まず狙うのは石油関連施設であった。これは、少数機のグループがさまざまな目標を狙うよう指示された攻撃であり、乗員がそれぞれに航法をおこなって夜通し空襲を実行しているようなものだった。ナビゲーション装置やその技術はじゅうぶんではなかったものの、月光で夜目が利き、また川など地上のわかりやすい目標を頼りに、爆撃機の乗員は目標の位置を突き止めた。

しかし、ドイツの対空砲やサーチライトの性能が向上し、爆撃機がより高く飛ばざるを得なくなると、目標の確認は難しくなった。そして少数だが爆撃用カメラを搭載するイギリス空軍爆撃機もあり、こうした機には選りすぐりの乗員が配置された。イギリス空軍爆撃機軍団には楽観的雰囲気が漂っていた。

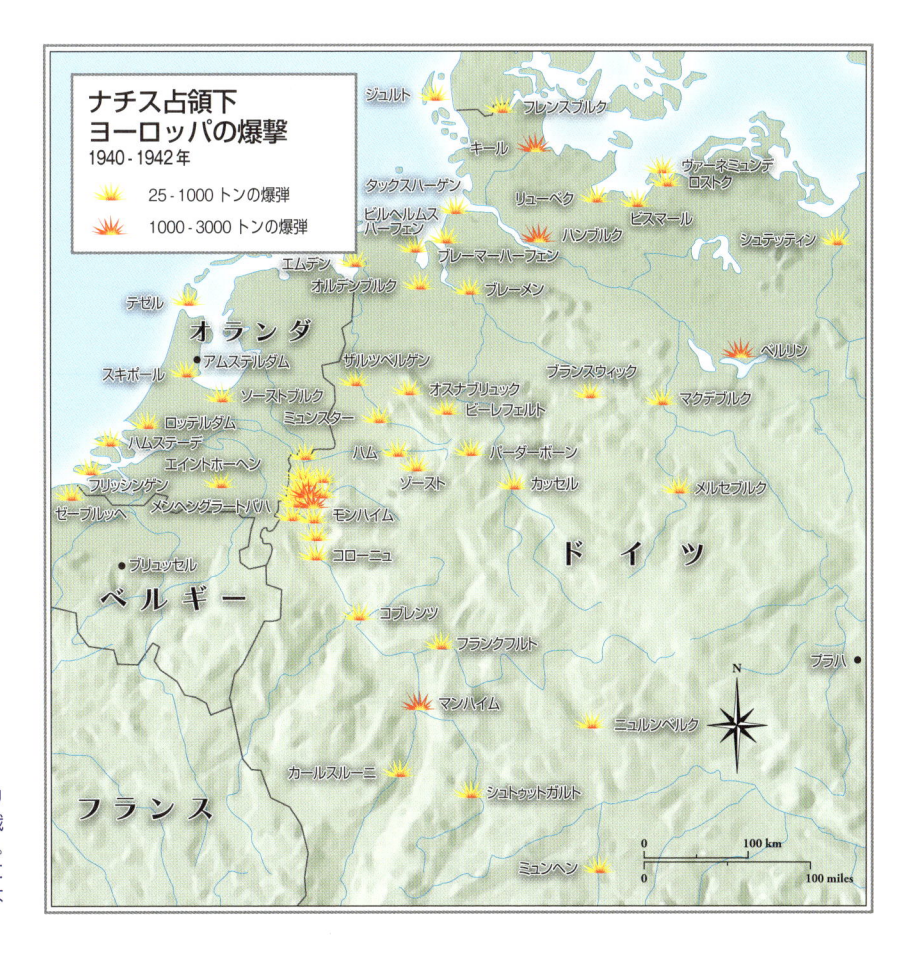

高くついた報復攻撃
ドイツの目標に対するイギリス空軍の初期の夜間爆撃作戦は、航空機1機で実行した。戦争初期においては、編隊による爆撃はその代償が法外なほど高くついた。

洋上空中哨戒
1940-1941年

ヨーロッパにおける戦争勃発時、ドイツ海軍は第一次世界大戦で失敗したのと同じ消耗戦術を取り入れ始めた。イギリスを中心に連合国側が保有する船舶を、1年間毎月75万トン撃沈できれば、イギリスは飢えて降伏せざるを得なくなるだろう。こう考えてのことである。いっぽう、島国であるイギリスは洋上哨戒にほとんど人員を配置していなかった。イギリス空軍最高司令部が大型の長距離航空機を最優先して配備したのは、爆撃機軍団だった。

水面下の敵

ドイツは57隻のUボートで戦争を始めた。ドイツ海軍の計画立案者は、連合国側の船舶を撃沈するという目標達成には350隻のUボートが必要だと考えたが、機雷や航空機、戦艦、高速艇を総動員してようやく必要な戦力に達するのが現状だった。これに対し、イギリスは12隻の戦艦と戦闘巡洋艦、6隻の空母、58隻の巡洋艦と200隻を超す駆逐艦、対潜水艦攻撃能力を備えた護衛艦、それに69隻の潜水艦を配置可能だった。フランス海軍も支援をおこなうことはできたものの、地中海のイタリア艦隊に対峙することをおもな任務としていた。

1939年9月、大西洋上の2機の高速艇を除けば、ドイツ海軍が作戦を遂行できるのは、イギリス沿岸部から数百キロの「西部近接海域」と呼ばれる海域に限られていた。Uボートの作戦は北海とイギリス海峡内までが限界であり、このため、この海域の連合国側船団が目標にされた。そして1939年9月から1940年6月までに、702隻の商船が失われた。

第二次世界大戦開始時、イギリスは、洋上哨戒に投入可能な優れた飛行艇、ショート・サンダーランドをわずかしか保有していなかった。イギリス領土をつなぐために設計されたエンパイア級飛行艇から発展したサンダーランドは13時間の哨戒が可能であり、1941年にレーダーを装備すると、さらにその評価は高まった。この機は数回、空から洋上の救難作戦もおこなっている。

1940年7月、ドイツがノルウェーと、それに続いてフランスを占領してからは、大西洋におけるUボート戦争の性質が変化した。1940年7月、最初のUボート基地がフランス西部のロリアンに設置されると、Uボートの哨戒地域までのルートは早速750キロほど短縮された。これにより、稼働できるUボートの多くが以前より長時間哨戒に就き、さらにそのより多くが戦闘をおこなうことが可能になった。開戦以降25隻のUボートが失われていたが、建造数は増加しており、損失後も51隻が就役していた。

Uボートにくわえ、ドイツはドルニエDo18飛行艇とハインケルHe115水上機を保有しており、これらはヨーロッパの西沿岸部、北海およびビスケー湾での作戦に適していた。さらに遠く大西洋への飛行は、4機のフォッケ・ウルフFw200コンドルが担った。この流線型をした近代的外観の航空機は、長距離旅客機として1936年に初飛

行をおこなっている。1940年8月、ハンス・ガイッセ陸軍中佐の指揮下、第40爆撃航空団がボルドー付近の飛行場から作戦を開始した。はるか大西洋まで飛んだ第40爆撃航空団のおもな任務は偵察であり、連合国軍の輸送船団の位置と航行方向を報告した。そして偵察任務を終えると、第40爆撃航空団はあらゆる機会をとらえて目標に爆弾を投下した。8月から9月にかけて、第40爆撃航空団の15機の航空機が連合国軍の船舶に投下した爆弾は、9万トンにのぼった。

空からの反撃

当時、大半の輸送船団には1、2隻の護衛艦がついていたが、それはおもに潜水艦に備えたものであり、航空機に対してはほとんど護衛の役割を果たせなかった。こうした状況下では、空と水面下に展開するドイツ軍が、勝利へのカギを握っているかに思われた。連合国商船の何千という船員が命を落とし、イギリスにとって生き残りを意味するその荷は海の藻屑と消えた。

空母は戦争のこの時点ではまだ投入されてはおらず、応急策として、商船にカタパルト放出型戦闘機を配備し、その航空機にはホーカー・シーハリケーンが選ばれた。航空機はいったん放出されると、パイロットが自機を連合国軍の船舶付近に不時着水させて拾い上げられるのを待つか、航続範囲にあれば、最寄りの陸地に着陸するしかなかった。そして、1941年8月3日にはこの策が初めて成功を収めた。艦隊航空部

大西洋中央部の空白地域
大西洋中央部の空白地域は、ドイツ潜水艦にとって理想的な殺戮の場となった。この海域には、潜水艦に対抗する洋上護衛がじゅうぶんではなかったからだ。長距離哨戒機が投入可能になるとようやく空白地域は埋まり、連合国商船の損失は減少した。

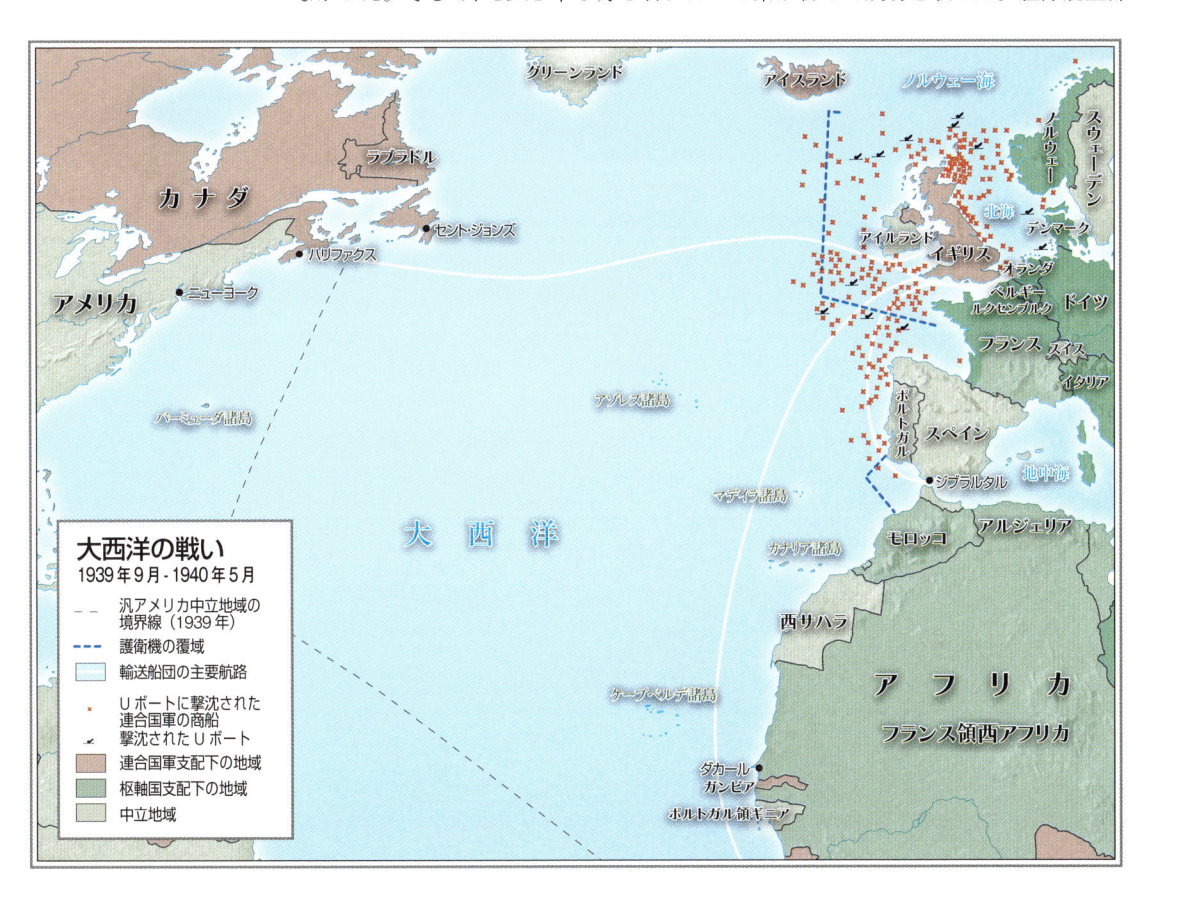

大西洋の戦い
1939年9月-1940年5月
- 汎アメリカ中立地域の境界線(1939年)
- 護衛機の覆域
- 輸送船団の主要航路
- Uボートに撃沈された連合国軍の商船
- 撃沈されたUボート
- 連合国軍支配下の地域
- 枢軸国支配下の地域
- 中立地域

隊のパイロット、海軍義勇予備軍大尉のR・W・H・エヴァリットが搭乗する機が補助艦〈マプリン〉から飛び、シエラレオネからイギリスに向かう輸送船団につきまとうフォッケ・ウルフFw200を撃墜したのだ。エヴァリットは戦闘後にハリケーンを着水させ、無事に拾い上げられて殊勲十字章を授与された。航空機の発進に使用可能な甲板を持つ商船空母が登場すると、これがより確実な解決策となり、戦闘機のパイロットは発進した船舶に戻り、再度の発進も可能になった。

　ドイツ軍による連合国商船の撃沈数は1941年4月にピークに達し、護送船団のシステムが幅広く取り入れられるようになると、撃沈数は減少し始めた。1カ月に75万トンの船舶を撃沈するというドイツの計画は、達成されることはなかった。イギリスは、本国での慎重な食糧配給と輸送容積の厳格な管理をおこなって戦時中に必要な輸入量を半減させ、さらに、任務につく飛行隊に配備される洋上哨戒機も増加を始めた。コンソリデーテッドPBYカタリナもこうした航空機のひとつだ。サンダーランドよりもスピードは遅く武装も少ないが、信頼のおける長距離航空機であり、どの飛行艇よりもカタリナがいちばん多く製造された。イギリスの輸送船団の護衛はしだいに効果を上げ、力をつけてきたカナダ海軍もくわわったため、Uボートは、大西洋の、哨戒機の航続範囲圏外まで出ていかざるを得なくなった。しかしUボートが西へ向かうと、今度はアメリカの商船と軍艦に遭遇する危険が増した。アメリカ軍艦はすでにイギリスに向かって哨戒をおこなっており、アメリカがイギリスの生き残りを支援する決意を

ショート・サンダーランド
サンダーランドMkIは、1938年6月初めにシンガポールの第230飛行隊に配備され、第二次世界大戦勃発以降、イギリスの対潜水艦任務で大きな働きをした。1939年9月21日、2機のサンダーランドが、魚雷攻撃を受けた商船、〈ケンジントン・コート〉の全乗員を救出し34名を無事に運んだ。

Maritime Air Patrol: 1940-1941

フォッケ・ウルフ Fw200
フォッケ・ウルフ Fw200 コンドル長距離洋上哨戒機は大西洋の連合国船舶にとって大きな脅威となり、1940-41 年には北海で多数の船舶を撃沈し、その数は U ボートが上げた撃沈数を上回った。

固めたことははっきりしていた。陸軍をソ連国境に集結させているヒトラーは、アメリカとの衝突は避けたいと考えていたが、U ボートは大西洋に置いておきたかった。コンソリデーテッド・リベレーター爆撃機の洋上哨戒タイプが導入される 1942 年後半までは、大西洋中央部にはまだ哨戒機が埋めることのできない「空白地域」が存在していたのである。

地中海
1940-1942 年

　連合国軍、枢軸国軍双方にとって不可欠であるのが、地中海の支配だった。どちらの陣営も、北アフリカ作戦における自軍の活動を支える物資補給ルートを確保しておく必要があった。イギリスにとっては、スエズ運河の確保と維持もまた大きな懸念となっていた。ここがイギリスと東方の植民地とをつなぐ最短ルートだったからである。

フランス艦隊との交渉

　フランスが1940年夏に降伏したとき、イギリスは、フランスの強力な海軍がドイツの手にわたり、海軍力の均衡を取りたいドイツがこれを利用することを懸念した。ドイツの思うままにしてはならなかった。アルジェリアのメール・エル・ケビル港にはフランスの近代的戦艦〈ダンケルク〉と〈ストラスブール〉が、2隻の旧式戦艦ととも

フェアリー・ソードフィッシュ
「買い物袋（ストリングバッグ）」と呼ばれることが多いフェアリー・ソードフィッシュは時代錯誤的デザインではあるが、遂行する主要任務に最適であり、頑丈な構造は空母の作戦に理想的だった。第二次世界大戦中は、北アフリカからインド洋にいたるまでおおいに活躍した機。

The Mediterranean: 1940-1942

ターラント攻撃
1940年11月11・12日
- 停泊中の枢軸国艦船
- 枢軸国の照明弾
- 魚雷網
- 防空気球
- イギリス機の攻撃

イタリア

攻撃の第二波

バオロ

巡洋艦

ピッコロ海

巡洋艦

〈フィウメ〉
〈ザーラ〉
〈ゴリツィア〉
〈リットリオ〉
〈ドゥリオ〉

ターラント

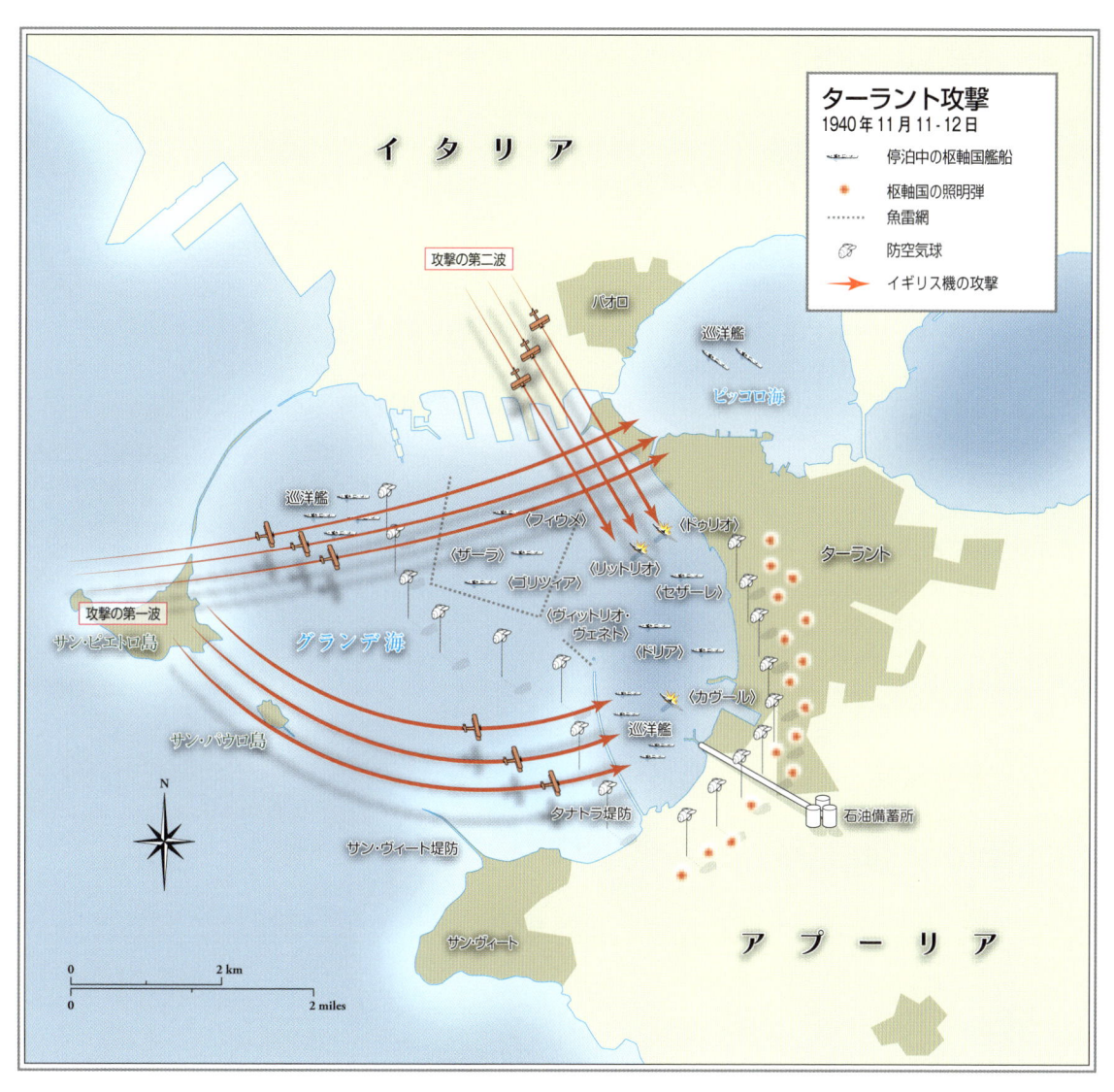

攻撃の第一波

サン・ピエトロ島

グランデ海

〈ヴィットリオ・ヴェネト〉
〈セザーレ〉
〈ドリア〉

サン・パウロ島

〈カヴール〉

巡洋艦

タナドラ堤防

石油備蓄所

サン・ヴィート堤防

サン・ヴィート

アプーリア

ターラントの海戦

ターラント攻撃では、空母が初めて、単に艦隊に付随するものではなく、柔軟で機動性のある洋上戦力として投入された。そして、将来の海軍の空中作戦の遂行に大きな影響を与えることになる。

に停泊していた。フランス艦隊に、艦船をイギリス海軍に従わせるようにという説得が試みられた。そうすれば、イギリス海軍はフランス艦隊をイギリスの基地やフランス領カリブ諸国の基地に移動させることができ、そこならドイツ海軍の手も届かない。回答しだいでは、フランス艦隊は撃滅されることにもなる。しかし交渉は長引き、物別れに終わった。選択の余地はなく、イギリス艦隊は1940年7月3日、フランス軍艦船に対する砲撃を開始した。重砲弾が戦艦〈ブルターニュ〉の弾薬庫に命中し、艦は吹き飛んだ。〈ダンケルク〉と〈プロヴァンス〉は激しく損傷し、2隻の駆逐艦が撃沈された。戦艦〈ストラスブール〉はどうにかトゥーロンのフランス軍基地へと逃れた。2日後、フェアリー・ソードフィッシュ複葉機を投入し、手負いのフランス軍艦船にとどめをさす空襲が開始された。〈ダンケルク〉の損傷はあまりに激しく、座礁した。この空襲ではフランスの水兵1297名が亡くなり、フランスとイギリスの関係は著しく悪化したものの、イギリスの決意の固さをアメリカに印象づけることになった。

ターラント港攻撃

　11月11/12日の夜、イギリス海軍は、艦隊航空部隊の機を投入して攻撃を開始した。ターラント港に停泊するイタリア艦隊の大部分を狙うこの攻撃は、多くの戦術家が不可能と考えた。マルタ島から飛んだ偵察機によって、イタリア艦隊は5隻の戦艦（後に、イギリス空軍の飛行艇によって6隻が入港していたことが確認されている）、7隻の重巡洋艦、2隻の軽巡洋艦および8隻の駆逐艦という驚異的な陣容であることが報告された。これなら、マルタ島や、エジプトのイギリス軍に物資を補給する丸腰のイギリス輸送船に、いつ一撃をくわえてもおかしくはない。計21機の航空機がイギリス空母〈イラストリアス〉から発進した。二手に分かれ、魚雷と爆弾を装備したフェアリー・ソードフィッシュは、浅瀬を進む特殊改良型魚雷を放って停泊する艦船を攻撃した。魚雷は戦艦〈リットリオ〉に3発、さらにほかの2隻の戦艦に1発ずつ命中し、いっぽうイギリス軍は2機の航空機と乗員を失った。空襲の成功によってイタリア軍は警戒を強め、残る艦隊をイタリア北部のより安全な港へと移し、破損した〈リットリオ〉は4カ月間戦闘にくわえられなかった。一見時代遅れのわずか21機の航空機が実行した攻撃によって、地中海の海軍勢力のバランスは、一時的ではあれイギリス有利に戻った。このターラント攻撃には日本もおおいに興味をひかれ、真珠湾のアメリカ太平洋艦隊攻撃立案に影響を与えることになった。

マタパン岬の会戦

　1941年3月27日から29日にかけて、大規模なイタリア海軍部隊とイギリス海軍が、ペロポネソス半島沖で大きな戦闘をおこなった。これは後にマタパン岬の海戦と

マタパン岬
マタパン岬の会戦はイギリス地中海艦隊の圧倒的勝利に終わった。イタリア艦隊の動きと配備を知らせた「ウルトラ」と、海軍の航空戦力のおかげでこの勝利が可能となった。

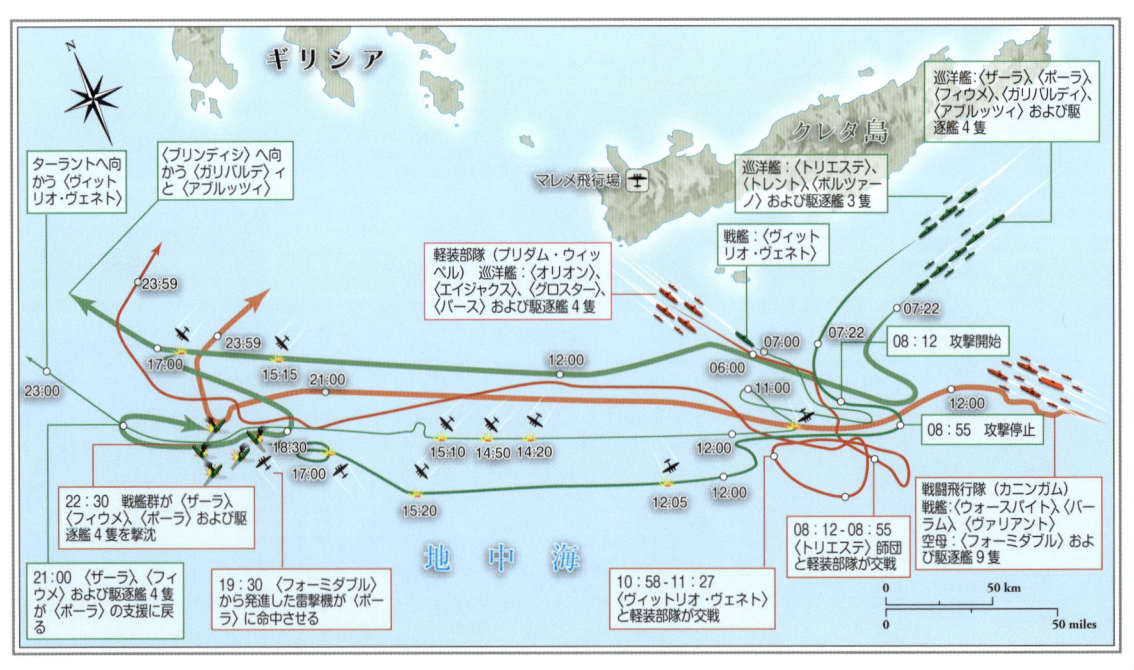

マタパン岬の海戦
1941年3月27-29日

- マレメ飛行場発のブレニム機と、〈フォーミダブル〉から発進する雷撃機によるイギリスの空襲
- イギリス艦船の移動
- 枢軸国艦船の移動

呼ばれることになる。イギリス海軍大将ヘンリー・プリダム・ウィッペル卿が率いてクレタ島南岸から出発した艦隊は、3隻のイギリス海軍巡洋艦、オーストラリア海軍巡洋艦〈パース〉、護衛を務める駆逐艦の一団という陣容だった。エジプトのアレクサンドリアには、海軍大将アンドリュー・ブラウン・カニンガム卿指揮下の、空母〈フォーミダブル〉と旗艦〈ウォースパイト〉をはじめとする3隻の戦艦がいた。カニンガムは「ウルトラ」の通信傍受により、イタリア軍のアンジェロ・イアチノ大将が近代的戦艦〈ヴィットリオ・ヴェネト〉を配した部隊を率い、連合国軍兵士をギリシアに輸送中のイギリス軍艦を迎撃すべく東に向かっているとの情報を受け取った。プリダム・ウィッペルの艦隊は、クレタ島の南で接近するイタリア艦隊を発見した。すると、イタリア艦隊はイギリス艦隊が逃げようとしていると思い込み、追跡を始め、非常に離れた位置から砲撃をおこなった。そのうちイタリアの巡洋艦は追跡をあきらめて〈ヴィットリオ〉のもとに戻ったが、それをイギリス艦船はこっそりとつけていた。そして、カニンガムの部隊がすでにその海域に移動しており、〈フューリアス〉から発進させた航空機と、クレタ島に駐留しているイギリス空軍の中型爆撃機を投入して空襲を開始した。〈ヴィットリオ〉は、イタリア軍およびドイツ軍の陸上基地から航空支援を受けられる安全な海域に戻っていった。

　2度目の空襲が開始された。今回は〈ヴィットリオ〉に損傷を与えたものの、いくらか補修をすれば航行可能な程度だった。しかし3度目の空襲では、イタリアの巡洋艦〈ポーラ〉が航行不能になった。巡洋艦と駆逐艦の一団を〈ポーラ〉の護衛に残し、〈ヴィットリオ〉はターラント港への航行を続けた。イギリス艦隊は損傷したイタリア艦船とその護衛艦に夜間に接近し、近距離から砲撃を開始して、あっという間に巡洋艦〈フィウメ〉と〈ザーラ〉を撃沈した。イタリアの駆逐艦は反撃を試みたものの、うち2隻が撃沈された。イギリスは損傷した巡洋艦〈ポーラ〉をアレクサンドリアまで曳航せずに、魚雷を放つことにした。そしてこれ以降、イタリア軍は艦船を再び地中海東部に向けることはなかった。

マルタ島の包囲

　マルタ島はイタリアと北アフリカの中間に位置する戦略上重要な拠点であり、ここに駐留する航空機や艦船は、敵の物資補給線を妨害する能力をもつことになる。このため、イタリアはイギリスに対する宣戦後すぐに、マルタ島爆撃作戦を開始した。本来マルタ島の防衛は、時代遅れのグロスター・シー・グラディエーター複葉戦闘機と対空砲が担っていた。しかしイギリスはマルタ島を死守すべきであると判断し、あらゆる努力を払ってマルタ島の防衛を補強した。8月にはホーカー・ハリケーンと、マーチン・メリーランド偵察機、ヴィッカース・ウェリントン中型爆撃機数機も到着した。そしてマルタ島から、北アフリカの枢軸国軍とイタリアの目標に向けて空襲がおこなわれた。

　1941年6月には、ドイツ空軍の第10航空軍団が、船でリビアに向かうアフリカ軍団の護衛を開始した。ウェリントン爆撃機がドイツ空軍とイタリア空軍の基地を襲うと、敵はこれに大きく反応し、第10航空軍団がマルタ島の飛行場とその他の設備を攻撃した。このため小規模なイギリス爆撃機部隊の生き残りは北アフリカの基地へと撤退した。マルタ島へのイギリス輸送船団は途切れずに到着してはいたものの、大きな

損失に悩まされ、島民は限られた配給で命をつないでいた。イタリア軍への攻撃の合間に、空母〈フューリアス〉は61機のスーパーマリン・スピットファイアを送って島の防衛を助けた。しかし、食糧、石油、薬品の必要性は逼迫していた。1942年8月にはペデスタル作戦が実行され、14隻の商船を、空母3隻、戦艦2隻、駆逐艦32隻をはじめとする大規模な海軍艦隊が護衛した。だが無事だった輸送船はわずか5隻しかなく、この輸送船団の護衛任務で、空母1隻、巡洋艦2隻、駆逐艦1隻が失われた。しかし戦争が連合国側に有利に傾いてくると、マルタ島の包囲もゆるやかになった。島民は勇敢さを称えられ、民間人への勲章ではイギリスで最高位のジョージ十字勲章を授与された。

戦略的目標
地中海の勝利においてカギを握るのがマルタ島だった。地中海海戦当初の数週間であれば、枢軸国によって比較的容易に占領されていたかもしれない。だがヒトラーは、南方側面の安全確保のためにクレタ島に注意を向けていた。

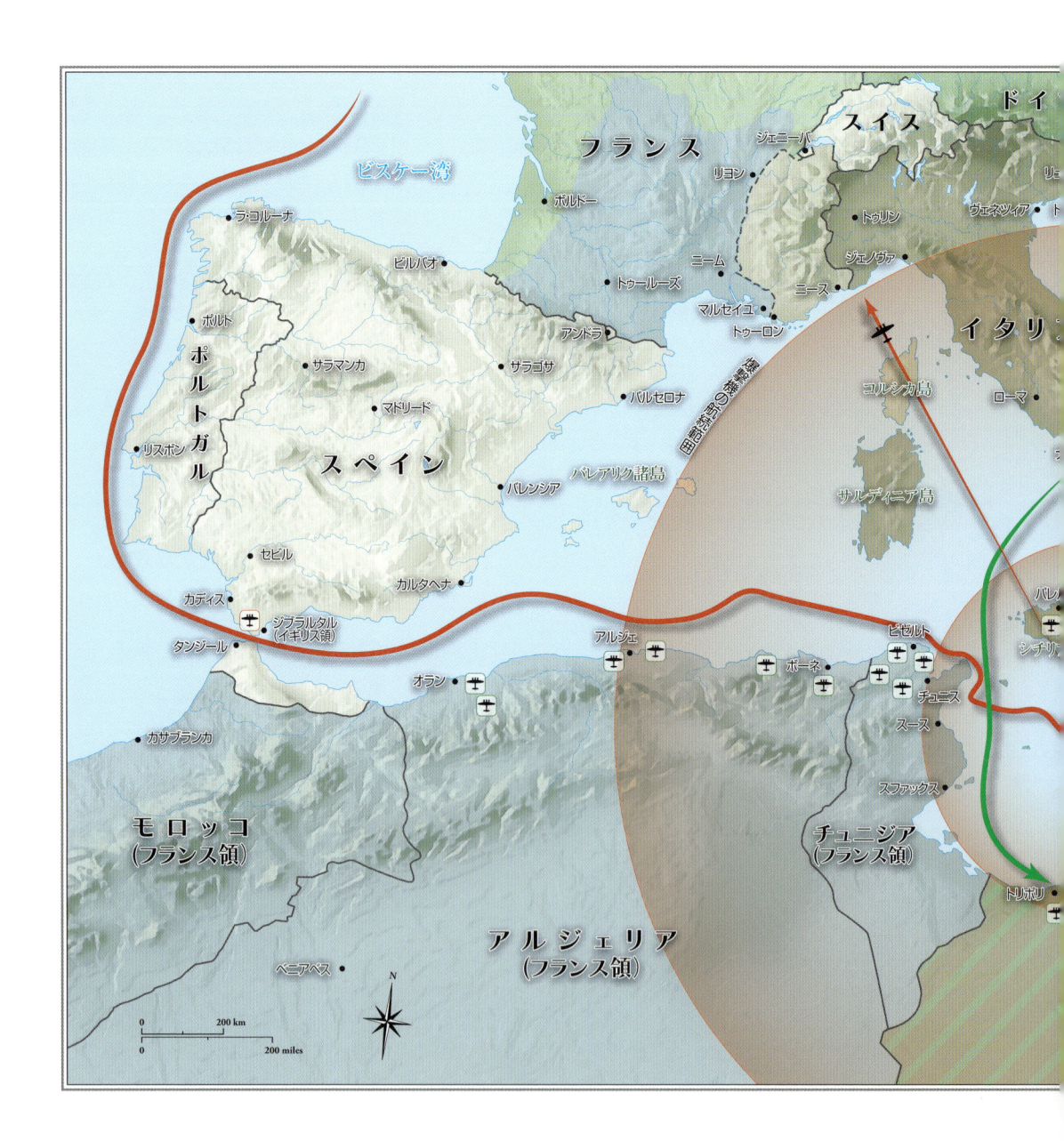

The Mediterranean: 1940-1942

地中海
1942 年後半

- ドイツまたは枢軸国の占領下にある地域
- 連合国軍からドイツへ
- イタリア領土
- イタリアの占領下にある地域
- 連合国あるいは連合国軍の占領下にある地域
- ヴィシー政府下のフランス
- 枢軸国占領地域
- 中立国
- 連合国輸送船団ルート
- 枢軸国輸送船団ルート
- 連合国軍飛行場
- 枢軸国軍飛行場

バルカン諸国
クレタ島の陥落

　ヨーロッパの大半を占領したヒトラーは、その目を東方へと向けつつあった。ヒトラーはどうしてもソ連を手に入れ、国民のためになにより重要な生存圏(レーベンスラウム)を得たいと望んでいた。また、国民の食糧確保のためにはウクライナの広大な土地を、拡大する第三帝国と国軍の機動性維持に必要な燃料確保のためには、カフカス地方の油田を手中

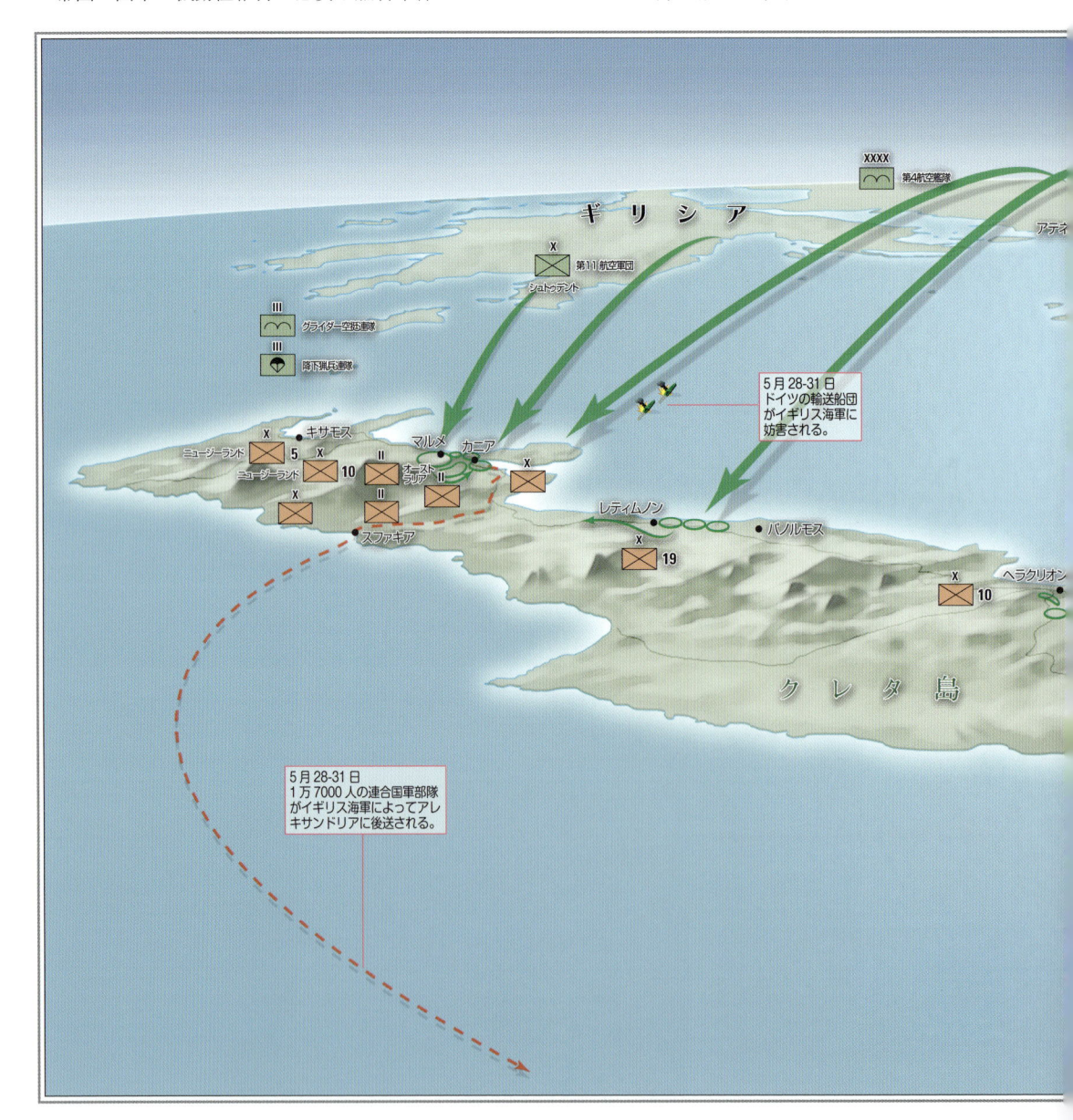

The Balkans: The Fall of Crete

に収めなければならないという状況が、ヒトラーを駆り立ててもいた。しかしこの計画が進行する以前に、ムッソリーニのギリシア侵攻失敗によってヒトラーは出鼻をくじかれた。イタリア軍は当初はある程度成功を収めたものの、アルバニアまで押し戻されてしまう。連合国軍がギリシアに上陸し、ソ連へのドイツ軍補給線と、さらには命綱のルーマニアの油田をおびやかすことがないように、ヒトラーはこの南側面を守る必要が出てきたのである。

ドイツは、まずユーゴスラヴィアを支配下に置く必要があった。ヒトラーは、弱体化したユーゴスラヴィア政府を脅してこれを達成する。しかしそれも、反ファシスト派のクーデターが政府を倒すまでのことだった。1941年4月6日、ドイツはベオグラードに大規模空襲をおこない、同時にドイツ部隊がギリシア国境を越えて押し寄せ、

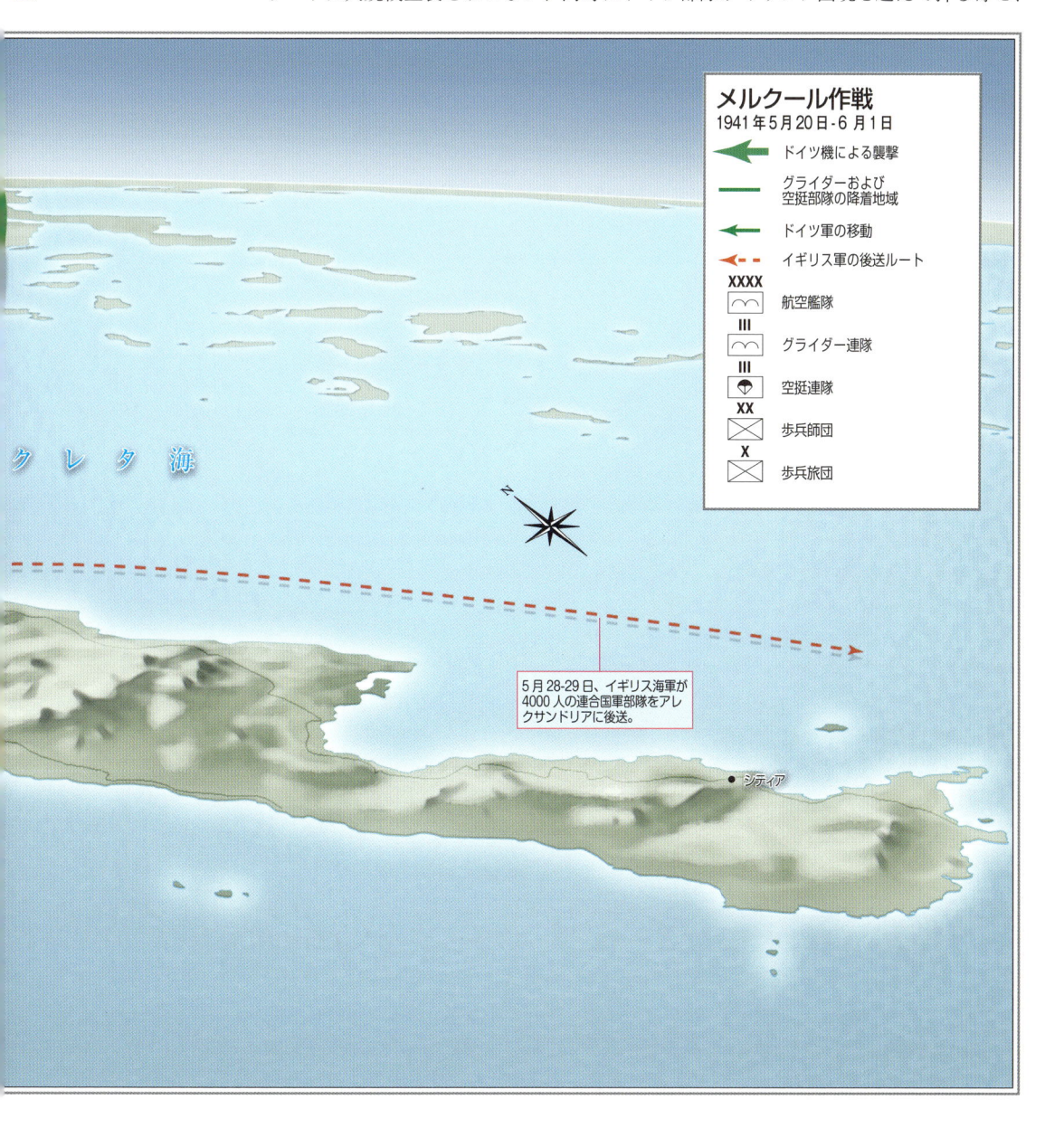

メルクール作戦

クレタ島の戦闘は、航空機による護衛を受けられない海軍部隊が、空からの攻撃に脆弱であることを見せつけた悲劇だった。イギリス海軍は3隻の巡洋艦と6隻の駆逐艦を失い、程度の差はあれ、2隻の戦艦と1隻の空母、6隻の巡洋艦と7隻の駆逐艦が損傷した。

メルクール作戦
1941年5月20日-6月1日

← ドイツ機による襲撃
― グライダーおよび空挺部隊の降着地域
← ドイツ軍の移動
◁--- イギリス軍の後送ルート
XXXX 航空艦隊
III グライダー連隊
III 空挺連隊
XX 歩兵師団
X 歩兵旅団

クレタ海

5月28-29日、イギリス海軍が4000人の連合国軍部隊をアレクサンドリアに後送。

• シティア

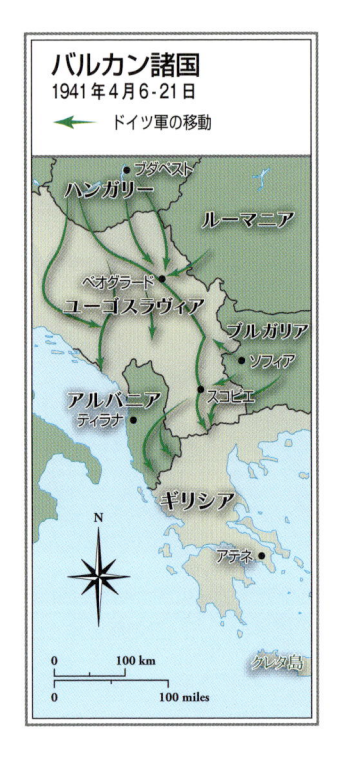

ユーゴスラヴィアに侵攻した。この襲撃は、4月14日にユーゴスラヴィアを占領するまで続いた。

連合国軍のクレタ島への撤退

ドイツのギリシア攻撃までに、イギリスはブリストル・ブレニム3個飛行隊とグロスター・グラディエーター飛行隊2個をギリシアの航空支援に派遣していたが、大半はひどく時代遅れの航空機だった。エジプトからはホーカー・ハリケーン飛行隊3個もこれら部隊の補強に派遣された。この寄せ集めの部隊に対するのは、あらゆるタイプの航空機1200機を意のままに動かせる、ドイツ第4航空艦隊だった。イギリス空軍とギリシア空軍は粘り強く抵抗し、ギリシア北部の山岳地では地上部隊が戦ったが、まもなく、連合国軍の部隊はクレタ島に撤退せざるをえなくなる。パイロットのなかには、撤退する部隊を護衛して、最後の最後まで後方に留まるものもいた。

ギリシア本土は枢軸国の支配下に置かれ、クレタ島が次の目標となった。ここを支配するものは地中海東部を支配下に置くことになる。ヒトラーはこの島を確保したかった。クレタ島には、大半がオーストラリア・ニュージーランド軍団（ANZAC）からなる駐屯部隊がおり、これにイギリス軍旅団と、撤退したギリシア部隊がくわわっていた。装備は貧弱だったものの、これら部隊は果敢に防戦した。撤退のさいにギリシアに残されるか、エジプトに後送されていたため、島にはもはや戦闘機はなかった。5月20日、メッサーシュミット Bf109 と Bf110 の護衛を受け、700機のユンカース Ju52 に曳航された DFS230 グライダーの大群がクレタ島まで飛来し、降下猟兵を降ろし始めた。ドイツ空挺部隊は、クレタ島北西部に多数点在する飛行場やその付近に降着することを目的としていた。これを確保すれば、第10山岳師団からさらに部隊を送り込むことが可能になるのだ。

血塗られた勝利

最初の降着では、大半が命を落とすことになった。連合国軍の機関銃や小銃が待ち構えるなかに、降下猟兵がゆっくりと漂ってきたからだ。ドイツ空挺部隊は個人用武器を持たずに飛び、降着すると、防御手段を収めたコンテナに急行しなければならなかった。空挺部隊の侵攻を可能にするのは、ただ技術と粘り強さと、攻撃量そのものだけだった。飛行場はまもなくドイツ軍の手に落ち、Ju52 が次々と部隊を降ろした。連合国軍最高司令部がクレタ島の防御にハリケーンを数機残しておいたなら、ドイツは攻撃を考え直したかもしれない。しかし事はそう運ばなかった。ドイツ軍は降下による橋頭堡を増やし、連合国軍は後退した。そして後衛警戒が要請され、イギリス海軍がクレタ島に展開する部隊の多くを無事に後送した。ギリシア軍は残って反乱軍と

The Balkans: The Fall of Crete

1941年のクレタ島
クレタ島の戦闘では、ドイツ空挺部隊は甚大な損害を被り、25パーセントが死傷した。空挺部隊がその後大きな作戦を展開することはなく、おそらくそれがマルタ島を救ったのである。写真は、炎上してヘラクリオン付近に墜落するユンカースJu52。

して戦ったため、別の戦線に投入できたはずのドイツ部隊がこれを相手にしなければならなくなった。しかしヒトラーの南側面は確保され、バルバロッサ作戦の進行が可能になったのである。

バルバロッサ作戦とモスクワ爆撃

　イギリス打倒に上げていた熱が冷めると、ヒトラーは東方に目を向けた。ウクライナとソ連南部の広大な平野、それに戦争を遂行するための燃料確保のため、ソ連の南部草原地帯に埋蔵する石油にひきつけられていったヒトラーは、基本的な間違いを犯してしまった。部隊をソ連攻撃に振り向けるのは大きな暴挙であり、部隊がまだほかで戦闘中であればなおさらだ。北アフリカで誇示してみせた戦力も、ソ連に放とうとするじつに大規模な軍に比べれば、余興程度のものだっただろう。ヒトラーは将軍たちに、再び迅速な勝利を得る作戦の遂行を急かした。ソ連の長い冬に身動きがとれなくなって凍りつく前に成功を収めるためには、迅速さが不可欠だった。バルバロッサ作戦は5月開始が理想的だったのだが、イタリア軍の不手際や山積する補給問題のせいでバルカン諸国の南側面を安定させる必要があり、ヒトラーは1941年6月下旬まで待たねばならなくなった。

　ソ連の広大な土地で完璧な勝利を収めるために、ドイツの軍事計画立案者は、戦争初期に成果を上げた迅速な進軍を取り入れた。国境を護るソ連部隊を蹂躙し、モスクワ目指して大規模進撃するのだ。しかし、ヒトラーはソ連の工業を破綻させることを望み、首都への進軍の前に、レニングラードを占領するよう厳命した。このヒトラーの干渉という重荷が、ソ連侵攻やその戦闘、さらにはドイツの戦争自体を破綻させたのである。

ソ連機の乗員
駐機するポリカルポフI-16を背に、リラックスしてドミノで遊ぶソ連のパイロットたち。I-16はバルバロッサ作戦開始時期、ソ連空軍機の大半を占めていた。

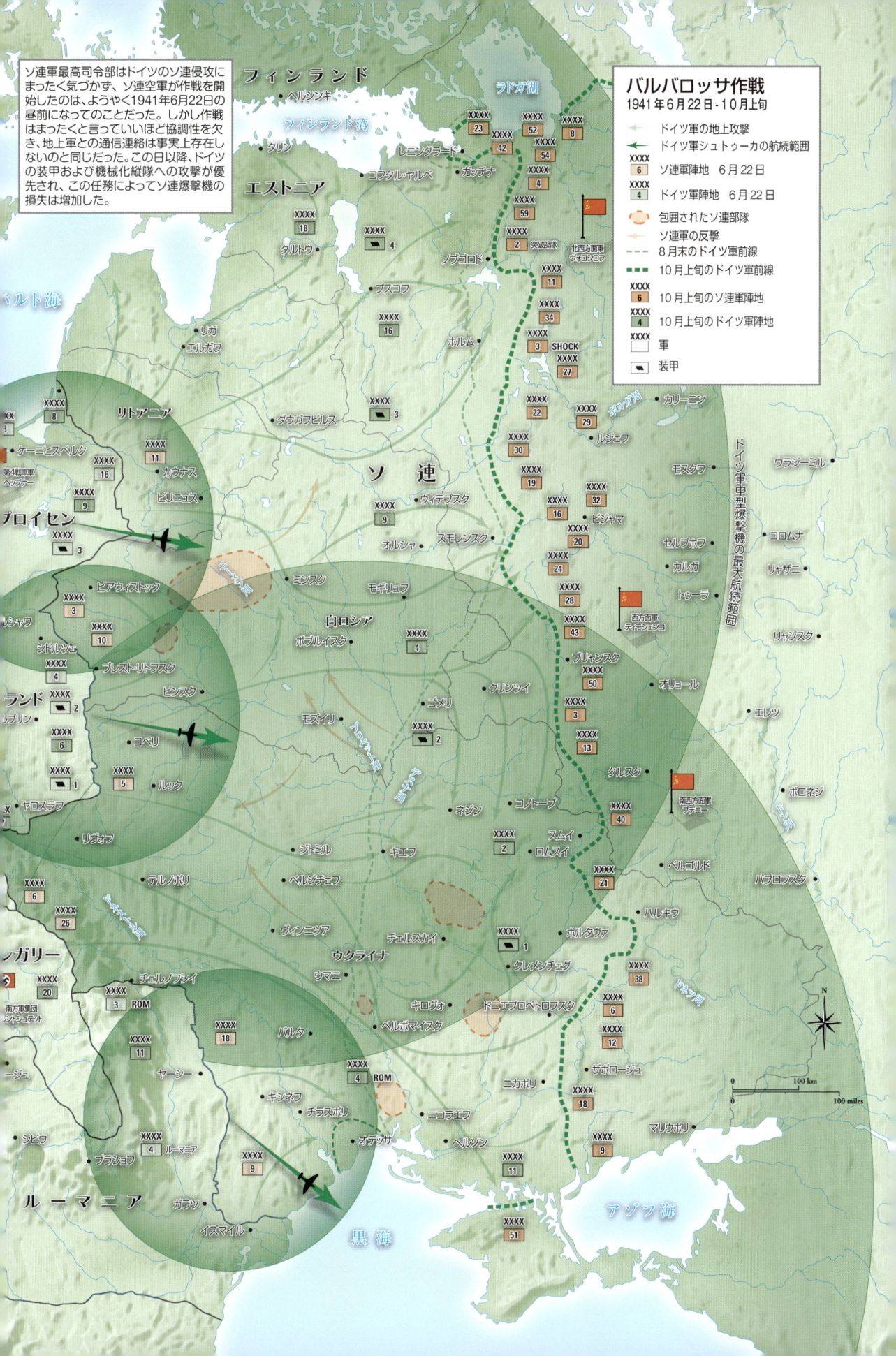

バルバロッサ作戦
1941年6月22日 - 10月上旬

ソ連軍最高司令部はドイツのソ連侵攻にまったく気づかず、ソ連空軍が作戦を開始したのは、ようやく1941年6月22日の昼前になってのことだった。しかし作戦はまったくと言っていいほど協調性を欠き、地上軍との通信連絡は事実上存在しないのと同じだった。この日以降、ドイツの装甲および機械化縦隊への攻撃が優先され、この任務によってソ連爆撃機の損失は増加した。

凡例:
- ドイツ軍の地上攻撃
- ドイツ軍シュトゥーカの航続範囲
- ソ連軍陣地　6月22日
- ドイツ軍陣地　6月22日
- 包囲されたソ連部隊
- ソ連軍の反撃
- 8月末のドイツ軍前線
- 10月上旬のドイツ軍前線
- 10月上旬のソ連軍陣地
- 10月上旬のドイツ軍陣地
- 軍
- 装甲

ソ連の対空砲
対空砲は「大祖国戦争」開始時期から赤軍の部隊に多数供給されていた。砲兵部隊は赤軍のなかで訓練、装備ともに最も充実した部隊であり、規模も能力も終戦まで進化を続けた。

ドイツ空軍の対ソ連任務

　ドイツ空軍が最初に受けたのは、ソ連空軍を壊滅させ、航空優勢を確立せよという指令だった。その後、地上攻撃の支援に移るのだが、これはそれまでの作戦で効力が証明済みの策である。このときソ連産業の中心地への爆撃指令が出されなかったのは興味深いが、おそらく、地上攻撃部隊の進軍が非常に迅速だったので、兵器工場がすぐにドイツの手に落ちると見ていたのだろう。フィンランドとの冬戦争におけるソ連軍のお粗末な戦いぶりを見て、また1930年代のスターリンによる粛清が原因で、ソ連軍には有能な指揮官が少ないという認識もいくらかあったことから、ドイツはこうした楽観的な見方をしていた。

　ドイツ空軍の構成は厳格に秘密のヴェールに隠されていて、東プロイセンに滑走路が準備されたが、航空機は実際には進攻の数日前になってやっと到着した。1941年6月21日の夕刻、1000機の爆撃機と急降下爆撃機が、護衛機である600機の戦闘機とともに、眠れる巨人、ソ連への配置前に最終チェックを受けていた。

　夜が明けると部隊はポーランド東部の飛行場上空に群れをなし、ソ連の防衛軍を急襲する。ドイツ空軍はソ連空軍を壊滅すべく奮闘した。ソ連飛行隊の多くは整然と列になって駐機していたため、ドイツ機のパイロットは簡単にこれを破壊することができた。離陸できたソ連機はほとんどなく、離陸したとしてもすぐに炎に包まれて墜落した。その日の夜までに、ソ連はあらゆるタイプの航空機1200機を失った。このパターンが数日間続くと、ソ連の損失は急激に減った。ドイツ空軍が破壊する航空機は、もう前線には残っていなかったからだ。ドイツは、自軍の損失が数機だったのに対し、破壊した敵機は4000機あまりにのぼったとしている。すべては計画どおりに進行しているかに見えた。

　地上では、ドイツ国防軍の戦車が何十万というソ連部隊を追い込んでいた。ミンス

Barbarossa and the Bombing of Moscow

ク包囲時には25万人以上が捕虜となり、同程度がこの地域周辺の戦闘で命を落としたと考えられている。北部では、8月初めにはドイツ進軍部隊の前衛がレニングラードを視界にとらえており、南部ではキエフが包囲され、ドイツ側の記録では65万ものソ連兵が捕虜となった。

　しかしこうした大きな勝利を得たことで、ドイツは対処能力を最大限に使わなければならなくなった。物資補給を維持するいっぽうで何十万という捕虜を収容しなければならず、ドイツの資源は限界に達した。ドイツ軍がこれ以上ソ連深くに侵攻すれば、補給に必要な距離も増す。前線は広がり、するとドイツ空軍の飛行距離が伸び、貴重な燃料をさらに費やすことになる。ソ連の広大さを、ドイツの指揮官たちはようやく理解し始めていた。ヨーロッパ西部の、これよりずっと小規模な戦線での戦闘に慣れていた

脅威の兵器
ソ連はモスクワ周辺に驚異的な防空策を迅速に配置したため、1941年10月に10から50機のドイツ航空機群が31回の空襲をおこなったが、実際に首都に侵攻できた爆撃機は72機だった。1941年にモスクワにおこなわれた76回の空襲のうち59回は、3から10機の小規模群が実行した。

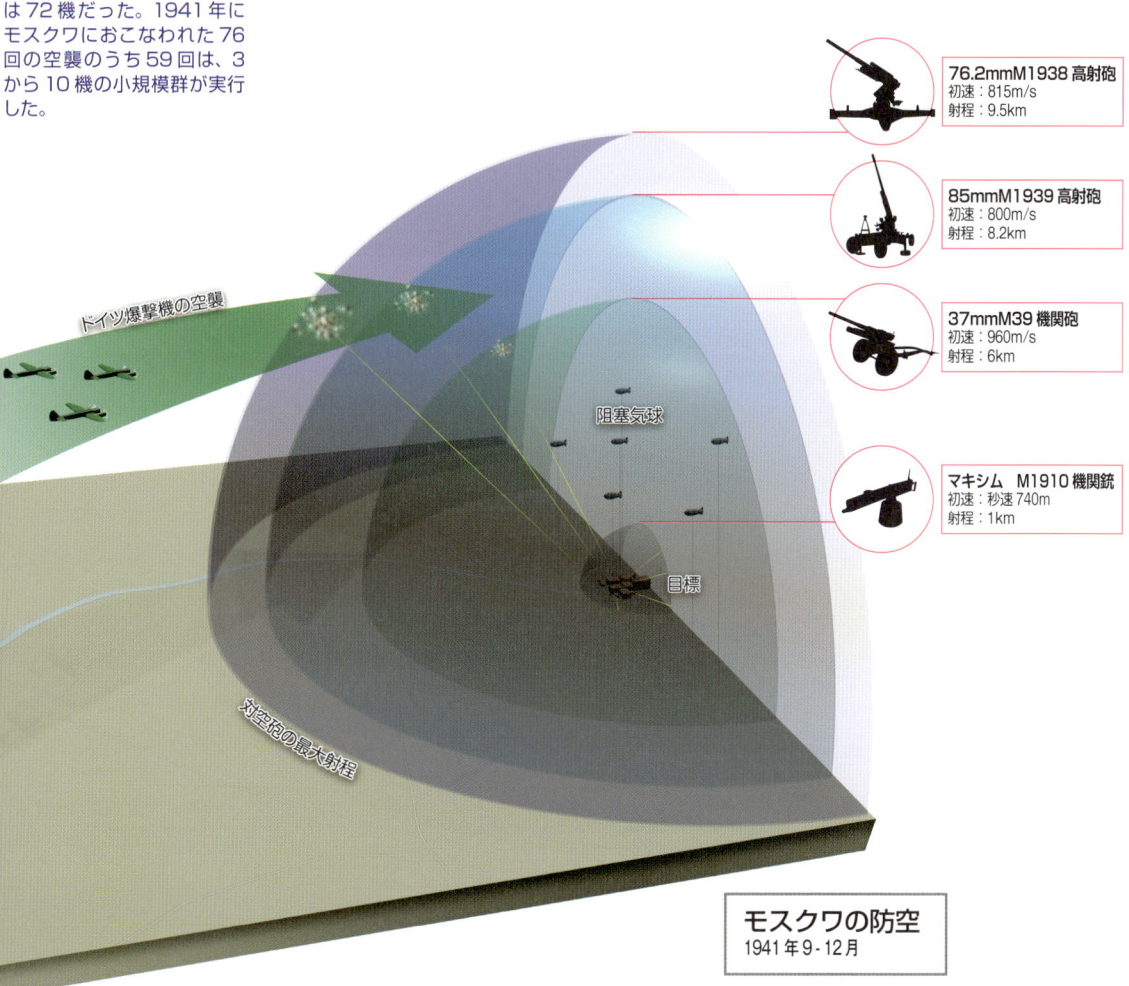

76.2mmM1938 高射砲
初速：815m/s
射程：9.5km

85mmM1939 高射砲
初速：800m/s
射程：8.2km

37mmM39 機関砲
初速：960m/s
射程：6km

マキシム　M1910 機関銃
初速：秒速740m
射程：1km

ドイツ爆撃機の空襲

阻塞気球

目標

対空砲の最大射程

モスクワの防空
1941年9-12月

Atlas of Air Warfare

ミコヤン・グレヴィッチ MiG-3
モスクワ防衛の戦闘準備に入った第12戦闘機連隊のMiG-3戦闘機。ソ連戦闘機2番手エースのアレクサンドル・ポクルイシュキンは、59機の撃墜数のうち20機をMiG-3であげている。

 ドイツ軍がおこなっているのは、大陸規模の戦いだった。さらに、整備不足の前線用簡易発着場で離着陸するという点も問題になっており、これがパイロットや航空機に大きな損害を与え、前線のパイロットの数は敵との戦闘よりも着陸時の事故で減少した。

鈍化するドイツの進軍

　7月末にはドイツ軍の進軍速度が急激に低下し、とくに物資補給は停滞した。それでもソ連はまだ強固な防御を敷くことができなかった。物資がドイツの先頭部隊までどうにか行きわたると、進軍がおこなわれた。優先されたのは、北部と南部の前線だった。そしてフィンランド軍がカレリヤ地峡を南下してレニングラードを包囲すると、ここは何カ月も包囲状態に置かれることになる。ウクライナが占領されてその貴重な穀物供給も奪われ、50万超のソ連兵が捕虜となった。

　7月初めには、モスクワ爆撃任務が開始された。第1回の爆撃では100機を超す航空機が飛来した。ドイツ機は高性能爆弾と焼夷弾を投下し、モスクワ郊外に大規模な火災を起こそうとした。そのあたりの建物はまだ大半が木造だったのだ。

　しかし、モスクワは驚くべき防空態勢にあった。まず、モスクワにたどり着く前にサーチライトと戦闘機という第一の関門が待ち受け、さらにモスクワの周辺と市内には、800門の対空砲が配置されていた。そしてクレムリンなど重要な建物の多くは、航空機を惑わすカムフラージュが厳重にほどこされていた。また、1930年代後半に建設されたモスクワの大規模な地下鉄網は、地下鉄本来の設計にシェルターの機能が取り入れられていた。

Barbarossa and the Bombing of Moscow

最初の大規模空襲の後は、モスクワ爆撃は夜間におこなわれたが、ロンドンに対する電撃（ブリッツ）ほどの規模ではなかった。ソ連の救急隊の技術とスピードはすばらしく、損害を受けた箇所の補修や除去を迅速におこなったので、日常生活は維持された。

終わりの始まり

11月初めには、ドイツ軍はモスクワに迫っていた。ドイツ空軍戦闘機は、モスクワに向かう爆撃機を護衛可能な範囲に到達していたが、パイロットは、いまだに補給と整備不充分な発着場という問題にひどく悩まされていた。いっぽうのソ連軍パイロットは、質の高いコンクリート製滑走路と暖かい兵員用宿舎に恵まれていた。とはいえ、ソ連民間人の死傷者数は増加し始めていた。空襲が昼間におこなわれると、仕事に出かけた市民はシェルターから遠く離れていることが多かったのだ。

1月になるとソ連が大規模な反撃をおこない、その後ドイツ軍の進軍は、モスクワの境界部まで45キロに達したところで鈍り始めた。ドイツ軍は爆撃機部隊とともに後退した。ソ連の凍った大地では注意力も散漫になった。ましてや爆撃機部隊は補給や支援ルートも不備ななか、急ごしらえの飛行場から飛び、爆撃任務をじゅうぶんに果たすのと同時に戦術的地上支援も提供しなければならなかった。作戦の失敗は決まっているようなものだった。

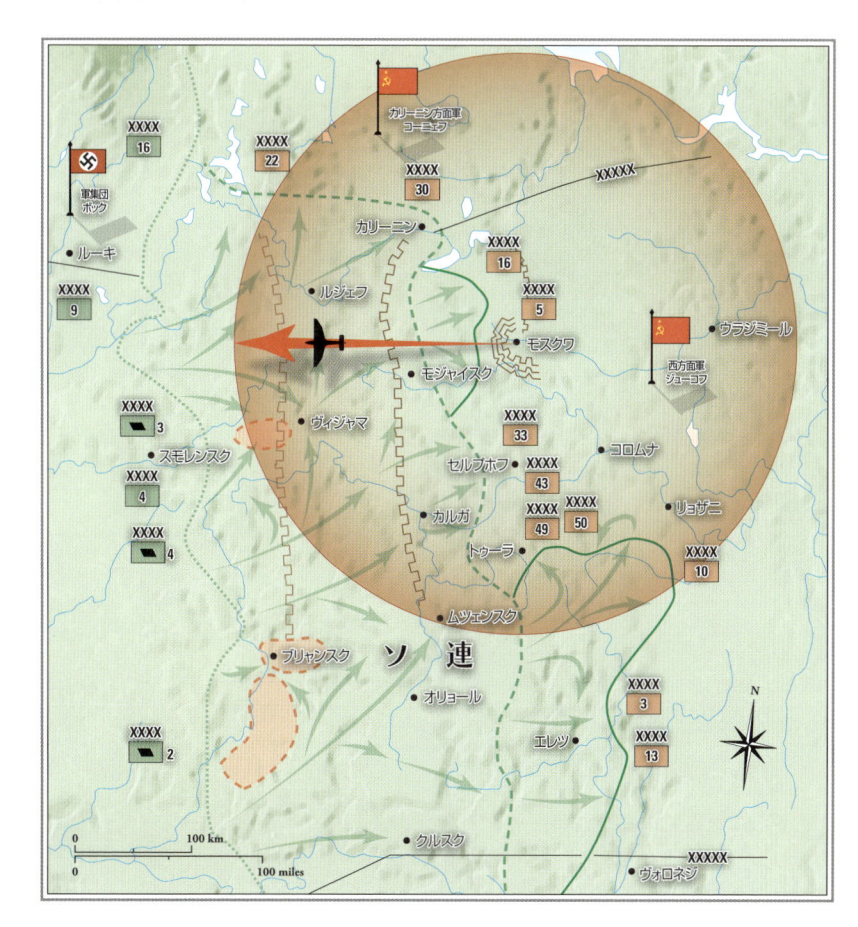

モスクワ爆撃
モスクワの防空は第6戦闘機航空軍団が担い、この隊には昼間戦闘機のみが配備されていた。ソ連機パイロットは大きな危険を冒して敵の夜間攻撃を撃退したが、ドイツ爆撃機を破壊したとする数は誇張されている。

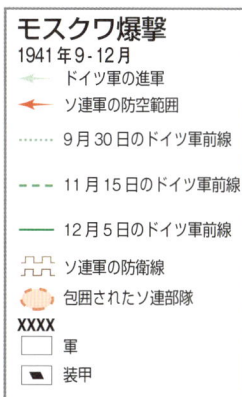

モスクワ爆撃
1941年9-12月
- ドイツ軍の進軍
- ソ連軍の防空範囲
- 9月30日のドイツ軍前線
- 11月15日のドイツ軍前線
- 12月5日のドイツ軍前線
- ソ連軍の防衛線
- 包囲されたソ連部隊
- XXXX 軍
- 装甲

真珠湾
1941 年 12 月

　日本がもくろんだ太平洋での勢力拡大は、日本列島には乏しい天然資源の確保ができるかどうかにかかっていた。オランダ領東インドやイギリス領マラヤの石油をはじめとする資源がなければ、日本の産業は立ち往生することになる。フランスとオランダはドイツに支配されて事実上戦争から離脱したいっぽうで、イギリスの関心はほぼ北アフリカの戦闘に向けられていた。極東におけるイギリス、フランス、オランダの植民地前哨地は略取に無防備状態であり、日本の勢力拡大にとって唯一の障害は、アメリカとその強力な太平洋艦隊だった。

　大日本帝国海軍と同規模のアメリカ太平洋艦隊は、日本が東南アジアの資源を手に入れようとするさいに、日本軍の側面に深刻な脅威となった。解決策はひとつ。ハワイ諸島のオアフ島、真珠湾に停泊している艦隊への奇襲だ。これによって脅威は無力化され、アメリカが回復するまでの間、日本は、資源を確保して環太平洋地域での地位を確立するために不可欠な時間を得るのである。

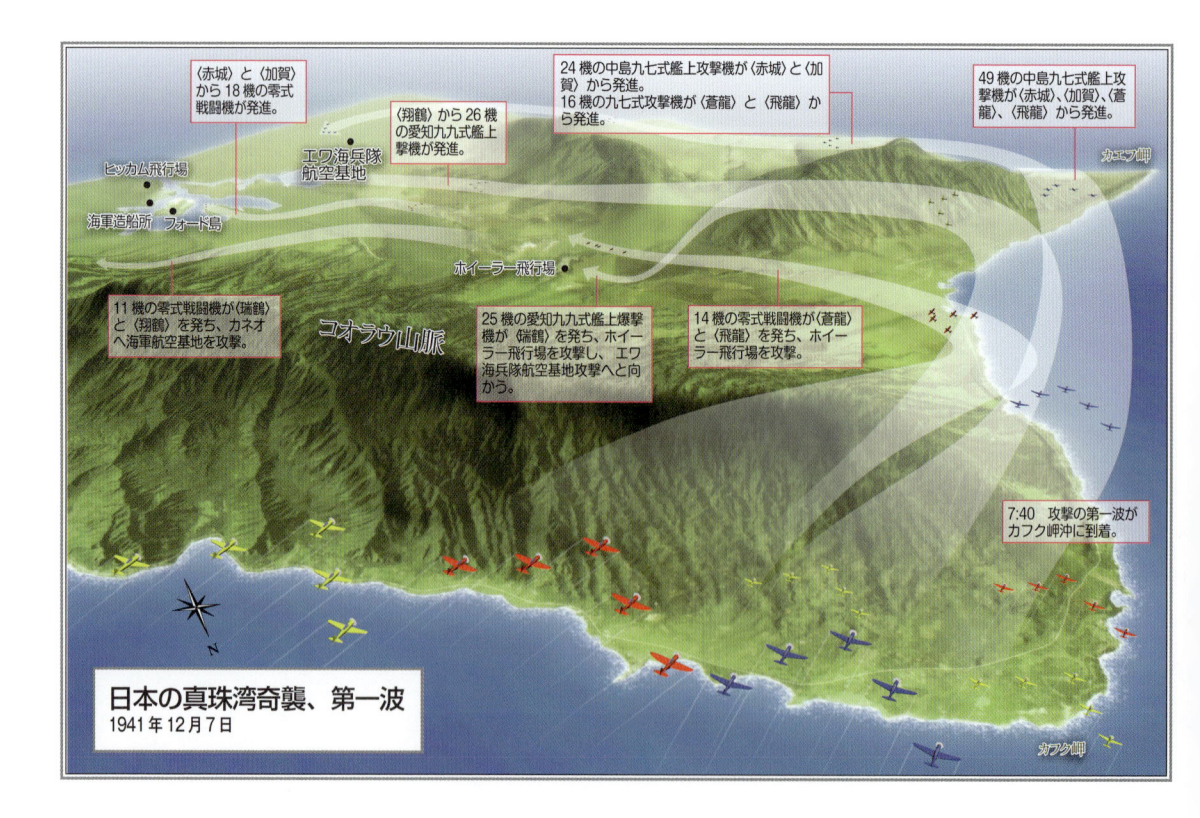

日本の真珠湾奇襲、第一波
1941 年 12 月 7 日

〈赤城〉と〈加賀〉から 18 機の零式戦闘機が発進。

〈翔鶴〉から 26 機の愛知九九式艦上爆撃機が発進。

24 機の中島九七式艦上攻撃機が〈赤城〉と〈加賀〉から発進。
16 機の九七式攻撃機が〈蒼龍〉と〈飛龍〉から発進。

49 機の中島九七式艦上攻撃機が〈赤城〉、〈加賀〉、〈蒼龍〉、〈飛龍〉から発進。

11 機の零式戦闘機が〈瑞鶴〉と〈翔鶴〉を発ち、カネオヘ海軍航空基地を攻撃。

25 機の愛知九九式艦上爆撃機が〈瑞鶴〉を発ち、ホイーラー飛行場を攻撃し、エワ海兵隊航空基地攻撃へと向かう。

14 機の零式戦闘機が〈蒼龍〉と〈飛龍〉を発ち、ホイーラー飛行場を攻撃。

7:40　攻撃の第一波がカフク岬沖に到着。

ヒッカム飛行場
エワ海兵隊航空基地
海軍造船所
フォード島
ホイーラー飛行場
コオラウ山脈
カエナ岬
カフク岬

アメリカ太平洋艦隊の無力化

　この作戦の立案責任者となったのは山本五十六大将である。山本は1930年代にアメリカを研究していたためにその産業力が日本を圧倒することを知っており、当初は攻撃に反対した。しかしイギリスのターラント攻撃の成功を研究すると、山本は、停泊中のアメリカ空母と戦艦を破壊できれば、日本にも勝機はあると考えた。彼は標準的な魚雷に木製のヒレを取りつけさせ、魚雷が真珠湾の浅瀬の泥のなかにもぐりこまずに、なるべく水面近くを進めるようにした。

　攻撃に参加する兵士は、日本の北に浮かぶ千島列島で極秘訓練を受けた後、北からハワイ諸島に向かった。日本艦隊は6隻の空母、〈赤城〉、〈飛龍〉、〈加賀〉、〈翔鶴〉、〈蒼龍〉、〈瑞鶴〉からなり、2隻の戦艦と2隻の重巡洋艦、駆逐艦や補給艦の一群に護衛されていた。この攻撃部隊は、430機の攻撃機および偵察機を運んだ。

　アメリカはじゅうぶん日本の意図を察知しており、領海上の全指揮官に最大限の警戒態勢を取らせていた。しかしアメリカ陸軍の真珠湾指揮官が、攻撃があるとしても、フィリピン諸島かウエーク島、あるいはミッドウェー諸島だろうと考えていたのは不運だった。この指揮官の頭には小規模な襲撃しかなく、真珠湾の防空には銃砲弾さえ配備されていなかった。

　1941年12月7日の早朝には、日本軍の攻撃艦隊は作戦開始に備え、北西からオアフ島に向かって航行していた。午前6時、51機の愛知九九式艦上爆撃機と、49機の中島九七式艦上攻撃機および40機の雷撃機が、43機の三菱零式艦上戦闘機に護衛さ

奇襲
真珠湾への大規模攻撃を計画するさい、日本海軍最高司令官山本五十六大将は、ちょうど1年前のイギリスのターラント攻撃をおおいに参考にした。しかし日本の攻撃はアメリカ空母を無力化するのに失敗し、空母はその先、洋上機動部隊の中核となる。

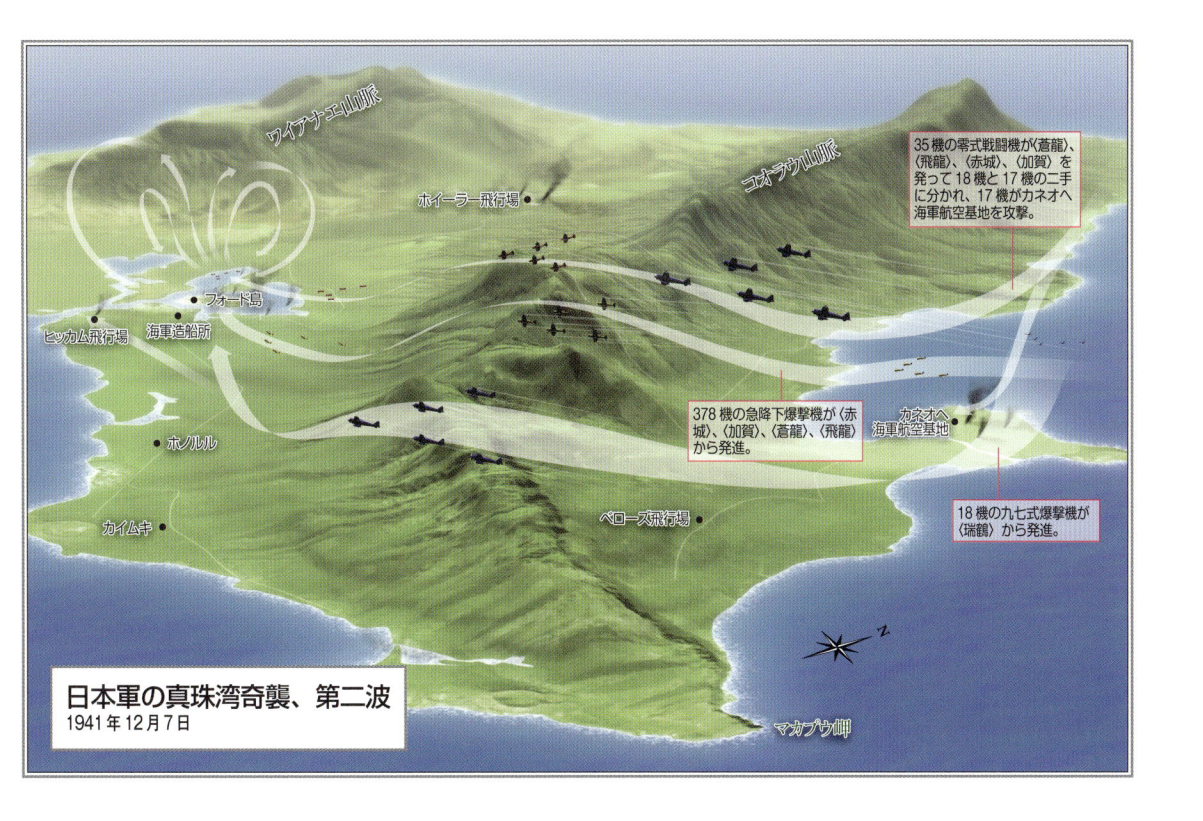

日本軍の真珠湾奇襲、第二波
1941年12月7日

- 35機の零式戦闘機が〈蒼龍〉、〈飛龍〉、〈赤城〉、〈加賀〉を発って18機と17機の二手に分かれ、17機がカネオへ海軍航空基地を攻撃。
- 378機の急降下爆撃機が〈赤城〉、〈加賀〉、〈蒼龍〉、〈飛龍〉から発進。
- 18機の九七式爆撃機が〈瑞鶴〉から発進。

ワイアナエ山脈／コオラウ山脈／ホイーラー飛行場／フォード島／海軍造船所／ヒッカム飛行場／ホノルル／カイムキ／ベローズ飛行場／カネオヘ海軍航空基地／マカプウ岬

Atlas of Air Warfare

零式戦闘機
第12航空集団の三菱A6M2零戦（ゼロ戦）は、大日本帝国海軍に1940年に配備された直後、中国上空に姿を現した。

れ、真珠湾攻撃の第一波として飛び立った。出発当初はもやが濃く曇っていたが、オアフ島に近づくにつれて雲が切れ、快晴の朝となった。レーダーのオペレーターはこの編隊の接近を探知して当番士官に報告したのだが、行動を起こす必要はないと言われる。ボーイングB-17の編隊がアメリカ本土から飛来中であると思ったためだった。さらにアメリカのラジオ放送が聞こえるという思わぬ助けが入り、日本の攻撃部隊は目標に接近することができたのである。

入念に計ったタイミング

　海軍兵士の多くが上陸許可を取るため、攻撃遂行の日には、とくに日曜の朝が選ばれた。急降下爆撃機が午前8時前に目標に突進し、直後に九七式艦上攻撃機が戦艦の列を目指した。付き添っている零式戦闘機がその間ずっと、付近の飛行場を機銃掃射したが、反撃はなかった。都合よくアメリカ軍機は整列しており、訓練を積んだパイロットは簡単に狙い撃つことができた。アメリカ軍からは迎撃戦闘機や対空砲撃による反撃もほとんどなく（カギが見つからなかったので、アメリカ軍兵士は銃弾庫の南京錠をたたき壊さねばならなかった）、日本機のパイロットは目標上に連なって、死

① 補助艦〈ホイットニー〉および駆逐艦〈タッカー〉、〈カニンガム〉、〈レイド〉、〈ケース〉、〈セルフリッジ〉
② 駆逐艦〈ブルー〉
③ 軽巡洋艦〈フェニックス〉
④ 駆逐艦〈エイルウィン〉、〈ファラガット〉、〈デール〉、〈モナガン〉
⑤ 駆逐艦〈パターソン〉、〈ラルフ〉、〈タルボット〉、〈ヘンリー〉
⑥ 駆逐艦母艦〈ドビン〉、駆逐艦〈ウォーデン〉、〈ハル〉、〈デューウィ〉、〈フェルプス〉、〈マクドナウ〉
⑦ 病院船〈ソレース〉
⑧ 駆逐艦〈アレン〉
⑨ 駆逐艦〈チュー〉
⑩ 駆逐艦・掃海艇〈ギャンブル〉、〈モントゴメリー〉、軽機雷敷設艦〈ラムゼー〉
⑪ 駆逐艦・掃海艇〈トレヴァー〉、〈ブリーズ〉、〈ゼーン〉、〈ペリー〉、〈ワスムス〉
⑫ 工作艦〈メデューサ〉
⑬ 水上機母艦〈カーティス〉
⑭ 軽巡洋艦〈デトロイト〉
⑮ 軽巡洋艦〈ローリー〉
⑯ 標的艦〈ユタ〉
⑰ 水上機母艦〈タンジール〉
⑱ 戦艦〈ネヴァダ〉
⑲ 戦艦〈アリゾナ〉
⑳ 工作艦〈ヴェスタル〉
㉑ 戦艦〈テネシー〉
㉒ 戦艦〈ウエストヴァージニア〉
㉓ 戦艦〈メリーランド〉
㉔ 戦艦〈オクラホマ〉
㉕ 給油艦〈ネオショー〉
㉖ 戦艦〈カリフォルニア〉
㉗ 水上機母艦〈アヴォセット〉
㉘ 駆逐艦〈ショー〉
㉙ 駆逐艦〈ダウンズ〉
㉚ 駆逐艦〈カッシン〉
㉛ 戦艦〈ペンシルヴァニア〉
㉜ 潜水艦〈カシャロット〉
㉝ 機雷敷設艦〈オグララ〉
㉞ 軽巡洋艦〈ヘレナ〉
㉟ 補助艦〈アルゴンヌ〉
㊱ 砲艦〈サクラメント〉
㊲ 駆逐艦〈ジャーヴィス〉
㊳ 駆逐艦〈マグフォード〉
㊴ 補助艦〈アルゴンヌ〉
㊵ 工作艦〈リーゲル〉
㊶ 給油艦〈ラマポ〉
㊷ 重巡洋艦〈ニューオーリンズ〉
㊸ 駆逐艦〈カミングス〉、軽機雷敷設艦〈プレブル〉、〈トレーシー〉
㊹ 重巡洋艦〈サンフランシスコ〉
㊺ 駆逐艦・掃海艇〈グレーブ〉、駆逐艦〈スライ〉、軽機雷敷設艦〈プルート〉、〈シカード〉
㊻ 軽巡洋艦〈ホノルル〉
㊼ 軽巡洋艦〈セントルイス〉
㊽ 駆逐艦〈バグリー〉
㊾ 潜水艦〈ナーホール〉、〈ドルフィン〉、〈タウトグ〉および駆逐艦母艦〈ソーントン〉、〈ハルバート〉
㊿ 潜水母艦〈ペリアス〉
㉛ 補助艦〈サムナー〉
㊷ 補助艦〈カスター〉

188

Pearl Harbor: December 1941

真珠湾　戦艦の位置
1941年12月7日

イーストロック

ミドルロック

フォード島
(アメリカ海軍基地)

サウス
イーストロック

アメリカ
海軍造船所

石油タンク

石油タンク

をもたらすその荷を投下した。

　戦艦〈アリゾナ〉は武器庫に徹甲弾を被弾し、即座に爆発、沈没して、1200名の船員が艦と運命をともにした。〈アリゾナ〉に続き、戦艦〈ウエストヴァージニア〉、〈カリフォルニア〉が、どちらも魚雷に撃たれて沈んだ。戦艦〈ネヴァダ〉は比較的安全な大洋を目指して急いだが、攻撃を受け、港を入ってすぐのところで身動きがとれなくなった。攻撃の第一波は、銃弾と爆弾、魚雷を撃ちつくし、勝利を手に空母へと戻っていった。

　攻撃の第二波がオアフ島の山岳地周辺に到達するまでに、真珠湾のアメリカ軍には立ち直るための時間はあまりなかった。それでも無事だった兵士たちは協力し、やがて飛来する航空機に対してできることに手をつけ始めていた。第一波の犠牲になった艦や機の多くからはもくもくと煙が上っていたため、第二波は前回ほどの成果を上げ

なかった。とはいえ、損害は甚大だった。昼食までにはすべての日本機が空母に着艦し、日本に戻る途上にあった。真珠湾では、兵士、民間人合わせて2335人が命を落とした。4隻の戦艦が沈没、4隻は大破し、さらに3隻の駆逐艦が沈没、2隻の巡洋艦が大破、188機の航空機が地上ないし空中で破壊された。これに対し、日本軍は29機の航空機と乗員を喪失しただけだった。

　驚くべき成果だったが、しかしこれは無意味な勝利だった。これでアメリカの参戦が決定的になったからだ。攻撃の主要目標であるアメリカ軍空母はその日、港の中にはなく、航空機をミッドウェーに搬送したり、アメリカ本土で修理中であったりした。また湾の設備で破壊されたものはなにもなく、真珠湾が本来の態勢に戻るのに時間はかからなかった。

Atlas of Air Warfare

東南アジア陥落
1942 年

Fall of Southeast Asia: 1942

　1941年12月8日、山下奉文大将率いる第25軍はシャム（タイ）南部とマラヤ北部に上陸した。この地方の天然資源を急遽確保し、日本の軍需産業につぎ込む必要があった。この大規模作戦に携わった陸、海そして空の部隊は、中国における猛戦で力を証明済みだった。いっぽうこれに対峙する連合国軍は、この地域に初めて投入され、経験も不足していた。

シンガポールの陥落

　シンガポールには、連合国軍最大でかつ装備も充実した基地があり、ここにはイギリスが大軍を集中配置していた。戦闘機による防衛の主力は、旧型のブリュースター・バッファロー4個飛行隊が引き受けていた。爆撃機部隊は、初期モデルのブリストル・ブレニム4個飛行隊、ロッキード・ハドソン2個飛行隊、旧型のヴィッカース・ヴィルデビースト複葉雷撃機2個飛行隊からなっている。これに他の航空機も少数くわわり、総計362機の航空機がマラヤとシンガポールの防衛に投入可能だったが、実戦に向けて稼働態勢にあるのは、このうち60パーセントほどでしかなかった。

　地上部隊はおよそ6万の兵士に、イギリス、インド、オーストラリア、ニュージーランドから週単位で増援部隊が到着した。洋上では、イギリス戦艦〈プリンス・オブ・ウェールズ〉と巡洋艦〈レパルス〉の2隻の主力艦がシンガポールを基地としていた。この2隻は巡洋艦、駆逐艦、潜水艦の小部隊とともに作戦に就いた。12月8日、〈プリンス・オブ・ウェールズ〉と〈レパルス〉は小部隊を率い、日本軍の侵攻を支援する軍事輸送船を探し、攻撃しようとした。しかし、日本の偵察機が先にイギリス艦を発見する。60機の三菱九六式艦上攻撃機と26機の三菱一式陸上攻撃機の一群が、爆弾と魚雷で両艦を撃沈し、海戦での航空機による援護の重要性を見せつけた。この戦闘によって、太平洋の日本艦隊と対峙する連合国側の主力艦船として残ったのは、わずか3隻のアメリカ空母だった。

　経験豊富な日本部隊はいまや、実戦の経験が不足する連合国軍兵士の裏をかいて打ち負かし、マレー半島に進軍しようとしていた。頭上では日本軍爆撃機が支援任務に

マラヤ侵攻
マラヤ侵攻において日本軍には大きな利点があった。ジャングルを敵に回さずに味方につけ、必要であればジャングルに生活を頼ったのである。日本軍は、アメリカやヨーロッパ諸国の部隊であればまったく容認できないような食糧配給で生きていた。

ブリストル・ブレニム
マラヤに配置された第34、60、62のイギリス空軍3個飛行隊には、ブリストル・ブレニムMk.Iが配備された。

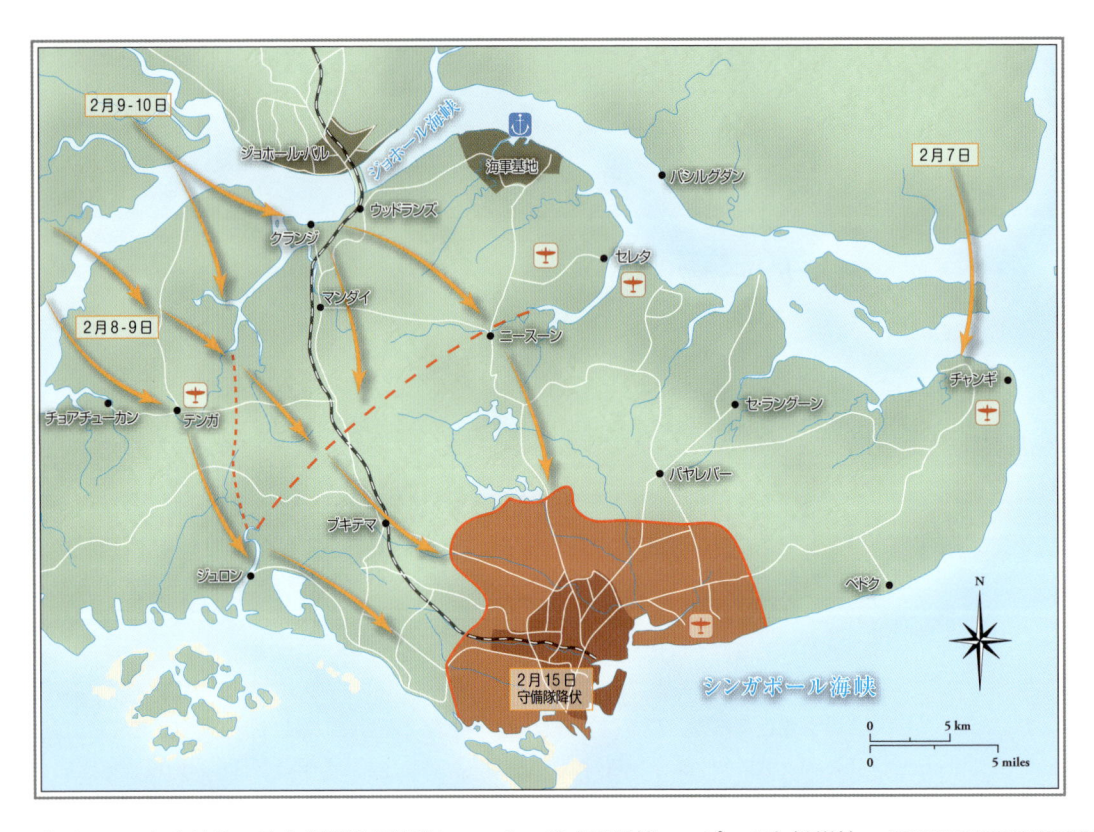

飛び、それを高性能の零式戦闘機が援護していた。零式戦闘機のスピードと操縦性、航続距離は防御側に大きな衝撃を与えた。いっぽう、連合国軍には増援部隊が数個到着し、51機のホーカー・ハリケーンも船で届いた。この機はすぐに組み立ててテストされ、一部は1942年1月20日には戦闘準備が整った。同日、ハリケーンの一団が、シンガポール攻撃に没頭する28機の日本軍爆撃機を発見し、8機を撃墜した。しかし日本軍爆撃機が戻ってきたときには高速の零式戦闘機が護衛しており、5機のハリケーンが撃墜された。日本軍は侵攻を続け、その経験と覚悟は、訓練も準備もお粗末で実戦に不慣れなイギリス軍の新兵に対して大きくものを言った。1942年2月15日、シンガポールは陥落し、オランダ領東インドへの道は開かれた。

日本軍による支配の強化

　日本軍は4カ月でその目的をほぼ達成していた。ビルマに進軍し、フィリピンとオランダ領東インドを併合し、ソロモン諸島まで下ったのだ。フィリピンには、アメリカ陸軍航空軍がアメリカ本土以外では最大の編隊を駐留させており、日本軍は迅速に動いてこれに空襲をかけ、地上のアメリカB-17爆撃隊を攻撃した。クラーク飛行場とその周辺に駐屯していた機は、台湾の日本軍航空基地への先制攻撃には派遣されていなかった。12月8日の午後に12機のB-17が完全に破壊され、さらに3機が、修理がきかないほど大破した。カーティスP-40は滑走中に零式戦闘機の機銃掃射に捕まった。1度の急襲でフィリピンにおけるアメリカ軍機の半分が破壊され、残りも次の数日間で同じ運命をたどることになる。大日本帝国は快進撃を続けるかに見えた。

シンガポール占領
1942年2月8-15日

→ 日本軍の進軍
・・・ 2月9日のイギリス軍前線
‐‐‐ 2月11日のイギリス軍前線
― 2月15日のイギリス軍前線
✈ イギリス軍飛行場
⚓ イギリス海軍基地

シンガポールの占領
日本の激しい空襲によって、シンガポールの民間人の士気は総崩れになった。シンガポール島の防衛はつねに海上からの攻撃を念頭においていたので、マレー半島からの攻撃は想定外だった。

珊瑚海海戦
1942 年

日本軍の進軍速度は落ちず、部隊は南へと侵攻を続けた。攻撃の道筋と、おそらくその先に予定されているオーストラリア北部侵攻に立ちはだかるのは、パプアニューギニアに鬱蒼と広がる密林地帯だけだった。パプアニューギニア島は当時、侵攻の足場と日本軍の中型爆撃機の前進基地として利用することが可能だった。この島の首都ポートモレスビーの占領が作戦の要であり、攻略軍はニューブリテン島のラバウルとカレインに集結した。

日本軍輸送船団3個が出航し、そのうち最大の船団がポートモレスビーを目指した。ほかの小規模船団は水上艇の基地建設開始のため、ルイジアード諸島のツラギ島を目指していた。4隻の重巡洋艦、1隻の駆逐艦と軽空母〈祥鳳〉が、五藤存知少将の指揮下、輸送船団の護衛をおこなった。さらには真珠湾の奇襲にもくわわった2隻の空

珊瑚海海戦
珊瑚海海戦は、敵対する艦船が接触せずに行なわれた史上初の海戦である。アメリカ軍空母部隊は日本軍の護衛空母部隊を追い返し、日本軍のニューギニア、ポートモレスビー上陸を阻止した。

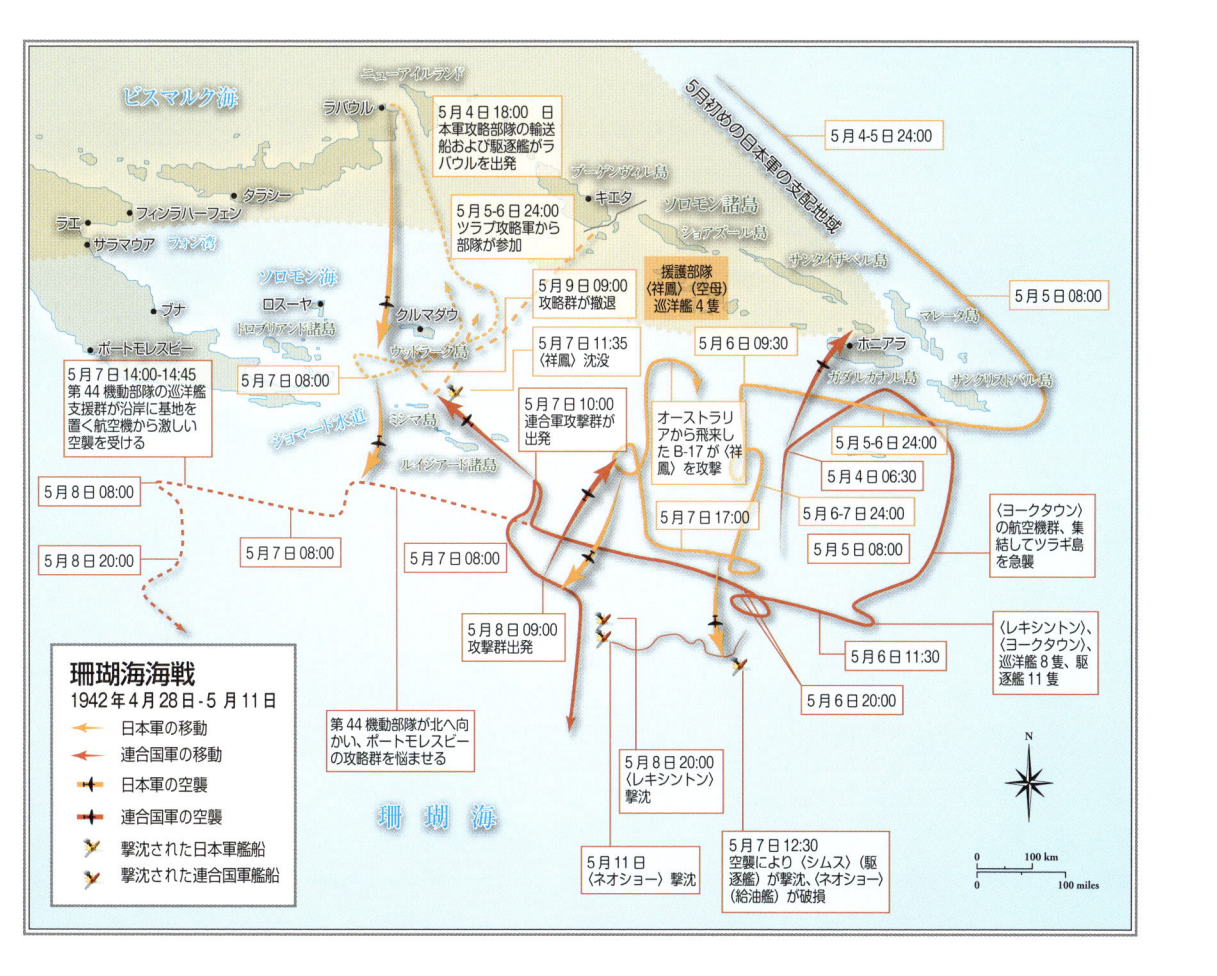

母〈翔鶴〉と〈瑞鶴〉、2隻の重巡洋艦、数隻の駆逐艦からなる攻撃部隊も控えていた。この部隊を率いる高木武雄中将は、輸送船団に連合国軍の部隊をおびき寄せようともくろんでいた。そうなれば、高木率いる機動部隊があたりに目を光らせて先制攻撃をおこない、敵を破壊するのだ。

日本軍への攻撃開始

　日本軍の計画は奇襲の要素に大きく頼っていたが、事はそううまく運ばなかった。連合国側は完全に日本軍の意図を読んでいた。その頃、アメリカの暗号解読システム「マジック」が、日本海軍の作戦暗号「JN-25」を解読していたからだ。こうした暗号解読の価値は非常に高かった。日本の進軍に反撃するために、空母〈レキシントン〉と〈ヨークタウン〉の艦隊を中心に2個機動部隊が編制され、フランク・ジャック・フレッチャー少将の指揮下に置かれた。オーストラリア軍少将ジョン・クレース率いる3個目の部隊は予備部隊として待機した。

　5月3日、日本軍部隊の第一陣がツラギ島に何事もなく上陸を開始し、〈ヨークタウン〉から飛んだ偵察機がこれらの部隊を翌日発見した。日本軍は猛攻をくわえられて多大な死傷者を出し、駆逐艦と数隻の輸送船が沈没した。5月5日、アメリカ軍の2個機動部隊がガダルカナルの南670キロで落ち合い、ポートモレスビーに向かう日本の主要輸送船団を妨害するために、そこから北西へと移動を開始した。その間、高木率いる部隊は東から珊瑚海へと入りつつあった。5月7日、フレッチャーはポートモレスビーの日本軍攻略艦隊を発見との報告を受け、主要目標は〈祥鳳〉である点を確認すると、即座に攻撃を命じた。アメリカ海軍ダグラスTBDデヴァステイター雷撃機とSBDドーントレス急降下爆撃機が日本軍空母を襲い、交戦開始から数分もすると空母は沈み始めた。輸送船団は引き返さざるをえず、トラック島とラバウルの基地へと戻り始めた。日本軍の2個主力攻撃機動部隊がこの海域のごく近くまで接近しており、また夜になって目視が利かないこともあって、帰艦中の6機の日本軍偵察機が誤って〈ヨークタウン〉に降着しようとしたという事件もあった。

　翌朝、日本軍もアメリカ軍機動部隊も索敵機を出し、どちらも敵をちょうど同じ頃に発見した。日本軍とアメリカ軍は340キロほど離れて、同時に攻撃を開始した。〈瑞鶴〉はスコールのなかに逃げ込んでどうにかアメリカ軍の急降下爆撃機および雷撃機をかわしたが、〈翔鶴〉は甲板に3発の爆弾が命中して激しい損傷を受け、帰艦する航空機を待たずにトラック島に戻らざるをえなかった。

　いっぽう、アメリカ軍機動部隊に接近していた日本軍の攻撃部隊は、アメリカ部隊より優れた航空機を保有し、さらには貴重な経験も積んでいた。甲板に1発被弾した〈ヨークタウン〉は航行可能だったが、しかし〈レキシントン〉には魚雷が2発命中し、甲板下方で多数の火事が発生して傾いた。〈レキシントン〉はその後、燃料に引火したために爆発して裂け、さらに損傷が激しくなる。そして乗員の避難後、この艦は廃棄された。

貴重な教訓

　珊瑚海の勝利者がどちらであるかは明確ではないが、〈レキシントン〉の損失がアメ

The Battle of the Coral Sea: 1942

ダグラス SBD ドーントレス
ミッドウェー海戦中、空母〈エンタープライズ〉、〈ホーネット〉、〈ヨークタウン〉から飛び立ったSBDドーントレス急降下爆撃機は大きな成功を収め、日本軍空母〈赤城〉、〈加賀〉、〈蒼龍〉を撃沈した。また〈飛龍〉に負わせた損傷は大きく、この艦は自沈した。

リカ軍に与えた打撃は、それより小型の〈祥鳳〉が日本に与えたものよりも大きかった。とはいえ、〈翔鶴〉は激しく損傷し、この後のミッドウェー海戦には参加しない。日本軍は経験豊富な乗員の多くも失った。そしてアメリカは多大な損失を被った代わりに、大変貴重な教訓もいくつか得た。これはまた、交戦する2国の艦隊が互いを目視できない位置からおこなった最初の海戦であり、空母とそこから発進する航空機の重要性が際立った戦闘だった。この海戦以降、艦隊は空母と航空機を中心に編制され、戦艦と大砲の時代は終わるのである。

ミッドウェー海戦
1942 年

　アメリカ軍機動部隊を相手にした珊瑚海での勝利からまもなく、前年12月の真珠湾奇襲の考案者である山本五十六大将は、アメリカ軍の前哨基地、ミッドウェー島の侵攻計画に着手した。広大な太平洋の中心に位置するこの小さな環礁は、当時、アメリカ支配地域の最西端にあたり、日本艦隊がハワイ諸島に向かう途上にあるのはこの島だけだった。

不首尾に終わったワナ

　山本の作戦が奏功するためには、アメリカ軍部隊をアリューシャン列島海域へとおびき出す必要があった。これには、陽動戦術として山本の部隊から2隻の軽空母を割き、護衛や部隊輸送船をつけてこの海域に向かわせなければならない。また山本は、前月の珊瑚海での交戦で〈ヨークタウン〉が沈没したと思い込んでいた。しかし、〈ヨークタウン〉はどうにか真珠湾にたどり着き、わずか48時間で補修を終えていた。

　北のアリューシャン列島へと向かうと見せかけ、その間に本隊はミッドウェーを目

山本五十六大将
一度の大規模戦でアメリカ太平洋艦隊を壊滅させるというプランを立て、それがミッドウェー海戦につながる。戦闘の結果、日本は海上での主導権を失い、それはアメリカ軍に渡った。

The Battle of Midway: 1942

空母の攻撃
アメリカ軍空母甲板のSBDドーントレスとTBDデヴァステイター。戦闘ダメージの緩衝機能が高いため、ドーントレス飛行隊の消耗率は、太平洋におけるアメリカ空母全機のなかでも最低だった。

ミッドウェー島
真珠湾の西に位置するミッドウェー島はアメリカ軍の重要な前哨基地であり、日本軍にとっては手に入れるべき地だった。

　指すという山本の計画は無駄に終わった。アメリカ軍指揮官たちは、日本海軍のコードを破った「マジック」の暗号情報に接し、今回もその情報に従って備えたのだ。軍部内で尊敬を集める太平洋艦隊司令長官、テキサス出身のチェスター・W・ニミッツ大将は、部隊を有利な地点に配置することが可能だった。ニミッツは、日本軍潜水艦が哨戒線を張る前に、それが予想されるミッドウェーの北海域に、レイモンド・A・スプルーアンス少将率いる空母〈エンタープライズ〉と〈ホーネット〉にじゅうぶんな護衛をつけて派遣した。これにさらに、フレッチャー少将指揮下の、補修を終えた〈ヨークタウン〉を中心とした2個目の機動部隊がくわわった。

　いっぽうの日本軍は3つの主力集団に分かれた。1番手は強力な護衛が支援する攻略群であり、山本大将が指揮した。攻撃部隊は4隻の空母、〈飛龍〉、〈加賀〉、〈赤城〉、〈蒼龍〉を中心に、2隻の戦艦とその他の小型艦船がくわわり、真珠湾攻撃の経験豊富な指揮官である南雲忠一中将の指揮下に置かれた。そしてもうひとつの主力攻略群は3隻の戦艦と支援艦艇からなった。これらの艦艇をもって、日本軍は立ちはだかるアメリカ軍艦艇を大きく圧倒していた。

　日本軍の攻略部隊が最初に目視されたのは6月3日の午後であり、ミッドウェーに基地を置くB-17フライング・フォートレスに攻撃を受けた。この機は空母を爆撃した

が戦果はなく、洋上を移動する目標への、高高度からの爆撃に特有の難しさがあらわになった。それは雷撃機と、とくに急降下爆撃機が担うべき任務だった。しかしこの攻撃には日本の空母部隊を縛りつけておくという効果があり、空母は零式戦闘機を飛ばせた。零式戦闘機は4発の爆撃機を防ぐため頻繁に発進、着艦を繰り返さねばならず、アメリカ軍空母部隊は、発見されずにミッドウェー北東地域の有利な地点に到達する時間を稼ぐことができた。

ミッドウェー海戦
日本軍は、ミッドウェー海戦において4隻の空母にくわえ、258機の航空機と非常に経験豊富なパイロットを大勢失った。日本軍の決定的敗北によってその攻撃の成功も途切れ、事実上、太平洋戦争の潮目が変わった。

The Battle of Midway: 1942

最初の攻撃開始

6月4日の朝、山本大将は、環礁への第1回目の攻撃開始準備を終えていた。100機あまりの航空機は大半が零式戦闘機が護衛する九九式艦上爆撃機であり、これがミッドウェーへと飛び、いっぽうでは、島のアメリカ軍基地を発った攻撃機が日本艦隊の位置をつかみ、そこへと向かった。アメリカ軍パイロットの戦果はほとんどなかった。目標にはまったく命中せず、17機の雷撃機を失っている。日本軍のミッドウェー攻撃も戦果はごく限られていたが、損失はアメリカ軍よりずっと少なかった。

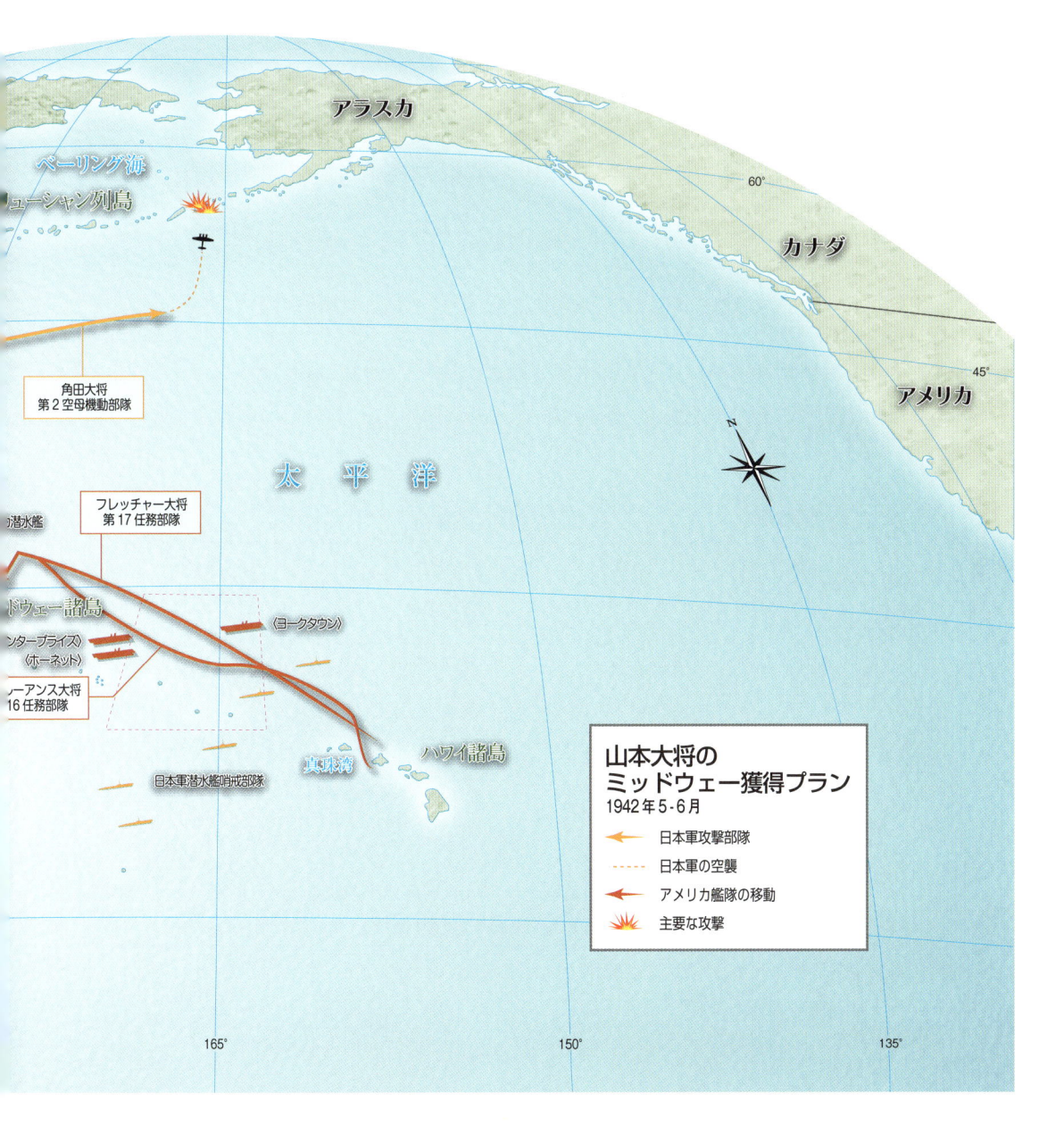

**山本大将の
ミッドウェー獲得プラン**
1942年5-6月

- ← 日本軍攻撃部隊
- --- 日本軍の空襲
- ← アメリカ艦隊の移動
- ※ 主要な攻撃

航空機が空母に帰艦する頃、〈フレッチャー〉と〈スプルーアンス〉はミッドウェーの北東海域に到達していた。ここは、接近する日本部隊の側面攻撃に適した位置だ。アメリカ空母は、ダグラスTBDデヴァステイター雷撃機、ダグラスSBDドーントレス急降下爆撃機、およびグラマンF4Fワイルドキャット戦闘機と、航空機を総動員した。

周辺にいたあるアメリカ空母からの報告では、日本軍空母艦上では南雲中将が帰艦した攻撃機隊に、それまで装備していた高性能爆弾ではなく徹甲弾を装備するよう命じたという話もある。この準備に日本軍は貴重な時間を費やした。デヴァステイターがその場に飛来したが、SBD機は編制に間に合わず、また致命的だったのはF4Fの護衛もついていなかったことで、零式戦闘機は空母への襲撃を防いだ。今回もアメリカ軍の魚雷は標的を外し、雷撃機全機が、零式戦闘機の銃や、空母や護衛艦からの対空銃砲撃に撃墜された。しかし零式戦闘機は海上低く飛んでおり、そこにSBDが到着した。SBDは高度6100メートルから急降下し、まっすぐに日本軍空母を目指した。その甲板は、銃砲弾と航空燃料を満載していた。攻撃を受けた時にちょうど編隊の先頭にいた〈飛龍〉はこの猛攻を逃れたが、〈加賀〉、〈赤城〉、〈蒼龍〉にはすべて爆弾が命中し、激しく炎上を始めた。〈赤城〉、〈蒼龍〉は同日中に沈没、〈加賀〉も爆発し、多くの乗員が運命をともにした。

唯一残った〈飛龍〉が〈ヨークタウン〉に攻撃を開始した。3発の爆弾と2発の魚雷が目標をとらえ、〈ヨークタウン〉はこれで航行不能となり、曳船に引かれて真珠湾に向かう途中、伊-168の魚雷攻撃で沈没した。攻撃は続き、〈飛龍〉にもSBDの爆弾が甲板に4発命中した。

4隻の空母とその航空機、乗員を失った今、山本大将は敗北を認め、一時は威圧的

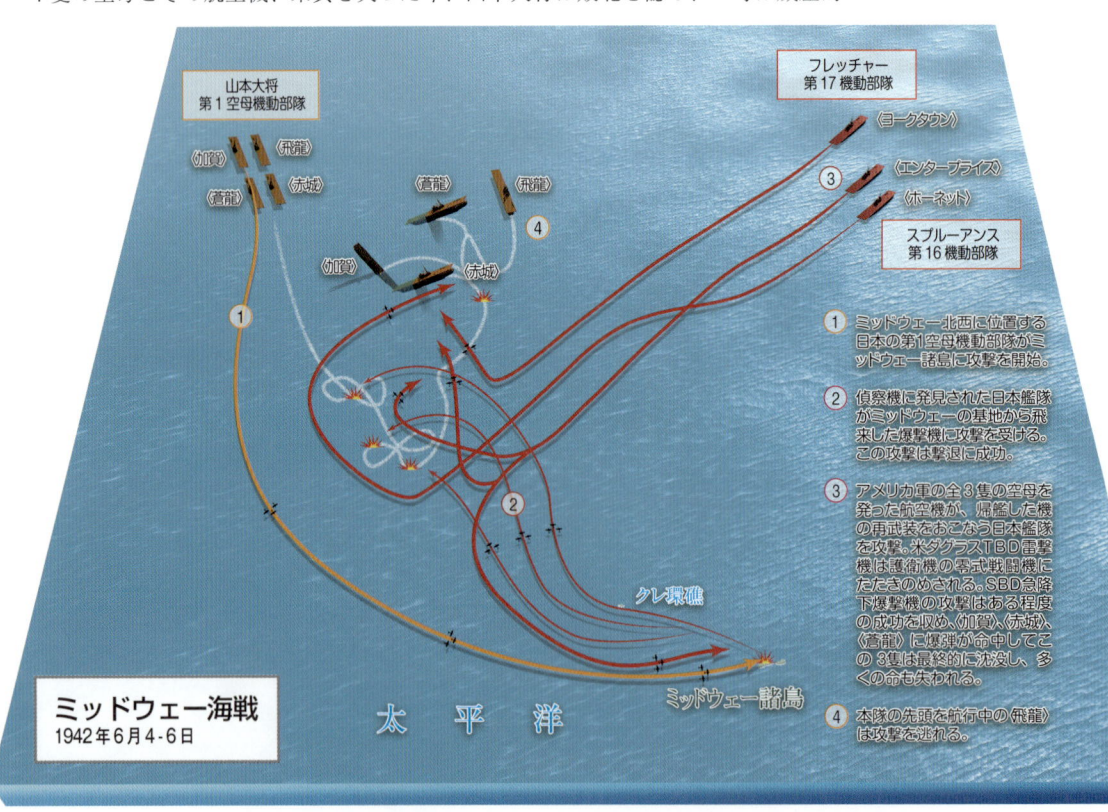

ミッドウェー海戦
1942年6月4-6日

山本大将
第1空母機動部隊

フレッチャー
第17機動部隊

スプルーアンス
第16機動部隊

1. ミッドウェー北西に位置する日本の第1空母機動部隊がミッドウェー諸島に攻撃を開始。

2. 偵察機に発見された日本艦隊がミッドウェーの基地から飛来した爆撃機に攻撃を受ける。この攻撃は撃退に成功。

3. アメリカ軍の全3隻の空母を発った航空機が、帰艦した機の再武装をおこなう日本艦隊を攻撃。米ダグラスTBD雷撃機は護衛機の零式戦闘機にたたきのめされる。SBD急降下爆撃機の攻撃はある程度の成功を収め、〈加賀〉〈赤城〉、〈蒼龍〉に爆弾が命中してこの3隻は最終的に沈没し、多くの命も失われる。

4. 本隊の先頭を航行中の〈飛龍〉は攻撃を逃れる。

The Battle of Midway: 1942

陣容を誇った攻撃部隊の残軍とともに東方へと撤退するほかなかった。しかしその途上でもしばしばアメリカ爆撃機に悩まされた。太平洋における均衡は崩れてアメリカ有利に傾き、この海戦でも、航空戦力が決定的要因であることが証明された。これ以降、アメリカはこの海域で攻勢に立つ。日本は、最高の空母4隻と大量の航空機、そしてなにより経験豊富なパイロットといういちばん貴重な資源を失い、洋上における航空戦力を大きく欠くことになるのである。

グラマン F4F ワイルドキャット
F4F ワイルドキャットは非常に頑丈で、戦闘ダメージの緩衝能力が驚くほど高かったが、日本軍戦闘機との交戦で生き残るには、経験豊富なパイロットが操縦する必要があった。

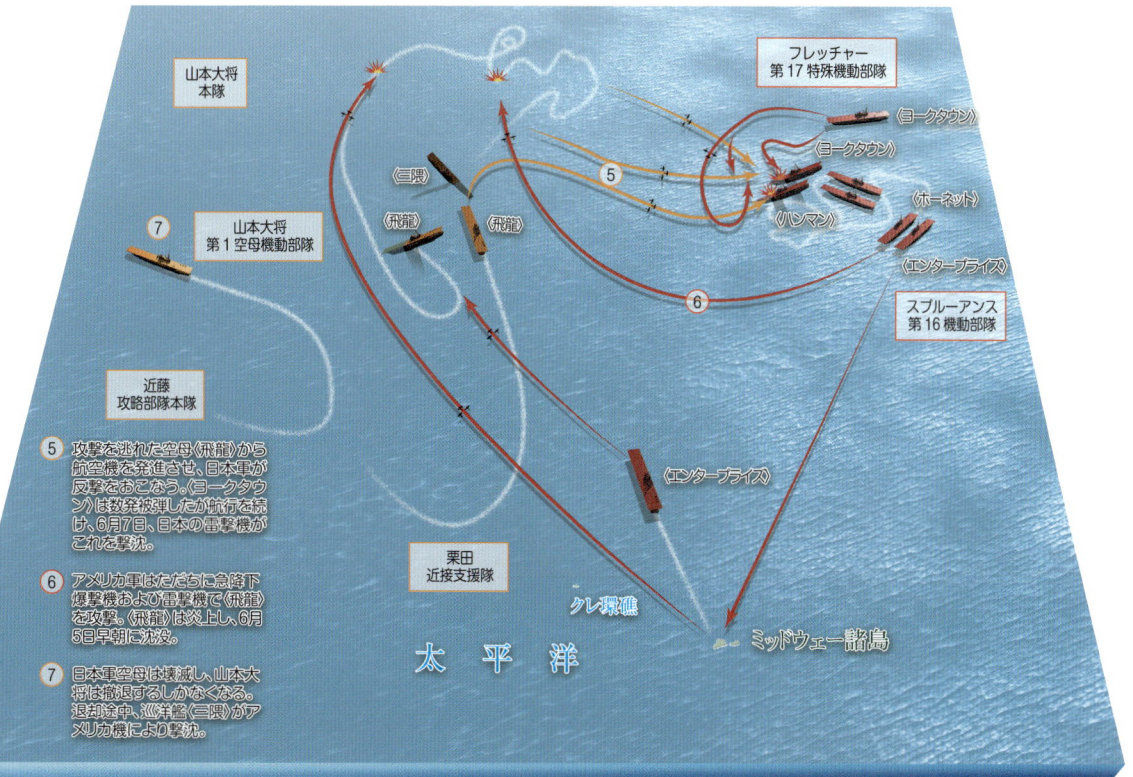

5. 攻撃を逃れた空母〈飛龍〉から航空機を発進させ、日本軍が反撃をおこなう。〈ヨークタウン〉は数発被弾したが航行を続け、6月7日、日本の雷撃機がこれを撃沈。

6. アメリカ軍はただちに急降下爆撃機および雷撃機で〈飛龍〉を攻撃。〈飛龍〉は炎上し、6月5日早朝に沈没。

7. 日本軍空母は壊滅し、山本大将は撤退するしかなくなる。退却途中、巡洋艦〈三隈〉がアメリカ機により撃沈。

カフカス地方とソ連南部
1942年

　1942年の春が到来すると、ドイツ軍最高司令部は、再びモスクワ進軍の計画を立てた。ゲオルギー・ジューコフ大将が前年の冬に手にしたものを奪回し、ソ連の首都占領を完遂させるのだ。最高司令部は、モスクワ占領によってソ連の戦争努力はくじかれ、戦争は迅速に終結に向かうと確信していた。

　しかしもっと壮大な展望を描いていたヒトラーは、これに同意しなかった。軍をスターリングラードと、カフカス地方の油田へと進めようというのだ。陸軍元帥エルヴィン・ロンメルとそのアフリカ軍団はイギリス軍をスエズ運河まで押し戻しており、カフカスから中東までがつながれば、さらに北に向かってモスクワ後方、そしてウラル山脈へと一気に攻めあがれるのだ。ソ連戦線に配備した航空機2750機のうち、1500機が新たな攻撃にあてられることになった。「青作戦」と名づけられたこの計画は6月28日に開始された。ドイツ軍の進軍は従来どおり、第6航空艦隊の航空機の支援を受けた戦車が進み、それに歩兵が続いて掃射するという形をとった。ドイツ軍は防御陣地を迂回し、何千という捕虜をくわえていった。

　7月9日には、ドイツ部隊はヴォロネジに到着してそこから南へと転じ、クリミア半島からウクライナ南部を抜けて移動中の軍と合流した。ソ連軍は一度も戦闘を交わすことなく、7月23日にロストフオンドンを捨てた。1941年の夏と同様、赤軍全体が混乱に陥っているように見えた。7月末になるとヒトラーは大勝利を確信し、軍を油田の確保に集中させずに二手に分けた。マクシミリアン・フォン・ヴァイクス大将麾下のB軍集団は、スターリングラード占領の命令を受けて東へ向かった。いっぽう、エヴァルト・フォン・クライスト大将が率いるA軍集団と第1装甲軍は、油田確保の任務を続けた。

反撃の始まり

　赤軍の後退をソ連人民の目から隠すことはできず、失敗と敗北の噂はすぐに広まった。ロストフオンドンを失った後には人々に怒りが蔓延し、とくにモスクワとレニングラードを控えての敗北に対する憤りは大きかった。軍は今回もさっさと退却し、部隊は装備を捨て、士官からの命令を無視した。スターリンはいくらか気落ちしながらも「ソ連国防人民委員令第227号」を発し、「退却するべからず！」と命じた。

　ソ連軍はスターリンの命令を無視して退却を続けたが、それでも徐々に抵抗も強まっていった。恐れられた人民内務委員会（NKVD）が脱走者を検挙してはいたが、ソ連兵の多くは、恐怖と強制以外の理由から戦い続けた。1942年の夏、スターリンはソ連人民に呼びかけた。ひとつの「陣営」としてまとまり、資源と人民の力を一点に向け、侵略者を倒して「母なるロシア」を救うのだ、と。宗教を否定するソ連において再び宗教の信仰が許され、それは、生き延びるためにソ連人民が望み、おそらくは必要としたことだった。7月25日にエーデルワイス作戦が始まり、開始当初3週間ほど

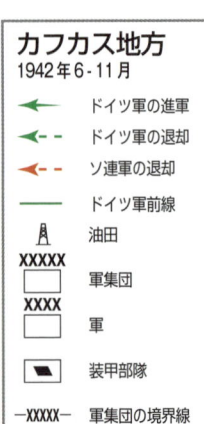

The Caucasus and southern Russia: 1942

は、ドイツ軍は1日に30キロから50キロ進軍した。しかしソ連軍は徐々に回復していったため、カフカス戦線のドイツ軍資源、とくに第4航空艦隊は再度スターリングラードに向かい、今回はその航空機のほぼ全機をスターリングラード攻撃支援に派遣するよう命じられた。

　ドイツA軍集団が南へ移動するにつれその前進速度は遅くなり、8月半ばには、1

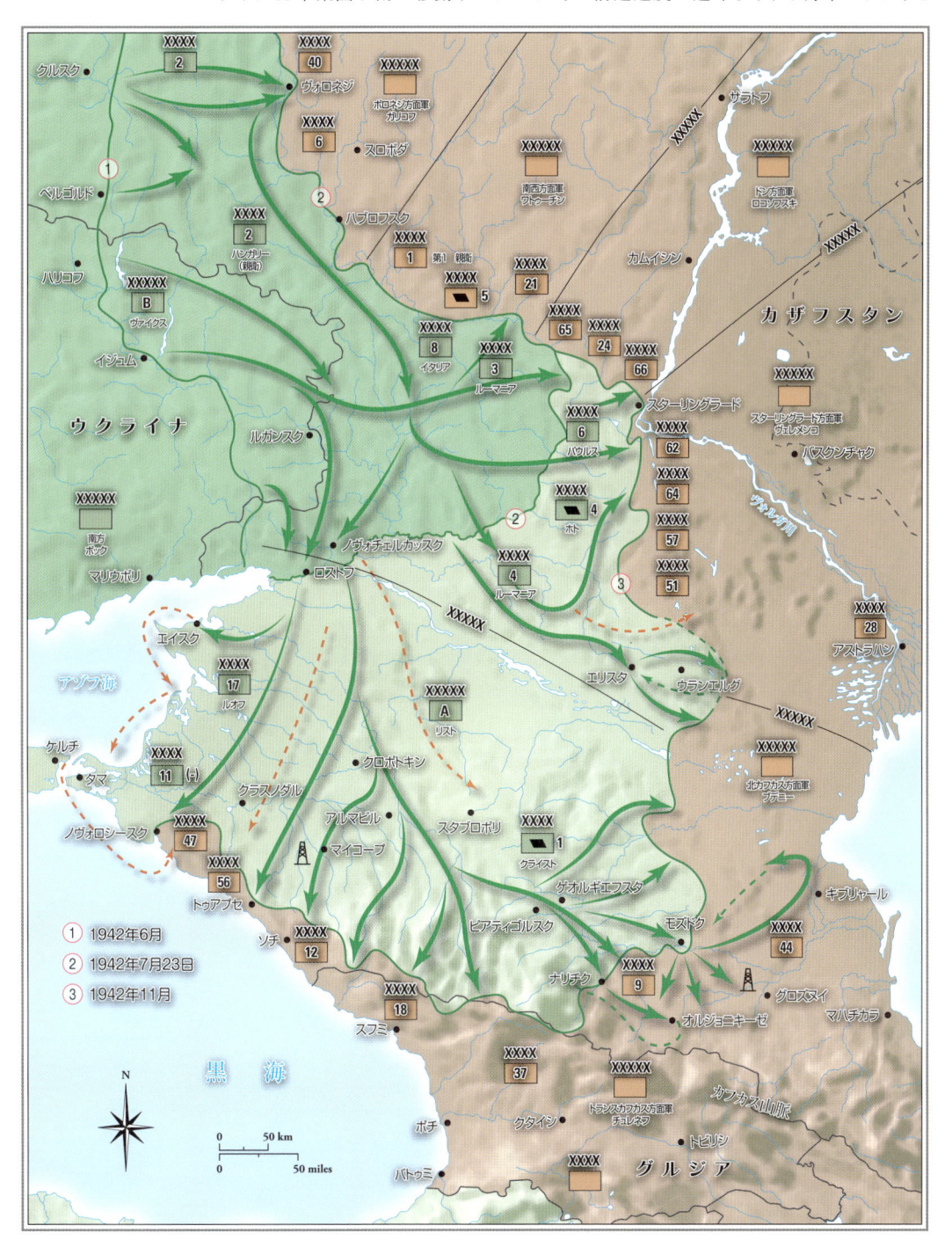

日平均わずか1.6キロあまりに落ちていた。ソ連側には、新しい部隊と新任指揮官が到着した。このなかには国内治安担当の人民内務委員会の師団があり、非ロシア人の国家主義者に目を光らせ、前線での妨害活動を取り締まった。

ドイツ第17軍はルーマニア第3軍とともに、ソ連の南カフカス方面軍と対峙し、ノヴォロシースクからスフミへと走る沿岸道路を支配しようと奮闘した。第17軍はノヴォロシースク郊外に9月6日に到着したが、ソ連軍の強固な抵抗によってそれ以上の進軍をはばまれた。沿岸道路への攻撃も冬に入る前にほとんど進展は見られず、そのためにこれ以上有意義な進軍をおこなうことはできなくなった。1941年同様、ドイツ空軍は自らの損耗はかなり低く抑えつつ、赤軍の空軍に大きな損害を与えた。しかし、未整備同然の滑走路から作戦をおこない、延びきった補給線の先端に位置したため、メンテナンスと有効性に問題が生じた。ドイツ空軍は月におよそ120機の爆撃機と、同程度の戦闘機を失っていた。ドイツ機の製造数は1942年に増加を始めていたが、ソ連の製造数増加には追いつかなかった。そしてソ連の戦闘部隊には新型機が配備され、1942年の9月以降、おおいに力を発揮することになる。

いっぽう、第17軍の東では、第1戦車軍がいとも簡単に進軍し、カフカス山脈の北の麓に沿って進み、9月2日にはモズドクでテレク川を越えた。しかしソ連軍の反撃にあって進軍は困難になり、ついに11月にはナリチクからオルジョニキーゼにかけての前線で停止した。雪が降るとそれ以上の進軍は不可能になり、さらにドイツ軍の補給線は細長く、これまでで最も伸びきってしまった。

両軍とも冬に備えて塹壕を掘り、できるかぎり防衛に最適の配置をおこなった。初冬の間にソ連軍は兵士と装備を補充して、北カフカスと南カフカス方面軍を強化した。

決定的な攻撃

モスクワでは、おもにスターリンの指令からなるソ連軍の冬の攻撃計画が練られた。ドイツA軍集団を囲い込むこの計画には、南方面軍と南カフカス方面軍の協力が必要だった。南カフカス方面軍の部隊はトゥアプセからクラスノダルまでの軸に沿って攻撃をかけたが、残念ながら凍りつくような天候に、この攻撃は遅々として進まなかった。いっぽう、ドイツ第1戦車軍はどうにか防戦しつつ退却した。アンドレイ・イェリョーメンコ大将率いる南方面軍のソ連部隊は、退路を完全に断つのに失敗した。ドイツ戦車部隊は逃れ、エーリヒ・フォン・マンシュタイン大将麾下の、編制されたばかりのドン軍集団に合流した。そしてドイツ第17軍は、ルーマニア軍とともにタマン半島維持のために残った。

夏の間はほぼロストフオンドンと北方に注意が向けられており、カフカス戦線では戦闘はおこなわれなかった。この状況が一変したのは9月9日のことだ。ノヴォロシースクに対して、ソ連が海上から港湾地域に攻撃を始めたのだ。第58、9、56、18軍に他の部隊もくわわって沿岸部に上陸したソ連軍は、10月9日には半島からドイツ軍を一掃した。カフカス地方の解放によって、この地方の貴重な油田を確保、利用するというヒトラーの夢はついえた。

カフカス北部
1943年1-4月

◁--- ドイツ軍の退却
◀— ソ連軍の進軍
——— 1月初めのドイツ軍陣地
——— 1月16日のソ連軍前線
— — 1月24日のソ連軍前線
····· 2月4日のドイツ軍前線
------ 4月4日のソ連軍前線
⊥ 油田
XXXX □ 軍集団
XX □ 軍
■ 装甲部隊

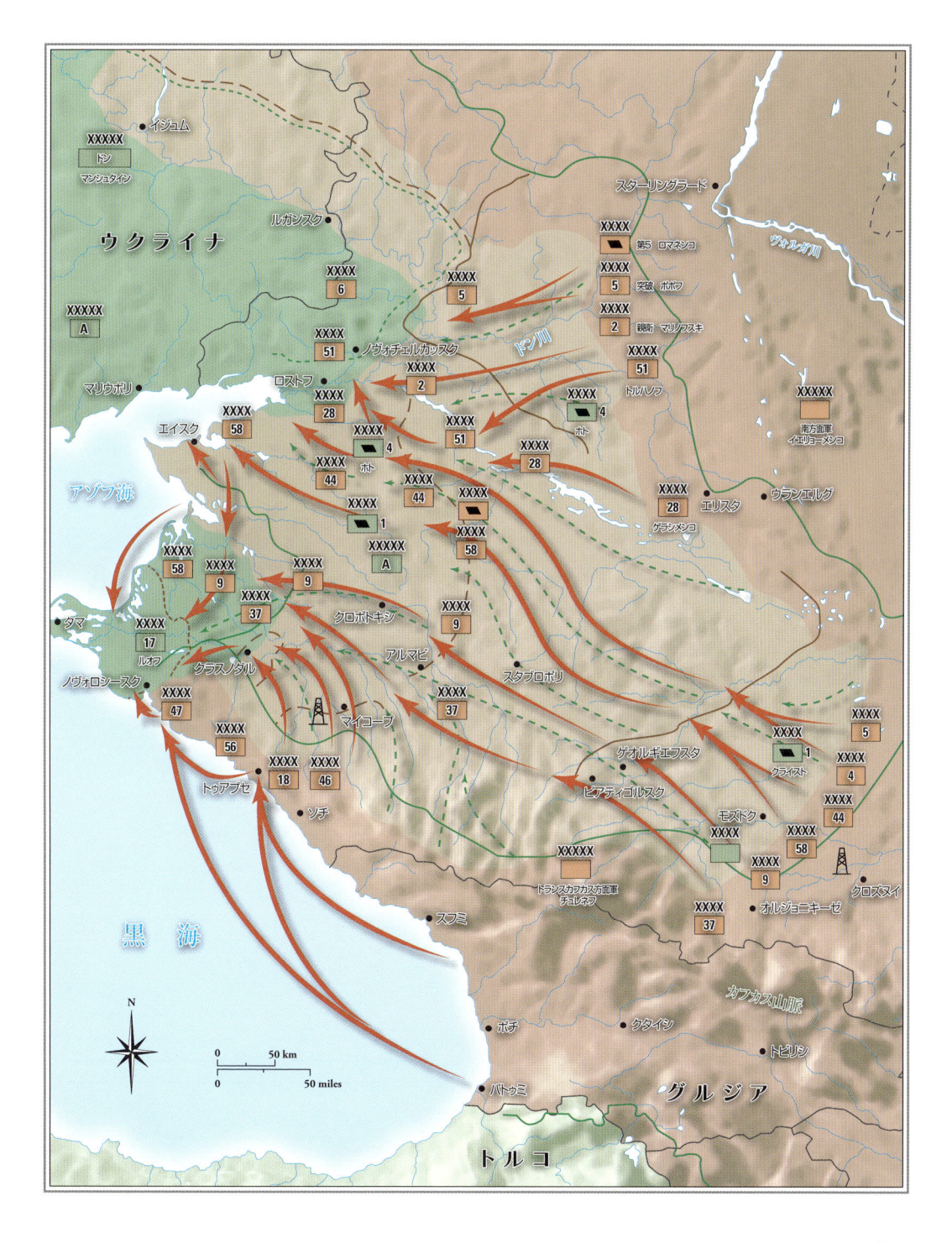

The Caucasus and southern Russia: 1942

スターリングラード
1942-1943 年

　1942 年秋、ヒトラーは東方に展開するドイツ軍に、スターリンの息の根を止めるいっぽうで、カフカス地方の油田占領に戦力を向けてドイツの戦争用兵器の燃料を確保するよう命じた。この南方への突進は、ドイツ空軍の戦力の大半が南方軍集団の前線へと移ることを意味し、東部戦線に残った戦力の進軍は停止し、抵抗陣地を置くことになった。それでもヒトラーは、ヴォルガ川沿いに位置するスターリングラードを奪いたいという欲望に勝てなかった。それは戦略的理由だけではなく、敵の名がついた都市を奪うことが大きなプロパガンダとして利用できるからでもあった。だがこれは重大な判断ミスであることが判明する。

大きな犠牲の上のスターリングラード

　ヒトラーは南方軍集団をふたつの部隊に分けた。A 軍集団は南への進撃を続ける。いっぽう、フリードリヒ・パウルス大将が率いる第 6 軍からなり、第 4 装甲軍が支援する B 軍集団はスターリングラードを占領するのだ。こうすればドイツ進軍部隊の左側面の安全を確保し、カスピ海と北部間のソ連の主要輸送ルートを断つことにもなる。スターリングラード占領は激しい市街戦と接近戦を伴い、装甲部隊が事実上無用の長物になるという点も、ヒトラーにとってはなんの意味も持たなかった。ヒトラーは勝利を確信し、ソ連をたたきつぶすことしか頭になかった。

　8 月の最終週に B 軍集団がスターリングラードに接近すると、ヴォルフラム・フォン・リヒトホーフェン大将の第 4 航空艦隊はスターリングラードに容赦なく爆撃をおこなった。この爆撃は、スターリンから撤退や避難を禁じられているソ連の防御軍兵士や一般市民の士気をくじくことが期待されていた。ドイツ空軍のシュトゥーカは、ヴォルガ川を行き来して包囲された防御軍に物資を補給したり、負傷者を後送したりする船舶を集中的に狙った。1 週間で 32 隻の船舶が撃沈され、またひっきりなしにおこなわれる弾幕射撃のなかの渡河は、悲惨で危険な仕事となった。スターリングラ

ハインケル He111
ドイツ爆撃機部隊のハインケル He111 は、ヴォルガ川西岸の孤立陣地に物資を補給しようとするソ連部隊への攻撃任務を担った。後にドイツ軍が運に見放されると、この機は、包囲されたドイツ第 6 軍に物資の補給を行なうことになる。

Stalingrad: 1942-1943

地獄の冬
ドイツ空軍はスターリングラードの第6軍への物資補給で、266機のJu52輸送機を失った。輸送機の損失は計490機にのぼり、これは5個航空団に匹敵する数字だった。スターリングラードへの航空機による物資補給は可能だというゲーリングの言葉は、口先だけのものだった。

ードの街は瓦礫と化し、通りでは激しい炎が上がり、何千人もの市民が命を落とした。

ソ連空軍はこの攻撃に対抗すべく戦闘機を差し向けてはみたものの、ソ連空軍の経験不足に対してドイツ空軍のプロ意識は高く、バタバタと撃墜されてしまった。ドイツ空軍はスターリングラード上空を完全に支配し、ヴォルガ川沿いに位置するこの大都市の破壊を絶え間なく続けた。

この間、ソ連軍は戦略予備軍を編制していた。そしてドイツ軍がスターリングラードに入る頃には、ソ連はその製造能力の真価を発揮する備えができていた。ソ連軍がヴォルガ川西岸の小さな滑走路に陣取ると、ドイツ軍の攻撃は勢いが衰え始めた。ドイツ空軍の戦力の稼動率は60パーセントほどであり、敵の攻撃よりも、消耗や、悪天候が増すなかでの着陸事故で被る損失が大きかった。連合国軍がトーチ作戦を発動して北アフリカに侵攻すると、第4航空艦隊はあらゆるタイプの航空機を失い、稼動率はさらに低下した。

11月19日の夜明け、ソ連の大規模反撃であるウラヌス作戦が始まった。前年冬のモスクワ防衛を指揮したゲオルギー・ジューコフ大将の発案であるこの計画は、ドイツ軍の側面を破ってスターリングラードの南北へと向かい、それから周囲を一掃してスターリングラードを包囲し、パウルスの第6軍を封じ込めるというものだった。ドイツ軍側面を受け持つルーマニア師団は、ソ連軍の攻撃にあっという間に崩れた。また予備部隊であった第22装甲師団も崩壊して退却を始めた。第6軍が生き延びる道は、ソ連軍の挟撃によって包囲される前に、急いで西へと撤退するしかなかった。

あきらかな敗北に直面しても否定する

　ヒトラーは遠く離れたベルヒテスガーデンの本部で、パウルスの撤退要請を拒絶した。ソ連軍の攻撃開始から5日後、スターリングラードは完全に包囲された。パウルスは再度孤立地帯からの脱出が承認されるよう求めたが、これも許可は得られなかった。ゲーリングはヒトラーに、第6軍には航空機による物資補給が可能だと進言していた。しかしこれはまったくのでまかせだった。第6軍の要求を満たすためには、1日に400から500トンの物資補給が必要だったが、配置されている第4航空艦隊が補給可能な最大輸送量は100トンにすぎなかった。そして、悪化する天候と赤軍の空軍という脅威がつきまとい、1日に到着する物資は100トンに大きく満たないのが実情だった。

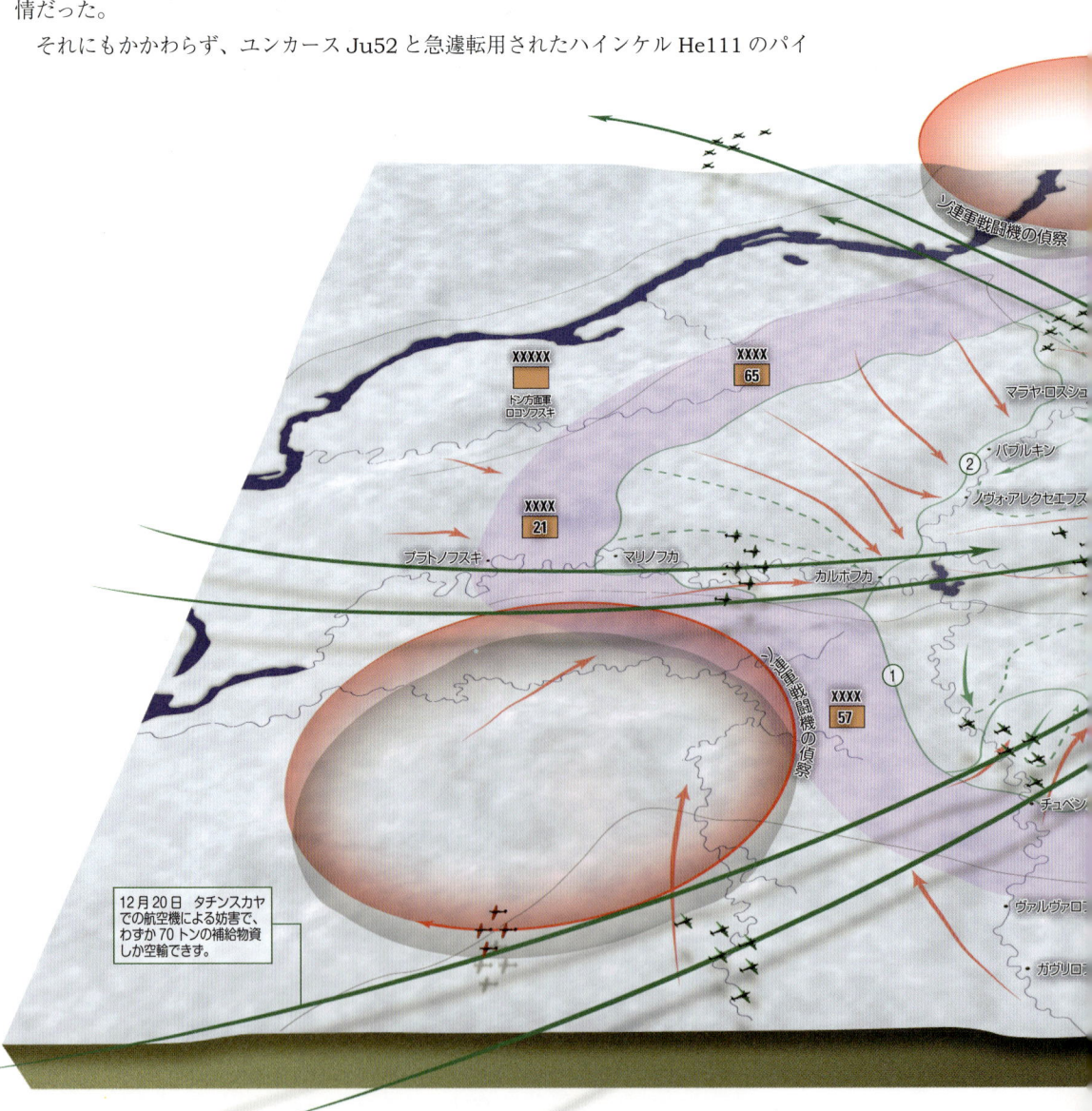

　それにもかかわらず、ユンカースJu52と急遽転用されたハインケルHe111のパイ

Stalingrad: 1942-1943

ロットたちは、ソ連戦闘機が張る非常線と地上からの射撃の嵐のなかを往復して補給をおこなった。物資を降ろすと輸送機は負傷兵や不要な兵士を運び、「地獄の大釜」から4万2000人を無事後送した。ちなみに「地獄の大釜」とは、凍りつく瓦礫の街に取り残された不運な兵士たちがスターリングラードにつけた名だ。

　1943年後半には、スターリングラードの防衛境界線内の飛行場は壊滅状態になっており、航空機による物資輸送も終わりを告げていた。輸送任務で総計266機のJu52が破壊され、それは東部戦線のドイツ空軍部隊の3分の1にあたった。9万1000人のドイツ軍兵士は指揮官のパウルスとともにスターリングラードで捕虜となり、その先には過酷な運命が待ち受けていた。彼らはソ連内地深くにある強制労働収容所まで行軍させられ、多くがその途上で命を落とした。生き残った者も大半は、1950年代までドイツに戻ることはなかった。

スターリングラード
スターリングラード攻撃において、ドイツ軍は側面の守備をハンガリーおよびルーマニア軍に頼っていたが、これは致命的な誤りだった。両軍は、ソ連軍の容赦ない攻撃にあっけなく崩れ、ドイツ第6軍は包囲される事態に陥った。

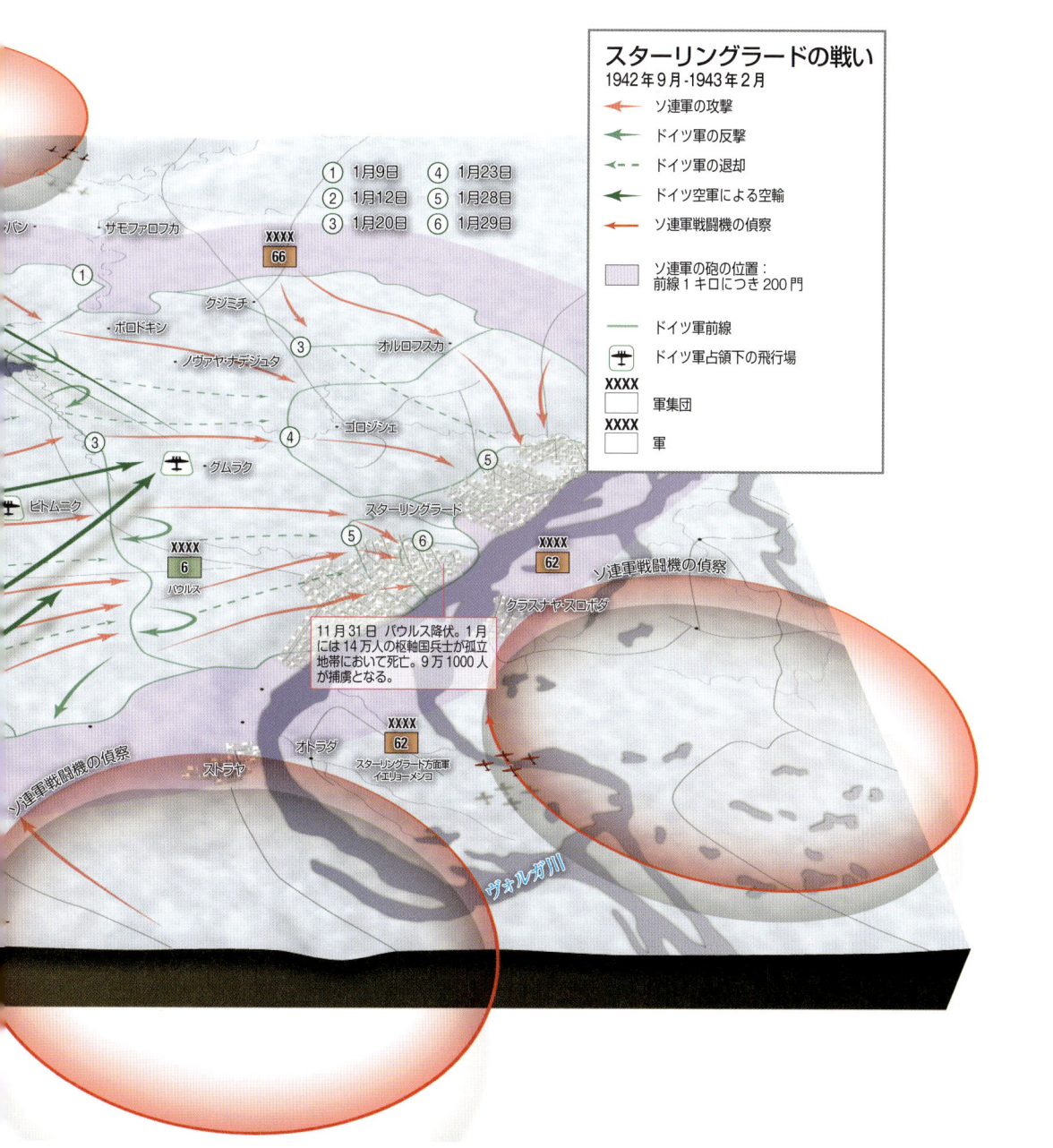

スターリングラードの戦い
1942年9月-1943年2月

- → ソ連軍の攻撃
- → ドイツ軍の反撃
- ←-- ドイツ軍の退却
- → ドイツ空軍による空輸
- → ソ連軍戦闘機の偵察
- ソ連軍の砲の位置：前線1キロにつき200門
- ドイツ軍前線
- ✈ ドイツ軍占領下の飛行場
- XXXX 軍集団
- XXXX 軍

① 1月9日　④ 1月23日
② 1月12日　⑤ 1月28日
③ 1月20日　⑥ 1月29日

11月31日 パウルス降伏。1月には14万人の枢軸国兵士が孤立地帯において死亡。9万1000人が捕虜となる。

戦時の航空機産業

　第二次世界大戦は、連合国側の産業力の勝利といえた。ドイツは1933-34年にかけて新しい航空隊の創設に着手しており、イギリスでは1935-36年に再軍備が始まった。しかし、この時期に最大の産業上の努力を払ったのはソ連であり、1939年までに2万機近い航空機を保有する航空隊を生み出した。

製造能力の対比

　1940年、ドイツでは、およそ4500機の戦闘用航空機を備えた前線部隊がノルウェー、デンマーク、北海沿岸低地帯およびフランスを占領し、そして被占領国の産業能力をある程度自国に吸収した。ドイツは短期戦を計画していたため、それに呼応して、前線部隊の物資補給にあたる予備部隊は少なかった。1940年春、ドイツの航空機産業はイギリスに追い抜かれたが、それは終わりが見えない長い紛争を予見する出来事だった。イギリスに計画があるとすれば、それは、まずは生き延び、次に、実働可能な同盟国としてアメリカをできるだけ早く戦争に引き入れることだった。フランスが降伏し、イタリアが枢軸国として参戦してからは、アメリカの参戦がどうしても必要となった。

　ドイツの産業能力と肩を並べる力はなかったが、イギリスはずっと以前から利用可能な産業資産を動員し、戦争に向けて24時間態勢で作業を進めていた。1941年でさえ、ドイツはまだ8時間のみの作業シフトをとっており、操業時間を増やせば製造能力を拡大させることは難しくはなかった。しかしイギリスにはひとつ有利な点があった。アメリカの友好的姿勢である。1939年、イギリスとフランスはアメリカの製造業者に発注し、それがアメリカの航空機産業にはプラスの刺激となって新しい製造ラインが生まれ、新しいスタッフの雇用や訓練につながった。これらはみな、その後の数年に必要となるものだった。

　1941年6月にドイツがソ連を攻撃した後、ドイツの産業界はこの新たな大規模作戦に必要な数を供給すべく、航空機の製造数を増加させ始めた。この時点でさえ、ドイツの計画立案者は作戦が1年以上長引くことはないと見ていた。ソ連の航空機製造工場は、多くが攻撃が容易なソ連西部にあり、猛襲を受けて破壊されるはずだ。これ

スピットファイア戦闘機基金
スピットファイア戦闘機基金は、イギリス政府がとくに航空機製造用の資金を生み出すために推進した策のひとつだ。多くの組織や町や地方、国が、「自分たちの」スピットファイアを購入するための基金を立ち上げ、それに敬意を表し、スピットファイアには購入団体の名がつけられた。

Aviation Industries at War

に戦闘による損失も重なって、ソ連の航空戦力は低下するが、いっぽうでドイツ産業は、イギリスによる爆撃にもほぼ影響を受けずに航空機の製造を続ける。そう考えられていたのである。

　しかしドイツは、スターリンとその政府の断固たる姿勢を甘くみていた。ドイツ軍の当初の快進撃に直面したスターリンは、1000を越す工場を、ソ連東部の、侵略者の手の届かない地域にすべて移すよう命じた。他の軍需産業とともに、航空機の工場設備も列車に積み込まれた。設計士も製図工も、工作機械のオペレーターも、技能工もみな、製図版やファイリング・キャビネットや何百万という装備とともに、ミンスク、キエフ、ハリコフといった町や都市を離れ、ウラル山脈の麓やその他の何百もの目的地に向かった。この驚異的な一団にあっては、志願者であれ強制された者であれ、何百万という人々が一心不乱に働き、産業を立て直そうとあらゆる努力を払った。さらにソ連は、既存機を改良し、また新型機を創り出す時間をひねり出した。

ウィロー・ランの製造ライン
多数の任務や訓練向けのさまざまなタイプの機が製造されたが、第二次世界大戦中のアメリカ軍用機のなかではコンソリデーテッドB-24リベレーターの製造数がいちばん多かった。計1万8431機にものぼる製造数は、爆撃機のなかで史上最大である。

ソ連の航空隊はドイツの計画立案者が思っているほど大きく崩れてはおらず、それどころかかなり力をつけていた。ソ連の広大な国土と大きな人口、そして政府の決意が、1941年6月から1942年11-12月にかけての絶望の底にあった時期に、国を引っ張り続けたのだ。産業が移動したにもかかわらず、1942年にはソ連で1万5735機の航空機が製造されており、いっぽう、同年のドイツの製造数は1万1776機だった。

立ち上がり、戦う

1940年5月、アメリカ大統領フランクリン・D・ルーズヴェルトはアメリカの産業に対して驚くべき挑戦を投げかけた。年に5万機の航空機を製造するというのだ。1939年に航空機産業が受けた注文は500機にも満たなかったのに、である。イギリスの資金は不足しており、アメリカの「現金売り」の方針も緩められていた。チャーチルがルーズヴェルトに懇請する手紙には、アメリカの航空機製造工場は「勝利の基盤を生み出す」ことができる、と書かれていた。「我々に航空機を」、「そうすれば戦争という仕事を終えることができる」とチャーチルは訴えている。アメリカの古参の行政官は多くが懸念を口にしたが、ルーズヴェルトは「レンド・リース」という手法を編み出した。アメリカがイギリスおよび他の連合国に航空機をはじめとする物資を購入する資金を貸し、アメリカ船舶でそれを輸送するのだ。レンド・リース法は1941年3月11日に議会を通過した。

1941年、イギリスの製造数は頂点に達しはじめ、2万3672機の航空機が製造され、4発エンジンの重爆撃機も増加していた。こうした航空機の大半は、ドイツに対するイギリスの容赦ない夜間爆撃に配備され、その作戦は終戦時まで続いた。

アメリカにとって、1942年は戦争の初年だった。ルーズヴェルトのかけ声で、アメリカの自動車産業が軍需品の製造に動員された。1941年4月、ヘンリー・フォードはデトロイトから遠くないウィロー・ランに、最新型の航空機工場の建設を始めた。28ヘクタールの広さがある工場には、長さ1キロにもおよぶ可動製造ラインが備わっていた。この工場は、アメリカの戦時生産へのアプローチ、つまり大量生産を象徴していた。アメリカ全土で古い工場は拡張され、巨大な新工場が建設され、大量雇用や訓練の動きが始まった。労働者は新しい工場に群がり、熱心に国を助け、そして航空機を製造してボーナスを得た。1942年には、4万7836機の航空機がアメリカの組み立てラインから送り出された。1942年における連合国側の製造数は、カナダやオーストラリアで少数製造されたものも含めると、9万7000機あまりにのぼった。これに対し、枢軸国側の製造数は2万7235機にとどまった。

負け戦

1943-44年、ドイツの航空機製造数は上昇し始めた。ナチスのイデオロギーにおいては女性が軍需産業で働くことは奨励されず、家事や出産に専念させられた。女性が抜けた分は外国人労働者で穴埋めしたが、少数の志願者を除けば、これはほとんどが強制労働で成り立っていた。こうした労働者の一部には、戦時捕虜や、1944年になると強制収容所の収容者があてられた。1944年末には、40万人近い収容者がドイツ産

年	アメリカ	ソ連	イギリス	カナダ	東ヨーロッパ	計	ドイツ	イタリア	ハンガリー	ルーマニア	日本	計
1939	5,856	10,382	7,940	n/a	n/a	24,178	8,295	1,692	—	n/a	4,467	14,454
1940	12,804	10,565	15,049	n/a	n/a	38,418	10,826	2,142	—	n/a	4,768	17,736
1941	26,277	15,735	20,094	n/a	n/a	62,106	11,776	3,503	—	n/a	5,088	20,367
1942	47,836	25,436	23,672	n/a	n/a	96,944	15,556	2,818	6	n/a	8,861	27,235
1943	85,898	34,845	26,263	n/a	n/a	147,006	25,527	967	267	n/a	16,693	43,454
1944	96,318	40,246	26,461	n/a	n/a	163,025	39,807	—	773	n/a	28,180	68,760
1945	49,761	20,052	12,070	n/a	n/a	81,883	7,544	—	n/a	—	8,263	15,807
計	324,750	157,261	131,549	16,431	3,081	633,072	189,307	11,122	1,046	c.1,000	76,320	89,488

連合国軍および枢軸国軍の軍用機年間製造数
1939-45 年（一式）

業の戦争努力のために働いていた。オラニエンブルクの収容所はハインケル社の主力工場に労働力を提供し、6 万人ほどの捕虜が、V2 ロケット用製造ライン設置のためにハルツ山地の下に大規模トンネルを掘ったのである。

ナチスによる枢軸国産業の不器用な運営は、ひとりの非凡な男によって再編された。アルベルト・シュペーアである。シュペーアの管理下、兵器工場の生産性は上昇し、無駄と不要な煩雑さは減少した。そして 1943 年には、航空機の総製造数は 3 万 9807 機に達した。

世界の反対側の日本では、小さな航空機産業が 1942 年に 8861 機を製造しており、1943 年にはこの数字がほぼ 2 倍になっていた。日本は、アメリカ潜水艦に妨害され、天然資源の入手が困難になっていた。それでも日本は 1944 年には 2 万 8180 機を製造しているが、同年に 9 万 6318 機を製造したアメリカ産業に比べると、見劣りする数字だった。

ソ連の産業は、この国特有の愛国主義や説き伏せ、残忍性といった要素が駆使されて、1944 年にはフル回転していた。この重要な年に、連合国側は 16 万 3025 機の航空機を製造し、いっぽう枢軸国側の製造数は 6 万 8760 機にとどまった。ドイツの産業は、メッサーシュミット Me262 ジェット戦闘機といった多くの新型機を開発し、また日本も人間爆弾「桜花」を製造したが、あまりにも数が少なく、そして時期が遅すぎた。

ガダルカナル
1942-1943年

　日本がソロモン諸島のガダルカナルに飛行場を建設中であると判明すると、飛行場の完成前にアメリカがこの島を奪取することが、戦略上非常に重要になった。ガダルカナルを確保できずにこの島に飛行場が完成すれば、日本はそこを基地としてアメリカからオーストラリアへと向かう輸送船団を攻撃することが可能になるため、連合国軍輸送船団は妨害を避けてもっと南よりの航路を取らざるをえなくなる。

　ガダルカナル作戦は、日本とアメリカの戦争開始以来、アメリカ軍がおこなう初めての攻撃作戦であり、ミッドウェー海戦の勝利で高揚するアメリカ軍の士気がおおいに利用された。

アメリカ軍のガダルカナル上陸

　1942年8月7日、アメリカ第1海兵師団がガダルカナル島に上陸した。フロリダおよびツラギ島にも小規模部隊が上陸し、ツラギ島の水上機基地占領を試みた。アメリカ海兵隊は2日でガダルカナルのルンガ飛行場を占領し、ミッドウェー海戦で命を落とした初の海兵隊パイロット、ロフトン・ヘンダーソン少佐の名を取り「ヘンダーソン飛行場」と改称した。

　日本軍の夜間攻撃によって、上陸部隊を援護していたアメリカ巡洋艦4隻が撃沈さ

米空母〈ワスプ〉上のF4Fワイルドキャット
大西洋および地中海で作戦に投入された〈ワスプ〉は、1942年9月15日、ガダルカナル島沖で魚雷攻撃を受け、同日自沈した。

Guadalcanal: 1942-1943

ガダルカナル島の海兵隊
ガダルカナル島、ヘンダーソン飛行場のきわめて重要な滑走路を護りぬいたことによって、アメリカ軍はこの島での航空優勢を維持可能になった。

Atlas of Air Warfare

れ、攻略軍の責任者であるフレッチャー大将は、巡洋艦に攻撃の射程範囲から退却するよう命じた。安全確保にじゅうぶんな洋上の護衛がなかったからだ。このため上陸したアメリカ海兵隊は、補給や航空機による援護を満足に受けられなくなった。彼らは日本軍が退却時に残していったブルドーザーや装備を使って造りかけの飛行場の建造を続けたが、しばしば奇襲砲撃や、三菱零式戦闘機が護衛する地上基地発進の三菱一式陸上爆撃機に悩まされた。8月19日に、ようやくグラマンF4Fワイルドキャットとダグラス SBD ドーントレスが飛来し、ヘンダーソン飛行場に着陸した。この飛行場は設備が乏しく、燃料はドラム缶から航空機にくみ上げなければならず、また島にはウィンチがなかったので爆弾は手作業で吊り下げた。

　日本は島に残る部隊を補強し、アメリカ海兵隊による飛行場周辺の堅固な護りを破って、ガダルカナル島の支配を奪回しようと試みた。空母〈瑞鶴〉、〈翔鶴〉、3隻の戦艦、巡洋艦、駆逐艦群が護衛する4隻の輸送船が派遣され、さらに〈龍驤〉を中心とした陽動部隊も配置された。8月24日、アメリカ空母〈サラトガ〉を発進した航空機が交戦し、〈龍驤〉を撃沈した。その頃、日本機も空母〈エンタープライズ〉を発見し、攻撃をおこなった。〈エンタープライズ〉は放たれた魚雷をどうにかすべてかわしたが、3発の爆弾を被弾した。激しく損傷はしたものの、〈エンタープライズ〉はゆっくりとではあるが、補修のために真珠湾に向かった。そして、ヘンダーソン飛行場と、ニューヘブリディーズ諸島のエスピリトゥサント島の基地を発進した爆撃機が日本の侵攻艦隊を発見し、駆逐艦1隻とともに1隻の輸送船を撃沈した。日本軍は作戦を中止し、退却を決めた。

ヘンダーソン飛行場では、新しく「カクタス航空隊」と名づけられた部隊が徐々にではあるが戦力を強化し、海軍設営大隊「シー・ビーズ」が、ヘンダーソン飛行場から 1.6 キロほどに「戦闘機第 1」飛行場を完成させた。F4F ワイルドキャットは上空高く飛び、ラバウルから飛来する日本の一式陸上攻撃機と交戦した。戦闘機は、ソロモン諸島の西側に置かれた一連の「沿岸監視隊」から攻撃接近の情報を受けていた。この沿岸監視隊は、急襲があれば、いかなる場合もそれを基地に無線連絡するのだ。そしてヘンダーソン飛行場にはレーダー設備が整えられ、日本機に対する迎撃を支援した。

奪回の試み

日本は 10 月末、大日本帝国陸軍によるヘンダーソン飛行場奪回を目指し、大規模な空母部隊を援護に派遣した。ウィリアム・ハルゼー大将は空母〈ホーネット〉、〈エンタープライズ〉とともに、南雲忠一大将率いる〈翔鶴〉、〈瑞鶴〉、〈瑞鳳〉、〈隼鷹〉と交戦に入った。アメリカ偵察機が部隊の前衛にいた〈瑞鳳〉を発見して攻撃すると、数発被弾した〈瑞鳳〉は激しく損傷した。これを機に、両軍とも大規模な攻撃を開始した。日本軍は急降下爆撃機および雷撃機で〈ホーネット〉に集中攻撃をおこない、爆弾と魚雷が命中した〈ホーネット〉は後に沈没した。いっぽう、アメリカ軍の反撃は爆弾 3 発を〈翔鶴〉に命中させた。日本機は〈エンタープライズ〉を次の標的に定めたが、爆弾が数発当たったものの、〈エンタープライズ〉は魚雷をすべてかわして生き残った。そしてアメリカの効果的な対空銃砲撃で日本機が多数失われた。多くの血が流れ、痛手を負い、結局両軍ともにここから撤退した。

この結果、この海域のアメリカ海軍空母は 1 隻となったが、これ以降日本軍が大挙して攻撃をしかけることはなかった。カクタス航空隊は徐々に力をつけ、ガダルカナル島から日本軍を一掃するための支援をおこなった。1943 年 2 月には、日本軍がガダルカナルに残る部隊を撤退させ、これによって事実上、大日本帝国の侵攻を押し返す長い作戦が幕を開けた。

カートホイール作戦

　日本軍が支配する東南アジアと太平洋という広大な地域は、近い将来必要になる天然資源の宝庫であり、いまや死守すべき地域となっていた。ミッドウェー海戦とガダルカナルの戦闘における2度の敗北で、日本の自信はついえていた。防衛境界線が脅威にさらされていることを思い知ると、日本軍の指揮官たちは迫りくる連合国軍の攻撃を食い止めるべく、ニューブリテン島にあるラバウルの基地と、防衛境界線沿いの南東海域を強化し始めた。

　連合国軍の攻撃計画であるカートホイール作戦は、2方面からの攻撃を必要とした。ウィリアム・ハルゼー大将のアメリカ第3艦隊はソロモン諸島を抜けて北方へと向かい、ニューアイルランド島の北をまわり込む。ウォルター・クルーガー大将のアメリカ第6軍はオーストラリア部隊とともにニューギニア島を抜けて北方を目指し、ニューブリテン島に上陸してラバウルへと向かい、日本軍の主力基地を無力化するのだ。これら部隊はすべて、アメリカ陸軍大将ダグラス・マッカーサーの指揮下に置かれた。

攻撃の開始

　1943年1月9日に、連合国軍は動き始めた。オーストラリア部隊の1個旅団がニューギニアのワウに空輸され、この地の日本軍沿岸陣地をおびやかした。作戦が始まると、空母発進の航空機とジョージ・C・ケニー少将率いるアメリカ第5航空軍が航空支援をおこなった。そして地上基地に配置された航空機は、戦場の航空優勢を確保して日本部隊を孤立させ、さらに日本軍の物資補給や航空支援をはばんで、この作戦にはなくてはならないものとなった。

　開始前には敵の対空砲の射程外の高高度から爆撃をおこなう方針だったが、ケニー少将は独自の指揮にこだわり、低空からの攻撃を続けた。この攻撃は大きなリスクを伴いはしたが精度は非常に高く、敵の損失は増加した。ノースアメリカンB-25ミッチェル中型爆撃機の銃座は修正をほどこされ、既存の爆弾にくわえて8挺の機関銃が航空機の鼻先に固定された。さらには大型のボーイングB-17フライング・フォートレスまでもが、低空からの爆撃を命じられた。

　こうした改変がビスマルク海海戦では決定力となった。この戦闘では、日本軍の統合部隊が主要作戦にくわわり、ニューギニアの陣地補強に第51師団がラバウルから移動した。8隻の駆逐艦に護衛された大型輸送船8隻が100機もの航空機の援護を受け、ニューブリテン島沿岸を慎重に進み、ソロモン海域へと出た。しかしマジックの情報傍受により連合国軍はこの作戦の内容を熟知していた。B-17が輸送船団を爆撃し、2隻の輸送船を撃沈した。ダンピア海峡を通過するさいに、この輸送船団は100機近い連合国軍航空機に攻撃を受け、それに続く戦闘では、残る輸送船と4隻の駆逐艦が沈没した。日本軍第51師団は将校団のほぼすべてと4000名近い兵士を失った。

　連合国側の航空戦力の能力増強に驚きつつ、山本五十六大将は反撃を命じた。この

カートホイール作戦
太平洋の支配を求めた日本軍は作戦遂行地域を広げすぎ、物資補給に大きな問題が生じた。日本軍は連合国軍のニューギニア上陸を阻止できなかったため、オーストラリアは日本軍による侵略を免れた。

Operation Cartwheel

　地域の地上および空母を基地とする航空機 300 機からなる寄せ集めの部隊が、ニューギニアとソロモン諸島の連合国軍飛行場に対して大規模な一斉攻撃をおこなった。かなりの損傷を与えたものの、日本軍も経験豊富なパイロットや乗員を失った。その後、連合国軍には新型機のロッキード P-38 ライトニングとグラマン F6F ヘルキャットが届き始め、日本に対する連合国軍の航空優勢は、依然続いた。

　1943 年 4 月 18 日、第 339 戦闘機飛行隊の 16 機の長距離 P-38 ライトニングがヘンダーソン飛行場から飛び、山本を乗せた一式陸上攻撃機を撃墜した。アメリカ海軍が暗号を傍受し、さらに山本がつねづね時間厳守だったために、アメリカ軍は山本の搭乗機が通過する時間と場所を正確につかめたのである。

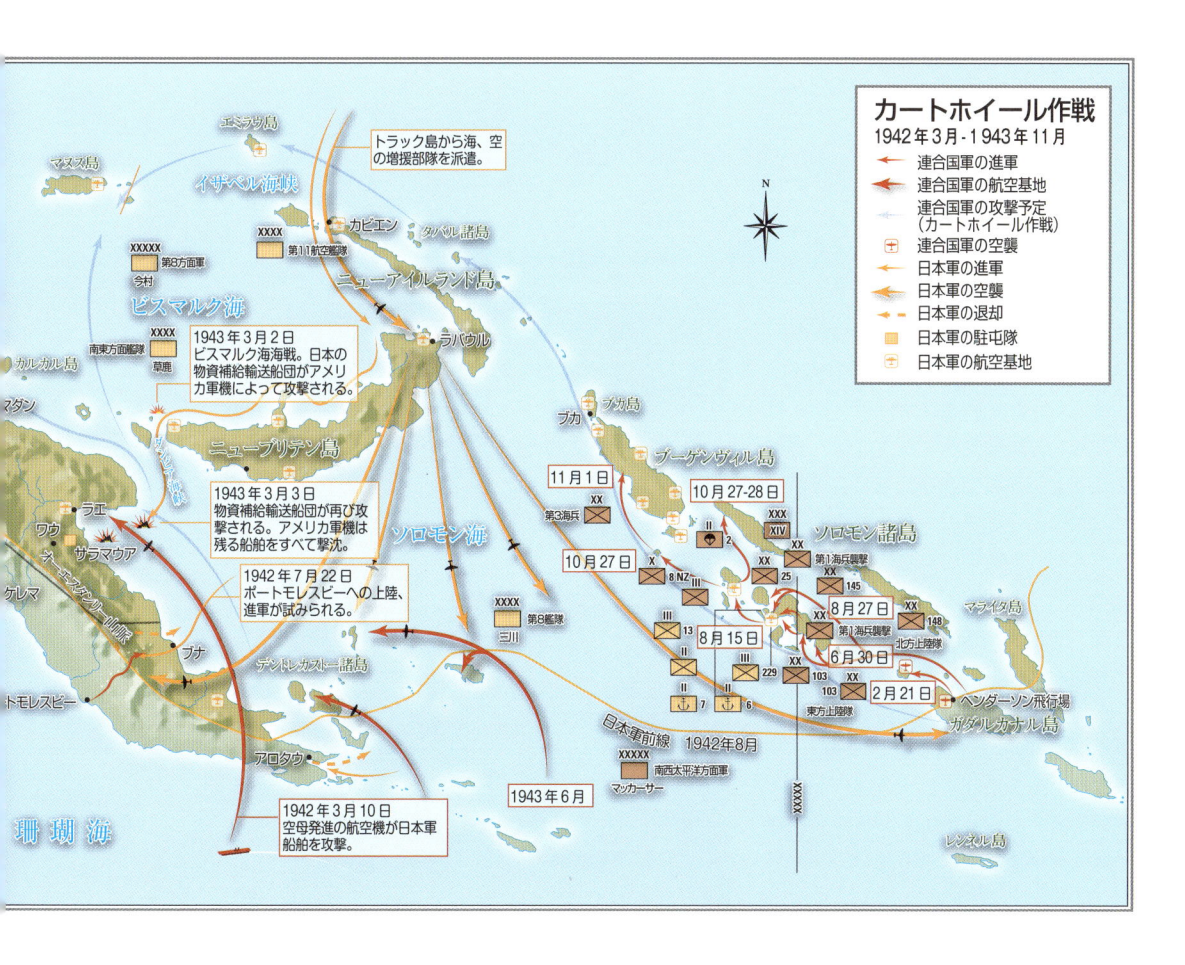

ドイツ爆撃
1942-1944 年

　1942年初め、爆撃によってドイツを降伏に導く作戦が始動した。当時、イギリス空軍爆撃機軍団の大半の飛行隊にはヴィッカース・ウェリントンが配備されて1939年12月から夜間爆撃をおこなういっぽうで、爆撃機軍団は、ドイツ北部の港への昼間攻撃から生じる甚大な損失に悩まされていた。しかし、まもなく新型で高性能の航空機が登場し、イギリス空軍爆撃機軍団もまた、新しい指揮官であるサー・アーサー・ハリス空軍大将を迎えることになる。戦略地域爆撃の効力を信奉するハリスは、戦間期に導き出した理論を証明するために兵士を限界まで突き進ませた。

　1942年、12.7ミリ機関銃を13挺まで突き立てられる、アメリカ陸軍航空軍のボーイングB-17フライング・フォートレスとコンソリデーテッドB-24リベレーターが乗員とともにイギリスに到着し始めた。これらの部隊を強化し、経験を積ませるためには時間を要することになる。この部隊はアメリカ第8航空軍となり、1942年から1943年初めにかけて、占領下フランスと北海沿岸低地帯上空で任務を遂行した。

テクノロジーと訓練の進歩

　1942年以降、良質な訓練やナビゲーション機器が取り入れられ、そしていちばん重要な要素である航空機と乗員が、イースト・アングリア、リンカーンシャー、ヨークシャーの飛行場に姿を現し始め、ここから爆撃機軍団の出撃が開始される。旧式になったアームストロング・ホイットワース・ホイットレーやヴィッカース・ウェリントンは、大型の4発爆撃機、ショート・スターリング、アヴロ・ランカスター、ハンドレページ・ハリファックスに置き換えられた。だがスターリングは期待はずれで、最高速度は遅く飛行高度も低いというお粗末な性能は、ドイツ第三帝国中心部までの長距離飛行にはひどく不利な条件となった。

　ハリスは、1942年3月28/29日の夜にリューベックへの夜間地域爆撃を開始し、その1カ月後にロストク空襲をおこなった。こうした攻撃にはおよそ250機の爆撃機が投入され、「波状攻撃」をおこなってドイツのレーダー防衛網を圧倒した。これらの航空機団は大規模ではあったものの、ハリスがミレニアム作戦として5月30/31

空軍大将サー・アーサー・ハリス
サー・アーサー・ハリス空軍大将は、1942年2月にイギリス空軍爆撃機軍団の最高司令官になった。ハリスは爆撃機軍団の戦術と訓練を再評価し、ドイツの都市に対する地域爆撃という新しい方針を推し進めたが、これは後に物議をかもした。

日の夜にケルンにおこなった初の「1000」機爆撃からすれば、つけたし的なものだった。都市に爆弾が投下されれば工場が破壊されるばかりではなく、労働者が疎開したり命を落としたり、また市民の士気をくじくことにもなる、そう考えた攻撃だった。そしてこの爆撃は、プロパガンダとしても大きな効果を上げることになる。

　ハリスは訓練および転用部隊からさらに航空機を確保し、最終的に航空機1047機と乗員を調達して作戦に投入した。うち870機が実際に目標を爆撃し、そして43機の航空機と乗員を喪失した。軍事関連の建物や工場に命中したのはごくわずかで、損害の大部分は市民の住居だったが、ドイツの消防隊の働きととくにケルンの広い通りのおかげで、爆撃による大火災は食い止められた。

　6月にはさらに、大規模な空襲が2度おこなわれ、1/2日の夜にはエッセン、25/26日の夜にはブレーメンが爆撃を受けた。ハリスはその後、先導機隊を導入し、爆撃機軍団から戦闘経験が20回を越す乗員を選抜し、さらにオーボエとH2Sというナビゲーション補助機器を利用した（1941年12月に導入されたオーボエは航空爆撃照準システムであり、イギリスのふたつの基地から、レーダー・トランスポンダーを装着したデ・ハヴィランド・モスキート爆撃機に信号を送った。H2Sは1943年に導入され1990年代まで使用されたレーダー・システムであり、夜間および全天候において地上の目標を確認するもの）。本隊に先立って飛んだ先導機隊がナビゲーションの補助に照明弾を投下し、次は目標を照らすためにさらに照明弾を投下する。そして、「マ

ショート・スターリング
スターリングMkIはイギリス空軍初の4発重爆撃機であり、1941年2月10/11日に初めて作戦に投入された。スターリングはイギリス空軍爆撃機軍団の15個飛行隊に配備されて、1944年9月に最後の爆撃任務に飛んだ。この機にはすでに、輸送機およびグライダーの曳航機としての新しい役割が振られていた。

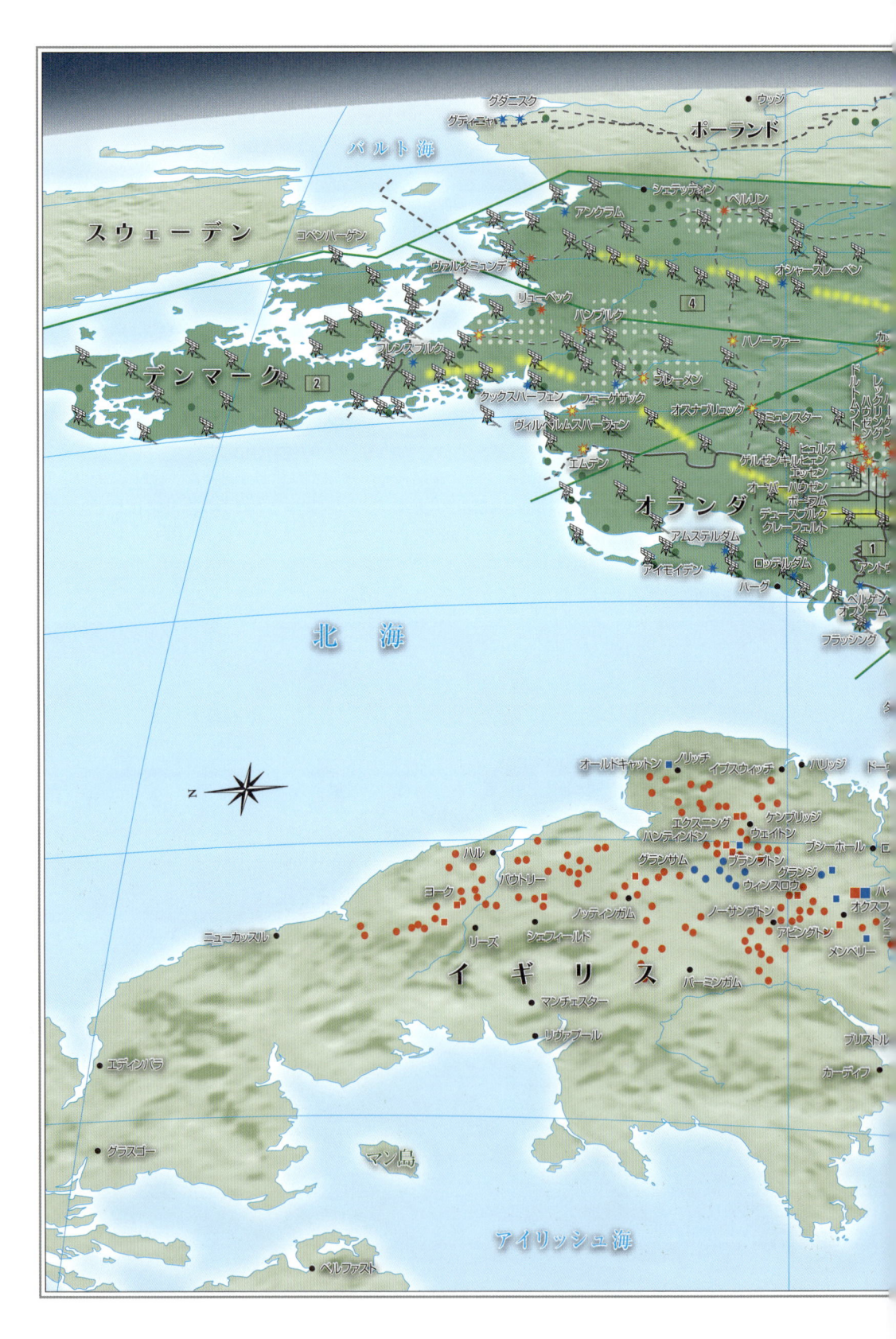

Atlas of Air Warfare

Bombing Germany: 1942-1944

戦略爆撃
1943年

- ■ ■ 本部
- ■ ■ 爆撃機集団本部
- ● 爆撃機軍団の飛行場
- ● アメリカ第8航空軍飛行場
- ✶ イギリス空軍の爆撃目標
- ✶ アメリカ陸軍航空軍の爆撃目標
- ✶ イギリス空軍と
  アメリカ陸軍航空軍の目標
- —— 戦闘機師団境界線
- ▰ 戦闘機師団
- ⚚ ドイツのレーダー基地
- ● ドイツの夜間戦闘機基地
- ▰ サーチライト付き砲台
- ▰ 対空砲

ーカー」機が、本隊が照準を合わせられるように焼夷弾を投下して目標地域を照らした。

ルール航空戦

　3月5/6日の夜、「ボマー」ハリスが、大規模かつ綿密な攻撃計画を開始した。ルール航空戦である。産業が盛んで、オーボエの目標識別無線ビームの射程内にじゅうぶんおさまるルール地方は、主要目標にうってつけだった。谷の工場群はもやに包まれていたが、あらゆる標的に対して非常に精度の高い爆撃がおこなわれた。3月から7月にかけての作戦のすべてがルール地方を狙ったものではなく、その5分の1は、はるかバルト海沿岸のシュテッティンや、当然ベルリンに対しておこなわれている。こうした戦術を用いれば、ドイツは、全夜間戦闘機隊を一地域の防衛に派遣して多数の機で防御するという策をとれなかった。
　この時期には、目標に精密照準爆撃をおこなう飛行隊も創設されている。これは地域爆撃という爆撃機軍団の金科玉条の対極に位置するものだ。経験豊富なパイロットである航空団指揮官のガイ・ギブスン率いるこの隊は第617飛行隊となり、後には有名な「ダム・バスターズ」という呼び名までついた。低空飛行訓練を6週間おこなった後、19名の乗員はルールの産業地方に電力と水を供給するダムへと向かった。バーンズ・ウォリス設計の「跳躍爆弾」を装備した飛行隊は、超低空で接近して魚雷防御網を避け、水面に沿って爆弾を投下する。爆弾がダムに落ちて沈み一定の深さで爆発すれば、うまくいけばダムを決壊させられるのだ。第617飛行隊が目標に到着する前に、1機が海面に近づきすぎて爆弾が外れてなくなってしまった。さらに、対空砲撃を受けたり、高圧電線を潜り抜けたりするうちに、5発を喪失した。
　ギブソンはメーネ・ダムを4機の航空機で攻撃し、決壊させた。ほかの3機がエーデル・ダムを破損させたが、ゾルペ・ダムおよびシュヴェルム・ダムには損傷を与えることができなかった。この作戦には多くの犠牲者を伴い、とくにメーネ・ダム爆破では被った損害も大きかったが、この地方の工業の生産能力があきらかに低下するという成果を上げた。この任務に飛んだ乗員の多くが勇敢な行為に勲章を授与され、ギ

アヴロ・ランカスター
アヴロ・ランカスターは1942年初めに就役し、まもなくイギリス軍で最大の成果を上げる重爆撃機となった。7377機が製造され、15万6000回出撃し、60万8610トンの爆弾を投下した。戦闘での損失は3249機。

ダム・バスターズの空襲
1943年5月16-17日の空襲に参加した19機の航空機の目的地と結果。

ダム・バスターズの空襲
1943年5月16-17日

- → ドイツへの往路
- → イギリスへの帰路
- 目標のダム
- 破壊したダム
- G 航空機のコールサイン
- ③ 損失機と指揮官の名

① パービー少尉　⑤ アステル大尉
② ヤング少佐　　⑥ モーズリー少佐
③ バイヤーズ少尉　⑦ オトリー少尉
④ バーロー大尉　⑧ ホブグッド大尉

ブスンはヴィクトリア十字勲章を授けられた。ギブスンは1944年9月の3度目の作戦で、戦闘中に亡くなった。

　1942年5月になると、アメリカ第8航空軍がスーパーマリン・スピットファイアの護衛を受けて、比較的短距離の昼間爆撃任務を開始した。アメリカ軍パイロットは、相互に防御しあう編隊で飛べばじゅうぶんに攻撃を妨げるとたかをくくっていた。損失がかなり少なかったこともあり、第8航空軍は護衛なしで長距離を飛び、ドイツが大規模編隊に対して取り入れた対面攻撃とぶつかって、パイロットと副パイロットを狙われた。アメリカ軍は航空機の鼻先の銃を増やし、リベレーターとフォートレスには後に、この攻撃に対処するための回転砲塔を取りつけた。1943年1月には、第8航空軍はドイツ本土の攻撃準備を終え、目標にはヴィルヘルムスハーフェンにあるUボートの修理ドックが選ばれた。航空機の損失はわずか3機だったが、最高機密のノルデン爆撃照準器をもってしても大きな成果を上げることはできなかった。

ポイントブランク作戦

　6月には、連合国軍の統合爆撃攻勢のひとつ、ポイントブランク作戦が導入された。ドイツの航空機製造業に照準を合わせ、エアフレーム工場やゴム工場、ボールベアリ

ング製作所を目標にした攻撃だ。空襲はキール、ハンブルク、ヴァルネミュンデなど におこなわれ、自軍の損失は抑えつつかなりの成果を上げた。ドイツ軍が連合国側の 昼間爆撃に新たな防衛戦術で対抗するには時間が必要だったが、まもなく「マイティ・エイト」と呼ばれたアメリカ第8航空軍の自信に大きな穴をあけることになる。

レーゲンスブルク、バイエルンはドイツ軍メッサーシュミットMe109の製造の中心 であり、シュヴァインフルトはドイツのボールベアリングの大半が製造されていると見 られていて、2方面からの空襲が計画された。いっぽうはレーゲンスブルクを攻撃し た後、北アフリカへと飛び、もういっぽうはシュヴァインフルトを攻撃し、できればドイツの防衛力を削ぐのだ。すべてが計画どおりに進んだわけではなかった。雲が出て いたためにシュヴァインフルト隊の出発が遅れたが、レーゲンスブルクに向かう部隊 は天候をいとわず飛んだ。この部隊がオランダの海岸に到着した頃には絶え間ない攻 撃を受けており、ドイツ機が燃料と銃弾の補給に降りるまでそれは続いた。隊が目標 上空に到達すると雲もほとんどなく、メッサーシュミット社の工場全6棟の攻撃に成 功し、その一部は6カ月ほど操業不能になった。その後この隊はアルプス山脈上空を 南へと飛んだが、チュニジアの降着地に向かう途中、スイス、イタリア、地中海で脱 落した機が数機あった。24機の爆撃機をこの空襲で喪失し、さらに、損傷を受けたた めに多数の機がチュニジアで戦列から離れた。

いっぽう、レーゲンスブルク隊が南を目指し飛んでいる頃、シュヴァインフルト攻 撃隊がオランダ国境を越えようとしており、このときにはドイツ空軍の全軍が来るべき 空襲に備えていた。レーゲンスブルク隊に遅れること3時間、第8航空軍の総計230 機の爆撃機が、イギリス空軍のスピットファイアと第8航空軍のリパブリックP-47に 護衛されてシュヴァインフルトを目指した。護衛機はドイツ、ベルギー国境付近にあ るオイペンまでしか飛べず、ここからは爆撃機のみで飛ばなければならなかった。さ

B-17 フライング・フォートレス
第8航空軍の第381爆撃群、第532爆撃中隊のボーイングB-17フライング・フォートレス。第381爆撃群は、1943年6月から1945年6月までイギリス、エセックス州リッジウェルに基地を置いた。

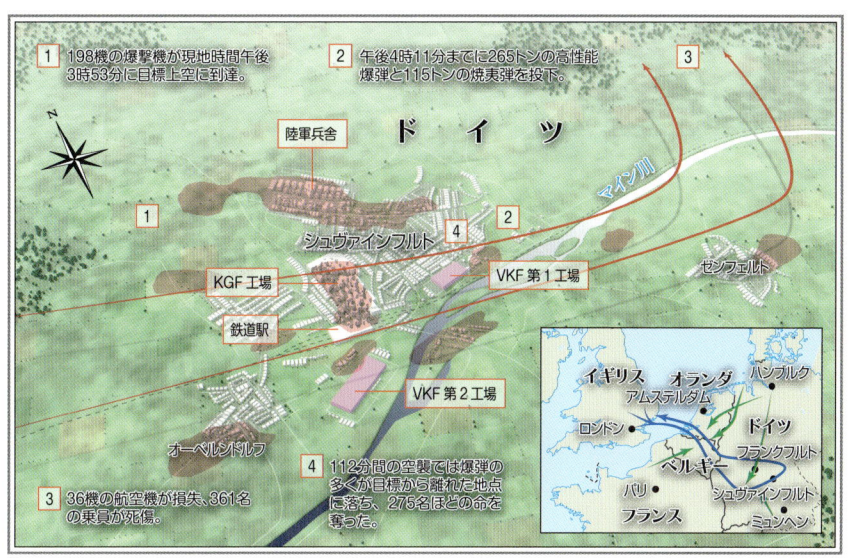

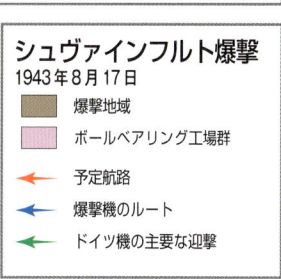

> 1 198機の爆撃機が現地時間午後3時53分に目標上空に到達。
>
> 2 午後4時11分までに265トンの高性能爆弾と115トンの焼夷弾を投下。
>
> 3 36機の航空機が損失、361名の乗員が死傷。
>
> 4 112分間の空襲では爆弾の多くが目標から離れた地点に落ち、275名ほどの命を奪った。

地図ラベル：陸軍兵舎、ドイツ、マイン川、シュヴァインフルト、KGF 工場、VKF 第1工場、ゼンフェルト、鉄道駅、VKF 第2工場、オーベルンドルフ

インセット地図：イギリス、オランダ、ハンブルク、アムステルダム、ロンドン、ドイツ、ベルギー、フランクフルト、パリ、フランス、シュヴァインフルト、ミュンヘン

シュヴァインフルト爆撃
1943年8月17日
- 爆撃地域
- ボールベアリング工場群
- 予定航路
- 爆撃機のルート
- ドイツ機の主要な迎撃

らに雲のために計画より低く飛ばねばならず、戦闘機の攻撃を受けやすい状態になった。そして、戦闘機はすぐにやってきた。メッサーシュミット Me110 と 410 が正面から機銃掃射し、ロケット弾を発射する。死傷者が続出したが、アメリカ爆撃機が目標上でおこなわれている交戦に向かうと、ドイツ戦闘機は攻撃をやめた。

　編隊が爆弾を投下したときの精度はあまり高くなく、さらに1回目の投下弾からあがる煙が照準を妨げた。爆撃機が激しい対空砲火を潜り抜けて目標上空を飛ぶと、ドイツ戦闘機は向きを変え、今度は編隊の後方を集中的に狙った。オランダ上空では再び連合国軍戦闘機が護衛についてドイツ軍戦闘機数機と戦ったものの、爆撃機隊はすでに損害を被ったあとだった。60機の航空機が乗員とともに撃墜され、さらに87機の機体が補修不可能なほど破損していた。第8航空軍はその後何カ月も第三帝国に戻ることはなく、この作戦が、爆撃任務の全航程に護衛機が随伴することの重要性を証明した格好となった。2度目の空襲は10月14日に実施され、291機のB-17がシュヴァインフルトに飛来した。しかしドイツの防衛力は増し、それに伴いB-17の損失は莫大なものとなった。第三帝国への次の空襲は1944年2月までおこなわれなかったが、そのときには、多数のノースアメリカン P-51 ムスタング長距離戦闘機が護衛機として投入された。

目標ベルリン
1943-1944 年

ルール地方とハンブルク攻撃の成功後、イギリス空軍のサー・アーサー・ハリス大将は、自ら「ビッグ・シティ」と名づけたベルリンを主要目標とする作戦の指揮に乗り出した。ハリスは、ベルリンが壊滅すればドイツ人の戦闘続行の意志はゆらぐだろうと考えた。しかしベルリンはドイツ東部に位置し、連合国軍爆撃機が長時間にわたって敵国領空を飛ばなければならず、対空砲火や夜間戦闘機の攻撃にさらされる危険が非常に大きくなる。さらに、ベルリンは照準システム、オーボエの無線応答可能範囲外にあった。これにくわえ、ベルリンは世界でおそらく最も厳重な防衛態勢の都市であるという事実や、そのベルリンを夜間に爆弾を満載して飛ぶことを考えると、これは二の足を踏む作戦だった。

攻撃策と対抗策

この頃には、イギリスではレーダー対策にウィンドウが導入されていた。ウィンドウ（もしくはチャフ）は、一定間隔で爆撃機から大量のアルミ箔を散布するもので、爆撃機が波状攻撃に飛ぶとき、落下するアルミ箔がドイツのレーダー防衛機能を撹乱したり、無力化したりする。ウィンドウは効果を上げたが、ドイツはあっさりと戦術を変えた。1機の夜間戦闘機が1機の目標を目指すのではなく、戦闘機の集団が敵爆撃機群の流路に誘導された後、それぞれ「自由に」動くのだ。「ヴィルデ・ザウ（野生の猪）」作戦も始まった。レーダーに頼らず、サーチライトに照らされて下方に浮かび上がった爆撃機のシルエット目指して単発戦闘機が急降下するもので、自軍からの激しい対空砲火を潜り抜けなければならないことも多かった。こうした新たな策に対抗して、イギリスはショート・スターリング爆撃機を送った。この機は高度と速度に劣ることから、北海での雷撃任務からドイツにまわされてきた。ドイツ軍の防御機がこの簡単な獲物に引き寄せられることが期待されたのだが、まず狙いどおりにいくことはなかった。

ドイツ軍は空襲前に、航空機が飛来する日と機数を正確に予測していることが非常に多かった。空襲前にイギリス空軍が予行する無線連絡を傍受していたのだ。11月26/27日の夜、443機の爆撃機と7機の先導機モスキートがベルリン爆撃に向かった。そしてこの隊の支援に、157機のハンドレページ・ハリファックスと21機のアヴロ・ランカスターが陽動作戦のシュトゥットガルト爆撃を命じられた。ドイツの夜間戦闘機を分散させるためだ。さらにドイツ軍を混乱させるため、まず全機が南下してフランスに入り、東に方向転換してフランクフルト方面に向かった後、それぞれの目標目指して分かれるというルートがとられた。夜間戦闘機をほぼ回避し、主力部隊はベルリン上空に到達した。この日はまたとないほど明るい夜で、目標に正確に照準をつけることが可能だった。しかしドイツの対空砲火は航空機と乗員に大きな損害を与え、混乱のなかでベルリンの動物園が爆撃を受けてしまった。爆撃部隊がイギリスへの帰

爆撃機の戦術
昼間爆撃攻撃が進歩すると、アメリカは、激しさを増す敵の攻撃に対抗すべく、防衛戦術に修正をくわえた。1943年3月、18機の爆撃機による航空群3個が54機からなる小規模戦闘航空団を創り、大規模な防衛火力を展開した。

B-17の標準的な「コンバット・ボックス」編隊

途、ドイツの夜間戦闘機が突然姿を現して爆撃機を多数撃墜した。イギリス空軍は、その夜出撃した計666機の爆撃機のうち34機、およそ5パーセントを喪失した。

ニュルンベルクの災厄

1943-44年の冬の間中このパターンは続き、3月30/31日にはイギリス空軍が最悪の事態に陥った。目標となったのはニュルンベルクだ。満月の夜、795機の航空機が強風のなかを出発した。ドイツの防衛網はこれを待ち構えており、目標に到達する前に82機の爆撃機が撃墜された。ドイツ軍夜間戦闘機が燃料と銃弾の補給に降りるときだけ攻撃はおさまり、往路だけでさらに13機のイギリス空軍航空機が撃墜された。強風でナビゲーションが混乱するなか、多数の機がシュヴァインフルトを爆撃した。しかし空襲をおこなった機の10パーセントを喪失し、イギリス空軍爆撃機軍団は大戦中最悪の損失を被ることになった。

ハンターが狩られる側に

爆撃機の乗員が、必要とされた30回の空襲を生き延びるチャンスはとても小さく、状況改善のために第100（爆撃機支援）航空群が動員された。電子装備をもつ爆撃機

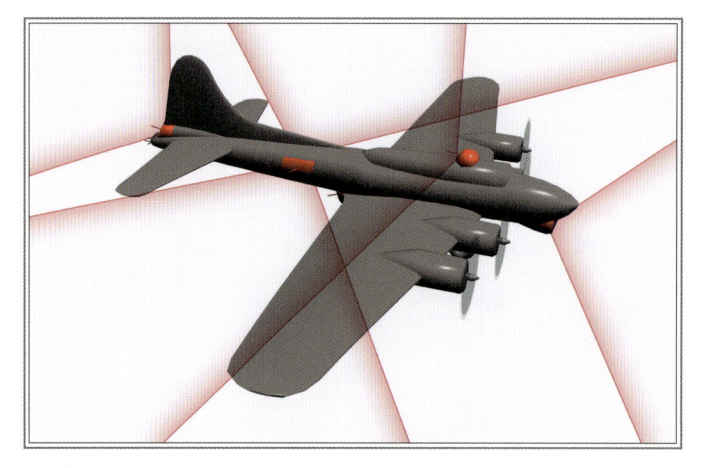

フォートレスの射界

フライング・フォートレスは素晴らしい防衛射界を備え、全方面をカバー可能だった。初期のB-17には機首の真下の銃座がなかったが、敵戦闘機からの正面攻撃に対抗すべく、B-17Gモデルにはすぐにこれがとり入れられ、さらに大半のB-17Fにも改良が施されて取りつけられた。

B-17 フライング・フォートレス

乗員：10名
最高速度：461km/h
巡航速度：292km/h
装備：0.5インチ機関銃×13
爆弾搭載量：5805kg

で飛び、ドイツの地上管制官と夜間戦闘機との無線信号を妨害するのだ。この航空機群には、侵入機部隊やセレート装備のモスキート、ボーファイターもくわわっていた（セレートとはレーダー探知、誘導装置であり、リヒテンシュタインに配備されたドイツ軍夜間戦闘機の追跡に用いられた）。空襲の夜、侵入機は夜間戦闘機の飛行場周囲を飛び、航空機が離着陸するさいに襲いかかる隙をうかがう。離着陸時がいちばん攻撃に弱いのだ。そしてセレート機もドイツ夜間戦闘機を護るレーダーに接近し、同様にこれに襲いかかった

1944年の春に、航続距離が長いノースアメリカン P-51 ムスタング戦闘機が到着すると、アメリカ陸軍航空軍もベルリンへの作戦を開始した。この機は爆撃機とともにベルリンまで飛来することが可能だった。ドイツ空軍をドイツ上空での戦闘におびき出して消耗させ、その間に爆撃機が目標を目指すのだ。いまやドイツ空軍は失った航空機の補充に苦しんでおり、訓練を受けたパイロットの数は減少を続けていた。この年の春には、ドイツ軍戦闘機は事実上防衛能力を失い、連合国側の航空機は簡単に第三帝国上空を飛ぶことができるようになった。

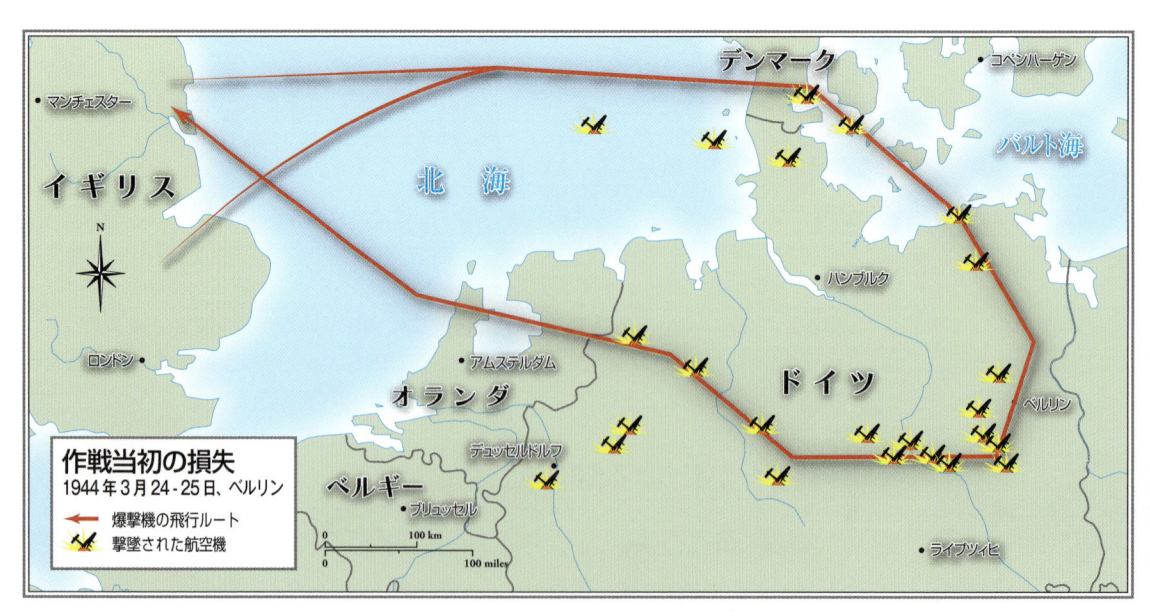

空襲における墜落地点

1944年3月24/25日の夜、ベルリンを爆撃したイギリス空軍爆撃機の乗員が当初報告した墜落地点を示す図。実際の損失ははるかに大きく、最終的に72機の航空機の損失が報告されている。

北アフリカおよび地中海

　1940年6月、イタリア空軍はマルタ島上空で爆撃任務を遂行していた。連合国軍がこの島の防衛に使える航空機は、6機のグロスター・シー・グラディエーターしかなかった。この星型エンジンの複葉機は戦場ではたいていの航空機より旧式だったが、すぐに準備を終えて戦闘に投入され、イギリス空母〈アーガス〉が急遽12機のホーカー・ハリケーンをマルタ島に運ぶまでに、どうにかイタリア軍爆撃機を撃退した。

　北アフリカでは9月13日、ムッソリーニの命令下、ロドルフォ・グラツィアーニ元帥がイタリア領リビアのキレナイカからエジプトに進軍した。グラツィアーニは圧倒的な地上軍と航空優勢を誇ったが、イギリス軍が反撃を開始しイタリア軍をはね返すとほとんど手を打てず、イギリス陸軍大将リチャード・ニュージェント・オコナー卿は思いきった進軍でイタリア軍をトリポリまで押し戻した。トカラディ経由の空のルートが開ける以前は、地中海を通って安全な航行ができなければ、航空機を船に積み込み、喜望峰をまわって送るしかなかった。航空機をアフリカの黄金海岸まで運び、アフリカ大陸を横断して飛んでようやくエジプトに到着し、そこからやっと、航空機を必要とする前方部隊のもとへ飛ぶという事態が生じたのだ。

北アフリカにおける潮目の変化

　1941年、イタリアがスエズ運河地帯の占領に打ってでると、それに続きヒトラーがアフリカでの主導権を握るべく、エルヴィン・ロンメル大将とアフリカ軍団を派遣して、ドイツ空軍第10航空軍団がこれを支援した。この結果、それまで数の上で優位に立つ部隊を相手にしていた連合国軍砂漠航空隊は、広大な砂漠の上空でドイツ軍の経験豊富なパイロットが駆る新型機と戦わなければならなくなった。

　マルタ島もまた、ドイツ空軍到来の重圧を感じていた。包囲された島は激しい空襲を受けたため、次々と増援部隊が到着した。ハリケーンが再度マルタ島に派遣されてどうにか敵機を撃墜はしたものの、イギリス空軍の死傷者数は甚大で、マルタ島に入ってくる燃料が不足していたため、航空機は間断なく定期哨戒に飛ぶことができなかった。イギリス空軍の出撃回数が減ってくると、ドイツ第10航空軍団は北アフリカの作戦に専念してロンメルの進軍を支援した。この結果、マルタ島には15機のスーパーマリン・スピットファイアMk5が飛来することができ、防衛力を引き上げた。これにくわえて100機あまり、大半は5月9日にアメリカ空母〈ワスプ〉から発進した機が到着した。

　するとロンメルの補給線は、マルタ島に基地を置いた雷撃機の脅威につねにさらされるようになり、アフリカ軍団の進軍は停止した。さらに、アル・ハッファーとエルアラメインでイギリス軍のバーナード・モントゴメリー大将が勝利し、アフリカ軍団ははるかチュニジア目指して後退を始めた。地対空の通信技術が向上していた連合国軍追撃部隊は、必要であればいつでも地上部隊が戦闘機や爆撃機を要請することが可能で

あり、通常はハリケーンやカーチス P-40 がこの任務に就いた。このシステムはずっと後に、ノルマンディでも用いられて効果を上げた。

　1942 年 11 月のトーチ作戦において、連合国軍はモロッコおよびヴィシー政府下のアルジェリアに上陸し、アルジェリア東部の飛行場奪取のために空挺部隊が投入された。こうした飛行場を確保すると、イギリス空軍とアメリカ陸軍航空軍の爆撃機が波状攻撃をおこない、まもなく航空優勢を確保した。ドイツ軍はチュニジアまで退却し、ユンカース Ju52 と 6 発エンジンの巨大なメッサーシュミット Me323 輸送機によって補給を受けた。これら輸送機はシチリア海峡上空を轟音を上げて飛んだので、間断なく戦域を飛び回っている連合国軍戦闘機の格好の獲物となった。チュニジアの戦況はまもなく枢軸国が支えきれないものとなり、イタリアとドイツのアフリカ軍団は 1943 年 5 月 12 日に降伏した。

連合国軍の進軍
1943 年 5 月に連合国軍が北アフリカに上陸してチュニジアから枢軸国を排除すると、ここは 2 カ月後のシチリア島侵攻への有効な足がかりとなった。イタリアはただちに休戦を求めたものの、ドイツ軍の強力な増援部隊がイタリア半島を攻めあがってくる連合国軍と戦い、過酷な戦闘は続くことになる。

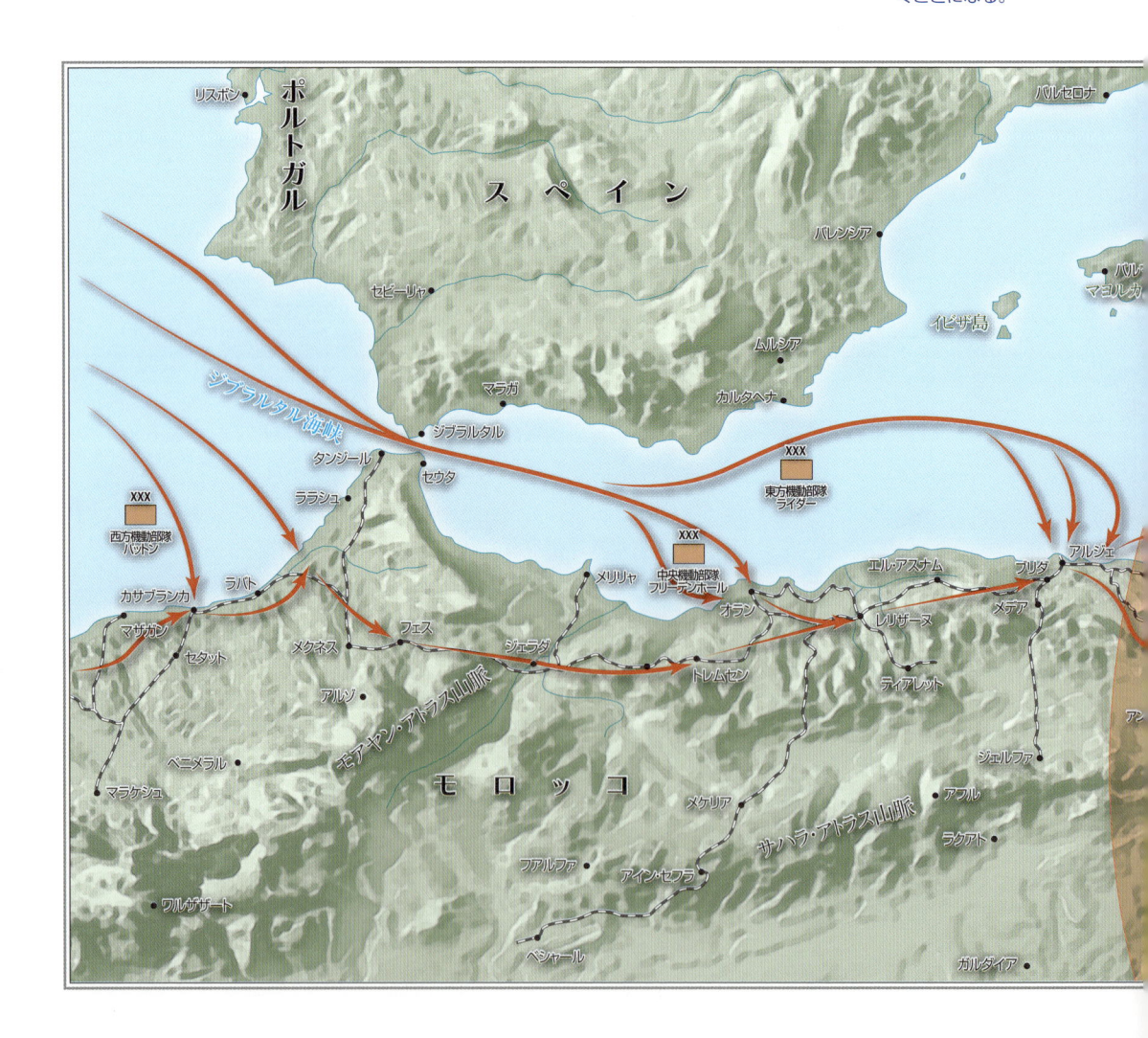

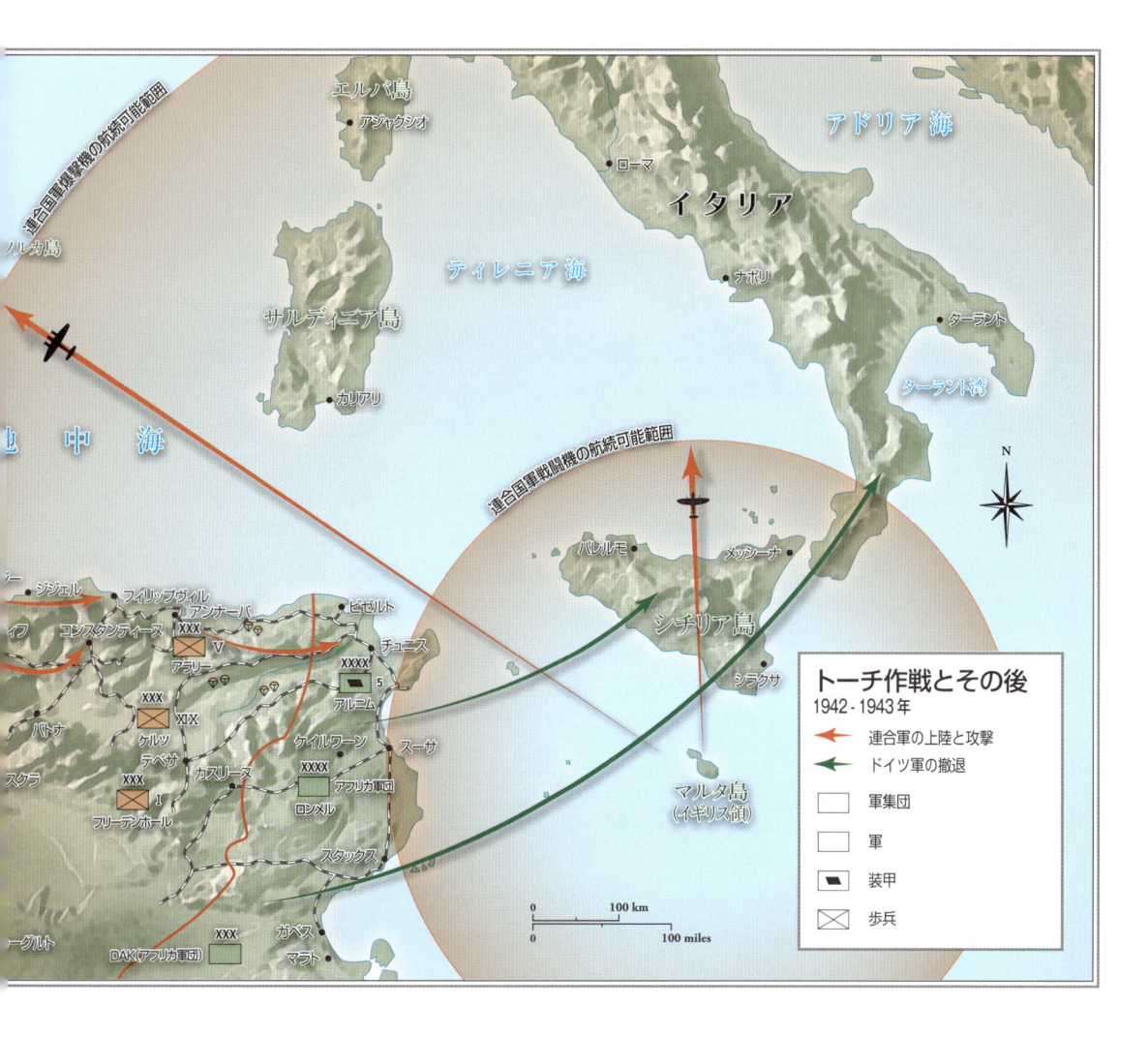

North Africa and the Mediterranean

シチリア島とイタリア南部

　連合国軍はハスキー作戦として知られるシチリア侵攻計画を急いでいたが、まったくまとまりがなかった。軍の各部門が、それぞれの必要性に応じた計画を推し進めたからだ。イギリス空軍およびアメリカ陸軍航空軍地中海航空隊の統合責任者であるサー・アーサー・テッダー空軍中将の場合は、侵攻作戦に参加する戦闘機と爆撃機ができるかぎり早く基地として利用できるように、シチリア島飛行場の即時占領に執心していた。独断的なバーナード・モントゴメリー陸軍元帥がその計画をほかの指揮官に認めさせたおかげで歩み寄りがなされ、どうにか軍部間にも国家間の関係にも、しこりを残すことなく済んだ。イギリス軍とカナダ軍はシチリア島の東海岸、シラクサ港付近に上陸して空挺部隊を投入し、飛行場と、橋頭堡の確保に戦略上必要となる橋を占領することになった。アメリカ軍分遣隊はリカータとスコウリッティ間の南西海岸に上陸し、これも空挺部隊を投入して上陸地点後方の飛行場を占領するのだ。航空隊の指揮官たちは計画段階において情報が一切漏れないように注意を払い、陸・海軍とは別個の行動を希望して、両軍の指揮官たちと密な連携をとることはなかった。これが三軍間の敵愾心に発展したのだが、しかしそれだけでは済まなかった。陸・海軍の指揮官は、橋頭堡上空を飛ぶ連合国軍の航空機の数もタイプも時期についてもなにも知らされず、この情報の欠如によってゆゆしき結果が生じることになる。

ハスキー作戦の発動

　7月9/10日の夜、連合国軍の空挺部隊が、アメリカ軍空輸軍団のダグラス C-47 スカイトレインを中心とするさまざまな航空機から橋頭堡後方に降下した。空挺部隊は強風で分散し、グライダーで到着した部隊はさらに悲惨な状況に陥った。グライダーのパイロットの多くは経験がなく、悪天候のなかで早々に航空機と切り離されたので、多数のグライダーが早まって海に墜落し、乗員はおぼれた。しかし、それまでにシチリア島に降下していた部隊は、広く分散していたにもかかわらず防御軍をよくかき乱していたため、海上輸送部隊が到着したときにはあまり抵抗を受けることもなかった。

　サー・テッダーのゆるぎない指揮下にあるイギリス空軍とアメリカ陸軍航空軍は、シチリア島の敵航空機をわずかになるまで減少させた。残った機もまもなくイタリア本土に撤退せざるを得なくなったが、そこでもアメリカ第15航空軍の中型および重爆撃機に悩まされた。連合国軍の陸・海の指揮官は、敵の空襲がないことにうれしい驚きを感じた。空襲があっても、いちかばちか連合国軍侵攻艦隊を狙った夜間爆撃機が飛来する程度だった。こうした航空機はたいていがハインケル He111 かユンカース Ju88 だったが、姿を現すと、艦隊からの驚異的な対空砲火に迎えられた。不運にも、第82空挺師団第504落下傘歩兵連隊が橋頭堡の増援に降下したさいには、ドイツ軍の急襲だと勘違いした艦隊から射撃を受けてしまった。戦時中の「友軍射撃」の最た

る例に、144 機の C-47 のうち 33 機が撃墜され、さらに 37 機が損傷を受けて死傷者が 318 人も出たという例がある。これは各軍間の連絡の欠如によって生じた最悪の例であり、再びこうした事態が起きないようすぐに状況が改められることになった。

1 週間後には、連合国軍航空軍はシチリア島に戦闘機を駐屯させていた。ドイツ空軍とイタリア空軍は日中には攻撃を受け、夜間に危険を冒して撃って出ると、マルタ島に配置されたレーダー装備のデ・ハヴィランド・モスキートにつきまとわれた。モスキートはイギリス上空において、夜間爆撃機を発見して破壊する力を証明済みだった。

連合国軍が北方へと進むと、枢軸国側は粘り強く防衛線にしがみつき、その結果シチリア島北東部の隅に追いやられることになった。残る脱出路はメッシーナ海峡のみとなり、メッシーナの港からイタリアのつま先へと渡るしか道はなくなった。連合国軍の航空優勢をもってすれば、枢軸国軍の逃避行をはばんでいたはずだ。しかし統合航空軍の鼻先で、4 万のドイツと 6 万のイタリア部隊は空襲に悩まされることもなく、

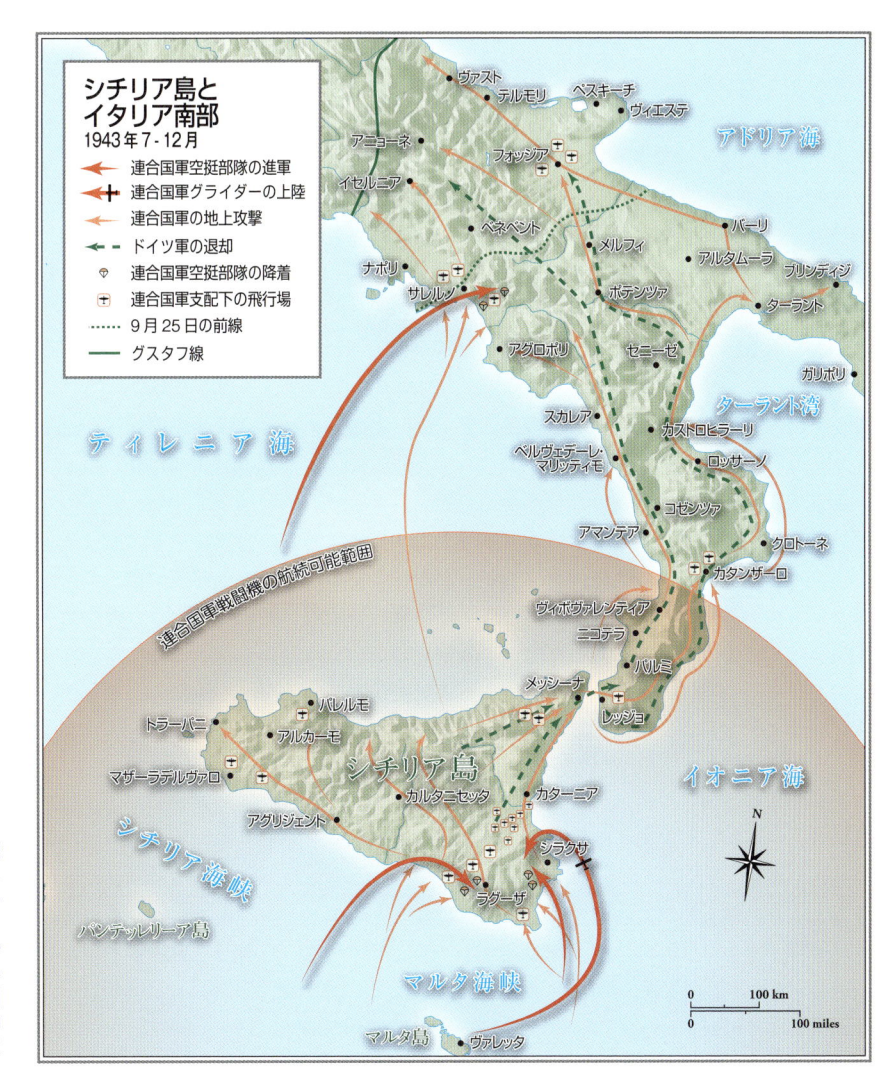

シチリア島とイタリア南部
連合国軍はシチリア島に上陸するとすぐにイタリア南部に侵攻したが、これには、「ヨーロッパのやわらかな下腹部」と呼ばれる地域に致命的な一撃を放つ意図があった。しかしこの作戦は過酷な長い戦闘となり、1943-44 年の冬の悪天によって、状況はさらに厳しくなった。

輸送船で撤退した。この件は、地上部隊の指揮官が「後進の」軍である空軍に対する不信を強めるだけに終わった。

本土奪取

　9月3日、イギリス第8軍がメッシーナ海峡を越え、連合国軍はイタリア本土に初上陸した。連合国軍の中型および重爆撃機部隊は、イタリア中央部および北部のドイツ軍補給線を断ち、また増援を一切はばむために連続爆撃を命じられた。しかし、ドイツ軍はさらに北にも防衛線を敷いており、第8軍は軽い反撃にあった。イギリス・アメリカ部隊が9月9日にサレルノに上陸する頃には、ムッソリーニが倒されイタリアは連合国軍に降伏していた。ファシスト党のために戦い続ける者もいくらかはいたが、イタリア空軍では、連合国軍として飛ぶことを申し出るパイロットが多数いた。この結果、この地域における枢軸国側の航空戦力は大きく低下することになり、ドイツは防衛力を高めるために、ほかの前線でも手離せない航空機をこの地に移さざるをえなくなった。

　サレルノの上陸作戦では激しい戦闘が交わされた。ドイツ空軍はフォッケ・ウルフFw190を戦闘爆撃機として投入し、この機は連合国軍が上陸する海岸上空を轟音を響かせて飛び、地上部隊をおびやかした。ドイツは、初めて新型兵器も用いた。フリッツX誘導爆弾だ。通常はドルニエDo217がその役を務める親機から投下されるこの爆弾は、尾から炎を発するので、ドルニエの鼻先にある爆弾誘導装置の遠隔操作による誘導が容易だった。サレルノ沖のイギリス艦〈ウォースパイト〉に命中し、この戦艦が修理のため6カ月も戦列に戻れなかったことで、この兵器の効力は証明された。

　上陸部隊をふたつに分断しようとドイツ軍が絶えず激しく反撃してくるので、サレルノ上陸はきわどい状況だった。しかし第82空挺師団の2個連隊が2晩にわたって降下し、ドイツ軍に対抗した。さらには航空機によるドイツ軍縦隊への機銃掃射、海上からの砲撃および地上部隊の兵士の粘り強さが一体となって、惨劇は防がれた。

　橋頭堡から先へと突き進んだ後も進軍の勢いは衰えず、連合国軍はナポリ、ローマ間に敷かれていたドイツ軍防衛線まで到達した。この地域にあるモンテ・カッシーノ一帯の渓谷はとくにナビゲートが難しかったが、ここには山頂に修道院があってあたりを見おろしていた。ドイツ軍がこの建物を砲撃の標定所に利用していると見た連合国軍は、ここの奪取に失敗すると激しい爆撃をおこなったために、修道院は瓦礫と化した。しかし当時は、ここには修道士と避難民が住んでいるだけだった。空襲後、防御側の降下猟兵にとっては、防御が簡単な廃墟に移動できて幸運としか言いようがなく、当初の計画より長くその陣地を維持した。

　翌年の1月、ドイツの通信連絡線切断を目的とする2度目の上陸がアンチオでおこなわれた。しかし、ドイツは連合国軍の航空優勢という状況下でもどうにか橋頭堡で持ちこたえた。5月下旬になってようやく連合国軍は南部のモンテ・カッシーノ突破に成功し、その後大規模な空襲をおこない、橋頭堡から先へと強行突破した。ローマは6月5日に連合国軍の手に落ちたが、ドイツ軍は用意していた別の防衛線まで退却したにとどまった。イタリア半島をめぐる戦いは続くが、その間、世界の目はヨーロッパ北西部に向けられていた。

東部戦線
1943年　ソ連の主導権

　ドイツがクルスクで敗北した後にソ連は反撃を開始し、北端を除く東部戦線全体を巻き込んだ一連の移動攻撃がおこなわれた。スターリンは容赦ない攻撃をしかけ、ドイツに、態勢を立て直し、防衛のための再編をおこなう猶予を与えないつもりだった。その第1の目的は東部ウクライナの解放であり、南方のヴォロネジ方面軍集団の各軍（前線）の大半がここに投入される。さらにこの進撃は、ドイツ軍きっての有能な指揮官である、エーリヒ・フォン・マンシュタイン大将麾下の南方軍集団壊滅にも向けられた。投入可能なドイツ軍は、124万の兵士、1万2600挺の銃、2100輌の戦車と2100機の航空機。これに対するソ連軍は、総計263万3000の兵士に5万1000挺の銃と重迫撃砲、2400輌の戦車（このうち、T-34中戦車の数が増加していた）、およそ3000機の航空機と、規模で圧倒していた。混迷を増す戦場で、もうすぐ巨大な戦闘が起ころうとしていた。ドイツ戦線後方では広大な地域がパルチザンの支配下にあり、すべて反ドイツ勢力ではあったものの、それがすべてソ連寄りというわけでもなかった。戦争の混乱のなかで、とくにウクライナでは国家主義者グループが形成されており、この地を共産主義者の支配から解き放とうとしていた。なかにはスターリン政権に対抗し、ドイツ陸軍と戦いをともにすることを選んだ者もいた。コサック、グルジア人、ヴラソフ大将のロシア解放軍や、ウクライナ師団となったSS第14武装擲弾兵師団ガリツィエンなどがそうである。いかなる状況でも退いてはならないというヒトラーの指示にもかかわらず、ドイツ軍指揮官は、北のエストニア東部からドニエプル川沿いに南へと下り、黒海沿岸にまで達するヴォタン防衛線を作り出していた。

ハリコフの解放

　1943年、ソ連の航空機製造数はドイツ産業を軽く越え、ドイツの2万5527機に対して3万4845機が製造された。さらに、増加を続けるソ連の新型機が前線の部隊に到着しつつあり、頑丈で信頼性の高いイリューシンIℓ-2シュトルモヴィクは、こうした新型機のなかでも性能がずば抜けていた。

　一連の大規模攻撃が始まるとハリコフは解放されたが、ドイツ軍が奪回し、それから再度解放された。これらの大規模作戦は、ウクライナ東部をその重要な産業地域であるドンバスとともに解放することが念頭におかれ、その後はドニエプル川へと前進してキエフを解放する計画であった。ソ連軍は前線沿い670キロに広がって進軍し、多数の作戦が個別に実行された。こうした作戦には、大規模な渡河という際立った特徴があった。赤軍の指揮官たちは兵士を駆り立て、兵士は、浮くものはすべて利用し工夫して渡河するよう命じられた。材木や石油のドラム缶や、とにかくなんであれ、それを縛りつけて橋頭堡を確保するのだ。そしてそのすぐ後に工兵たちが続いて川に橋をかけ、装甲車や輸送車が前進して部隊の支援をおこなえるようにした。

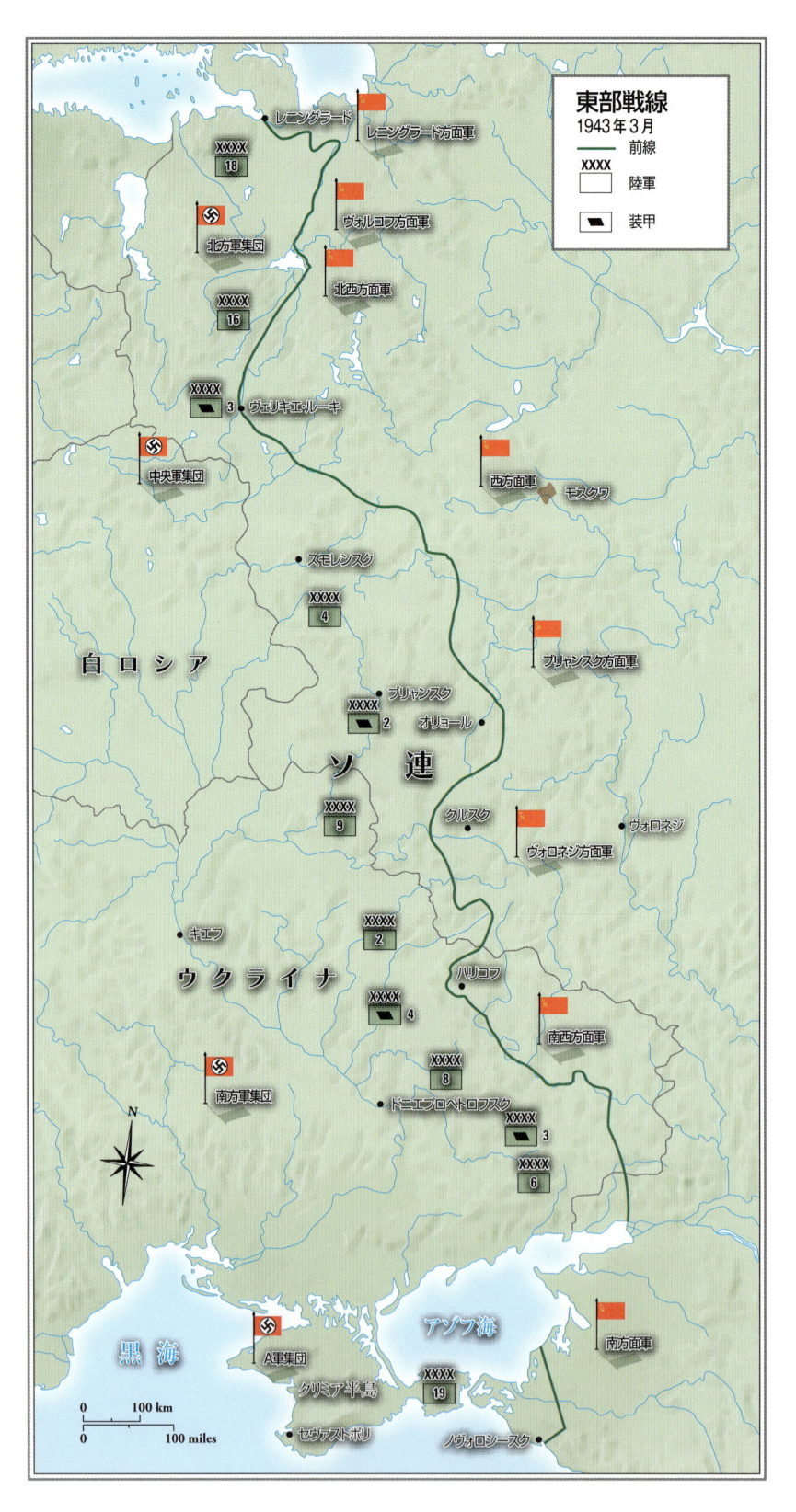

Atlas of Air Warfare

東部戦線の行き詰まり
1943年春の雪解けとともに、東部戦線沿いすべての大規模作戦で動きが取れなくなった。1年前と同じように、この機会に両軍は夏の攻撃に備えて軍勢を強化した。

ドニエプル川に到達する

　ヴォロネジ方面軍は高速機動部隊を前進させた。ドイツの防衛部隊を迂回し、敵後方地域で可能なかぎり崩壊や混乱を引き起こすことが目的だ。この部隊は9月21日の夜、キエフの北でドニエプル川に到達した。9月22-23日、ソ連軍は川の西岸にまる見えの橋頭堡を作った。この部隊は、西岸に落下傘降下した第1、第3、第5親衛空挺旅団の増援を受けた。しかし、ソ連の航空支援はこの時点では効果的とはいえず、前線においては数の上でわずかに優位に立っている程度で、軽装備の空挺部隊をじゅうぶんに護るだけの力はなかった。この作戦に参加した4500人のうち、生き残ったのはわずか半数だったが、こうした勇敢な兵士は攻撃作戦を続けた。これがソ連空挺部隊のヨーロッパでの戦いにおける最後の攻撃となり、1945年には、空挺部隊の兵士が日本軍との戦闘で満洲に投入され、再度成功を収めることになった。

　ソ連軍は10月初めにザポロージェに到達した。再び、ソ連軍は廃棄された艀を使って川を渡った。2週間後には、リューテジに別の橋頭堡が設置される。キエフは、激しい戦闘を経てついに11月6日に解放された。その頃にはドイツの頑強な防衛部隊をものともせず、ドニエプル川に多数の橋頭堡が作られていた。北部ではスモレンスクが解放され、南部ではソ連軍の大集団がザポロージェから攻撃を開始し、アゾフ海北岸沿いに進軍してクリミア半島のドイツ第17軍とA軍集団の身動きをとれなくした。

　1943年末には、南部戦線のソ連部隊は奪回した地域を強化し、さらなる攻勢作戦に備えていた。ドイツは、冬に入ってソ連の攻撃が鈍化し、補充部隊と、なんとしても必要な新装備が到着する時間を稼げることに唯一の希望を抱いた。しかしその望みは砕かれることになった。

　1943年にはドイツの地上部隊に対する圧力は増し、ドイツ空軍はしだいに戦術的「射撃旅団」としての役割を担うようになっていった。ヘンシェルHs129地上攻撃機といった航空機がソ連軍戦車部隊の先鋒を破壊するために投入され、長く延びた戦線の大半を航空戦力だけで維持するということもしばしばだった。ソ連航空機の数が徐々にものを言い始め、ドイツ空軍は、延びすぎた地上軍の支援に思うように航空機を配置することもなかなかできなくなった。ソ連軍の数だけではなく、航空機の設計や乗員の訓練の質が、違いとなって現れた。ソ連はドイツの電撃戦という戦術から教訓を学んでおり、それを独自の形に変えて戦闘に用いたのである。

ドイツ空軍の勝利
敵機撃墜数の12を、自機のMe109の方向舵にペンキで描くパイロットの曹長。

クルスク
1943年

クルスク突出部での戦闘は、並外れて大規模な戦闘のひとつに数えられる。何百万という男女、何千という装甲戦闘車両やあらゆるタイプの航空機がここに投入された。ソ連軍とドイツ軍の間の戦線は、北部はレニングラードから南部のロストフオンドンまで伸び、幅200キロ、オリョール、ハリコフ間のドイツ防衛区域まで125キロにも達するという突出した規模だった。ドイツは前年冬にスターリングラードから大きく後退しただけに、どうしても主導権を奪回する必要があった。スターリングラードに投入されたドイツ兵はすべて死亡するか捕虜となり、東部戦線の輸送部隊の3分の1が破壊されていたのだ。クルスクの孤立地帯の南北に攻撃を開始して突出部をはさみ潰し、1941年の作戦と同じく、できればその途上で多数の赤軍部隊を捕虜にする、という計画が立てられた。

攻撃に備える

ソ連軍指揮官たちはドイツの意図をじゅうぶんに察知し、スターリングラードの勝者であるゲオルギー・ジューコフ大将の確固たる指揮のもと、かなり深い位置に大規模な防衛境界線を敷くことに着手した。ドイツ軍の攻撃が防衛線の一部を破ったら、

シュトゥーカ対戦車攻撃機
ユンカースJu87Gは最後のシュトゥーカであり、標準タイプのJu87D-5は、2基のBK 37機関砲（37ミリFlak 18機関砲）を翼の下に装備した機に転換された。ダイブ・ブレーキは備えておらず、ソ連の装甲を破壊するのに大きな威力を発揮した。ハンス・ウルリッヒ・ルデル大佐はその代表的パイロットであり、東部戦線で500輌もの戦車を破壊した。

Kursk: 1943

　ソ連軍はただ整然と、用意した別の防衛線まで退きさえすればよい。数回このような事態になればドイツ攻撃部隊は疲弊するので、ジューコフは予備軍を放ってドイツ軍を押し戻し、さらに前進する。赤軍の技師から民間人にいたるまで、あらゆる人々が防衛線の建造やトーチカの建設、対戦車壕の掘削に引っ張り出され、また何千という戦車や航空機の製造ラインについた。

　1941年の手痛い敗北以降、ソ連の航空機は大きく進歩しており、ポリカルポフI-16に代わってミコヤン・グレヴィッチMiG-3および7、ラヴォーチキンLa-5が登場していた。ラヴォーチキンはドイツ空軍のメッサーシュミットMe109とフォッケ・ウルフFw190に匹敵する機だ。またこの頃戦場上空に姿を現し始めたのがイリューシンIℓ-2m3であり、エンジンとパイロットの周囲に重武装したこの機は、対地攻撃用の頑丈なプラットフォームとなった。この機は戦場の上空低く飛び23ミリ砲で機銃掃

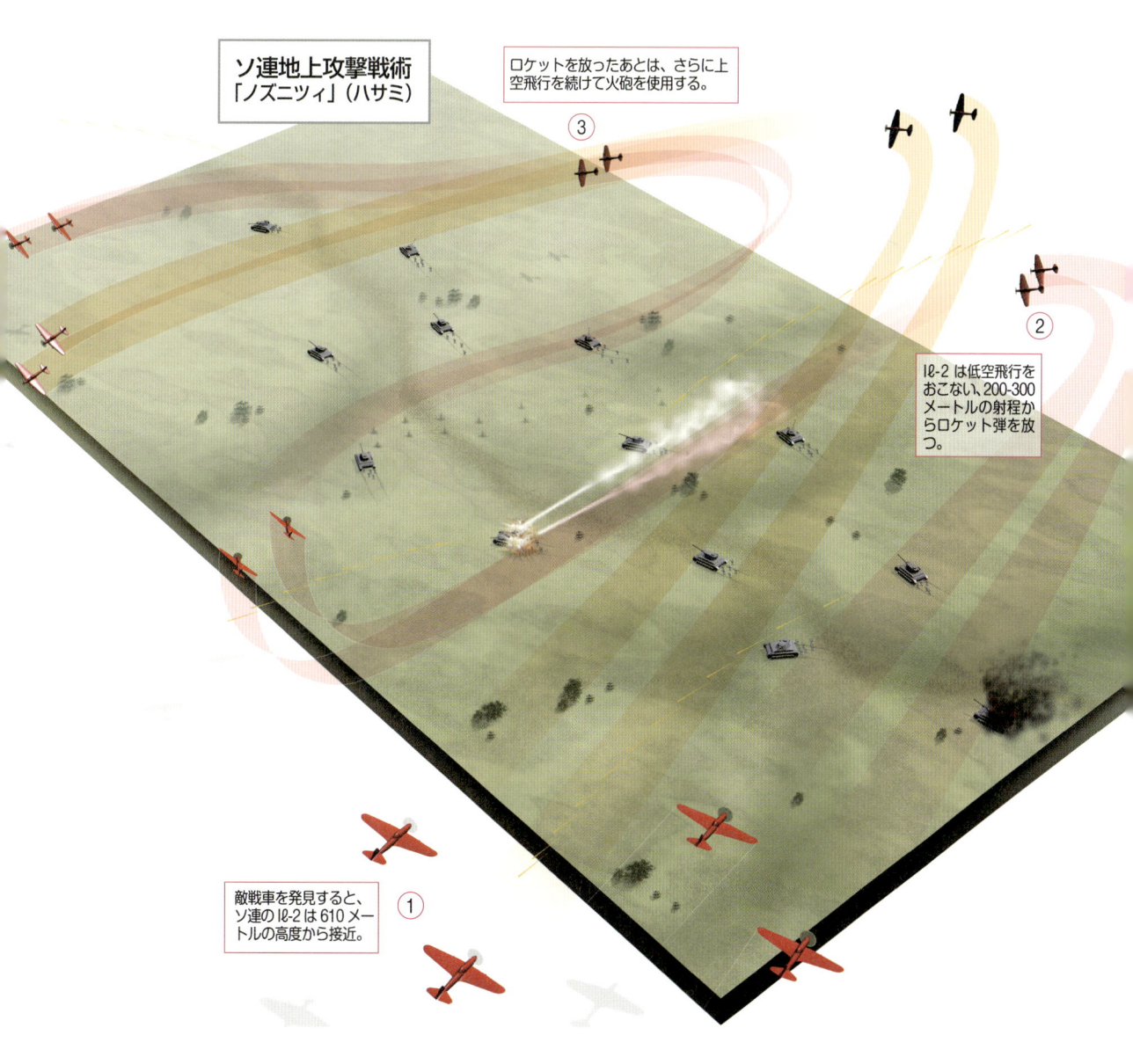

ソ連地上攻撃戦術「ノズニツィ」（ハサミ）

③ ロケットを放ったあとは、さらに上空飛行を続けて火砲を使用する。

② Iℓ-2は低空飛行をおこない、200-300メートルの射程からロケット弾を放つ。

① 敵戦車を発見すると、ソ連のIℓ-2は610メートルの高度から接近。

射したため、生存性が向上した。残念ながら後方の銃手用の装甲はなく、防御用に12.7ミリ機関銃が備えつけられているだけだった。ソ連軍は前線全体に4000機の航空機を配置し、迫り来る攻撃に備えた。

ドイツ空軍の戦力は大きく劣っており、前線に配置されていた航空機は2000機ほどだったが、ドイツ機パイロットの技量の高さは数の上での劣勢を補ってあまりあった。平均してわずか15時間の飛行訓練で戦闘に投入されていたソ連機パイロットは、技量の点で遅れを取っていたのだ。ドイツ空軍の爆撃機および戦闘機隊の主流は、依然としてハインケルHe111とMe109であり、ユンカースJu87に装甲をくわえ、37ミリ対戦車砲を両翼の下に取りつけた機を採用し始めてはいたが、この砲にはわずか6発ずつしか装填できなかった。こうした機の支援をおこなうのが、Fw190戦闘爆撃機やヘンシェルHs129だった。Hs129は巨大なPaK40対戦車砲を機体中央部下に取りつけ、タングステン製弾頭の対装甲弾を放った。

イリューシン対戦車攻撃機
イリューシンIl-2はクルスクの戦いにその名を刻んだ。一連の実験の後、Il-2には2基の長砲身対戦車砲が備えられ、クルスクでドイツの新型戦車ティーガーおよびパンターに大きな効力を発揮した。Il-2のパイロットは、第9装甲師団に対する20分間の集中攻撃で70輌の戦車を破壊したと主張している。

攻撃開始

赤軍空軍は、ドイツ軍が部隊を編制しようとするとこれを妨害する空襲を開始し、ドイツ空軍の多数の偵察機が地上で破壊された。この結果、ドイツ軍はなんとしても必要だったソ連軍の堡塁や防衛線の航空写真を撮れなくなってしまった。

7月5日、ドイツ軍の攻撃が始まった。攻撃開始阻止に派遣されたソ連爆撃機は、大規模なドイ

膨大な数
1943-44年の冬には、膨大な数のIl-2m3が投入され（1万2000機ともいわれている）ソ連海軍航空隊とソ連空軍の部隊に配備された。

ツ空軍迎撃機に遭遇した。次々と大きな空中戦が始まり、いっぽう地上軍も双方から接近し、ドイツの新型戦車ティーガーおよびパンターと、待ち受けるソ連の大砲とが初めて交戦することになった。大量の兵器を伴ったふたつの陸軍がぶつかり、Hs129とJu87機がソ連のT-34戦車に襲いかかって大きな損害を与え始めた。ドイツ軍は航空機によく支援されて着実な進軍を始め、地平線上にはソ連軍戦車が延々と続いてはいたが、ドイツ軍の計画は成功するかに思えた。しかしドイツ軍が計算に入れていなかったのは、ソ連の生産能力だった。10輌の戦車が破壊されると、すぐに10輌かそれ以上が取って代わるか、戦場で修理を受けてあっという間に戦列に戻るのだ。戦闘がソ連有利に展開するにつれ、赤軍の空軍はしだいにその存在感を増していった。ジューコフは、ドイツ軍の進軍ペースが落ちると反撃を命じた。到着したばかりの新たな戦車部隊が不運なドイツ軍に放たれた。ドイツ軍は壊滅するのを恐れて退却を要請したが、ヒトラーはどのような形であれ退却を禁じた。

　ソ連のIℓ-2m3は戦場の上空低く飛んでドイツ軍の戦車縦隊につきまとい、混乱に陥れた。ある飛行隊は、60輌の戦車と30輌の車両を破壊し、飛行隊には損失はなしと報告している。戦場が制圧されるとドイツ軍はてんでに退却を始め、ソ連機のパイロットはドイツ軍後方に飛んでさらに補給網に損害を与え、ドイツ軍が抱える問題を複雑化させた。この戦いは、東部戦線におけるドイツの攻勢作戦にとっては弔いの鐘が鳴っているようなものだった。とくに連合国軍のシチリア島およびイタリア侵攻以降は、ドイツ空軍機の多くが他の戦線へと引き抜かれたうえに、連合国軍の統合爆撃攻勢が第三帝国奥深くまで昼夜しかけられるので、ドイツ空軍は投入可能な戦闘機を総動員しなければならなくなっていた。

ウクライナとクリミア半島

　ドイツ中央軍集団がドニエプル川上流沿いの防衛線にしがみついている頃、南方軍集団はすでに退却を始めていた。ヒトラーによって後退許可が出されており、ヒトラーはまた、南方軍集団に中央軍集団から4個師団を派遣した。南方軍集団の3個軍は退路を切り開き、数と装備で上回る敵をどうにか食い止めたものの、それ以上のことはできなかった。

　中央軍集団の3個軍は大胆な作戦に出て、ドニエプル川を5地点で渡河して撤退した。減少しつつあるドイツ空軍の戦力がここに集められ、軍が渡河を急ぐ間に、限定的ではあるが航空支援をおこなった。この作戦は少なくともしばらくは奏功し、追跡するソ連部隊が東岸のドイツ軍大部隊を捕らえようとしたものの、うまくはいかなかった。しかしその後、ソ連軍は空挺作戦の成功もいくらか寄与して、9月21日から25日にかけてブクリンとルジスヒャーで橋頭堡を確保した。

　10月から12月にかけては、しだいに数が増してきた橋頭堡の周囲で戦闘がおこなわれた。12月には、ソ連軍はドニエプル川西岸と、とくにキエフ周辺に厚く陣取った。この時点でソ連各方面軍にはそれぞれ作戦の支援をおこなう航空隊がついていた。斜陽のドイツおよび枢軸国空軍に対し、ソ連軍の戦闘機総数はウクライナ戦線でおよそ5000機、そして東部戦線全体では9500機あまりにおよび、さらにこの数字は増加を続けていた。

　1943年12月23日には、ソ連軍はクリミア半島を切り離し、ドイツ第17軍およびルーマニア部隊を追い込んだ。キエフの西に新たな戦線が設けられており、枢軸国部隊は数時間ではあるがその傷をいやした。そしてクリスマスイブに、赤軍は「右岸ウクライナ」と呼ばれる新たな大規模集中攻撃を開始した。ドイツA軍集団と南方軍集団の壊滅が目的だ。1500キロにおよぶ戦線沿いに計10個の作戦が遂行されたこの攻撃は、1944年4月半ばまで続くことになる。

西方への進軍

　ゲオルギー・ジューコフ大将は、チェルカスィの西にあるドイツ軍突出部に目を向け、第1および第2ウクライナ方面軍による集中攻撃をおこなった。陣地ではドイツ第8軍および第1装甲軍の11個師団が防御についた。対するのは計27個のソ連師団だ。ソ連軍の攻撃は当初、航空機がよく支援をおこなったものの、早い雪解けに難航し始めた。このおかげでドイツ軍には退却計画を練る時間ができた。2月11/12日の夜、包囲されたドイツ軍は猛吹雪のなかを突破しようと試みたが、逃れたのは数人の上級将校と一握りの歩兵だけだった。包囲された7万3000人のうち、捕虜となった1万8000人のほかは雪のなかで命を落とした。2月17日にはこの作戦はすべてが終了し、ソ連軍は西方へと進軍した。

　いっぽう、クリミア半島にしがみつくドイツ部隊は、北では進軍するソ連軍にさえ

黒海への進軍
ソ連の第3および第4ウクライナ方面軍による攻撃作戦は、第8、第17航空軍に支援され1944年2月に始まった。これらの作戦の開始期には、第9混成航空団のIl-2とPe-2が敵の鉄道攻撃に多用された。作戦は3月いっぱい続き、4月初めにオデッサまで進軍して終了した。

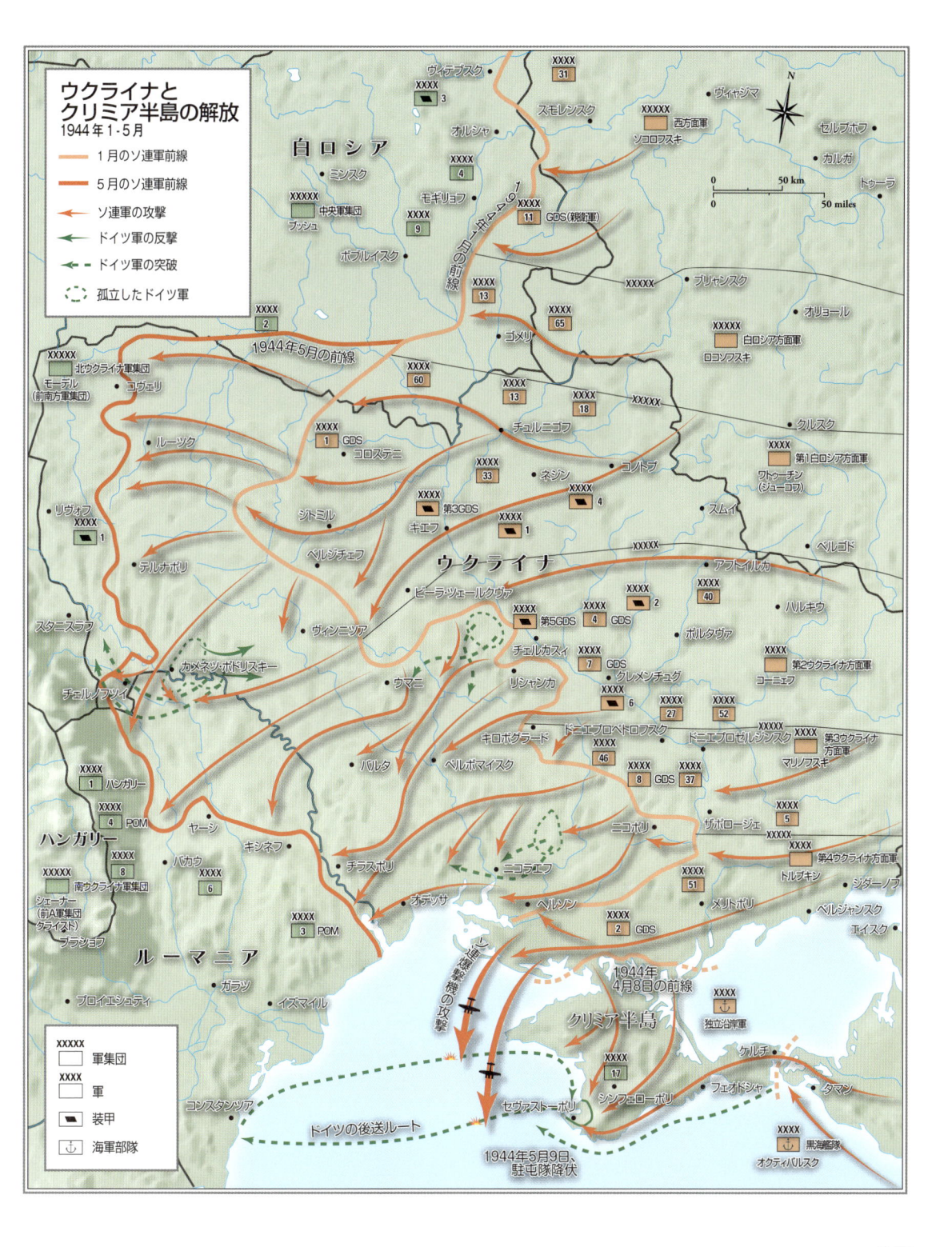

Ukraine and the Crimea

ぎられ、東方のカフカスからクバン川にかけた地域からは水陸からの攻撃にさらされた。4月8日、クリミア半島を一掃する総攻撃が始まった。50万のソ連部隊が配置され、黒海艦隊と800機ほどの戦闘機がこれを援護した。この猛攻を受けるのは15万のドイツ軍およびルーマニア軍だ。クリミア半島のドイツ軍は、航空支援を受けていないも同然だった。そこここで防衛線が崩れ、海から撤退しようとするとソ連機の激しい空襲にさらされたが、数人の主要な士官や兵士はどうにかルーマニアの基地へと飛ぶことができた。5月12日にはソ連がクリミア半島を奪回し、進軍するソ連部隊の東にある枢軸国最後の主要防御陣地を排除したのである。

フォッケ・ウルフ 190A-6
この珍しい色の機は、1943年春にソ連の飛行場に駐機する第54戦闘航空団所属のフォッケ・ウルフ

太平洋の空母

　第二次世界大戦の主要海軍のうち、空母を保有するのは、アメリカ、日本、イギリス、およびフランスの4カ国のみだった。ワシントン海軍軍縮条約によって日本は太平洋上の領土や保有する島の要塞化を禁じられており、この地域の利益を護るためには空母を開発せざるをえなかった。

　アメリカは日本を太平洋における大きな脅威だと見ており、洋上から航空機を展開させることを決断した。そして同条約によって廃棄されることになった主力艦の船体が、空母に転用された。こうしてアメリカも日本も、じゅうぶんな航空機群を配備した巨大空母を手に入れ、1920年代後半には空母の潜在能力の研究も急速に進んでいた。

　アメリカ海軍では、1941年には7隻の艦隊空母と1隻の護衛空母が就役しており、これらの艦船で珊瑚海とミッドウェーの海戦を戦い勝利した。アメリカ産業の態勢が整うと、エセックス級空母をはじめとする巨大新型艦船がアメリカ海軍にくわわった。

**カーティスSB2C
ヘルダイヴァー**
ヘルダイヴァーは、1943年11月11日にアメリカ空母〈バンカーヒル〉から発進して戦闘にくわわり、ソロモン諸島ラバウルの日本軍主要基地を攻撃した。

こうしてアメリカ艦隊に新しい艦船が配備されると、日本軍が太平洋中央地域の島に置いた基地も攻撃可能になり、それに続く大規模な洋上攻撃への道が開けた。アメリカ海兵隊と陸軍部隊が隊の編制を整えている間に、アメリカ空母の機動部隊は日本軍の重要な前哨地と島の基地に数度の空襲をおこなった。こうした空母は、日本軍と戦って一気呵成に島への上陸をおこない、また日本軍が確立、強化してきた防衛力を削ぐことを目的に建造されたのである。

ラバウルの空母強襲

　1943年11月初旬、アメリカはブーゲンヴィル島に上陸し、アメリカ空母〈サラトガ〉と〈プリンストン〉がラバウルの日本軍主要基地に接近した。ラバウルには多数の艦船が駐留しており、ブーゲンヴィルを発つアメリカ軍上陸部隊に大きな損害を与える配置が可能だった。アメリカ空母はスコールを隠れ蓑にして、探知されずにラバウルまでの飛行可能圏内に入り込んだ。そして空母は、ダグラスSBDドーントレス急降下爆撃機やグラマンTBFアヴェンジャー雷撃機、戦闘護衛機をはじめとする全航空機、計97機を発進させた。完全に虚をつかれた日本軍は6隻の巡洋艦が損傷し、うち4隻は大破したが、アメリカ軍の損失は10機の航空機のみにとどまった。

　11月11日、アメリカは再びラバウルを攻撃した。今回は185機の航空機が空母〈エセックス〉、〈バンカーヒル〉および〈インディペンデンス〉から発進した。日本海軍巡洋艦1隻は再度激しく損傷し、1隻の駆逐艦が沈没した。日本軍の反撃が始まったものの、大きな損失を被り撃退された。この攻撃の後、ラバウルは日本の主要海軍基地として機能することはなくなった。

緊急着艦
空母から発進する航空機の着艦はつねに危険を伴った。写真は、空母〈エンタープライズ〉に緊急着艦したF6Fヘルキャット。パイロットのバイロン・ジョンソン少尉を無事救出しようと航空機の胴体によじ上っているのは、航空機カタパルト士官のウォルター・チューニング大尉。

11月19日、アメリカはギルバート諸島を攻撃した。多数の小さな環礁からなる諸島のなかで防衛の要となっているのはマキン島とタラワ島であり、タラワ島には日本軍の主力飛行場が置かれていた。攻撃は、216機の航空機を配した護衛空母8隻が支援しておこなわれた。これらの機は近接支援とともに事前爆撃をおこない、いっぽうではアメリカ海兵隊と陸軍の部隊が、木の幹で作った塹壕や、洋上からの銃撃を通さないかに見えるサンゴ礁から、信じられないほどに頑強な抵抗を見せる日本軍を一掃すべく戦った。

日本軍はアメリカ軍機動部隊に対して爆撃機による攻撃を1度おこなうと退却し、このとき1発の魚雷が命中して軽空母が損傷を受けた。護衛空母〈リスカム・ベイ〉は日本軍の潜水艦によって撃沈された。こうした小さな島々への攻撃から得た教訓によって、後の作戦では、ときには何カ月も先行して、上陸する海岸に激しい空爆がおこなわれた。

太平洋上の空母戦
空母は1944年の太平洋攻撃作戦において真の力を発揮した。日本軍は補給線があまりにも広がりすぎ、また、連合国軍の空母機動部隊が島の日本軍駐屯隊をたたきに、いつ、どこに姿を現すのかを把握できなかった。

太平洋中央地域の空母による強襲
1944年10月

- ← アメリカ軍の攻撃
- --- アメリカ軍空母の作戦 2月17日-23日
- --- アメリカ軍空母の作戦 3月23日-4月6日
- --- アメリカ軍空母の作戦 4月13日-5月4日
- ✢ 空襲

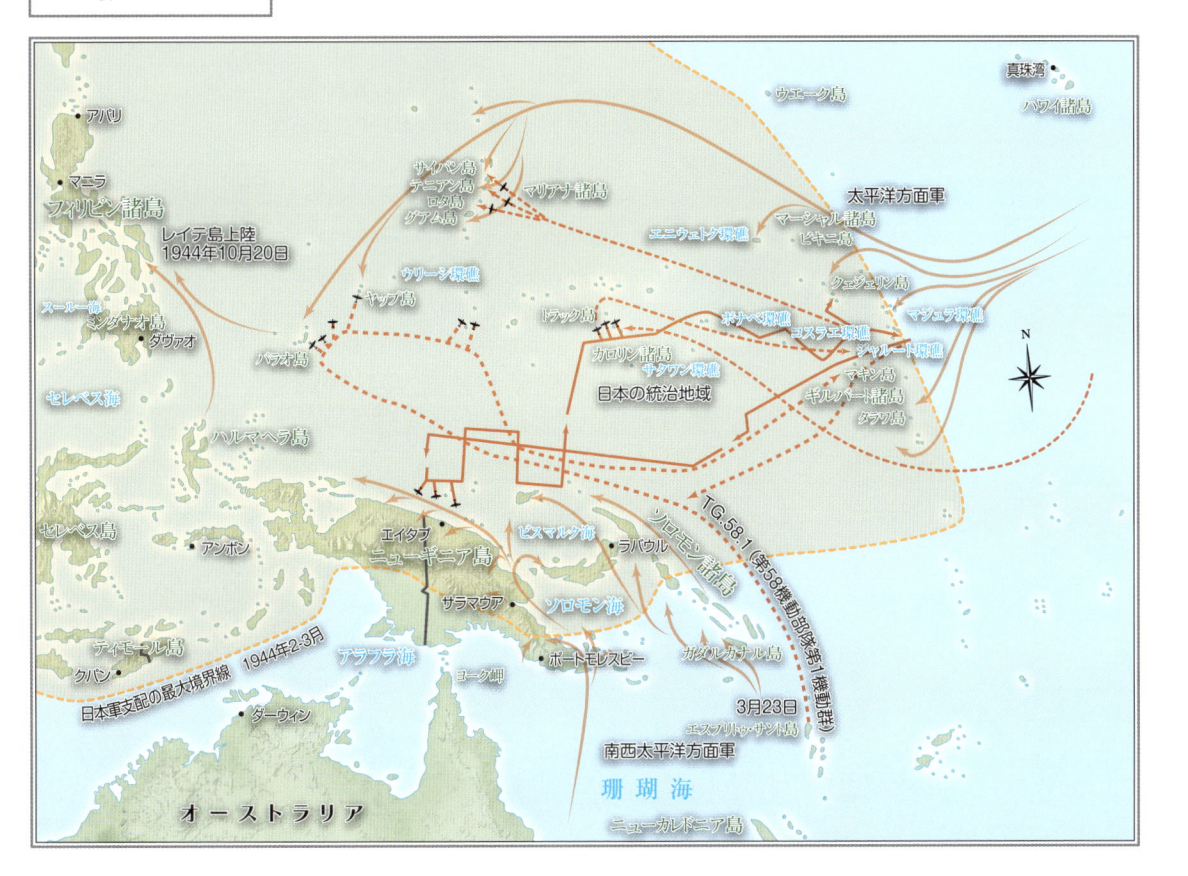

Atlas of Air Warfare

「マリアナの七面鳥撃ち」

　1944年6月19日から21日にかけて、第二次世界大戦最大の空母による戦い、マリアナ沖海戦がマリアナ諸島沖で起きた（連合国軍の一方的な戦闘だったため「マリアナの七面鳥撃ち」と言われる）。ミッドウェーと珊瑚海において、アメリカ軍の手にかかってかなりの損害を出した日本海軍は、再び攻撃態勢に入っていた。日本海軍軍令部は、空母と地上基地発進の航空機によるアメリカ艦隊攻撃を中心とする「あ号」作戦を立案し、太平洋における飛び石作戦の次の局面が始まった。

「七面鳥撃ち」の始まり

　日本の攻撃部隊を指揮する小沢治三郎中将の艦隊は、旗艦〈大鳳〉をはじめとする5隻の空母と4隻の軽空母に護衛艦を伴っていた。アメリカ軍が6月15日にサイパン侵攻を開始すると、小沢はその機に乗じて攻撃をおこない、フィリピン海西方に移動した。

　小沢の部隊はアメリカ潜水艦に発見され、侵攻艦隊を護衛する第58機動部隊の指揮官マーク・ミッチャー大将はすぐにも戦闘に入ろうとした。しかしミッチャーは上官であるレイモンド・スプルーアンス大将から、防衛戦に徹して、アメリカ軍の侵攻海域に入ろうとする日本軍のいかなる動きも阻止するよう命じられた。6月19日早朝、アメリカ空母は敵艦隊捜索のために哨戒機を発進させ、日本軍もまた哨戒機を飛ばしていた。日本機が第58機動部隊を発見してすぐにその位置を小沢に知らせると、小沢はグアムの基地の航空機に攻撃を命じた。この航空機はアメリカ軍のレーダーに捕捉され、グラマンF6Fヘルキャットが空母〈ベローウッド〉から迎撃に発進した。日本軍パイロットはまだ隊列を整えている最中に捕まり、グアムを発った50機のうち

フィリピン海海戦、第1局
1944年6月19日
← 日本軍航空機の移動
← アメリカ軍航空機の移動
⊕ 飛行場

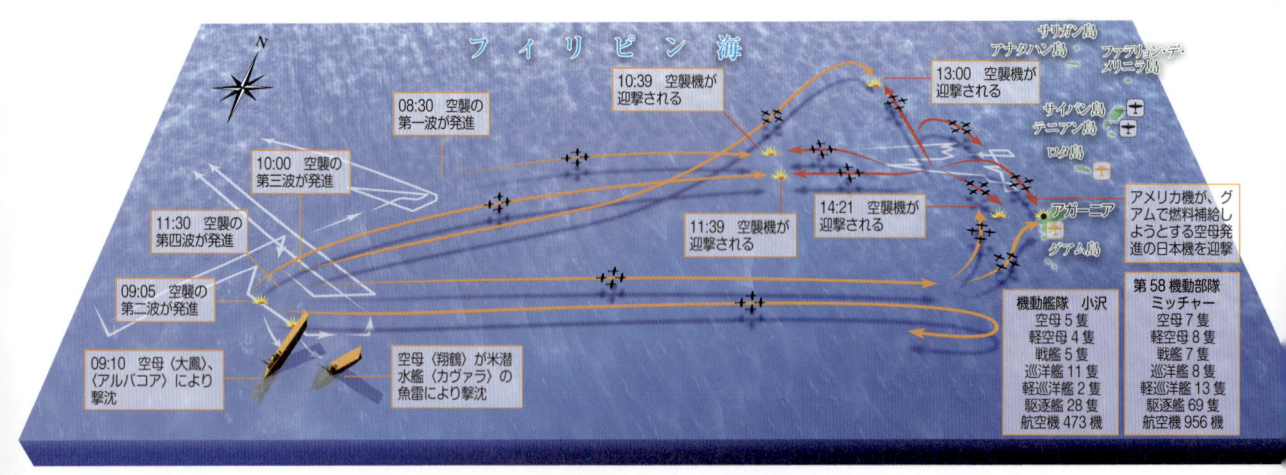

252

'The Marianas Turkey Shoot'

甲板上のヘルキャット
グラマンF6Fヘルキャットは、太平洋におけるアメリカ海軍の全撃墜数の75パーセントを挙げた。5163機の撃墜数に対し、ヘルキャットの損失数は270機と、19対1の割合である。

35機が撃墜された。

　ヘルキャットはアメリカ艦隊に戻るよう命令を受けた。レーダーが、西から飛んでくるより大きな部隊をとらえていた。これが、日本軍空母からの初の強襲となった。接近する日本軍雷撃機と護衛の零式戦闘機を攻撃するため、アメリカ空母はただちに投入可能な戦闘機すべてを発進させた。日本機はアメリカ軍第58機動部隊の120キロ手前で、再度陣形を整えようとしていた。編隊を組むのに時間を費やしたために、アメリカ機は高高度に就いて優位を得ることができ、まだアメリカ艦隊を射程にとらえていない日本機と交戦を開始した。日本機の編隊はまもなく大敗し、68機のうち41機が撃墜された。攻撃を潜り抜けて前衛艦と戦い、アメリカ艦〈サウスダコタ〉に損傷を与えた機もあったが、〈サウスダコタ〉は戦列から離れるほどではなかった。

　昼前に日本軍は攻撃を再開し、今回は109機を発進させた。レーダーが探知したおかげでアメリカ戦闘機は余裕をもって対応し、機動部隊から100キロほど離れた地点でこの部隊と交戦した。このとき70機の日本機が撃墜されたが、数機はこれをすり抜けてアメリカ空母〈エンタープライズ〉を攻撃した。空母をかすめた弾もあったものの、攻撃機は激しい対空射撃に屈した。結局、日本軍は109機のうち97機という大きな損失を出す結果となった。

　47機からなる日本軍空襲の第三波が発進したが、これを再びヘルキャット戦闘機の

強靭な部隊が迎え撃ったため、日本機は損失も出ないうちに戻らざるを得なかった。さらに第四波が出撃したが、座標が正確でないためにアメリカ軍機動部隊の位置を突き止めることができず、分かれてロタとグアムの発着場で燃料を補給することにした。ロタへ向かった部隊はアメリカ空母〈バンカーヒル〉と〈ワスプ〉に偶然出くわし即座に攻撃したものの、損傷を与えることはできなかった。グアムに飛んだ機は哨戒中のヘルキャットに発見され、着陸しようとしたところを破壊されて、日本軍の戦力はさらに減少した。こうした空中戦のさなかに、アメリカ潜水艦〈アルバコア〉は小沢の旗艦である〈大鳳〉に狙いをつけ、魚雷攻撃した。〈大鳳〉は大きな爆発を起こし沈没する。別の潜水艦が〈翔鶴〉に照準を合わせ、〈翔鶴〉の側面に3発魚雷を放つと、この艦も爆発後に沈没した。

　それ以降はアメリカ軍機動部隊が主導権を握り、日本艦隊の残軍を探し、西へと向かった。日本軍は6月20日の午後半ばに発見され、ミッチャーは、アメリカ機の帰艦が夜にかかろうとも、ただちに攻撃命令を出した。午後6時30分、216機が機動部隊から発進し、退却中の日本軍目指して飛んだ。日本軍空母〈飛鷹〉は攻撃が命中し、沈没した。ほかの3隻の空母も攻撃されて激しく損傷したため、アメリカ機は機動部隊に戻った。真っ暗闇に近いなかをアメリカ機が帰艦すると、ミッチャーは日本軍の潜水艦に察知されるのもいとわず、点灯可能な明かりをすべてつけるよう艦に命じた。戦闘による損傷や、空母甲板への激しい着艦、あるいは甲板をオーバーランした海への転落のために、アメリカ軍は最終的に80機を喪失した。日本軍は性急に撤退を始めた。ミッチャーは心底追走したかったのだが、今回もスプルーアンスに従わなければならなかった。戦闘に勝利したと判断したスプルーアンスは、戻ってサイパンの侵攻軍を護衛するようミッチャーに命じたのだ。

フィリピン海海戦、第2局
1944年6月20-21日
→ アメリカ軍航空機の動き
✈ 飛行場

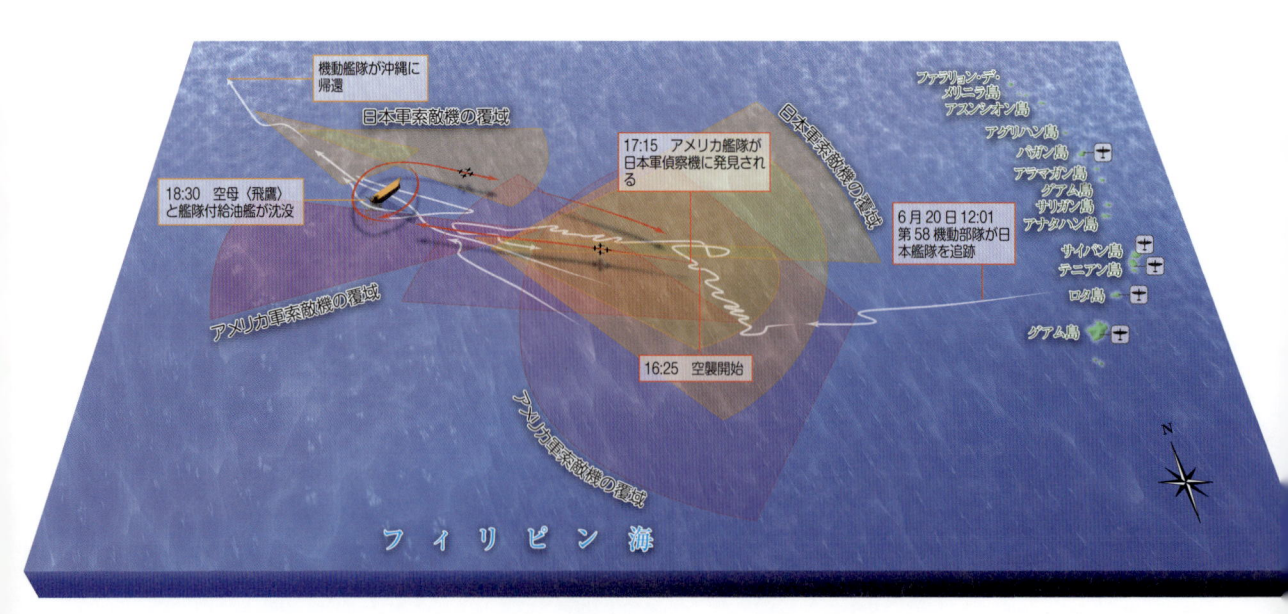

飛び石作戦

空襲によってラバウルの日本軍基地を無力化するのに合わせて、アメリカ海兵隊と陸軍は、日本軍の防衛境界線の外縁を形成していた太平洋の諸島に上陸を続けた。最初の目標は、ハワイの真珠湾とパプアニューギニア北岸との中間に位置する小さな環礁、ギルバート諸島とマーシャル諸島だ。次はマリアナ諸島。ここでは大規模な空中戦がおこなわれ、アメリカ機のパイロットは大きく自信をつけ、いっぽうの日本にとっては、その先に待ち受けるものの予兆となる厳しい戦いだった。次に狙いをつけられたのはパラオ、そしてフィリピンへと移るが、ここでは日本が、航空機を意図的に連合国軍艦船に衝突させる「神風」特攻という新たな戦術を取り入れた。アメリカ海兵隊が奮戦しつつ火山島の硫黄島に進軍すると、この戦法が硫黄島沖の戦闘でエスカレートし、沖縄沖で最高潮に達する。

アメリカ海兵隊と陸軍は、1943年11月にタラワ島とマキン島を襲い、海・空からの爆撃の後に上陸した。空母もまた、侵攻艦隊に向けられる攻撃を遮断すべく、これら諸島の北西に派遣された。この2島の占領は短時間で終わり、侵攻中の航空戦による実質的損失は、11月23日に護衛空母〈リスカム・ベイ〉が潜水艦に撃沈されたというわずかなものだった。

日本軍の作戦の核心部分をたたく

ミクロネシアのカロリン諸島にあるトラック島はこの地域における日本軍の要衝であり、飛行場と巨大な港があった。この島を、レイモンド・スプルーアンス大将率いる、空母を中心とした機動部隊が攻撃した。アメリカ海軍のパイロットは敵飛行場を機銃掃射し、日本機が地上にあってまだ動きがとれないうちに、その大半を破壊した。日本軍はおよそ300機を破壊されるという損失を被ったが、アメリカ軍が喪失したのはわずか25機だった。

そして、ダグラス・マッカーサー大将はフィリピン奪回の主導権を握った。まずレイテ島に上陸し、かつて航空機基地が置かれたルソン島に移動した。アメリカ部隊がレイテ島に上陸すると、日本は「あ号」作戦を発動した。この作戦には、日本艦隊に残る空母を投入して、アメリカ空母を上陸部隊の護衛から引き離す意図があった。これによって、日本軍のほかの2個大部隊の戦闘が容易になるからだ。しかし1個日本部隊はレイテ湾の戦闘で阻止され、このとき、それ以降類を見ないほど大規模な海戦がおこなわれた。日本軍空母部隊もアメリカ海軍機に迎撃され、アメリカ機パイロットは、真珠湾奇襲攻撃の生き残りである〈瑞鶴〉をはじめ、4隻の空母を撃沈した。

いっぽうでは、日本軍の戦艦と巡洋艦からなる巨大艦隊がサン・ベルナルディノ海峡を航行し、アメリカ侵攻艦隊に急速に接近していた。これに立ちはだかるのが3個の機動部隊「タフィ」であり、3個部隊とも軽空母と駆逐艦を有していた。日本軍戦艦と巡洋艦の巨砲には、軽装甲の護衛巡洋艦群を壊滅状態にする威力があった。アメ

リカ駆逐艦がすぐに交戦に入って日本艦船に魚雷攻撃を開始し、さらに空母は手持ちのわずかな戦闘機をすべて発進させ、グラマン F6F ワイルドキャット戦闘機までもが日本艦船の甲板に機銃掃射をおこなった。この一致団結した猛攻にあい、実際よりも大きな反撃を受けていると思い込んだ日本軍は退却を決めた。アメリカ駆逐艦乗員は果敢に行動し、パイロットたちがある限りの兵器で日本艦船を容赦なく攻撃したおかげで、避けられないかに思われた機動群の壊滅は回避されたのである。

新たな恐怖の戦術に直面する

1945 年 1 月 9 日、連合国軍のルソン島攻撃が始まった。この作戦では、当初は 1 度かぎりの出来事に思えたことに、連合国軍は次々と見舞われていった。つまり、連合国軍艦船への日本機の意図的な衝突だ。巡洋艦〈オーストラリア〉は特攻機の攻撃を 5 度も受け、広範な修理が必要となって戦列を離れた。これは、連合国軍をとまどわせた恐ろしい新戦法で生じた大きな損傷の、ほんの始まりにすぎなかった。

神風特攻は、沖縄および硫黄島沿岸でクライマックスを迎える。日本は飛行隊に忠義心をたたき込んでこの任務を遂行させ、大半のパイロットはおおいなる誇りを胸にこの攻撃に飛んだ。航空機は戦闘区域まで護衛を受け、パイロットは慎重に目標を選ぶ。狙いを定めたら激しい対空射撃のなかを急降下して、艦に衝突を図るのだ。うまくいけば、航空機の燃料が燃えて事態はいっそう悪化し、致命的損傷を与えることができる。沖縄では当初、アメリカ艦隊から離れて哨戒線を敷き、早期警戒任務に就くレーダー装備の駆逐艦にこの攻撃が集中した。その後は艦隊自体に目標を移して多数の艦船を沈没させ、連合国軍の士気を著しく低下させた。連合国軍の指揮官は、日本本土の占領には高い代償を伴うという、非常に重い警告を受けたのである。

ヘルキャットのパイロット
アメリカ海軍ヘルキャットの陽気なパイロットたちの顔からは、自信と能力のほどがうかがえる。1944 年半ばまでに、大日本帝国海軍は戦闘機パイロットを大勢失い、その補充には、アメリカ軍パイロットが受ける標準的訓練に類したものをまったく受けていない兵士が戦闘に送り込まれた。

The Island-hopping Campaign

「飛び石」作戦では、1944年9月に数度の激戦が生じた。中央および南西太平洋方面軍がパラオ島、モロタイ島、ペリリュー島、アンガウル島、ウリーシ環礁に上陸して支援し、アメリカ高速空母機動部隊が激しい戦闘を繰り広げた。フィリピン中央部の飛行場や軍事施設、船舶には多数の空襲がおこなわれた。戦闘は1ヵ月続き、アメリカ空母発進の航空機が、敵機を893機破壊、67隻の艦船、計22万4000トンを撃沈した。

飛び石作戦
1943-1945年

- → 連合国軍の進軍
- ■ 日本軍の占領地域
- ― 日本軍の防衛のおおよその限界

空白地帯を埋める
大西洋上の偵察

　イギリス空軍沿岸哨戒軍団は、第二次世界大戦開始期のイギリス空軍において支給される兵器が最も少ない部隊であり、大西洋輸送船団上空での護衛任務を要請されたときにも、爆撃機軍団の「ボマー・バロンズ」は警戒して、ドイツの戦略爆撃に対抗できる長距離爆撃機を手放しはしなかった。ドイツ軍がヨーロッパに侵攻してノルウェーやフランス西部の大西洋に通じる港を占領しつつあるとき、沿岸哨戒軍団は、帰港する輸送船団をUボートから護るための兵器をほとんど保有していなかった。

　イギリス空軍沿岸哨戒軍団が有していたのは、激しい損傷を受けてもぼろぼろになるまで飛べる頑丈な巨大飛行艇、ショート・サンダーランドだ。このほかには旧式のアヴロ・アンソンもあったが、この機は航続距離が短かった。しかし、イギリスとアメリカ間のレンド・リース協定により製造されたロッキード・ハドソンは航続距離がすばらしく長く、兵器輸送能力に優れていた。これらの機と乗員は戦争初期に大きな働きをしたものの、限られた資源では広大な大西洋のわずかな海域しかカバーできず、船舶の損失は増加を始め、海外からイギリスへの物資補給が途切れることになった。

航続距離の向上

　損失増加との戦いにおいて、航続距離は重要な要素だった。大西洋中央地域までの哨戒を持続可能なイギリス空軍機はなく、この海域ではドイツのUボートが大手を振って狩りをしていた。だが1941年にようやくコンソリデーテッドB-24リベレーター

対潜水艦機リベレーター
超長距離洋上機、コンソリデーテッドB-24リベレーター爆撃機とPBYカタリナ飛行艇が配備され、海上のハンター・キラー・グループと協力して作戦を展開するようになると、大西洋の戦いの戦況は連合国軍有利に傾き始めた。

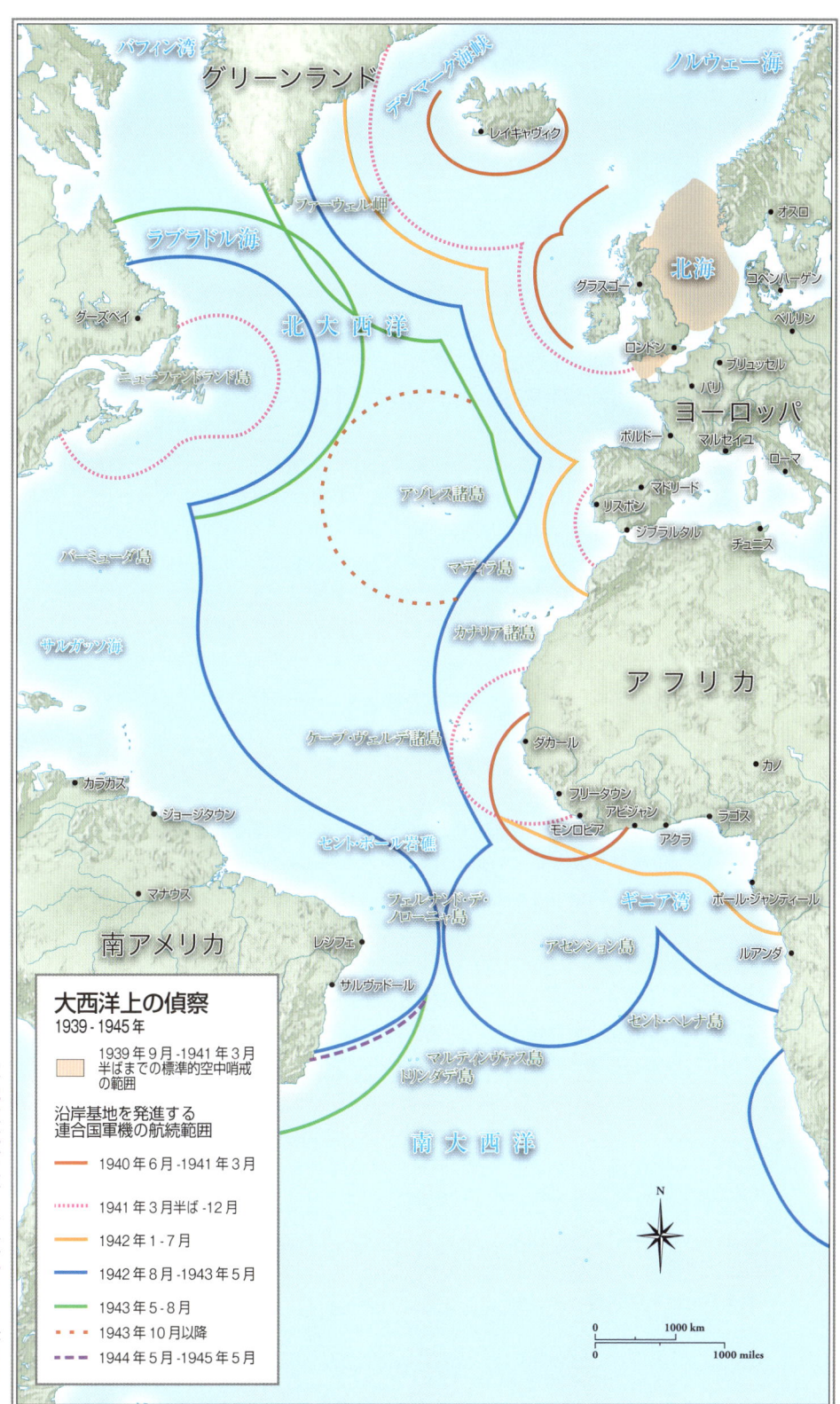

Closing the Gap: Patrolling the Atlantic

大西洋の空白地域
戦争初期、連合国軍船舶は大西洋中央地域で深刻な損失を被っていた。この海域には、航空機がカバーできない大きな空白地域が生じていた。コンソリデーテッドB-24などの超長距離洋上哨戒機のおかげで1943年にはこの空白地域も埋まり、その後、甚大な損失に苦しむようになるのはUボートのほうだった。

大西洋上の偵察
1939 - 1945 年

- 1939 年 9 月 - 1941 年 3 月半ばまでの標準的空中哨戒の範囲

沿岸基地を発進する連合国軍機の航続範囲
- 1940 年 6 月 - 1941 年 3 月
- 1941 年 3 月半ば - 12 月
- 1942 年 1 - 7 月
- 1942 年 8 月 - 1943 年 5 月
- 1943 年 5 - 8 月
- 1943 年 10 月以降
- 1944 年 5 月 - 1945 年 5 月

259

がアメリカから届くと、沿岸哨戒軍団の能力は拡大する。さらに、Uボート退治に効果を発揮する兵器も入ってきた。従来の爆弾をもとにした水中爆雷は海面で「とびはね」がちで、爆弾がはねて投下した航空機に命中し、悲惨な結果になることも度々だった。そこで、爆雷が以前より効率よく入水して海面近くで爆発し、海面のUボートにできるかぎり大きな損傷を与えるように改良がほどこされた。

さらに機上対艦船レーダー（ASV）も導入された。これによって、航空機内のオペレーターは昼夜にかかわらず、また天候にも左右されずに、水上艦を「確認」することができるようになった。ヴィッカース・ウェリントン、アームストロング・ホイットワース・ホイットレー、あるいはリベレーターといったイギリス空軍爆撃機軍団の前世代の航空機が沿岸哨戒軍団に届き、これと新たな兵器や装置を組み合わせると潜水艦の撃沈数は増加し始め、Uボートが狩られる側になってイギリスの船舶損失数は減少していった。沿岸哨戒軍団の爆撃機にリー・ライトという強力なサーチライトを装備し、通常は夜間にバッテリーの充電に浮上してくるUボートに対する攻撃も可能になった。Uボートが大西洋中央の狩場に向かう途中でいったん港に立ち寄るビスケー湾では、これが効果を発揮した。Uボートは海面下を航行しなければならなくなり、そのために航続距離も威力も低下した。

沿岸哨戒軍団にはまた、ボーイングB-17Cフォートレスもくわわった。イギリス空軍爆撃機軍団はこれを昼間爆撃機として実験してみたがその能力はなく、大半は沿岸哨戒軍団にまわってきたのだ。だが、まもなくこれに代わってずっと性能の高いフォートレスⅡ（B-17E）が登場した。ポルトガルが連合国側にアゾレス諸島の使用を認めたため、B-17は最新の機上対艦船レーダーを装備してここから作戦をおこない、これ以降、大西洋中央部の空白地帯は埋まることになる。

戦争が進行するうちに、洋上の戦闘では連合国側が徐々に優位に立つようになり、沿岸哨戒軍団にはブリストル・ボーファイターやデ・ハヴィランド・モスキートが新たに配備され、より攻撃的な任務に飛ぶようになった。これらの機は火砲や機関銃ばかりか、8発のロケット弾や魚雷1発（魚雷はボーファイターのみ）も搭載可能だった。こうした兵器は、不運にも海面でとらえられたUボートに対して大きな威力を発揮した。ボーファイターとモスキートはまた、軍団が投入可能なほかのどのタイプの機よりもはるかに高速であったため、Uボートがこれに対して恐るべき対空防御力を発揮する余裕はほとんどなくなった。さらに攻撃機は水上艦向けにも投入され、沿岸部の輸送船を多く狙った。これらの機はふたつのグループで飛ぶことが多く、いっぽうは自動火器の連射によって敵船舶甲板からの対空銃砲火を制圧し、もういっぽうは隊列を組んで、ロケット弾や魚雷で高精度の攻撃をおこなった。

終戦までに、沿岸哨戒軍団は200隻あまりのUボートと50万トンの枢軸国水上艦船を破壊したとされている。かつては「狼群（ヴォルフ・パック）」として意のままに大西洋を動き回っていたUボートは、すっかり牙を抜かれてしまったのである。

D デイ
攻撃

D デイの上空援護

D デイ当日の 24 時間で、連合国軍の航空部隊は 1 万 4674 回出撃し、113 機の損失を出した。アメリカ第 8 戦闘機軍団の P-38 機群は、連合国軍侵攻艦隊上空に即時戦闘空中哨戒をおこなった。双胴のライトニングは艦上の銃手にとって確認が容易だったからだ。海岸上空の援護は、スピットファイアの 9 個飛行隊が受け持ち、第 2 戦術航空軍のタイフーンとムスタングは、第 9 戦術航空軍団のムスタング、サンダーボルト、ライトニングとともに、内陸部の武装偵察任務をおこなった。

1944 年、連合国軍が北部フランスに侵攻すると、航空戦力がおおいに威力を発揮した。航空機は、敵の増援や通信連絡線の切断、防衛線の破壊、あるいは空挺部隊の配置やグライダーの曳航に利用され、また陽動任務をおこなったり、連合国軍侵攻艦隊に対する潜水艦の攻撃をはばんだ。これらの任務は、連合国軍の制空権を維持し、戦略・戦術爆撃任務を続けるいっぽうで遂行された。航空機の任務のすべては、サー・トラフォード・リー・マロリー大将率いる連合国海外派遣航空軍の指揮下に置かれた。

1944 年春、イギリス空軍爆撃機軍団とアメリカ陸軍航空軍第 8 航空軍は、それぞれの指揮官であるアーサー・トラヴァース・ハリス卿とカール・アンドリュー・スパーツが軽視されたのが主因なのだが、ドイツ中心部と産業の中心地に対する爆撃任務から外された。これら部隊は、今度はソリー・ズッカーマン教授の発案である「輸送計

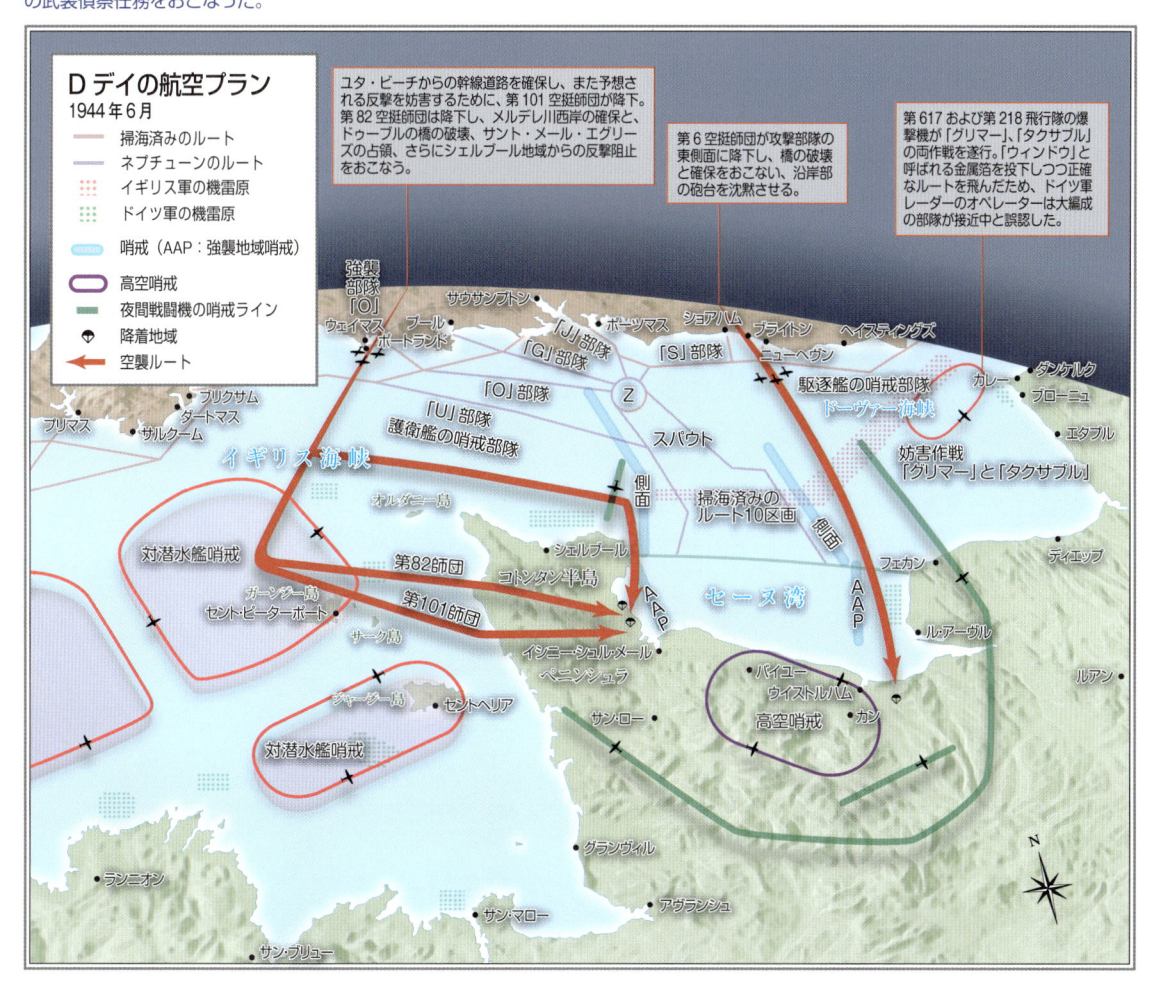

スピットファイア Mk.IX
Dデイ認識用のストライプが入ったオーストラリア空軍第453飛行隊のスピットファイア Mk.IX。写真は連合国軍のノルマンディ上陸前日に撮られたもの。

画」に参加することになった。この計画では、連合国側の侵攻にドイツ増援部隊を近づけないように、ドイツ占領下の鉄道網や操車場、橋を攻撃する必要があった。攻撃はドイツ西部からヨーロッパ北部を通り、ブルターニュまで実行され、侵攻予定地の手がかりを与えないように、ほかの地域には侵攻地域の4倍もの爆弾が投下された。重爆撃機は操車場と車両の修理場を目標にし、第9航空軍とイギリス第2戦術航空軍の中型および戦闘爆撃機が、橋や機関車に精密爆撃をおこなった。Dデイ当日までに、ドイツで利用可能な2000輌の機関車のうち、1500輌が破壊されるか、修理の必要に迫られた。セーヌ川にかかる橋は大規模増援のルートになるため、ほぼすべてが破壊された。

これにくわえ、デ・ハヴィランド・モスキートやホーカー・タイフーン、またはロッキード P-38 ライトニングを中心とする戦闘爆撃機は、フランス北部とベルギーにあるドイツのレーダー施設を攻撃した。これらの目標は厳重な防御態勢にあり、激しい対空砲火で多くの死傷者が出た。しかしこの作戦でも、Dデイまでには侵攻地域にあるレーダー基地は全滅した。

Dデイ前日の6月5日、何百もの輸送機が離陸し、その一部は空挺師団を運ぶグライダーを曳航していた。イギリス軍第6空挺師団は侵攻軍の東側面の防御をおこない、西に向かうアメリカ軍第82および第101空挺師団はこれも侵攻軍側面を護り、ユタ・ビーチからのルートを確保するのだ。イギリス軍はまた、オルヌ川と運河にかかる橋を占領するために小規模奇襲部隊を上陸させた。木製グライダーのホーサで運ばれると、6月6日0時過ぎ、部隊は真っ暗闇のなか目標から数メートルに降下し、死傷者を最小限に抑えてどちらの橋も占領に成功した。しかし、東部のほかの空挺部隊は広く分散し、任務の多くはごくわずかな隊員によって実行されることになった。それにもかかわらず、侵攻当日の朝にはすべての任務が終了していた。

アメリカ第9空輸航空本部は、アメリカ師団に属してダグラス C-47 を飛ばすこと

になった。西から接近してコタンタン半島を横断すると低い雲にぶつかり、さらに降着に入るとすぐに激しい砲火を受けた。大部分が戦闘経験のないパイロットは敵の砲弾を必死に逃れたために、僚機との衝突はなかったものの、密な編隊が崩れることになった。ここでもふたつの師団が広く分散してしまったが、今回も空挺部隊がプロフェッショナリズムを発揮し、任務の大半は無事遂行された。

　艦船で輸送された歩兵が上陸艇に乗り込む頃、第9航空軍の爆撃機は橋頭堡沿いに飛んで、ドイツ軍の塹壕や防御陣地を爆撃し、鉄条網による防御を破ろうとした。攻撃を受ければドイツ軍は身動きがとれなくなり、また歩兵が海岸に上陸したときには、爆撃でできた穴をシェルター代わりに使うことが想定されていた。しかし自軍兵士の被弾を恐れて連合国軍の爆弾の多くはかなり内陸部に投下されたために、ドイツ軍にはまったく当たらず援護の役割はほとんど果たせなかった。こうして空からの事前爆撃に失敗したために、とくに影響が大きかったのがオマハ・ビーチであり、ここではアメリカ第1および第29師団が、完全に上陸を察知したドイツ軍の激しい防御攻撃にぶつかっていた。

　フランス北部沿岸に足場を築こうと奮戦する地上部隊がドイツ軍の空襲にはばまれることはなく、それは沖の侵攻艦隊にしても同じだった。ドイツ戦闘機は、連合国側の絶え間ない空中哨戒をすり抜けることができなかったのだ。さらに、ドイツ潜水艦は攻撃を恐れてセーヌ湾に入る危険を冒せなかった。連合国側は制空権を得、それは作戦終了まで維持された。

ホーサ・グライダー
エアスピード AS.51 ホーサ・グライダーは、空挺部隊のノルマンディ侵攻に重要な役割を果たした。写真はアメリカ第9空輸航空本部のホーサ。侵攻後、ノルマンディの飛行場に駐機している。

Atlas of Air Warfare

Dデイ
その後

　無事ノルマンディに足場を確保した連合国軍は、主導権を維持し、ドイツ軍に対する攻勢を増さなければならなかった。進軍用の物資を補給する船舶団は空挺部隊や洋上からの攻撃から護ってもらう必要があり、そして地上部隊は近接航空支援を必要とし、その航空機には迎撃機に対する援護が必要だった。これらの任務をすべて、みごとに成し遂げたのが連合国海外派遣航空軍の兵士と航空機であり、アメリカ第8航空軍とイギリス空軍爆撃機軍団もともにこれを担ったのである。

ドイツ空軍の攻撃を退ける

　ドイツ空軍は連合国軍の侵攻初日から、ノルマンディ沿岸に停泊し部隊や物資を送り出す連合国軍艦隊の攻撃を試みた。しかしこうした攻撃はスーパーマリン・スピットファイアとノースアメリカン・ムスタングによる絶え間ない空中哨戒にはばまれ、ほとんど成功はしなかった。哨戒をすり抜けたとしても、激しい対空弾幕射撃が待ち受けていた。ドイツはまた、地中海ではかなり成果を上げていた誘導爆弾を使ってはみたが、爆弾はまったく目標に命中せず、つねに、これを投下する機を戦闘で失うはめになった。

　連合国軍は前進発着場の建設を優先させ、当初この発着場は、損傷を受けたためにイギリス海峡を越えて戻れなくなった航空機の支援に用いられた。最終的にはこれら発着場が、それぞれに数個飛行隊が属する前進作戦基地となった。そして6月13日には、部隊がこうした飛行場から任務に飛び立っていた。このような前進基地があることで、連合国軍の航空機はイギリス海峡を越える手間が省け、迅速に情報に対応して目標を攻撃し、また長時間戦場に留まれたのである。

　「輸送計画」は続行され、戦闘爆撃機が哨戒に飛び回り、戦線後方の道路上に敵の動きがあれば、逃さず攻撃した。この計画で大きな成果を上げたのがイギリス空軍のホーカー・タイフーンとアメリカ陸軍航空軍のリパブリック・サンダーボルトだ。どちらも爆弾やロケット弾を搭載し、ノルマンディ地方の細道を移動するドイツ国防軍を恐れさせた。縦隊を発見したら、先

ロケット弾装備のタイフーン
ロケット弾を装備したタイフーンは、進軍する地上部隊の支援に重要な役割を果たし、とくに敵の装甲部隊の破壊には威力を発揮した。

頭と最後尾の車両を破壊して敵を抜き差しならない状況にしてからゆっくりと狙い撃つ、というのがその戦術だった。これらはまた、連合国軍の進軍時に直接支援にも投入可能だった。進軍する歩兵部隊についた前線航空統制官がパイロットと直接無線連絡をおこない、特定の目標を発見して破壊するのだ。

イギリス空軍爆撃機軍団と第8航空軍は、初めて地上部隊の直接支援にも投入された。グッドウッド作戦では、イギリス軍とカナダ軍がカーンに進軍するさいに、2000機の爆撃機が爆撃をおこなって歩兵のために道を開けた。当初は多数の戦車を破壊されて肝を潰したドイツ軍だったが、塹壕の備えはじゅうぶんであり、すぐに戦闘を再開することができた。連合国軍機甲部隊は瓦礫や穴を乗り越えて展開しなければならず、死体もその障害となった。アメリカ軍の強行突破作戦であるコブラ作戦の開始時に、第8航空軍の爆撃機が爆弾を出し抜けに投下して両陣営に多数の死傷者が出ると、この不利な状況はいっそう顕著になった。

戦闘爆撃機が空からの戦術的な支援をおこなうことはそれほど多くはなかったはずだが、モルタンにおけるドイツ軍最後の反撃に対する支援は、この典型例だ。戦車部隊による大規模攻撃に直面したアメリカ軍の兵士は、ロケットを発射するタイフーン機の発動を要請し、タイフーンは100輌あまりのドイツ軍戦車を破壊して攻撃を鈍らせた。タイフーンはまた、ドイツ軍がファレーズから退却するさいにさらに大きな損傷を与え続け、何百輌もの戦車と何千台もの車両を破壊したため、ドイツ軍はかつてないほどの死傷者を出した。

分散した部隊
ノルマンディの橋頭堡に前進作戦基地を分散させたことで、戦闘機や戦闘爆撃機が長時間にわたって戦場の上空に留まることができた。

Atlas of Air Warfare

本来は戦闘機として設計されたタイフーンは、地上攻撃任務にずば抜けた力を発揮した。27キロのロケット弾を8発、あるいは464キロ爆弾を2発搭載可能で、20ミリ砲4門で武装するこの機は、恐るべき地上攻撃機となった。

発進レールから飛んだ後に「急降下」する場合が多く、ロケット弾の照準を合わせるのは非常に困難だった。しかし、トラックや汽車など装甲のないターゲットに対する攻撃は非常に有効だった。戦車の破壊数としてカウントされるためには、エンジン室かキャタピラーに命中させる必要があった。

ドイツ護送隊を攻撃するタイフーン

マーケット・ガーデン作戦とヴァーシティ作戦 1944-1945年

　連合国側がフランスを横断してドイツ国境に進軍すると、ノルマンディの海岸とコタンタン半島のシェルブールから補給線が延びていった。延びた前線に、一定の時間に1度で投下できる物資は限られるため、バーナード・モントゴメリー陸軍元帥は大胆不敵な計画を提案した。1944年9月半ばに計画されたマーケット・ガーデン作戦は、オランダ南部の多数の水路上空を越える作戦だった。その先には、ドイツ産業の中心地、ルール地方の玄関口であるラインの大河があった。

　3個空挺師団が降下し、水路上のさまざまな障害物を占領するというのが計画であり、アルンヘムのライン川にかかる橋が前線からいちばん遠い最終目標に置かれた。イギリス第1空挺師団の部隊が橋の確保を命じられ、その間、アメリカ第101、第82の2個空挺師団が確保した道路を機甲縦隊が進軍する。ベテランの第101、82空挺師団を運ぶのは第9空輸航空本部であり、数カ月前にノルマンディ上空で戦闘を経験済みだった。イギリス第1空挺師団はポーランド第1空挺旅団とともに、イギリス空軍空輸軍団が運ぶ予定だった。どちらの部隊もおもにダグラスC-47機を利用していたが、イギリス軍はグライダー曳航にショート・スターリングといった前世代の爆撃機も投入していた。しかし、イギリス軍分遣隊をまるごと運べるほどの航空機はなく、初日に投下されたのは部隊の半分だった。ポーランド旅団を含む残り部隊が到着したのは翌日である。これでは、到着しても部隊の半分は翌日に備えて降着地域の安全確保に留まっていなければならず、主要目標の橋へと進めるのはかなりの少人数でしかなかった。

手厚い護衛

　降下当日には1200機の戦闘機が飛び、輸送部隊は手厚い援護を受けた。スーパーマリン・スピットファイアが先頭を飛び、デ・ハヴィランド・モスキートとホーカー・タイフーンは、降着地域までの砲火陣地すべてに機銃掃射をおこなった。降着地域での死傷者は驚くほど少なく、負傷者の大半は、降着技術の未熟さや、グライダーにつきものの激しい「追突」着陸によるものだった。第101師団はひとつを残し迅速に主要目標を確保したが、ウィルヘルミナ運河にかかる橋はドイツ軍に爆破されてしまった。しかしこの問題も、進軍中のイギリス第30軍団からなる機甲縦隊がベイリー橋を建設すると解決した。第82空挺師団はナイメーヘンの大半を占領したものの、第30軍団が到着したとき、ドイツ軍はまだ主要なふたつの橋を死守しており、進軍がさらに遅れた。

　いっぽうイギリス軍が受け持った地域では、イギリス軍が橋の北端に到達はしたが、渡ることはできなかった。ドイツ軍の反撃は奏功し、まもなく降着地域の多くを制圧した。無線が使えないため、無援の空挺部隊は、今ではドイツ軍陣地になってしまった地域に物資が投下されるのを憤懣やるかたなく見つめるしかなかった。作戦用無線

の不備は、ノルマンディの田園地帯では大きな威力を発揮したホーカー・タイフーン地上攻撃機を効果的に配置できないことを意味し、とくに装甲部隊の攻撃を食い止めるさいには空挺部隊の能力が大きく低下した。第30軍団はナイメーヘンの渡河地点でドイツ軍にはばまれ、ライン川攻撃は失敗した。1万人の兵士がアルンヘム周辺とその内部に降下したが、逃れたのはわずか2500名しかなく、1500名が死亡し、残りは捕虜となった。

モントゴメリーの2度目のチャンス

モントゴメリーは再度、大規模作戦を担当した。空挺部隊が参加し、ベーゼルでライン川を越えるのだ。今回は準備段階で大幅な増強がおこなわれた。砲撃と爆撃機軍団による爆撃後、何千人もの部隊が水陸両用攻撃艇でライン川を越えた。地上部隊が前進すると、空挺部隊が攻撃を担当するヴァーシティ作戦が始動した。この作戦には、ノルマンディでも活躍したイギリス第6空挺師団と、戦闘での降下は初のアメリカ第

空挺攻撃
C-47機から降下するイギリス空挺部隊。地上では、ホーサ・グライダーがアルンヘム郊外に重い装備を降ろしている。マーケット・ガーデン作戦のひとコマ。

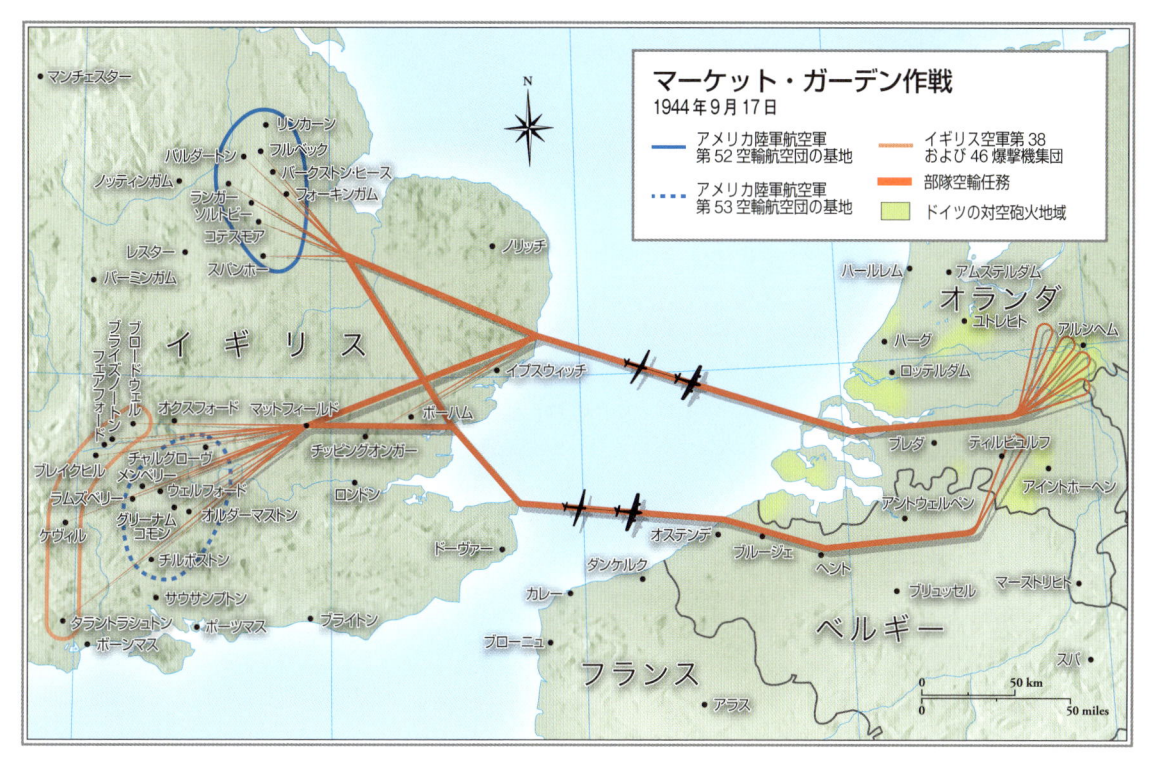

Market Garden and Varsity: 1944-1945

マーケット・ガーデン作戦
Dデイ後の数週間、ヨーロッパ北西部では連合国軍により16個もの空挺作戦が性急に計画され、また性急に中止された。マーケット・ガーデンは17番目の作戦である。イギリス第30軍団が主要な河川や運河を確保するに先立ち、連合国軍第1空挺軍が「一斉降下」をおこなうことを目標においていた。「マーケット」は空挺作戦、「ガーデン」は地上の進軍を意味する。

17空挺師団が投入された。空挺隊員はすべて無事降着したものの、対戦車銃などの重装備を運んだグライダーは激しく損傷し、グライダーのパイロットのうち4分の1あまりが負傷した。しかし総体的には成功といえ、連合国軍はライン川東岸に確固とした足場を築いた。

東南アジア
1944-1945 年

1944年、日本軍の攻勢と成功の潮目は変わり始めていた。連合国軍は資源を増強し、敵対的環境におけるこの非常に獰猛な敵との戦闘に順応しつつあり、つまりは、連合国軍が攻勢側となって、2年前にあっさりと占領された地域から日本軍を押し戻す時期に来ていた。日本軍は、インド北東部のインパールとコヒマに進軍して側面を確保しようと最後のあがきに打って出た。いっぽう中国では、建設中の連合国軍飛行場を占領すべく、最後の力をふりしぼらざるをえなくなっていた。またフィリピンでは、アメリカ海軍空母部隊の容赦ない攻撃に備えなければならなかった。

インド北東部の防御

日本は1944年3月、インド北東部のインパールとコヒマを攻撃し、そこに駐屯するインドとイギリス軍部隊を包囲した。主要な補給ルートを断たれたイギリス・インド部隊は、第二次世界大戦で活躍したイギリス空軍の補給機、ダグラスC-47に頼った。4月に包囲が解かれるまで、C-47は2万トン近い物資と1万名の増援部隊を運び、また何千人もの死傷者を後送した。イギリス空軍は広範にわたる地上攻撃をおこなって、日本軍をコヒマの尾根から押し戻すのを支援した。攻勢作戦に失敗して退却する日本軍は、ブリストル・ボーファイターやホーカー・ハリケーン、ノースアメリカンP-51

イギリス空軍 P-47
イギリス空軍第134飛行隊のP-47サンダーボルトは、1944年12月にインドからビルマへと移動し、スリム中将の第14軍を支援した。

Southeast Asia: 1944-1945

フィリピン会戦
1944年10月20-27日

- 日本軍の洋上発進攻撃
- 日本軍の空襲
- 日本軍の飛行場
- アメリカ軍の洋上発進攻撃
- アメリカ軍の飛行場
- 撃沈された艦船

① 10月24日 第2南方面軍がスリガオ海峡に入り、アメリカ海軍分遣艦隊と交戦。
② 10月24日 第1南方面軍がスリガオ海峡に入らずに退却。
③ 10月24日〈プリンストン〉が沿岸基地から発進した日本機によって撃沈。
④ 10月25日 エンガノ岬沖海戦、北方面軍が交戦。

ムスタング、コンソリデーテッド B-24 リベレーターなど、連合国軍の多様な航空機によって絶え間なく攻撃を受けた。

ウィリアム・スリム中将の第 14 軍は、退却する日本軍を追ってビルマを進軍し、イギリス空軍はビルマに点在する渡河地点の多くを機銃掃射した。とくにこの任務で効果を上げたのがボーファイターだった。エンジン音が非常に静かなこの機は、低空で目標に忍び寄って完璧な奇襲をかけることができ、火砲と機関銃とロケット弾で敵を壊滅状態に陥らせた。

1944 年後半から 1945 年にかけて連合国軍はビルマを進軍し、ほぼ制空権を確立した。ヨーロッパはノルマンディの戦場でホーカー・タイフーンが活躍したように、ここでは火砲と爆弾を装備したハリケーンが、特定の目標の攻撃に要請された。1945 年 5 月にはラングーンを占領し、イギリス軍は部隊の再編に力を入れて、マラヤへの進軍とシンガポール奪還を目指した。

中国とフィリピン

中国ではアメリカ第 14 航空軍が日本軍側面のとげとなり、ボーイング B-29 の到来も脅威となったため、日本軍は飛行場を占領する「1 号作戦」を発動させた。この作戦は 1944 年 4 月に始まり迅速な進軍がなされたが、アメリカ陸軍航空軍が各段階で阻止を試みた。日本軍の進軍は年末には勢いを失い、恐ろしいほどの死傷者を出した。アメリカ軍の飛行場が占領されることは、多くはなかったものの、補給が難しいため、飛行場の使用はまもなくおこなわれる B-29 の爆撃任務に限られた。

フィリピンでは、アメリカ軍がレイテ島、ルソン島上陸に続く戦闘で、大日本帝国海軍に多大な損傷を与えていた。熱帯の台風に襲われてルソン島沖のアメリカ第 3 艦隊が被害を受け、3 隻の駆逐艦が転覆して多くの乗員の命が失われ、航空機も多数艦上から飛ばされた。しかし上陸は続き、日本軍の反撃に対処すべく、1 個機動部隊が南シナ海にも配置された。結局日本軍の反撃はなかったが、この配置によってアメリカ空母の航空機はフランス領インドシナ連邦、台湾、中国の目標を攻撃することが可能になった。しかしその代わりに、日本軍の新たな戦術手法である「神風」特攻に直面することになった。神風特攻のパイロットは基本的訓練しか受けておらず、離陸するのもやっとという者も多かったが、そんなことは問題ではなかった。燃料と爆弾を積んだ航空機で連合国軍艦船に突っ込む手法はフィリピン沖で大きな成果を上げ、硫黄島と沖縄で大量に投じられることになった。

中国
1941-1945 年

　アメリカ陸軍航空隊を少佐で退役したクレア・リー・シェンノートは、1937 年、中国政府から戦闘機による防衛システムの構築と稼働の支援を要請された。耳が聞こえづらくなってはいたが、シェンノートは即刻、この仕事のために可能なかぎり多くの航空機を確保しようと動いた。そろえた機のなかには、アメリカのレンド・リース法を利用して入手した改良型カーティス P-40 ウォーホークがあった。

　中国には、航空機だけではなくアメリカ人義勇兵パイロットも到来した。このうち 60 人は元アメリカ海兵隊か海軍のパイロットであり、残りがアメリカ陸軍航空隊出身だったが、大半は戦闘と冒険への期待に胸をふくらませていた。この 80 人あまりのパイロットを中核として、さらに 100 人のアメリカ人地上要員がくわわってアメリカ合衆国義勇軍が誕生し、「フライング・タイガース」と呼ばれた。義勇軍は中国の昆明に基地を置いて日本軍の爆撃機を迎撃し、多数の機を撃墜してあっという間に大きな成果を上げた。昆明より南にも 1 個飛行中隊が基地を置いて日本軍のビルマ侵攻に対する防御を受け持っており、ここにはイギリス空軍の旧式のブリュースター・バッファロー戦闘機と数機のホーカー・ハリケーンが配備されていた。この部隊はあまり成果を上げられず、日本軍が東南アジアの資源に向かって容赦なく突き進むと、まもなく死傷者や損失は増加した。

　中国南部の中央にあって地理的に孤立するこの飛行隊では、部品や燃料は貴重だっ

カーティス C-46 コマンド
インド・中国間のヒマラヤ山脈上空を飛ぶカーティス C-46 コマンド。このルートは、乗員には「ハンプ」越えと呼ばれていた。賞賛を受ける C-47 ダコタの影に隠れてはいたが、カーティス C-46 コマンドはアメリカ陸軍航空軍きっての働き者で、とくに太平洋戦では活躍した。ヨーロッパの戦場に登場するのは 1945 年 3 月であり、ライン川の空挺攻撃にくわわった。

た。ほかの機を分解して部品を利用しなければ戦闘機を飛ばし続けることはできず、しかしそれによって戦力はさらに減少し、部隊の効力は低下した。

アメリカ陸軍航空軍の新たな役割

　ビルマ陥落後、フライング・タイガースの活躍に感銘を受けたアメリカ政府はこの部隊にP-40の新型タイプを支給し、またシェンノートを復職させて少将の地位を与え、義勇軍を正式にアメリカ陸軍航空軍に組み入れて第23追跡群とした。この部隊は第二次世界大戦終結まで中国の飛行場から飛び続け、爆撃機を迎撃あるいは護衛し、日本軍陣地や補給線に機銃掃射をかけてきた。終戦が近づくにつれ、第23追跡群の頼りになるP-40機は、徐々にノースアメリカンP-51ムスタングに代わっていった。この部隊のムスタングには、多くにトレードマークのサメの口が描かれていた。

「ハンプ」上空を飛ぶ

　日本軍がビルマを手中に収め、中国国民党軍の主要補給ルートだったビルマルートが断たれると、残るのは、輸送機と転用した爆撃機でヒマラヤ山脈上空を飛ぶルートのみだった。銃弾や燃料から荷駄用のラバ、ジープにいたるまですべてを、巨大な山脈の上空を飛んで運ばなければならないのだ。インド、アッサムの基地から昆明までのルートは危険も大きく、航空機は、山頂の多くが4900メートルにも達する山脈上を飛ばなければならなかった。予測のつかない天候によって乱気流が生じるとさらに危険は増し、谷を飛べば厚い雲にはばまれ、その雲の上を飛ぼうとすると、航空機に

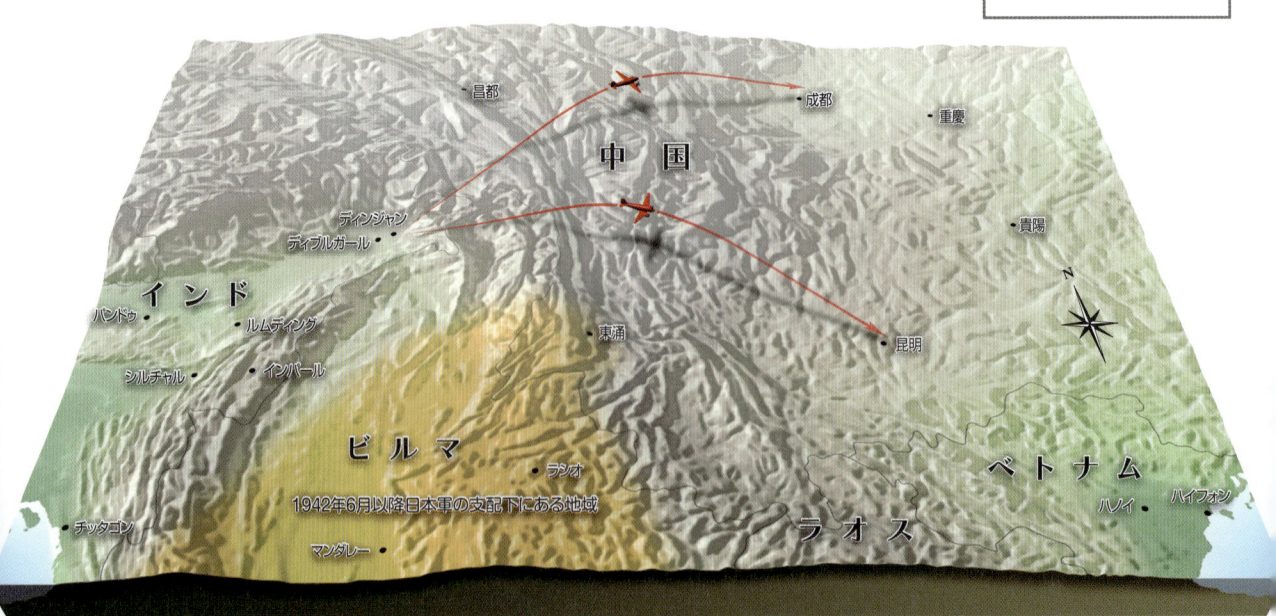

China: 1941-1945

氷がびっしりと張って操縦が利かなくなることもあった。

　パイロットが「ハンプ」と呼ぶ山脈上空を飛ぶさいには、ことに死傷者が多かった。ルート沿いのあちこちには墜落機の残骸が散らばり、パイロットや乗員は危険な任務であることを再確認した。中国の飛行場の滑走路は日本軍の爆撃機に攻撃されることが多く、またモンスーン気候のために飛行場が使えなくなることもよくあった。航空機の荷が重いために離着陸のさいにも事故が起きた。そして新しい機は事実上入手不可能なため、航空機の消耗によってまもなく大きな支障が出るようになった。アメリカ陸軍航空軍とイギリス空軍は協力してこの危険で魅力のない任務をおこない、ダグラスC-47を飛ばした。だがこの作戦で際立った活躍を見せたのは、搭載量の大きいカーティスC-46コマンドだった。

　戦争終結まで毎日、600機を越す航空機がこの拷問のようなルートを飛んだ。終戦までに、中国国民党や、ジョセフ・スティルウェル大将指揮下のアメリカ軍部隊、B-29を飛ばす第20爆撃機軍団といった、この地域で戦う全部隊のもとに運ばれた物資は60万トンを越えた。

中国のP-51ムスタング
シェンノート少将率いる「フライング・タイガース」のP-40にとって代わったのが、ノースアメリカンP-51ムスタングだ。このスクラップ同然のP-51Bには、1940年から採用されたトレードマークのサメの歯が描かれている。

バグラチオン作戦とソ連西部の解放

ソ連最大の進攻作戦「バグラチオン」とは、スターリンが著名なソ連陸軍元帥であったグルジア人の名をとった作戦である。バグラチオンは、ナポレオンのロシア侵攻中のボロディノの戦いで致命傷を負って倒れた人物だ。この作戦は、白ロシアの大半を占領していたドイツ中央軍集団を潰すことを目的とした。ソ連がウクライナの進軍を続けていた1944年春から、この大規模作戦の準備は進められていた。スターリンは西方の連合国軍から、ヨーロッパ西部海岸への上陸計画がついに5月末に実行されることも知らされていた。疑い深いスターリンのことであるから、これをソ連の優秀な諜報機関に確認させたのは間違いない。

白ロシアのバルコニー

1944年の1月半ばから4月1日にかけてレニングラードの包囲が解かれ、ノヴゴロドが解放された。南では、4月から5月にかけてクリミア半島が解き放たれ、ウク

ラヴォーチキン La-5
前進発着場で燃料補給をおこなうラヴォーチキン La-5FN。この機は1943年3月に前線に登場し、非常に有能なソ連戦闘機パイロットが操縦すると、性能の高さがおおいに発揮された。なかでもイワン・コジェドフは、ラヴォーチキン戦闘機に乗って62機を撃墜し、連合国軍のエース・パイロットのなかでもトップクラスの撃墜数を達成した。

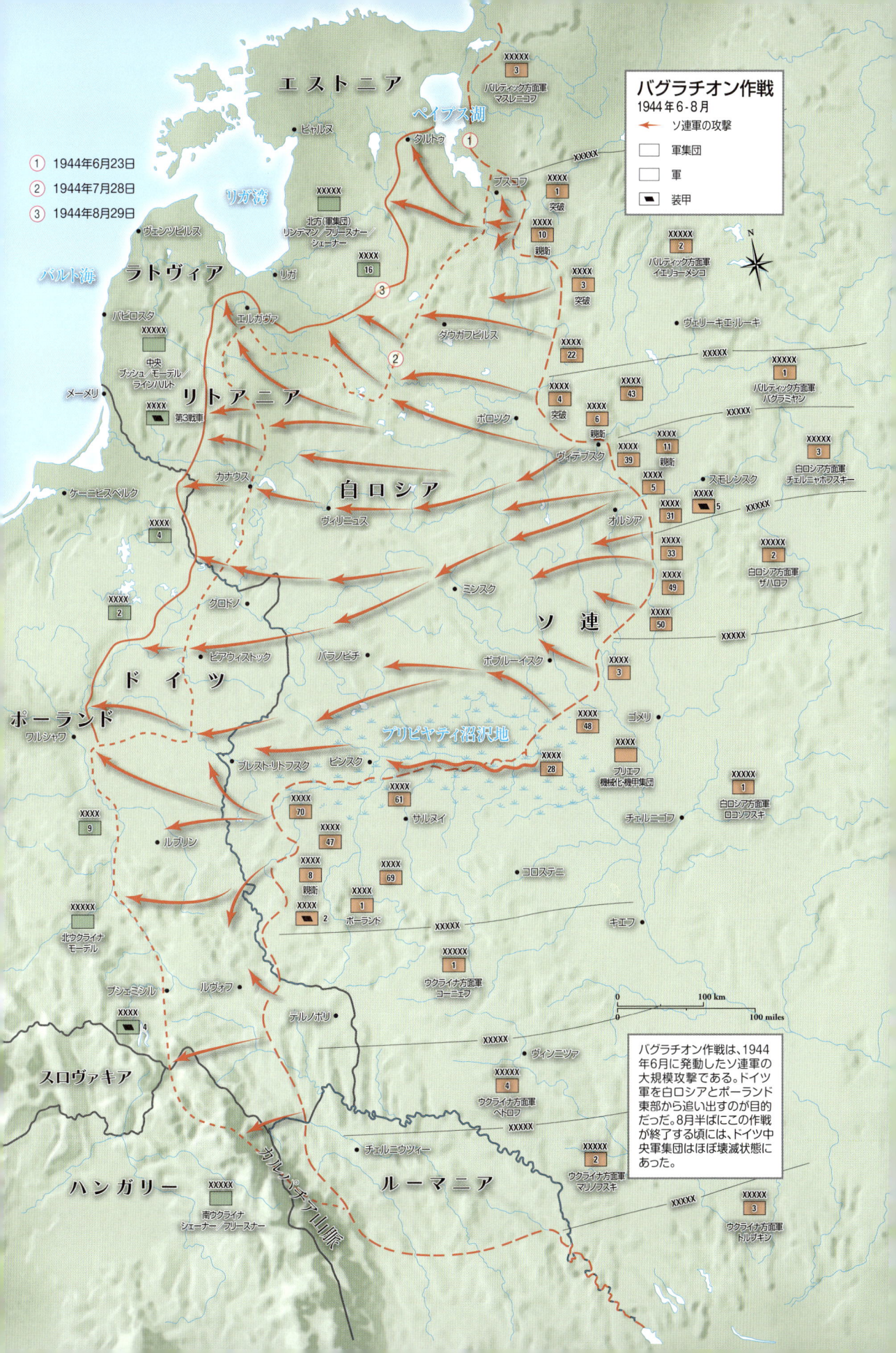

バグラチオン作戦は、1944年6月に発動したソ連軍の大規模攻撃である。ドイツ軍を白ロシアとポーランド東部から追い出すのが目的だった。8月半ばにこの作戦が終了する頃には、ドイツ中央軍集団はほぼ壊滅状態にあった。

ライナ西部に進軍するソ連軍側面への脅威はなくなった。その結果残ったのは、ヴィテブスク周辺からオルシアの重要な鉄道連絡駅、それに南のボブルーイスク地域まで広がるドイツ軍の巨大な突出部だった。この突出部は、ドイツ軍、ソ連軍双方から「白ロシアのバルコニー」と呼ばれることになった。

　ドイツ軍最高司令部は、ウクライナ戦線で快進撃を続けるソ連軍の攻撃が、南方の、広大なプリピヤティ沼地の南部に向けられると予測しており、「白ロシアのバルコニー」からずっと南に下ったモルダヴィアとルーマニアに部隊を向けた。いっぽうのソ連軍では少人数のグループが計画を練り上げ、最終会議でソ連軍最高総司令部が沼地の北にあるドイツ北方軍集団の中心部に対する攻撃を決断し、そのいっぽうで、南方を攻撃すると思わせるために慎重な欺瞞行動が取られた。思い込みにとらわれたドイツ軍は、南方への攻撃を確信した。

　議論を戦わせた末、ソ連軍は2本の斧を基本とする攻撃をおこなうことに決定した。数の優位を最大限に生かし、ドイツ軍の反撃の選択肢を最小限に抑えるのだ。西方では、6月6日のDデイ、つまり連合国軍のノルマンディ上陸作戦が進行中だった。テヘラン会談の合意事項に従い、スターリンは東部で大規模な攻撃を発動させる準備を整えた。これでドイツ軍は事実上ふたつの戦線で戦うことになったのである。

　ソ連軍が陣容を整え、前線に集結した。240万の兵士、5300機の航空機、3万6000挺あまりの銃に重迫撃砲、5200輌の戦車という陣容である。これに対するのはドイツおよび枢軸国の部隊120万人と、1350機の航空機、9500挺の銃と900輌の戦車だ。1944年6月20日、主要な鉄道連絡駅とドイツ軍戦線後方の補給ルートに対して、調整ずみのパルチザンによる攻撃が始まった。初日の夜だけで、脱線した列車は150本にのぼった。欺瞞計画に続き、ソ連軍は南方で陽動攻撃をおこなったので、わずかしかいないドイツ軍予備軍はすべて南へと急行した。

　6月22日、戦線沿いに小規模攻撃が始まり、航空機が分散して空襲をかけてこれを支援した。翌日、大規模な弾幕攻撃と主要攻撃が始まった。繰り返し訓練した手順に従い、ソ連歩兵は砲兵が張る弾幕後方から攻撃を開始した。ドイツ前線を破ると、戦車が出てきて襲いかかり、上空からはIl-2がドイツの対戦車陣地を破壊した。ドイツ第6航空艦隊は中央軍集団の支援をおこなっていたが、投入可能な戦闘機は40から60機しかなく、燃料もじゅうぶんではないという苦しい状況に置かれていた。ソ連軍が航空優勢を確保するなか、第6航空艦隊は戦闘にほとんど貢献することができなかった。

　ヒトラーは多数の「要塞化した地域」の死守に固執し、その結果、死亡したり捕虜になったドイツ兵は何万人にものぼった（大半は殺された）。6月28日にはモギレフが、7月3日にはミンスクが陥落した。7月5日に、このじつに大規模な戦闘の第2局面が始まった。重砲部隊がプリピヤティ沼地の南へ移動し、攻撃を続けながらコベリを抜けてポーランドまで達すると、この北へと押し上げた前線はついに「バルコニー」を一掃し、それとともにドイツ中央軍集団ほぼ全軍を排除したのである。

特殊作戦
パルチザンの支援

　航空機は、編隊を組むのではなく2機1組で通常は夜間に飛ぶことによって、探知されることなくかなり安全に敵の上空に飛んだ。そして乗員は地上のレジスタンス・グループを支援して、補給や潜入作戦などさまざまな任務を実行することができた。また、1943年5月には、航空機の小規模グループを作ってイギリス空軍第617飛行隊がルール渓谷のダム襲撃に成功したように、特定の目標に対する精密照準爆撃もおこなった。こうした特殊作戦は、占領下ヨーロッパだけではなくビルマのジャングルでも実行され、チンディットという小規模なゲリラ型の部隊が、日本軍戦線後方に降下して補給を妨害した。こうした部隊は航空機に補給を受け、小型のパイパー・カブ機はジャングルの空き地から死傷者の後送もおこなった。

レジスタンスの支援

　占領下ヨーロッパ、とくにフランスのレジスタンスのメンバーは、枢軸国軍を倒すうえで非常に大きな役割を担った。レジスタンスは敵部隊の数や動きに関する情報を提供し、輸送や通信を妨害し、不時着して苦境にある連合国軍空挺部隊員を助け、隊員がイギリスに戻って戦闘を続行できるよう支援した。イギリス空軍の特殊作戦飛行隊

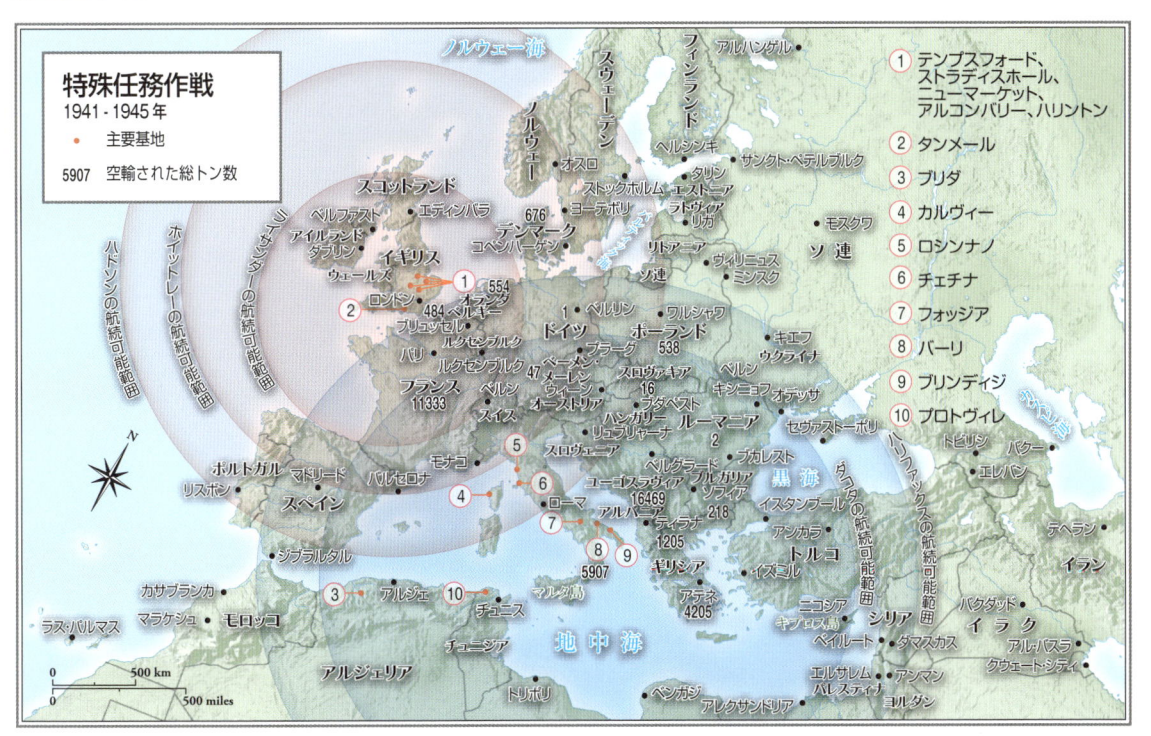

特殊任務
オランダへの補給物資の投下をはじめとする特殊任務作戦では、連合国軍の多数の航空機と乗員が犠牲になった。1942年1月から1945年3月にかけて、第138（SD、特殊任務）飛行隊はヨーロッパ上空の作戦で80機以上の航空機を失った。

は、レジスタンスのこうした役割遂行を支援する任務を負っていた。イギリス、北アフリカ、1944年以降はイタリアに基地を置いたこの飛行隊は、レジスタンス・グループが使用する大量の兵器や銃弾や無線装備を空輸した。

第二次世界大戦初期にはイギリス空軍特殊作戦飛行隊が、爆撃機軍団から譲り受けた航空機を利用した。そしてアームストロング・ホイットワース・ホイットレーは隠密の補給用輸送機となって息を吹き返し、黒く塗りつぶされた機体で飛んだ。ウエストランド・ライサンダーもこうした作戦に投入された機だ。本来は陸軍支援機として設計されたこの機は、離着陸に要する時間が非常に短く、手ごろな開けた土地がありさえすれば着陸可能だったため、諜報部員の配置や不時着した空挺隊員の救助にうってつけだった。1942年の年末以降は、イギリス空軍の長距離特殊任務作戦では、ホイットレーに代わりおもにハンドレページ・ハリファックスが使われた。この機は長距離タイプの標準機として第138、148、161、624飛行隊、およびポーランド軍第1586飛行隊と作戦をともにし、1944年半ばにショート・スターリングがこれに代わるまで活躍した。

1944年8月のワルシャワ蜂起の間、西方の連合国軍は、包囲されたポーランド軍兵士に兵器や医療物資の補給を試みた。これには長距離を飛び、またソ連の影響下にある地域への着陸許可を求めることが必要だった。この空輸任務では数回にわたり延べ200機以上の航空機が飛んだが、補給物資の多くはドイツ軍の手中に落ちるか、届いてもじゅうぶんな量ではなかった。いっぽうユーゴスラヴィアでは、チトー率いるパルチザンが連合国軍からじゅうぶんな補給を受け、ドイツ軍駐屯部隊に対して作戦を実行した。この結果、ほかの戦線に配置できたはずのドイツ部隊が、この地域に縛りつけられることになった。戦争中は、北アフリカとイタリアの基地からイギリス空軍のダグラスC-47ダコタとハリファックスがユーゴスラヴィアに飛び、大量の物資補給をおこなった。

東南アジアのレジスタンス

東南アジアでは、オード・ウィンゲート准将率いるチンディット長距離挺身隊が日本軍の通信連絡線を妨害し、日本軍後方に恐怖と不安を広める任務を担った。このグループの唯一の補給源は航空機であり、最初の任務が終わって多数の兵士を失うと、作戦は中止された。

アメリカ軍はこうした特殊部隊の利点を理解し、独自に同様の部隊を創設して、指揮官のフランク・メリル大将にちなみ「メリルの略奪者たち」と名づけた。これら部隊はアメリカ陸軍航空軍全グループとイギリス空軍に物資補給と潜入のさいに支援を受けた。1944年、部隊はビルマのジャングル奥深くの降着地帯に空輸され、降着地帯

ウエストランド・ライサンダー
ウエストランド・ライサンダーは秘密作戦で名を馳せた。この大型機には、長距離用燃料タンクと、情報員が迅速に乗り降り可能なはしごを装着可能だった。

の守備を固めると、そこから襲撃任務に出た。ダコタは9000名あまりをこうした降着地帯まで運んだ。日本軍は降着地帯をできるだけ早く無力化しなければならない点に気づき、連合国軍兵士をうまく追いつめたため、すぐに戦闘は激化した。2カ月近く戦闘を続け、ある程度の成功を収めたところで連合国軍兵士は撤退した。

イギリス空軍飛行隊のデ・ハヴィランド・モスキートもまた、特殊任務をおこなっている。アミアン収容所への攻撃もその一例だ。ここにはゲシュタポが処刑予定のレジスタンスのスパイが収容されており、モスキートは超低空を飛び、収容所の壁や建物を爆撃した。攻撃によって収容者に一部死者が出たのは不運だったが、多くが脱走に成功した。

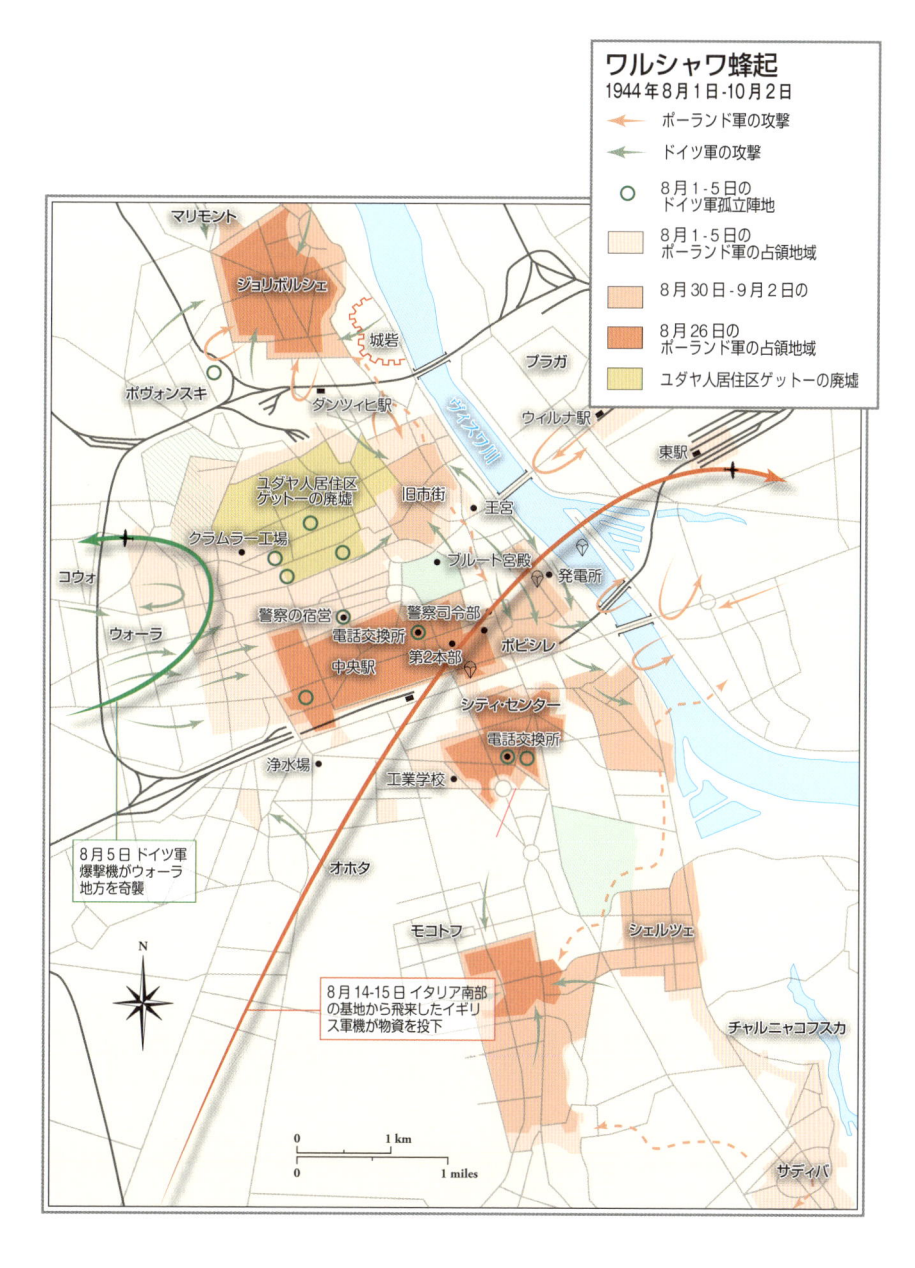

ワルシャワ蜂起
1944年8月1日-10月2日

- ポーランド軍の攻撃
- ドイツ軍の攻撃
- 8月1-5日のドイツ軍孤立陣地
- 8月1-5日のポーランド軍の占領地域
- 8月30日-9月2日の
- 8月26日のポーランド軍の占領地域
- ユダヤ人居住区ゲットーの廃墟

8月5日ドイツ軍爆撃機がウォーラ地方を奇襲

8月14-15日イタリア南部の基地から飛来したイギリス軍機が物資を投下

第三帝国の終焉

　1945年初頭には、ドイツは敗北の危機に瀕していた。連合国側が石油精製施設と合成石油工場、輸送、通信網を爆撃した後は、ドイツ軍航空機と戦車の燃料事情が悪化した。ドイツの製造業は損傷を受けながらも戦争用兵器を量産したが、燃料がなくてはこれも役には立たなかった。

　それでもドイツ軍最高司令部は、最後の大規模地上攻撃、バルジの戦いを発動する力が残っていた。これは、ドイツ軍がアントウェルペンまで突き切り、進軍中の連合国軍を分断しようとする最後の捨て鉢な試みとなる。とはいえこの作戦の成否は、連合国軍の備蓄燃料を捕獲できるかどうかにかかっていた。クリスマスシーズンの悪天候で連合国側は航空戦力を投入できず、ドイツ軍のこの攻撃はうまくいきかけた。しかし、この攻撃と連携したボーデンプラッテ作戦が実行される予定だったのだが、これも、連合国側を悩ませた悪天候のために中止せざるをえなくなった。この作戦は1945年1月1日に開始され、ベルギー、オランダ、フランスの連合国軍の17飛行場に奇襲をかけ、地上の航空機をできるだけ大量に破壊することを目指した。ドイツ空軍に残っていた各戦闘機と戦闘爆撃機部隊は、この作戦に向けて西へと飛んだ。

致命的欠陥

　ドイツ軍の攻撃を先導するのは夜間戦闘機部隊の先導機であり、主力部隊はフォッケ・ウルフFw190とメッサーシュミットBf109戦闘機を中心としていた。これら戦闘機は、連合国軍機の多くが飛び立つ午前9時前に目標上空に達することになっており、レーダー探知を避けて木立の高さを飛んだ。戦闘機は厳重な防御態勢にあるドイツ軍陣地上空をルートに選び、とくにV1とV2ロケットの発射場周辺を飛ぶことが多かった。攻撃の情報は対空砲部隊に周知されていなかったため、連合国軍の航空優勢が当たり前になっていた地上のドイツ軍兵士は、それとは知らず友軍機に向かって砲撃をおこなった。パイロットの多くが訓練を終えたばかりで、経験豊富な僚機パイロットよりも高くゆっくりと飛んでいたことも、誤認のもとになった。訓練を積んだ両陣営の対空砲手にとっては、彼らは簡単な獲物だった。

最後の防衛
アレクサンダー・リピッシュ設計のMe163は液体燃料ロケット・モーターを動力とした。Me163は驚愕するほどの高度で飛び、時速900キロ超の速度に達した。メッサーシュミット社はまた、戦闘に投入された機のなかでは初のターボジェット・エンジン搭載機であるMe262を設計した。

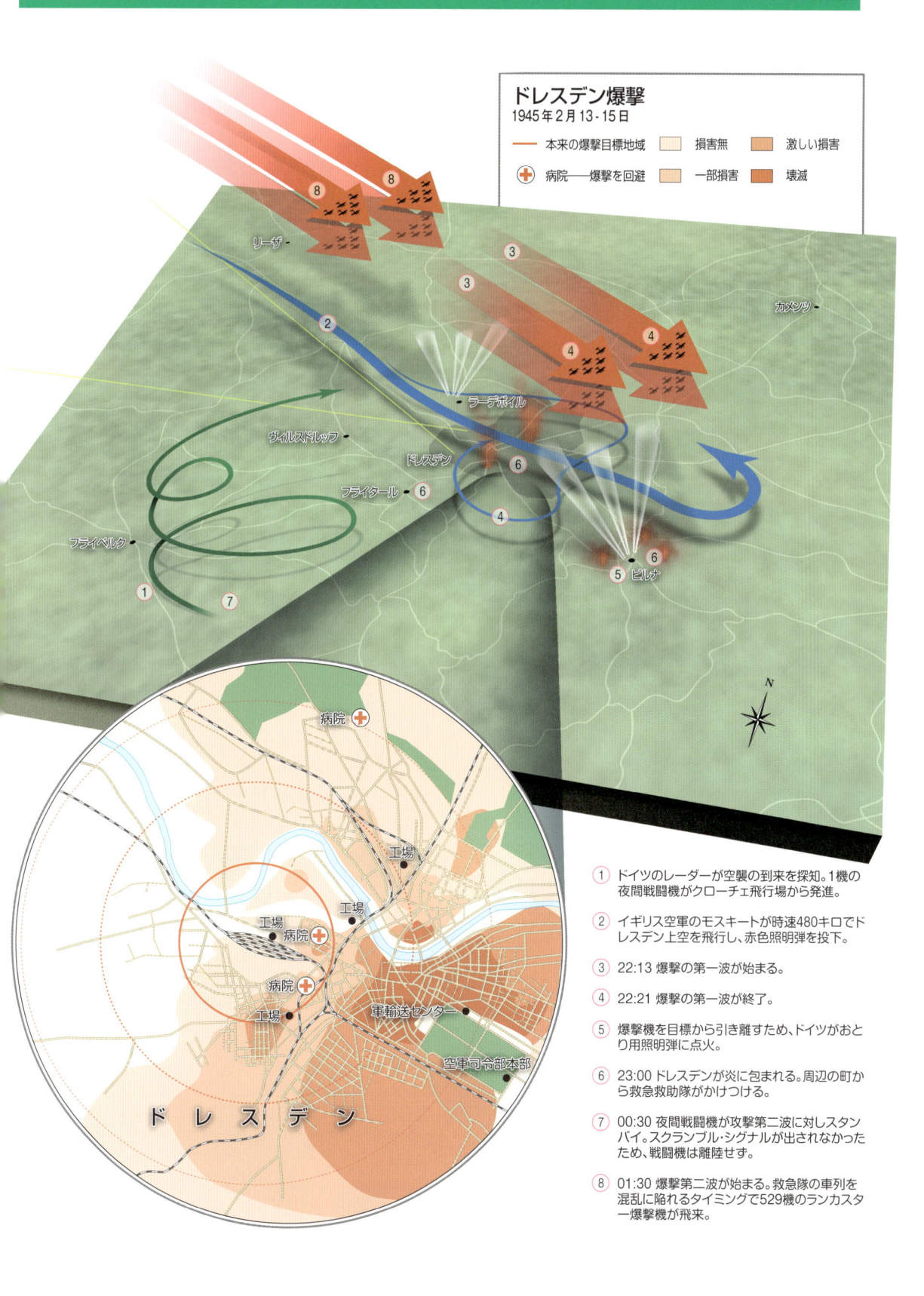

The End of the Reich

ドレスデン爆撃
1945年2月13-15日

- 本来の爆撃目標地域
- 病院──爆撃を回避
- 損害無
- 一部損害
- 激しい損害
- 壊滅

① ドイツのレーダーが空襲の到来を探知。1機の夜間戦闘機がクローチェ飛行場から発進。

② イギリス空軍のモスキートが時速480キロでドレスデン上空を飛行し、赤色照明弾を投下。

③ 22:13 爆撃の第一波が始まる。

④ 22:21 爆撃の第一波が終了。

⑤ 爆撃機を目標から引き離すため、ドイツがおとり用照明弾に点火。

⑥ 23:00 ドレスデンが炎に包まれる。周辺の町から救急救助隊がかけつける。

⑦ 00:30 夜間戦闘機が攻撃第二波に対しスタンバイ。スクランブル・シグナルが出されなかったため、戦闘機は離陸せず。

⑧ 01:30 爆撃第二波が始まる。救急隊の車列を混乱に陥れるタイミングで529機のランカスター爆撃機が飛来。

ドイツ空軍はすぐに連合国軍基地の多くを発見し、大量の機銃掃射や爆弾投下をおこなった。このときも新人パイロットは経験不足を露呈し、うまく目標をとらえることができなかった。それでも500機近い連合国軍機が地上で破壊され、いっぽうドイツ軍は、この任務に投入した1000機のうち280機を失った。作戦は戦術的には成功だったものの、連合国軍の支配地域で多くのパイロットが死亡するか、パラシュートで脱出するはめになった。ドイツ軍にとってこうしたパイロットの損失は、航空機を失うよりもはるかに手痛い打撃となった。連合国軍は失った航空機を数週間で埋め合わせた。しかし、非常に大胆な作戦に出たドイツ空軍は、達成したものは少なく、失ったものははかりしれないほど大きかった。

ドレスデン爆撃

ドレスデン爆撃も、連合国側の爆撃機指揮官たちの決断については議論の余地がある。西方では、エルベ川に接近する連合国側の進軍が遅かったため、イギリス空軍とアメリカ陸軍航空軍は、まだ爆撃を受けたことのない都市を攻撃することにした。文化都市の中心であるドレスデンには100以上の工場があり、ここは、ドイツ軍を西部から東部へと移動させて、接近するソ連赤軍と交戦するための、輸送および通信の拠点と考えられた。

第8航空軍が攻撃開始の任務を担う予定だったが、目標上空の悪天候のため、この任務は1945年2月13日にイギリス爆撃機軍団にふられることになった。先導機が導いた先は、湿地帯周辺に広がる、大半が木造家屋の密集するドレスデン旧市街だった。先導機に続く主要部隊が4000ポンド「ブロックバスター」爆弾を含む高性能爆弾を投下し、建物の屋根が吹き飛ぶと、むき出しになった天井部の梁の間に焼夷弾が落ちていった。第二波が到来する頃には、炎は何百キロも先まで見えるほどだった。2月14日には第8航空軍が飛来し、空爆の激しさは弱まるどころではなかった。300機を越すボーイングB-17が、すでにずたずたにされた街に爆弾を投下した。翌日、第8航空軍はライプツィヒの合成石油工場を爆撃予定だったが、雲で確認が難しかったため、再びドレスデンを攻撃し、さらに街の損害は拡大した。

2月3日、1000機近いB-17が、ベルリンの鉄道網を破壊すべく昼間空襲に派遣された。ドレスデン同様、ベルリンは部隊を東部戦線に派遣する拠点だと考えられていた。ベルリンは2週間後にも攻撃を受ける。ソ連軍がベルリン郊外に達するまでの1カ月間、爆撃にくわえてイギリス空軍のデ・ハヴィランド・モスキートが擾乱攻撃をおこなった。4月末にはヒトラーが自殺し、その1週間あまりのち、ヨーロッパ戦線は終結することになる。

B-29 爆撃機
開発と配置

　1940年夏、アメリカ政府は主要な航空機製造業者に、これまでにない新しいタイプの爆撃機の製造を要請する文書を送った。政府が求めているのは、大量の爆弾を搭載して8400キロの航続距離を有し、時速500キロで飛べる機だった。当初から他企業より1歩先を行っていたのが、投入済みのB-17フライング・フォートレスの改良にすでにとりかかっていたボーイング社である。ボーイング社は政府の要求すべてを見越していたうえに、新型機の与圧技術の確かさは戦前の商用機ストラトライナーで証明済みだった。さらに革新的だったのが航空機の中央火器管制装置であり、初期のアナログ・コンピュータを利用し、銃撃手が航空機の速度や爆撃の角度といった変数を算出して目標を狙えるようになっていた。この装置が発展して、機体の上下に遠隔操作の銃座がふたつずつ取りつけられ、敵との交戦時には、後部銃撃手は別として、銃撃手はひとつまたはすべての銃座を制御して銃撃に専念することが可能だった。

　問題は、爆弾倉を開けるさいの与圧だった。従来どおりだと、高高度では差し引きで減圧になるのだ。この問題は、航空機の前部と尾部を結ぶ管状の通路を設けることで解決した。

試作機を飛ばす

　B-29スーパーフォートレスの試作1号機は1942年9月21日に飛んだ。このときは、巨大な胴体の航空機にしてはかなりうまくいったが、1943年2月18日、試作2号機が2基のエンジンの故障で墜落し、乗員が全員死亡するという災難に見舞われた。B-29の使用エンジンはライトR-3350であり、このプロジェクト用に急遽生産されたものだった。このエンジンはオーバーヒートしやすいという問題を抱えており、B-29の就役中、この問題が完全に解決されることはなかった。

ボーイング B-29 スーパーフォートレス
1945年3月にマリアナ諸島に5つの作戦基地を確保したことによってB-29は日本にさらに接近し、第73、313、314、315の4つの爆撃航空団が、インドと中国の基地からすぐにこの地に移された。少し遅れて、第58爆撃航空団もここに配置される。B-29航空団のすべてが、グアムの本部とともに第21爆撃軍団の下に置かれた。

B-29がアメリカ全土で製造されるようになると、製造上の問題も生じた。B-29は非常に進歩した航空機であり始終設計に修正がくわえられたので、製造ラインから送り出されたばかりの機を、また別のラインで手直しする必要が出てきたのだ。

B-29の就役

アメリカ陸軍航空軍の司令官であるH・H・「ハップ」アーノルド少将は、ケネス・ボナー・ウオルフェ准将をB-29の製造および戦闘への投入に関する総責任者に置き、集中的訓練プログラムを実施した。通常B-29のパイロットにはリベレーターに搭乗していた兵士が当てられたため、当初航空機不足に悩まされていた部隊は、戦闘でぼろぼろになったコンソリデーテッドB-24リベレーターで訓練をおこなった。こうしたパイロットは大型機の操縦に慣れてはいたが、B-29の飛躍的に改善されたスピードにはついていけなかった。

B-29の乗員は11名で、指揮官、パイロット、爆撃手、ナビゲーター、航空機関士、無線オペレーター、レーダー・オペレーター、中央射撃管制手と3人の銃撃手、という内訳だった。乗員は任務に向けてそれぞれ別の訓練を受け、乗員チームの編制は前進作戦基地への出発直前であることが多かった。

B-29の部隊が飛来すれば、連合国軍が日本本土へと爆弾を運び、日本の軍需産業と国民への圧力を増すことが可能になる。こうした攻撃の発進基地となりうるのが中国南部の中央であり、ここはすでにクレア・シェンノートのフライング・タイガースと、蒋介石の中国国民党軍の基地として利用されていた。この基地を使用するためには、爆撃航空団の第一陣が、マラケシュ、カイロ、カラチ、カルカッタを経由してインド東部の最終集結地点に到達し、それから「ハンプ」ことヒマラヤ山脈上空を飛んで配置される必要があった。新たに編制された第20爆撃機軍団は成都付近の新しい基地に飛び、日本に初の攻撃を開始する前に、まず物資補給の増強に着手した。インドから飛ぶさいに消費する燃料のせいで、この作業は複雑化した。B-29の燃料1ガロンを運ぶのに、「ハンプ」上空を経由すると2-3ガロンを費やすのだ。これだけの燃料を備蓄するのは時間の浪費であり、また非常に不経済だった。

滑走路は中国人労働者の手で完成し、物資もじゅうぶんに届くと、第20爆撃機軍団がマッターホルン作戦と呼ばれる初の空襲を開始する態勢は整った。タイの目標にぞんざいな奇襲を実行して期待はずれの結果に終わり、またB-29にはエンジンの故障がつきものだったため、目標に達する以前に離脱する航空機の割合が非常に高かった。その後、1944年6月14日に、68機のB-29が日本列島南部、九州の八幡製鐵所爆撃に向けて出発した。総数47機のB-29は、日が落ちて暗くなる頃に目標に到達した。しかし爆弾は命中せず、第20爆撃機軍団は敵の反撃で1機、事故で6機の航空機を失った。これはB-29の戦歴にとっては縁起の悪いスタートとなった。次回の奇襲までは3週間待たなければならず、ここで再び物資補給が大きな問題となった。B-29は7月7日と9日に日本南部に戻ったが、ほとんど損害は与えられないうえに、自軍にはさらに死傷者が増える結果に終わった。

第20爆撃機軍団指揮官のウオルフェ准将はワシントンに呼び戻され、その後任のサンダースを引き継いだのが、ヨーロッパに展開する第8航空軍爆撃師団の若き司令官、カーティス・ルメイ少将だった。ルメイはヨーロッパの戦場で用いた編隊に変更

**ボーイング B-29
スーパーフォートレス**

動力：ライト R3350 サイクロン・星型エンジン×4
巡航速度：350km/h
戦闘航続距離：5230km
乗員：11名
爆弾搭載量：短距離最大 9071kg　長距離 2268kg
全長：30.2m
翼幅：43.2m
武装：12.7mm 機関銃×12
20mm 機関砲×1

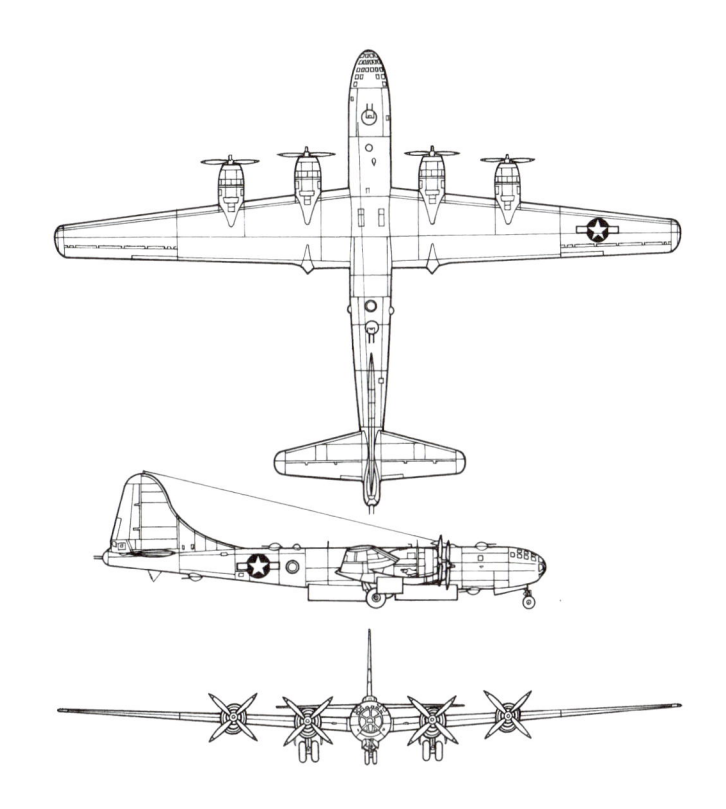

して目標破壊の精度を上げ、早速その力を認められた。しかしそれでもまだ、第20爆撃機軍団は月平均1回の任務しかこなせていなかった。ルメイ少将は兵器にも大きな変更をくわえ、導入した焼夷弾は、とくに木造建築物が多いアジアの町ではおおいに効果を上げた。84機のB-29が中国の漢口に空襲をおこなうと、街は3日間にわたり燃え続けた。

作戦基地の移動

連合国軍飛行場を占領するために中国内陸部まで攻めこむ1号作戦を発動させた日本軍が、敵との交戦や事故で甚大な損傷を被った後に、アメリカ軍は中国からB-29を飛ばす作戦を徐々に縮小させた。マリアナ諸島の占領によって、アメリカ陸軍航空軍は東京を射程におさめた飛行場を手に入れていた。なによりこれらの飛行場は、補給ルートが「ハンプ」越えに限られた中国とは違い、アメリカやオーストラリアから船で直接、簡単に物資補給ができる点が大きかった。

マリアナ諸島はサイパン、テニアン、グアムといった主要な島々からなり、ここにいくつもの基地が記録的なスピードで建設され、その作業の多くを海軍設営大隊「シー・ビーズ」が担った。1944年10月にB-29の第一陣がこの地の飛行場に降り、11月下旬には100機のB-29が、サイパンの新たにイスリー飛行場と命名された飛行場に配置された。

これらの機はトラック島と硫黄島の日本軍陣地に飛ぶことを任務としたが、エンジン故障の多さと攻撃精度の低さという問題は、いまだに解消されていなかった。11月

24日には111機のB-29が東京に送り込まれた。爆撃機が日本の首都上空を飛ぶのは、1942年の悪名高い「ドゥーリトル」空襲以来だった。高度8200メートルで編隊を組んで飛んだ爆撃機は日本上空のジェット気流にぶつかったが、当時はまだこの気流については解明されていなかった。気流の影響で編隊の維持が非常に困難になり、ごく一部の機しか目標を発見できず、残りは強風と雲堤のせいで広く分散してしまった。

　この任務はこの後数週間続けられた。だが日本に向かうたびに、日本軍の死に物狂いの対空射撃と戦闘機を避けて高高度を飛ぶために、航空機の損失が生じた。B-29が失った乗員は、日本本土に与えた損失よりも大きかった。その犠牲と努力を無駄にせずにB-29の価値を証明するためには、なにかを変える必要があった。

　威力を発揮できないB-29に困惑して、アーノルドはルメイをマリアナの第21爆撃機軍団の指揮官に任命した。漢口の焼夷弾爆撃の威力の大きさが頭にあったルメイは、日本の都市にも同じ攻撃をおこなおうと考えた。1945年2月に焼夷弾の空襲が実行されたが、このときはまだ、アメリカ機は日本の必死の防空策を避けて8200メートルあまりの高度を飛んだ。以前より大きな損害を与えはしたが、もっと力を発揮できるはずだと考えたルメイは、ヨーロッパのイギリス空軍と同様のアプローチをとることにした。先導機を使った夜間の焼夷弾空襲である。東京に対する初の夜間空襲は、3月10日の夜におこなわれた。これは巨大な火嵐をもたらし、8万4000の人々が命を落とした。B-29は恐ろしい力を発揮し始めていたのだ。

　6月までに、日本の6大都市の60パーセントが灰燼に帰し、日本の産業は製造能力を失ったも同然だった。さらにB-29は日本領海に機雷も投下しており、日本の生き残りに不可欠な商船の移動を妨害し、太平洋戦争の短期化におおいに貢献した。しかし、この巨大航空機には、もうひとつ遂行すべき任務が残っていた。

マリアナ基地
マリアナに基地が移動すると戦術は一から見直され、B-29が日本の主要都市に焼夷弾による大規模な夜間地域爆撃を遂行し、破壊的な損害をもたらした。

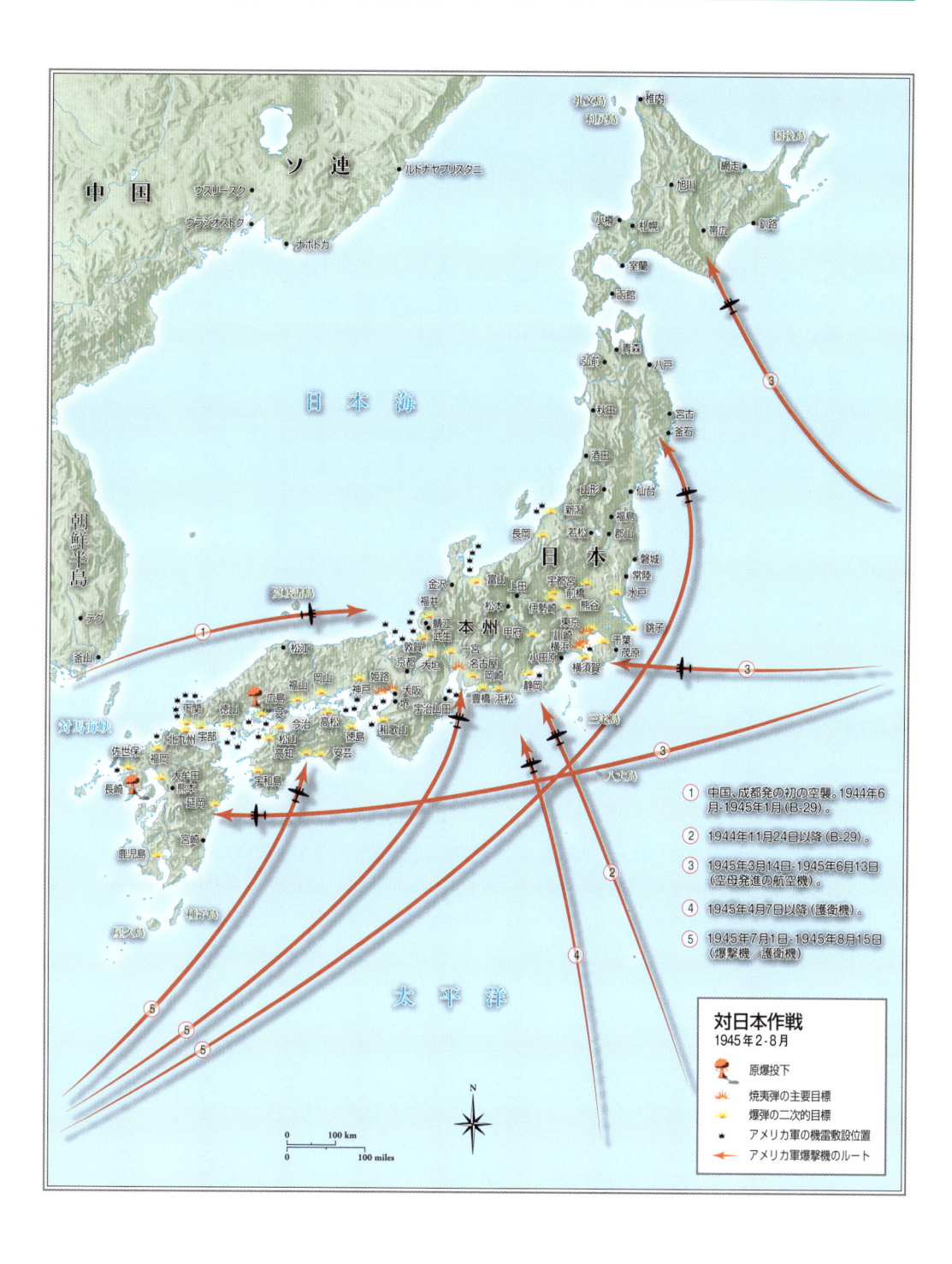

B-29: Development and Deployment

① 中国、成都発の初の空襲。1944年6月-1945年1月（B-29）。
② 1944年11月24日以降（B-29）。
③ 1945年3月14日-1945年6月13日（空母発進の航空機）。
④ 1945年4月7日以降（護衛機）。
⑤ 1945年7月1日-1945年8月15日（爆撃機/護衛機）。

対日本作戦
1945年2-8月

- 原爆投下
- 焼夷弾の主要目標
- 爆弾の二次的目標
- アメリカ軍の機雷敷設位置
- アメリカ軍爆撃機のルート

核戦争

　1945年8月6日、戦争で使用される初の原子爆弾「リトルボーイ」が日本の広島に投下され、推定7万の人々がほぼ瞬時にして亡くなった。3日後、さらに「ファットマン」が長崎に投下され、ほぼ同じ数の死者を出した。連合国軍はこれほどの破壊的兵器を使用する必要があったのか、多くの議論が交わされてきた。日本の敗北は決まったと見ている者は多かったし、ソ連参戦後、ソ連が日本に宣戦して8月9日に満洲に侵攻してからは、それは決定的だったからである。日本の文民政治家はすでに和平を求めており、戦闘を続けて血の結末に向かおうとしていたのは軍の権力者集団だけだった。

　イギリスとカナダから科学的支援を受け、アメリカ政府は初の原爆を製造するマンハッタン計画に着手した。この破壊力甚大な爆弾を手にしたものは誰であれ、戦略上主導権を握るのだ。連合国軍は、敵の産業施設を破壊し士気を低下させるために、戦略爆撃をおこなうことを選択した。そして爆撃は、市民をも目標とした。原爆はこれまでにない、恐ろしいレベルの破壊をもたらすことになる。

強引なメッセージ

　日本の主要都市の多くは新型のボーイングB-29ストラトフォートレス爆撃機による空襲を受け、焼夷弾に街を焼かれていた。日本の都市の建築物の大部分は木造だった。これにくわえて昔ながらの通りは狭く、爆撃によって市民に多くの死傷者を出す原因となった。東京だけで10万人の市民の生命が失われている。沖縄と硫黄島への侵攻時、アメリカ軍は増大する損失に苦しんだため、日本本土への侵攻では、さらに多くの兵を失うのではないかという懸念につながった。死傷者が何十万にもおよぶ可能性もあった。そこで原爆なら大きな威力を発揮するうえに、アメリカ軍の死傷者は最小限に抑えられると考えられた。

　ポツダム会談においてアメリカ大統領ハリー・S・トルーマンは、日本に、降伏か「あるいは即時壊滅状態になるか」最後通牒をつきつけた。日本は降伏を拒否し、トルーマンは原爆投下の命令を出した。広島が目標に選ばれたのは軍事上の理由でも、工場や施設があったからでもなく、人口が多いためだった。爆撃によって生じる心理的影響が大きいからだ。広島はそれまでほとんど空襲を受けずにきており、都市の中心以外はほぼ木造建築物で占められ、この新型兵器で壊滅させるのに適していた。

　第509混成爆撃群指揮官ポール・ティベッツ大佐が操縦するB-29爆撃機、エノラ・ゲイが、原爆投下を記録する2機のB-29を伴い任務に向かった。午前8時15分、爆弾は投下され、広島上空580メートルで爆発した。広島市のほぼ全域が爆風に包み込まれ、7万の人々が瞬時にして亡くなった。爆風は半径1.6キロの地域におよび、それから生じた炎は、さらに7キロの範囲内のあらゆるものを舐めつくした。

　3日後、チャールズ・W・スウィーニー少佐が操縦するボックスカーが「ファットマ

ン」を、日本南部の大きな港町であり、大型工場をいくつか抱える長崎に投下した。ここでも建築物はほぼ木造だった。本来の目標である小倉上空が雲に覆われていたため、ボックスカーは二次的選択肢として長崎まで飛んだ。爆弾は午前11時1分に投下され、7万人が命を落とした。2度の原爆投下でとてつもない力を見せつけられると、日本は無条件降伏を受け入れた。

　原爆の破壊的威力を利用することは、多くの議論の的となっている。原爆の使用は認められるべきではなく、とるべき策は日本本土への侵攻しかなかったと考える人は多い。また、当時ソ連は満洲を侵攻し、すでに中央および東部ヨーロッパを広範に手中にしていたため、ソ連にアメリカの力を誇示するために原爆が必要だったのだと論じる人々もいる。原爆投下後何十年にもわたり、何万もの人々が後遺症とその苦痛に悩まされており、この恐怖の兵器が三度使用されたことはない。そして、これからも使用されないはずである。

長崎の原爆投下
1945年8月9日、長崎上空550メートルで「ファットマン」が爆発したときの巨大なきのこ雲。

Atlas of Air Warfare

エノラ・ゲイの乗員
初の原爆投下を遂行したB-29エノラ・ゲイの搭乗員に囲まれたポール・ティベッツ大佐（パイプをくわえた人物）。

広島の原爆投下
火事の延焼と爆風による被害の範囲

上空580メートルで原爆が爆発

家屋に損害がおよんだおおよそのライン

広島市

建築物が被害を受けた範囲

火事の延焼範囲

設置済みの防火帯

広島湾

広島港　海田

第二次世界大戦後の世界

　1945年末には、連合国側に集結した大きな軍事力が敵の枢軸国側を完全に打ち負かしていた。ヨーロッパの大半とアジアの大部分は廃墟と化し、飢えに直面した。おおかたの兵士や水兵、パイロットは帰国し、農場や工場、オフィスに戻り、「普通の」生活を再開することを切に願った。しかし、彼らの政治指導者たちは新たな現実と向かい合っていた。それは、旧来の強国の敵対関係と似て異なるもの、イデオロギーである。ソ連の共産主義政権は、大規模で見るからに強力な赤軍を有し、西のドイツ中央部から東はウラジオストックの西部にいたるユーラシアの広大な地域を支配した。中国では、共産党が影響力と支配力を増しつつあった。西側ではアメリカとその同盟国がこうした新たな存在を、戦時の同盟国に対する熱い気持ちと、その潜在力への懸念とが入り混じった複雑な思いで見ていた。いっぽう共産主義国家は、世界大恐慌の頃にはうまくいったとはいえなかったものの、自らを資本主義に代わるイデオロギーだと称していた。

　イギリスにおける戦時の指導者ウィンストン・チャーチルは、選挙で敗れて首相の座は降りたが、1946年3月、ミズーリ州フルトンでの講演で、「バルト海のシュテッティンからアドリア海のトリエステにかけて、鉄のカーテンが大陸を遮断している」と警告を発した。多くの人々に衝撃を与えたチャーチルのこの演説は、以前の連合国の間に新しい力学が働いていることを世に訴えた。多くの国々が、平和な戦後世界への希望を、新たに創設された国際連合に託した。これは、地球規模でおこなわれた破壊的戦争を経て、国際問題を解決する世界的討論の場だった。

イリューシン Il-28
ピストン・エンジンのツポレフ Tu-2 に代わった戦術軽爆撃機イリューシン Il-28 は、1950年代にソ連陣営の戦術攻撃部隊の主流をなした。そしてソ連の影響下にある国々に広く輸出された。

Atlas of Air Warfare

コンベア B-36
大型機コンベア B-36 の登場によって、アメリカ空軍戦略航空軍団は、世界のいかなる場所のいかなる目標にも核兵器を運べる能力を手にいれた。

新しい世界秩序

　戦争で荒廃した地域に住む多くの人々に、共産主義は魅力的な解決策を提供した。西側の指導者の多くは、この潮流によって世界の勢力均衡（バランス・オブ・パワー）に好ましくない影響が生じ、それがなんらかの対立に発展すると確信した。1947年8月、アメリカ大統領ハリー・トルーマンが全体主義の封じ込めドクトリンを宣言した。全体主義とは、つまりは共産主義である。西側の政治家にとっては、西ヨーロッパに経済回復をもたらすことが重要な仕事となった。共産主義者のプロパガンダに対抗するには、経済回復こそ「自由な」生活様式を売り込むカギとなる。そのために生まれたのがマーシャル・プランであり、アメリカの国務長官の名にちなんだこの計画では、ドイツをはじめとするヨーロッパの再建に何十億ドルもの資金が投入された。スターリンはこれに警戒の念を抱いた。以前の敵国にはできるかぎり弱小のままでいて欲しかったのだ。スターリンはプロパガンダの全面戦争を決意し、ヨーロッパ政界の分断に熱意を注いだ。

　終戦を迎えたときイギリス経済は疲弊しており、マーシャル・プランからおおいに恩恵を受けた。計画では、ドイツにおける占領軍の駐留も認めており、アメリカ・イギリスの空軍もかなりここに配置された。空・海軍力では、西側同盟国はソ連という「脅威」に対してあきらかに優位を保っていた。ヨーロッパが戦場となり赤軍と対峙する事態になれば、投入可能な地上部隊で少なくともライン川、アルプス山脈、ピアベ川を結ぶ戦線を維持し、航空戦力が赤軍補給線の先鋒部隊を破ることが想定された。この航空戦力重視の計画は、アメリカ国防省が1949年に「ドロップショット」作戦を練り上げたことで形になった。

　アメリカ・イギリスともに、大規模な長距離重爆撃機隊をはじめとする航空隊によって戦争を終結させていたが、ソ連空軍はおもに、戦術的航空支援向けに組織されて

いた。このため、1944-46年にかけて、ソ連は長距離爆撃部隊の開発に力を入れるようになった。皮肉にも、最初に登場したツポレフTu-4は、ボーイングB-29スーパーフォートレスを分解模倣した機だった。そして1948年には、この航空機が長距離爆撃機飛行隊に配備され始めた。

長距離を航続可能な敵

　この機の開発ニュースは、アメリカ空軍をパニックに近い状況に陥れた。アメリカ大陸は初めて、敵が本国の基地から発する長距離爆撃機の射程内に置かれたのだ。この脅威をだめ押しするかのように、ソ連は自国初の原爆を1949年に爆発させた。厄介なバランスが新たに成り立とうとしており、それによって、3年前に創設されていたアメリカ戦略航空軍団の拡大と近代化にはずみがついた。B-29（後のモデルはB-50）にくわえ、1948年以降は大型機コンベアB-36ピースメーカーが登場した。

　ドロップショット作戦が発動されていたら、戦略航空軍団の爆撃機の大軍が、イギリス空軍爆撃機軍団のアヴロ・リンカーン、B-29とともに配置されていたはずだ。これらの機は、ソ連領土内の正確に選定された200の目標を排除する任務に向かうことになっていた。この計画ではさらに、連合国側の爆撃機隊が300発ほどの核爆弾を目標に投下することが可能で、それは何千発もの爆弾のほんの一部であり、一撃でソ連の産業能力の85パーセントを吹き飛ばすよう想定されていた。また搭載爆弾の4分の1から3分の1は、地上のソ連航空機を破壊するためのものだった。そして、連合国軍爆撃機が目標を目指し東方へと向かっていたとしたら、そのパイロットたちは、ソ連を発ち西方へと反撃に飛ぶTu-4を確認できたことだろう。

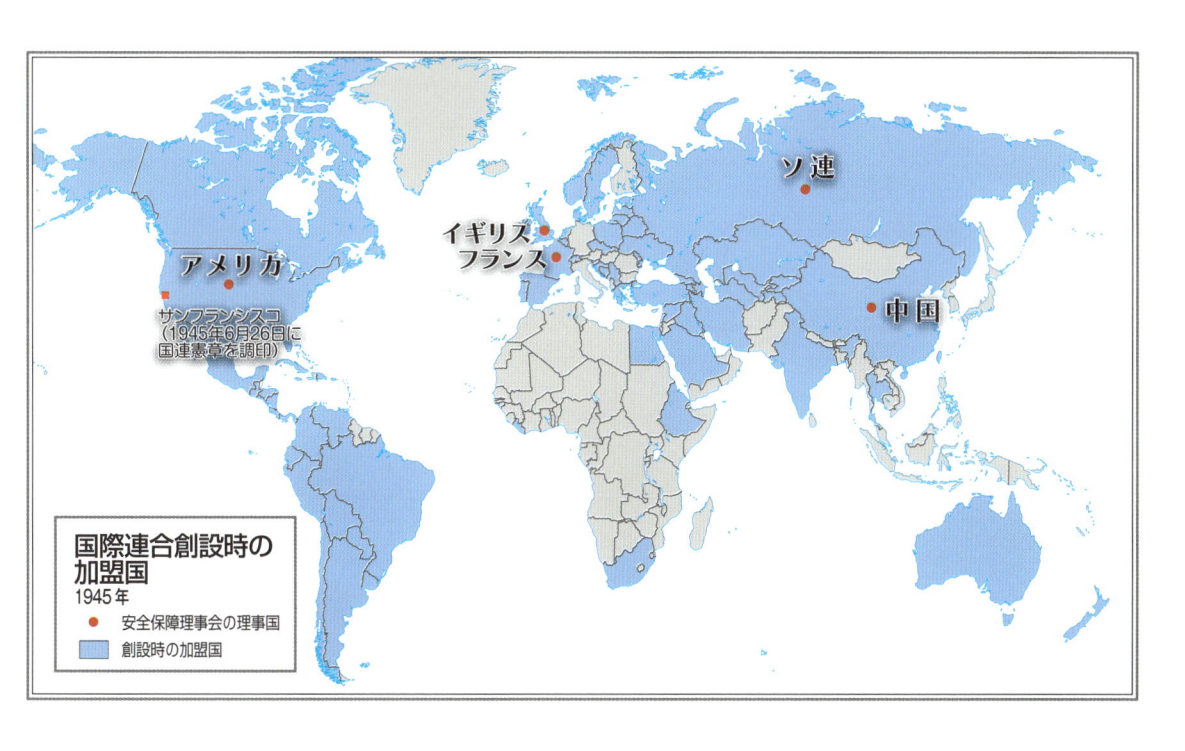

国際連合創設時の加盟国
1945年
● 安全保障理事会の理事国
■ 創設時の加盟国

ベルリン大空輸

　第二次世界大戦終結後、アメリカ、イギリスおよびフランスは、ドイツの西側諸国占領地域をひとつの国としての存在とみなすようになり、これが後に西ドイツとなる。そしてここには、ベルリンの西半分も含まれていた。1948年6月21日、ドイツの西半分が独自の通貨を採用すると、ソ連はこれを挑発行為とみなし、即刻ベルリンへ向かう地上交通をすべて遮断して市民を孤立させた。西側同盟諸国は西ベルリンを見捨てるつもりはなかったが、武装した輸送団で物資補給を強行することまでには踏み切らなかった。西側が選んだのは日常生活の必需品すべての空輸であり、こうして航空機史上最大の物資空輸作戦が始まった。

テンペルホーフ空港の輸送機
ベルリンのテンペルホーフ空港に物資を降ろすアメリカ空軍空輸部隊。ダコタとして知られるイギリス空軍のC-47は、ベルリン空輸の屋台骨だった。

必需品の補給

　ベルリンの西側諸国占領地域が存続するためには、1日におよそ4500トンの物資補給が必要だった。アメリカ空軍は100機あまりのC-47機をヨーロッパに常駐させており、イギリス空軍はアヴロ・ヨークとC-47機を同程度置いていた。長距離洋上哨戒飛行艇、ショート・サンダーランドもこの任務にあてられ、ベルリン西郊外ハーフェルの湖群まで飛んだ。

　空輸は6月26日に始まった。作戦がペースをつかむにつれ、これに専念する輸送機の数は増加し、西ドイツの飛行場に世界中から航空機が到着した。なかでも新型機のダグラスC-54スカイマスター4発輸送機は、10トンもの積み荷を搭載可能だった。

　ソ連は、かつてスターリングラードで包囲された第6軍にドイツが試みた小規模な物資補給作戦が頭にあり、この空輸作戦も失敗すると予想していた。しかし空輸は日々補給能力を増していき、ソ連を驚かせた。作戦が始まって1カ月たつ頃には、ベルリンの日常生活が維持できる程度の物資が空輸されていた。ソ連は輸送機の航路に戦闘機を飛ばして対応し、ときには射撃もおこなったものの、直接貨物機に向けて撃つことまではなかった。西側諸国の搭乗員が体験した事件は何百件も記録されているが、そのどれもが、物資補給の流れを妨害するほどのものではなかった。空輸が冬にずれ込むと、ベルリンの空港では能力増強のための策がとられた。テンペルホーフ空港には滑走路を追加し、ガトウとテーゲルは再建、拡張され、輸送物資の積み替えのために、元ドイツ空軍の地上要員が再雇用された。

　復活祭の日曜日、1949年4月15/16日には特別なはからいが実行され、ベルリン

街の瓦礫の上で、着陸しようとするC-47に熱心に手を振るベルリンの子どもたち。アメリカ軍パイロット、ゲイル・ハルヴァーセン中尉と同僚パイロットたちは、25万個あまりのチョコレート・バーをベルリン郊外に投下した。ハルヴァーセンは「チョコレート飛行士」というニックネームをもらった。

市民の士気を高めた。輸送機の乗員が24時間働いて計1383回飛び、約1万2941トンの燃料を損失もなく運んだのだ。ソ連から見れば、空輸が西側のプロパガンダにとって大きな成功であることは間違いなく、しぶしぶ包囲を説くことに同意した。5月12日には、地上輸送団の第一陣がベルリンに到着した。空輸は公式には1949年9月30日まで続き、27万8288回の空輸で232万6406トンの物資が運ばれ、アメリカ空軍はその76.7パーセント、イギリス空軍は17パーセント、イギリスの民間機が7.6パーセントを受け持った。

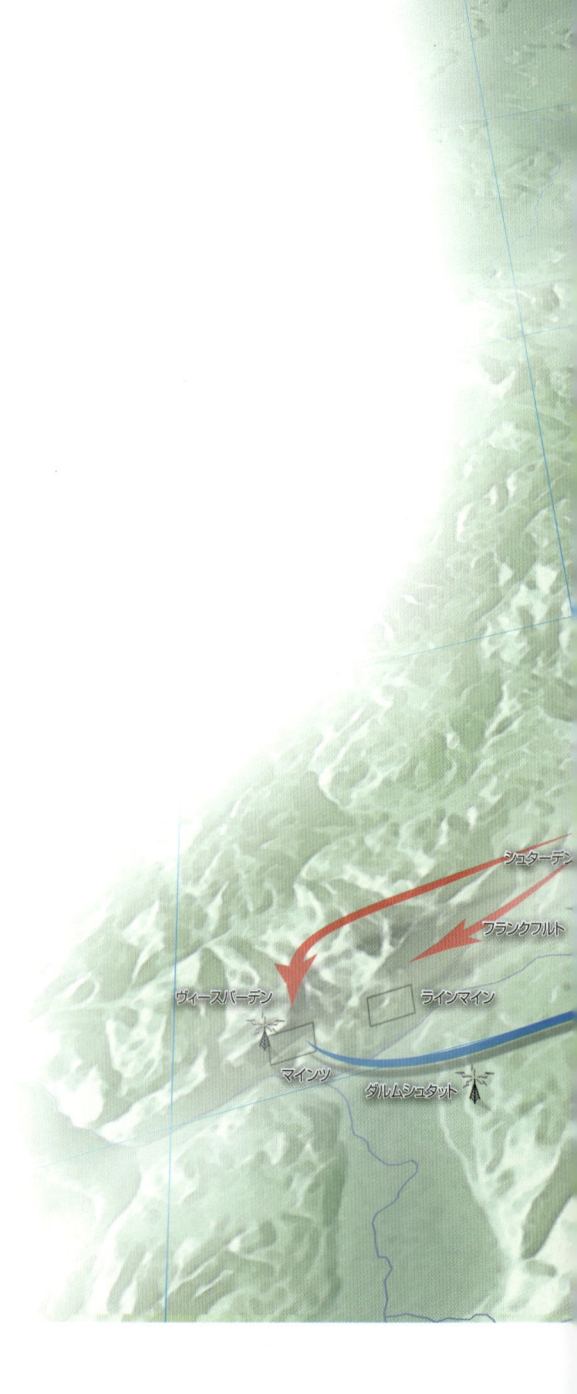

Berlin Airlift

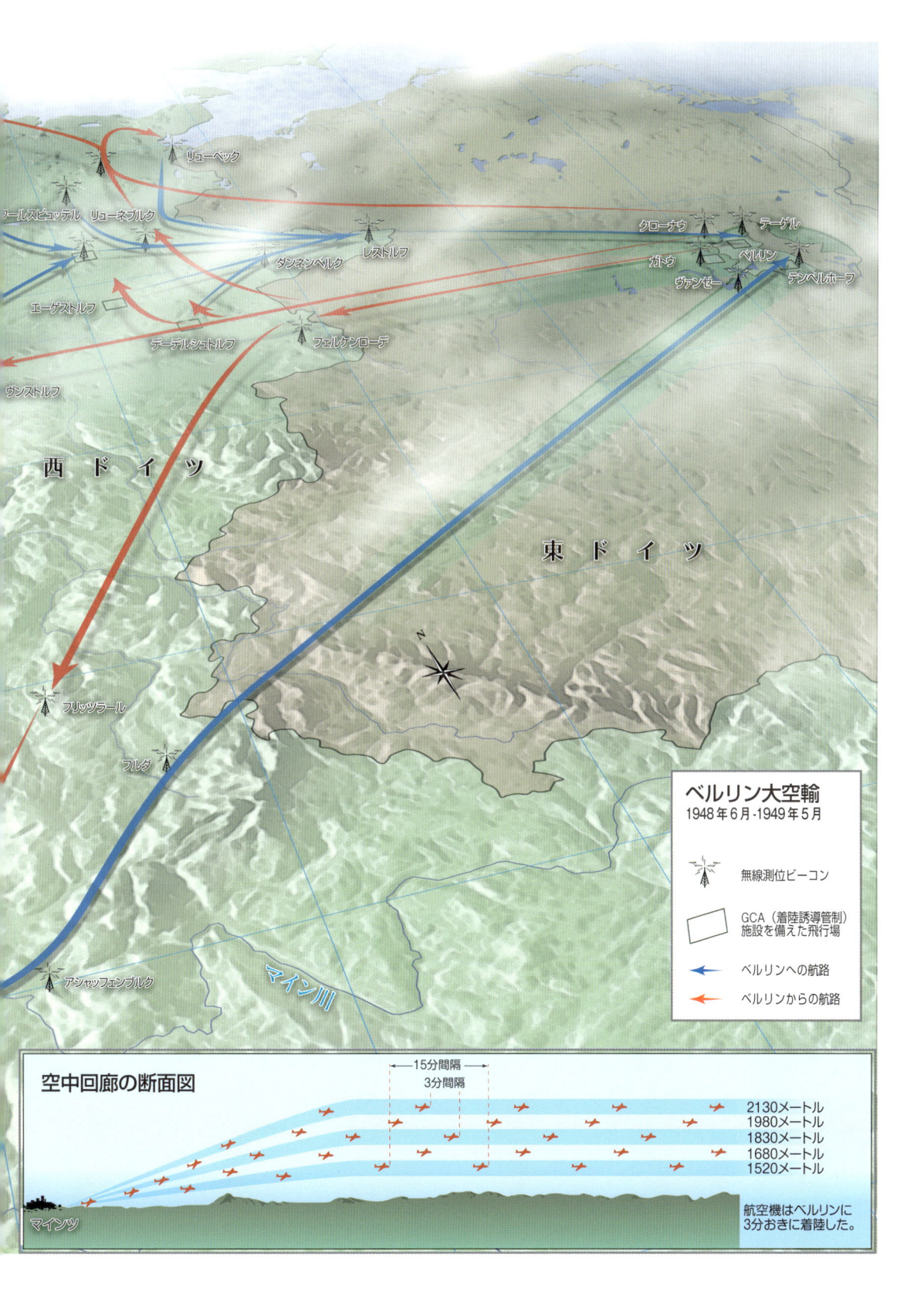

西ドイツ

東ドイツ

ベルリン大空輸
1948年6月-1949年5月

- 無線測位ビーコン
- GCA（着陸誘導管制）施設を備えた飛行場
- ベルリンへの航路
- ベルリンからの航路

空中回廊の断面図

- 15分間隔
- 3分間隔

- 2130メートル
- 1980メートル
- 1830メートル
- 1680メートル
- 1520メートル

マインツ

航空機はベルリンに3分おきに着陸した。

朝鮮戦争
1950-1953 年

　1950年6月25日、北朝鮮陸軍の8個師団が、共産主義者が支配する朝鮮半島北部と、国際連合が支援する南部の境界である38度線を越えた。地上部隊を支援するのは、ヤコブレフYak-9やラヴォーチキンLa-9戦闘機、イリューシンIℓ-10（性能を実証済みのIℓ-2地上攻撃機の改良型）など、第二次世界大戦時のソ連製中古機だった。

　韓国の航空隊は攻撃用航空機を保有せず、あるのは練習機ばかりで、共産主義者の容赦ない進軍をはばむ支援をおこなうどころではなかった。韓国軍は押し戻され、南東の港湾都市釜山の周辺に張った脆弱な防衛境界線でどうにか踏みとどまった。最寄りの国連軍航空機は占領任務のため日本に駐留している部隊にあり、ここにはノースアメリカンF-82ツイン・ムスタング夜間戦闘機や、ダグラスB-26インベーダー攻撃爆撃機などが配備されていた。ツイン・ムスタングは耐久力に優れ、長時間戦場上空を飛ぶことが可能な機であり、進軍の援護に効果を上げた。B-26もまたその力を発揮し、伸びた北朝鮮の補給線に爆弾やロケット弾を放ち、機銃掃射で攻撃したおかげで、アメリカ主導の国連軍が部隊を建て直し、反撃することも可能になった。

MiGの投入

　ベルギー、オーストラリア、南アフリカ、イギリスからの分遣隊が参加した国連軍は、伝説的指揮官であるダグラス・マッカーサー元帥に率いられることになり、マッカーサーは即座に北朝鮮軍後方の仁川への上陸計画を実行に移した。これによってソウルの占領と、共産主義者の補給線の切断が可能になるのだ。海兵隊が上陸を強行して敵にみごとな奇襲をかけ、多様なプロペラ機がそれを支援したが、それはジェット機時代には風変わりな光景だった。チャンス・ヴォートF4Uコルセア、ノースアメリカンP-51ムスタングやホーカー・シー・フューリーといった機が地上部隊の支援任務に励み、ソウルは上陸から数日で占領された。上陸、占領が成功し、共産主義者を38度線後方まで押し戻すと、マッカーサーは敵の追撃を続行し、朝鮮半島全体を手中に収めようと考えた。中国が鴨緑江後方で軍の編制に着手したのは、この時だった。

　中国は大規模な軍を召集したばかりか、ソ連製の最新型ジェット戦闘機、MiG-15の提供を受けていた。MiG機の導入時、国連軍サイドには、そのスピードと武装に匹敵する機はまったくなかった。国連軍は、グラマンF9Fパンサーを操るパイロットもいれば、ピストン・エンジンの航空機を飛ばしているものもいるような状況で、これでどうにかMiGを撃墜していた。とはいえ朝鮮半島における国連軍の戦闘初期には、ロッキードF-80という真の救世主が現れ、アメリカ海軍の航空機とともに地上攻撃作戦の陣頭に立った。そして1952年にはこれに代わってリパブリックF-84サンダージェットが登場した。

　MiGの脅威に対抗すべく、戦闘地域にはアメリカ空軍の最新型ジェット戦闘機、ノースアメリカンF-86セイバーが配置された。この機は当初は数が少なかったものの、

すぐにかなりの規模になった。経験豊富なパイロットがこの機に乗り、まもなく航空優勢が確保された。MiG部隊を壊滅させるうえで唯一の障害となったのが、鴨緑江を越えて中国領空に入ってはならないという命令であり、このおかげで「ミグ横町」[訳注：北の鴨緑江と南の清川江の間、8400平方キロの地域]から逃れたMiG機は多かった。

朝鮮戦争では第二次世界大戦のベテラン機、巨大なボーイングB-29スーパーフォートレスも活躍した。この機は戦略爆撃任務に投入され、北朝鮮の産業および輸送施設を爆撃し、またときには戦術任務にも就いて、部隊の集結地や橋の爆撃をおこなった。しかし、この機は防御兵器で重武装しているにもかかわらずMiG-15の攻撃に非常に弱く、かなりの損失を出したために夜間任務のみにまわされた。

朝鮮戦争
朝鮮戦争開戦当初の数週間で北朝鮮の攻撃は成功寸前までいき、「連合軍」は釜山港周辺の防衛境界線内へ追い込まれ、後がなくなった。北朝鮮軍の進軍をくいとめ増援部隊が到着する時間を稼いだのは、第一陣として日本の基地から飛んだ航空戦力だった。

朝鮮戦争
1950 - 1951年

→ 北朝鮮の攻撃 1950年6-9月
→ 国連軍の作戦 1950年9-10月
→ 中国の介入 1950年11月
---- 1953年7月27日、板門店の停戦ライン。これが事実上1951年7月以降の戦線となる

ヘリコプターの役割

　ヘリコプターは第二次世界大戦末期にいくらか就役してはいたが、朝鮮半島では銃撃の洗礼を受けることになった。ヘリコプターは医療後送の基盤として最適であり、急送しなければ死に至る危険のある負傷者を、後方の前線応急救護所へと運んだ。また、墜落機の乗員救助にも用いられた。この新しいタイプの航空機の最先端をいくのが、プレキシガラス面を広くとったコックピットとやぐらのような尾部を特徴とする、ベルH-13ヘリコプターだ。ベルH-13は側面に特殊な担架を装備しており、2名の負傷者を運ぶことができた。朝鮮戦争末期には、シコルスキーH-19といった大型ヘリコプターが投入され、医療任務で飛ぶ以外にも部隊や物資の輸送をおこなった。

　紛争は3年におよび、戦闘は行きづまり状態となって、1950年の北朝鮮の侵攻以外には実質的な進軍はおこなわれなかった。1953年7月末に休戦の合意がなり、軍事行動は一切が停止した。しかし公式には和平は合意されておらず、事実上、南北朝鮮はまだ交戦状態にある。朝鮮戦争は、攻撃用航空機の移行期間にあたった。ピストン・エンジン機も特殊任務に投入されてはいたものの、驚異的スピードのジェット機がこれに取って代わった。

MiGのフライトライン
中国東北部の安東で、飛行準備を終えて整列したソ連製のMiG-15ジェット戦闘機。朝鮮半島上空では、ソ連兵の戦闘機パイロットが北朝鮮機の戦闘任務の大半をこなしており、ソ連兵が乗るこの機は恐ろしい敵となった。

世界の再編

　ベルリン大空輸という難局を経て、世界はソ連が主導する共産主義と、アメリカ主導の資本主義のふたつのブロックに分化した。西側諸国は、ユーラシア大陸の大部分を支配するソ連の兵器に対し大きな懸念を抱いていた。後に冷戦と命名される状況は、ヨーロッパにおける政治紛争に端を発したものではあったかもしれないが、それはまもなく世界中に広がった。1949年、アメリカとその同盟国は北大西洋条約機構（NATO）を構築、さらに1954年には東南アジア条約機構（SEATO）、1955年に中央条約機構（CENTO）を組織した。これに対抗して、1955年にはソ連とその衛星国がワルシャワ条約機構を構築するのである。

　ソ連の軍事態勢は強大な徴集軍を基盤におき、それを大規模な戦術空軍が支援していた。西側諸国は従来からの地上軍をソ連と同規模には配置できないため、確実な抑止力を手にするために、核兵器に頼る度合いを強めていった。しかしソ連が1949年に初の核兵器を爆発させると、世界を新たな恐怖が支配し始めた。西側は、ワルシャワ条約機構の領土深くにある目標をとらえる長距離爆撃機を大量に保有した。ソ連も長距離爆撃機部隊を保有していたが、アメリカとその同盟国が配置する数には遠くおよばなかった。そして1950年代後半以降は、核兵器を運ぶシステムとして、爆撃機に代わり大陸間弾道ミサイル（ICBM）が登場した。

　50年以上にわたり、二強国の陣営はそれぞれ戦闘に備えた。戦略家は、核戦争の方法論に莫大な時間やエネルギー、資金を投じ、またそれ以上に核戦争を回避する方法を模索した。戦術核戦争から相互確証破壊（MAD）理論まで、多様な理論が展開された。その一端として、両大国は朝鮮半島とヴェトナムで互いの策をテストしあった。そして世界は何十年にもわたり、核戦争が起こりうる脅威と向き合ってきたのであり、その恐怖が現実となりかけたことも一度ではなかった。

F-86A セイバー
国連軍パイロットが操縦するF-86セイバーは、航空戦になれば1機の損失に対してMiG機を10機撃墜したといわれたが、後の調査でこの数字は誇張されたものだと判明した。とはいえ、朝鮮半島北西部上空で航空優勢を確立したのはセイバーである。

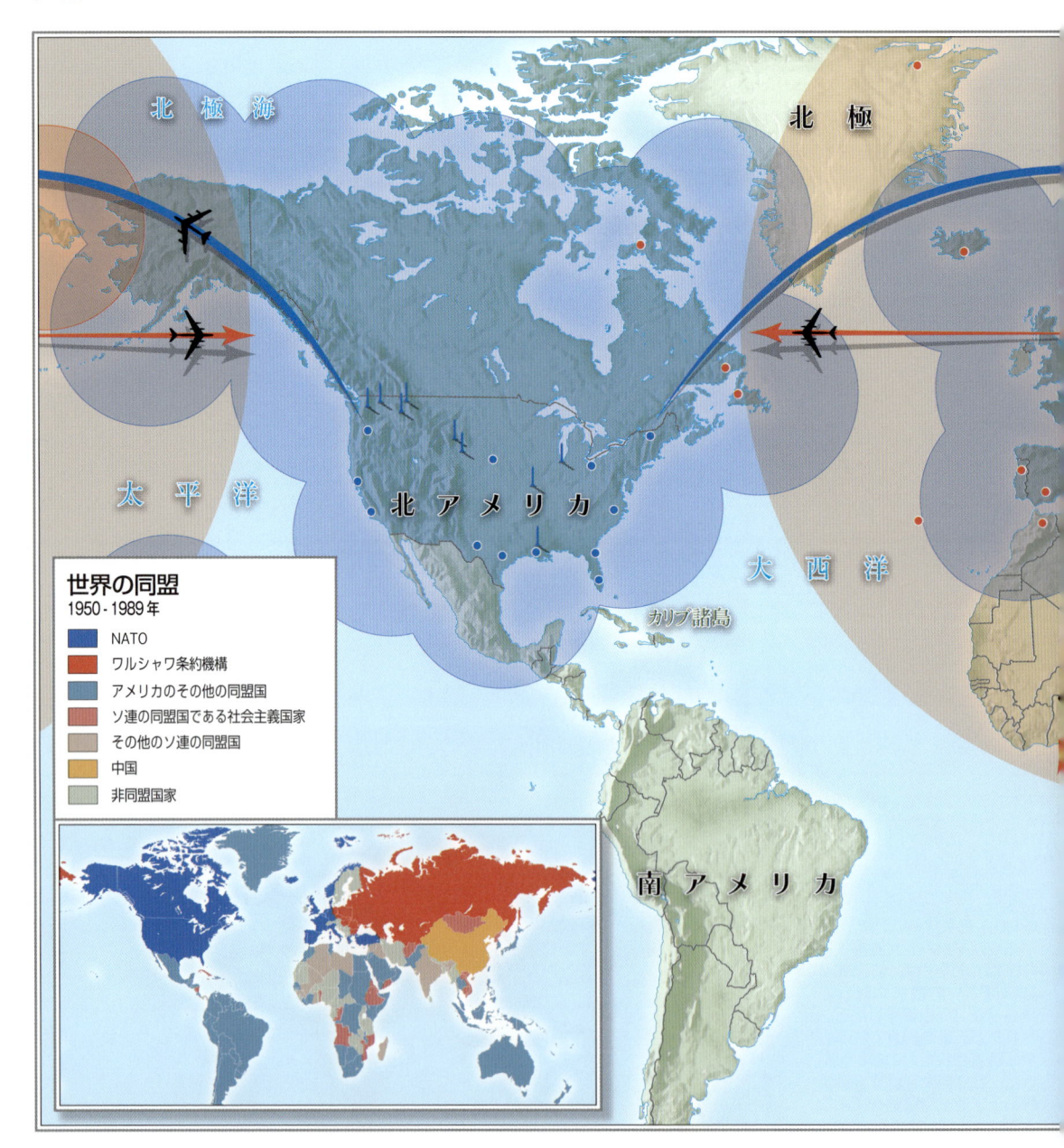

Atlas of Air Warfare

新たな脅威
第二次世界大戦終結時、航空機が搭載する核兵器という新たな脅威が生まれた。アメリカとソ連は双方とも、核兵器を何千キロも運べる長距離爆撃機を開発した。そしてこの対抗策として、戦闘機による大規模な防御隊列が導入された。しかし1950年代末に大陸間弾道ミサイルが導入されると、この策も無用のものとなった。

北極海
北極
太平洋
北アメリカ
大西洋
カリブ諸島
南アメリカ

世界の同盟
1950 - 1989年
- NATO
- ワルシャワ条約機構
- アメリカのその他の同盟国
- ソ連の同盟国である社会主義国家
- その他のソ連の同盟国
- 中国
- 非同盟国家

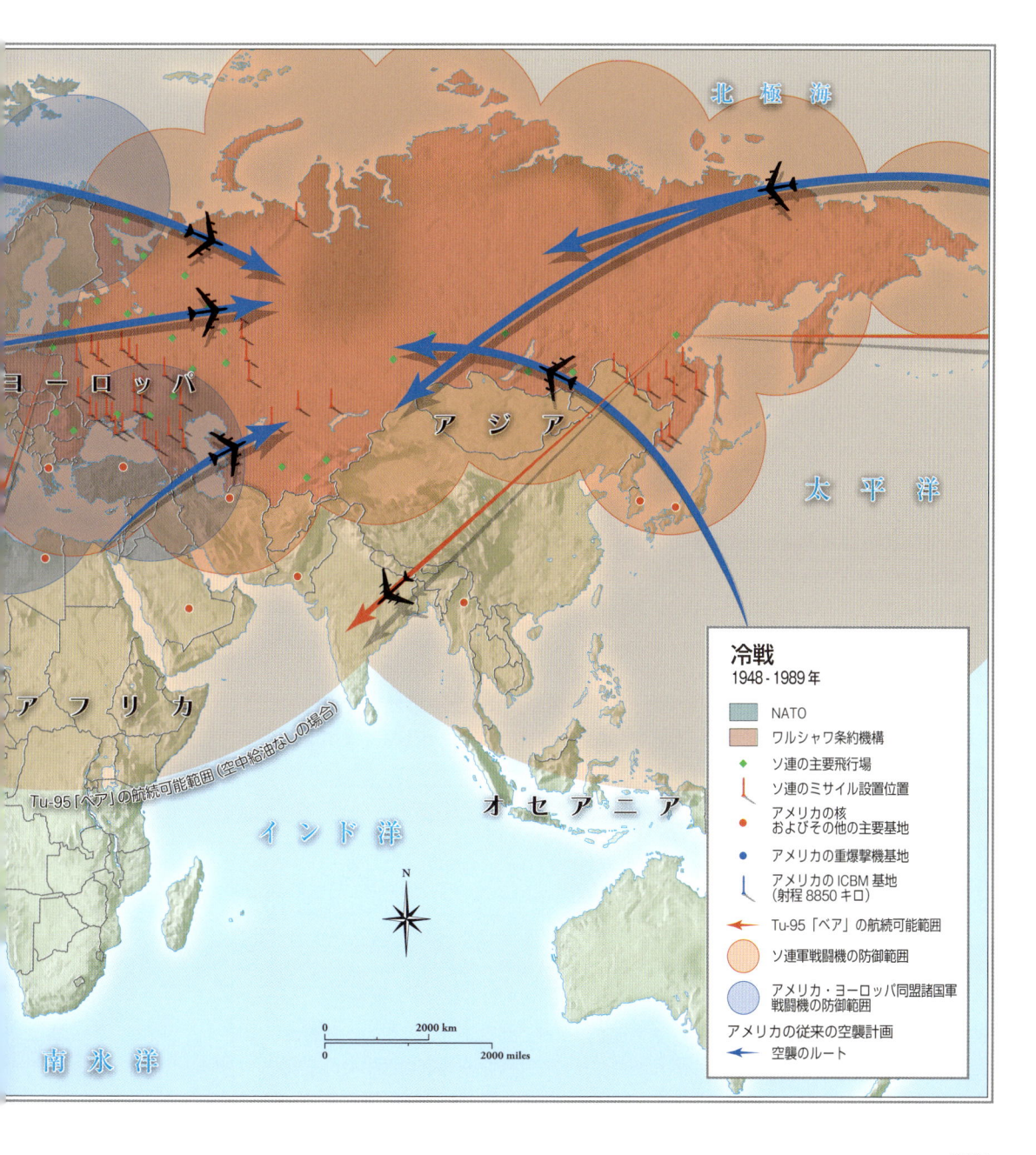

World Realignment

北極海
ヨーロッパ
アジア
太平洋
アフリカ
Tu-95「ベア」の航続可能範囲（空中給油なしの場合）
インド洋
オセアニア
南氷洋

冷戦
1948 - 1989 年

- NATO
- ワルシャワ条約機構
- ソ連の主要飛行場
- ソ連のミサイル設置位置
- アメリカの核およびその他の主要基地
- アメリカの重爆撃機基地
- アメリカのICBM基地（射程 8850 キロ）
- Tu-95「ベア」の航続可能範囲
- ソ連軍戦闘機の防御範囲
- アメリカ・ヨーロッパ同盟諸国軍戦闘機の防御範囲

アメリカの従来の空襲計画
空襲のルート

2000 km
2000 miles

キューバ・ミサイル危機

　キューバはフルヘンシオ・バティスタ大統領の親米独裁政権を倒すゲリラ戦に耐え抜き、バティスタの最大の敵のひとりであるフィデル・カストロが、新たな国家元首として登場した。新政府は政権樹立当初、アメリカが介入するのではないかと大きな懸念を抱いたものの、それでもカストロは、キューバにおけるアメリカ所有事業の国営化を断念することはなかった。この結果、アメリカ大統領ドワイト・アイゼンハワーはキューバに対する経済制裁を宣言し、カストロ政権の打倒によって、キューバが一党独裁の社会主義国家に移行するのを阻止しようと乗り出した。

　モスクワはキューバにおけるこうした新たな動きを注視していた。1961年1月にアメリカ大統領ジョン・F・ケネディによる新政権が発足すると、アメリカとキューバの外交関係はついに破綻した。カストロ周辺のエリート支配者層には、モスクワとのより緊密な関係を促す共産主義者が多数いた。アメリカから科された経済制裁をなんとしても切り抜けたかったカストロは、ソ連を貿易と防衛の新たなパートナーに選んだ。

　いっぽうケネディ大統領は、中央情報局（CIA）がくわだてた、キューバの不満分子を使ったキューバ侵攻と反カストロ暴動という計画を引き継いでいた。1961年4月になってついにこの計画が開始され、1400人のキューバ人反乱分子がピッグス湾に上陸した。侵攻は、ずさんな計画と、航空機による支援が全体的に欠けていたために失敗した。それはCIAが描いていた計画でもなければ、ケネディが望んだ民衆の暴動に発展することもなかった。

　ピッグス湾の計画失敗と、その後の、ケネディ大統領がアメリカの支援によるキューバ動乱を目指した極秘のマングース作戦は、当初の意図に反しカストロをさらにソ連陣営へと押しやる結果に終わった。ソ連首相ニキータ・フルシチョフはこの機会に飛びつき、カストロに、社会主義者の連帯行為としてキューバにミサイル基地を設置するよう説得した。これがうまくいけば、ソ連のミサイル空白地帯を埋めることになる。1960年代初期に、アメリカはソ連よりも多数のISBMと中距離弾道ミサイル（IRBM）を配置することが可能だった。また、15発のジュピターIRBMをトルコのイズミールに配備済みであり、ミサイルがわずか15分でモスクワへと到達可能な状況は、ソ連にとって不快極まりなかった。

隠密のスパイ飛行

　ソ連によるキューバへのミサイル配備と支援部隊の配置は秘密裏に進行した。キューバにミサイルを置くというソ連の計画を暴くのに一役買ったのは、ロッキードU-2高高度偵察機だった。この機は1956年にソ連上空の「スパイ飛行」を開始し、1960年5月1日、衆目のなかスベルドロフスク近くで撃墜されるまで、それは4年間続いた。10月14日、U-2偵察機が、キューバにソ連のミサイル基地が建設中であるという証拠写真を撮影した。その週のうちに、アメリカはキューバへの軍事物資の輸送に

The Cuban Missile Crisis

低高度（偵察機）ヴードゥー
キューバ上空の低高度偵察任務は、サウス・カロライナ州ショウ空軍基地を発進した第363戦術偵察航空団のマクダネルRF-101ヴードゥーと、第26アメリカ海軍軽写真偵察飛行隊のRF-8Aクルセーダーが担った。

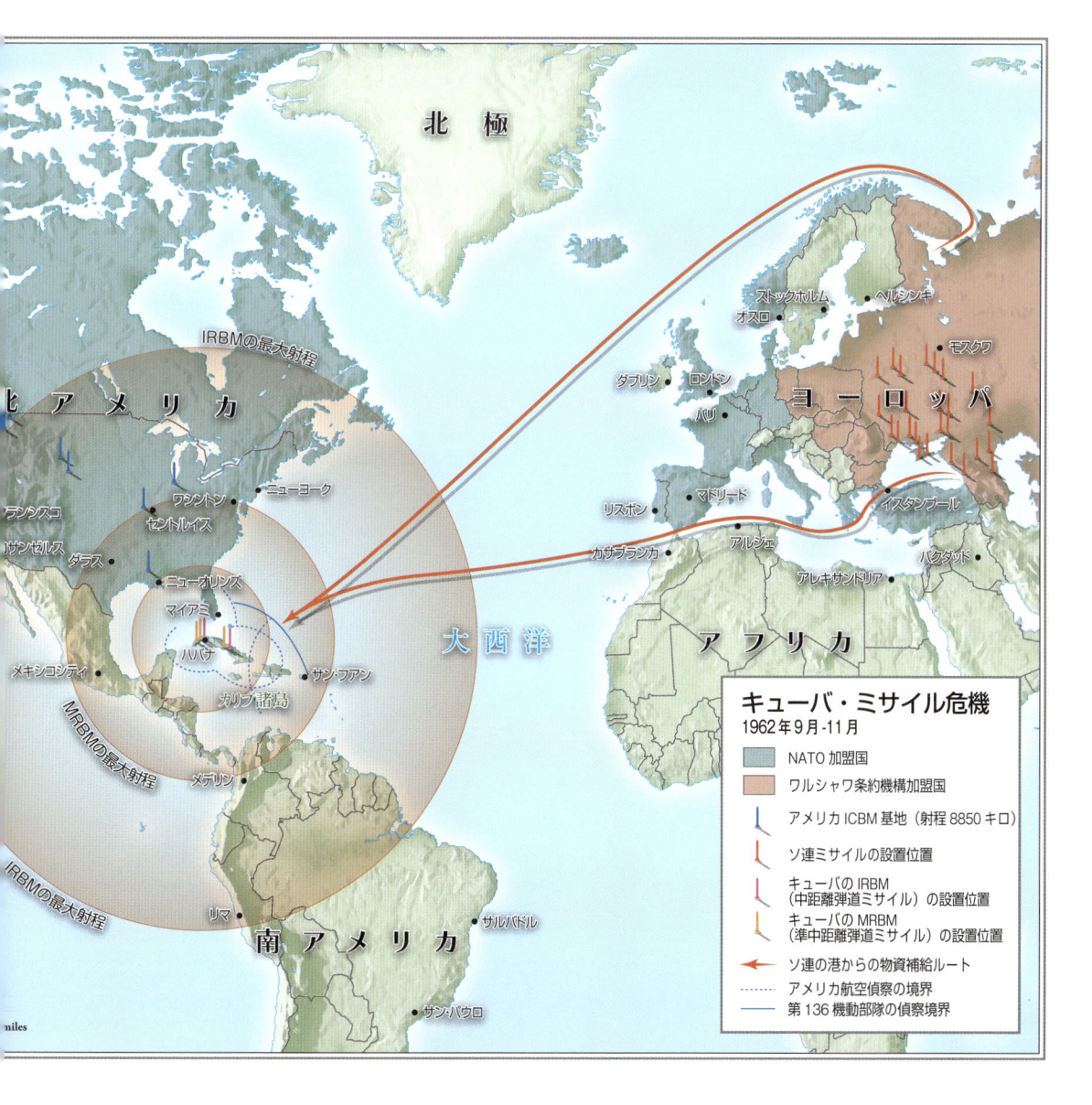

キューバ・ミサイル危機
1962年9月–11月

- NATO加盟国
- ワルシャワ条約機構加盟国
- アメリカICBM基地（射程8850キロ）
- ソ連ミサイルの設置位置
- キューバのIRBM（中距離弾道ミサイル）の設置位置
- キューバのMRBM（準中距離弾道ミサイル）の設置位置
- ソ連の港からの物資補給ルート
- アメリカ航空偵察の境界
- 第136機動部隊の偵察境界

対して臨検と海上封鎖を課し、大規模戦争の準備を命じた。アメリカの戦略核戦力は臨戦態勢におかれた。アメリカ政府内では、空襲によりミサイル基地を即刻破壊すべきか議論がもたれたが、これはあまりに影響が大きく、ソ連がミサイルを発射して全面戦争に発展する危険があるとして却下された。そして臨検と海上封鎖で時間を稼ぎ、外交努力による解決が目指されたのである。

　ケネディ大統領は、10月22日にアメリカの立場を国民に説明するテレビ演説をおこなった。その後の数日間、アメリカ・ソ連間には話し合いのパイプもいくつか通じたが、当初の意見交換ではほとんど結果は得られなかった。ソ連船舶は海上封鎖ラインを侵すのを嫌がり、先に進もうとはしなかった。10月26日、フルシチョフは可能な解決策をまとめた書簡を送り、アメリカがキューバに侵攻しないと誓約すれば、ソ連のミサイルをキューバから引き上げる意思を示した。この書簡は、集団指導体制にあるソ連政府が翌日発表した公式見解の内容といくらか異なっており、公式見解では、キューバへのソ連ミサイルの配置は、トルコに配備されているアメリカのミサイルに対応するものだとされていた。同日、U-2偵察機が1機、キューバ上空を飛行中に撃墜された。しばらく熟考のすえ、ケネディはフルシチョフの書簡に返信することを決断し、当分、公式声明は控えた。アメリカ司法長官ロバート・ケネディはワシントンでソ連大使と面会し、キューバ侵攻はないと確約し、トルコに配備されているアメリカのミサイルを撤去すると非公式に約束した。ケネディ司法長官はまた、事態は引き返せない状況に達しつつあると、非公式だが明確な警告も発した。フルシチョフもこの後におよんでは事態を深く憂慮し、あっさりとケネディの条件を受け入れた。危機は回避されたのである。

偵察写真
キューバ・ミサイル危機が発生すると、アメリカ中央情報局は24基のIRBM発射台をキューバに確認し、そのうち20基は完全に稼働態勢にあった。さらに33発のSS-4ミサイルがサンクリストバルとサグア・ラ・グランデに配備され、改良型のSS-5の配備も進行中だった。

インドシナ半島とヴェトナム

　第二次世界大戦終結後、ヨーロッパ列強は、かつて日本の猛攻によって失った極東の植民地支配を取り戻そうとした。フランス領インドシナでは共産党が勢力を伸ばし、王室のないヴェトナムを手中に収めようとしていた。ヴェトナム北部に本拠を置く共産主義者は新生中華人民共和国の支援を受けており、中国はヴェトミン（ヴェトナム独立同盟）に兵器や訓練を供給していた。いっぽうフランス軍は、共産主義のこれ以上の勢力拡張をはばもうとするアメリカに支援を受けていた。しかし、フランス軍は北ヴェトナム奥地にある空軍基地を占領しようとして、結局ディエンビエンフーの戦いに敗れた。包囲されたフランス軍空挺部隊は空からの補給しか受けられず、数の優位に倒されたのだ。フランス軍はこの敗北の後ヴェトナムから撤退したが、アメリカは親西側の南ヴェトナム軍支援を続け、軍事顧問団と大量の装備を送り込んだ。
　アメリカが送ったピアセッキ CH-21「フライング・バナナ」とベル UH-1「イロコ

UH-1 イロコイ「ヒューイ」
発炎筒をマーカーに利用し、UH-1「ヒューイ」をヴェトナムの降着地帯に誘導する兵士。

イ」ヘリコプターは、南ヴェトナム共和国軍（ARVN）の機動力となった。こうした航空機は、アプバクの戦いで試験的に実戦に投入された。ヴェトコン（南ヴェトナム民族解放戦線）が装備するのはわずかな軽兵器だったが、強固な防御陣地を築いて、数でも技術でも優る敵をどうにか打ち負かした。アメリカ軍事顧問団は初めて、「銃砲火を浴びる」降着地帯では、ヘリコプターが攻撃に弱い事実を目の当たりにした。

本格的な戦争

ヴェトナム戦争は1964年に本格的な紛争に発展し、アメリカが公式に参戦した。

アプバクの戦い
アプバクの戦いは、この村付近のヴェトコンの無線通信施設を確保する作戦として始まったが、南ヴェトナム軍の部隊は奇襲にあい、南ヴェトナム政府軍第7師団をこの地域にヘリコプターで運ぶプランは壊滅的結果に終わった。ヴェトナム兵の前進航空統制官が正確に空爆の指示をおこなうことができなかったことも全体的な混乱に拍車をかけ

アプバクの戦い
1963年1月2日

① AVRNのアメリカ軍事顧問であるジョン・ポール・ヴァン中佐が戦場の旋回飛行をおこなう。

② アプバクに接近中の第1民間防衛大隊が、木立のなかに身を隠していたヴェトコン部隊に発見され、転域に隠れざるを得なくなる。

③ CH-21が第7歩兵大隊を空輸し、西の木立から180メートルに着陸する。小火器で射撃を行なったが2機のCH-21が墜落し、さらに2機が乗員の救助をおこなっている最中に激しく損傷した。

④ UH-1ヒューイが援護し、機銃掃射をおこなう。ヒューイ1機が墜落したCH-21機のパイロット救助に着陸するが、これも喪失。

⑤ M113APC装甲兵員輸送車がヘリコプター部隊の援護を命じられるが、しぶといヴェトコンの防御部隊に撃退される。

⑥ ヴァン中佐はAVRNに、村の東にパラシュート降下してヴェトコンの逃亡ルートを断つよう命じる。パラシュートは西よりに降着し、降下中、激しい機関銃射に曝される。

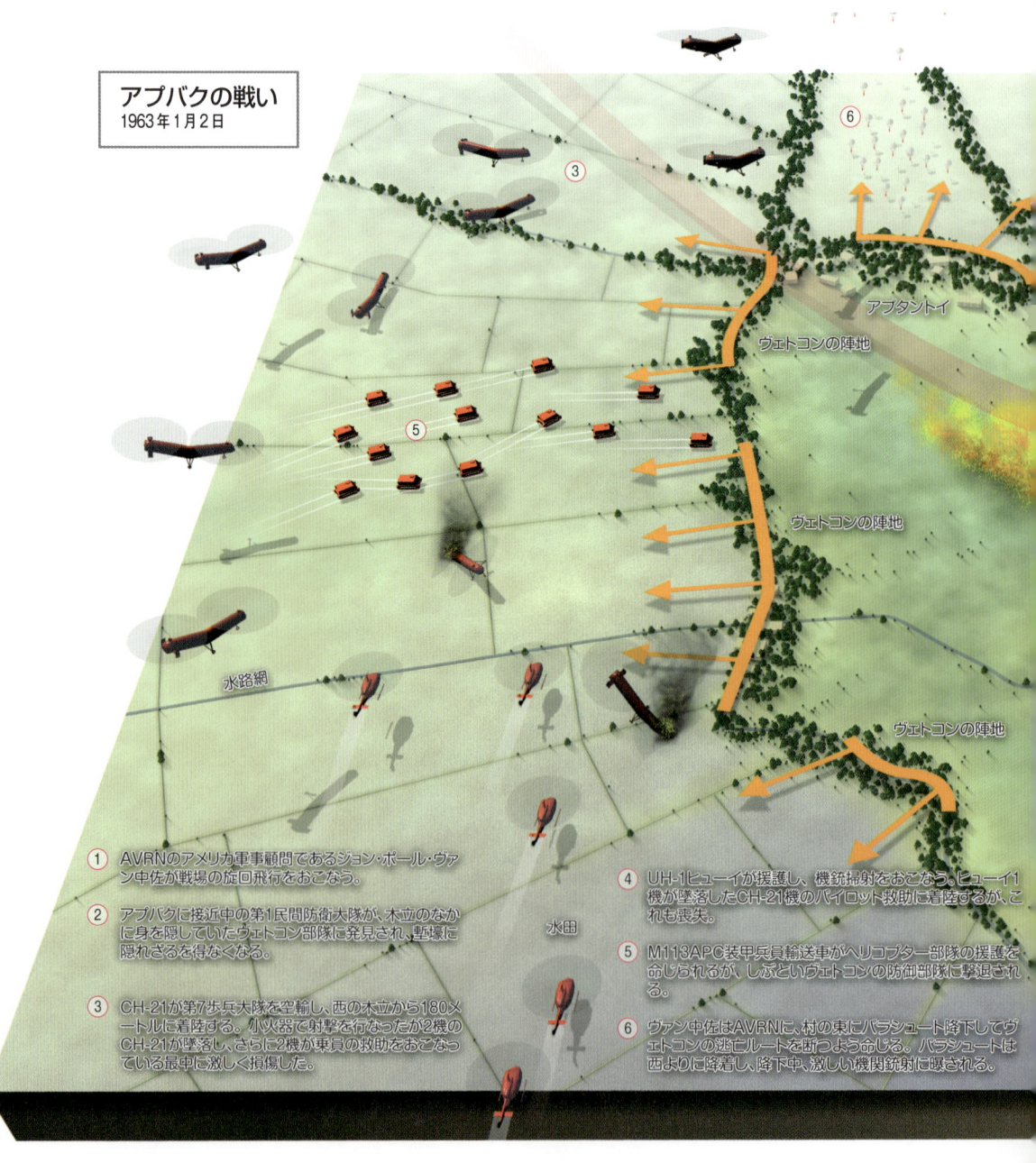

Indochina and Vietnam

た。戦闘に勝利したのはあきらかにヴェトコンであり、南ヴェトナムの兵士65名とアメリカ人軍事顧問3名が命を落とした。ヴェトコンは混乱した南ヴェトナム部隊が相撃ちをしている間に、夜の闇に紛れて姿を消した。

アメリカはそれまでに、部隊を敵国領土の降着地帯に飛ばす場合は、まず敵の制圧が必要であるという教訓を学んでいた。この仕事は、UH-1ヘリコプターの両サイドに装着した固定機関銃とロケット弾が受け持った。当初は単に装着しただけのものだったが、後には適所に固定され、遠隔操作の発射筒も装備された。ヘリコプター・ガンシップはこうして誕生した。

ジャングルでの戦闘には防衛線がなく、アメリカ軍の兵器には大きな問題が生じた。アメリカ軍は射撃用基地を設置し、ここから哨戒隊を送り出し、敵と交戦して倒そうとした。しかし地形を熟知し、民間人のなかに溶け込んで少人数で行動する敵を突き止める作業は、しだいに困難になっていった。アメリカ軍部隊は長距離を迅速に移動

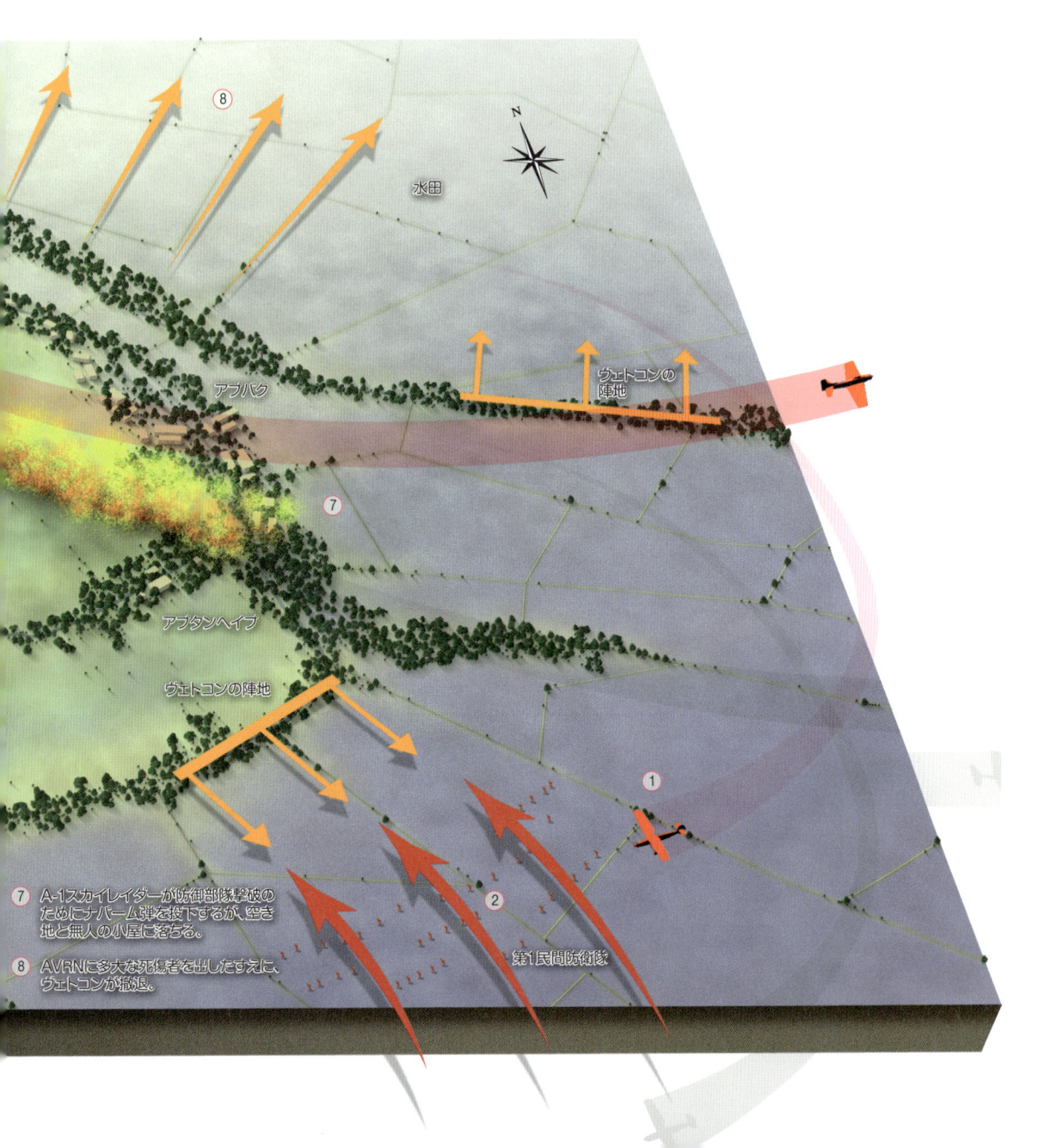

⑦ A-1スカイレイダーが防御部隊撃破のためにナパーム弾を投下するが、空き地と無人の小屋に落ちる。

⑧ AVRNに多大な死傷者を出したすえに、ヴェトコンが撤退。

セスナ O-1「バードドッグ」
ヴェトナムの前進航空統制官はセスナ O-1 を多用して、敵陣地の目印に発煙ロケット弾を投下し、「高速機」が攻撃できるようにした。

しなければならず、ここでもヘリコプターの出番となる。「ヒューイ」の「ワップワップ」という特徴のあるローター・ブレード音は、ヴェトナム戦争につきもののBGMになった。

　朝鮮戦争と同じく、ヘリコプターは医療任務に多用され多くの命を救った。ヘリコプターの活用によって、戦闘救難任務が大きな成果を上げるようになる。救難用ヘリコプターは、ヘリコプター・ガンシップやダグラス A-1 スカイレイダーを護衛につけて飛び、広大なジャングルで墜落したアメリカ軍パイロットを探し、しばしば銃撃を浴びながら救出に降りた。そして救出がすむまで、スカイレイダーとガンシップが援護射撃をおこなった。

　地上支援もまたヴェトナム戦争における重要な一面だったが、鬱蒼としたジャングルでは敵と友軍の位置確認が難しく、ノースアメリカン F-100 スーパー・セイバーやリパブリック F-105 サンダーチーフといった「高速機」ではなおさらだった。この場面では、前線航空統制官（FAC）が本領を発揮した。小型のセスナ O-1「バードドッグ」で前線航空統制官が戦闘地帯上空を飛び回り、敵陣地に発煙ロケット弾を落とし、高速低空飛行中のジェット爆撃機に攻撃の指示を出した。地上攻撃機はさまざまな兵器を組み合わせて用いることが多かったが、密林ではとくにナパーム弾の効果が大きかった。

　1965年3月以降はアメリカ空軍とアメリカ海軍の航空機が連携し、「ローリング・サンダー」というコードネームで北爆がおこなわれた。この作戦では、南への兵士と武器の流入を断ち、北ヴェトナム軍の士気を低下させ、産業基地を破壊することに主眼が置かれた。アメリカ軍は北ヴェトナムをそれぞれに特定の目標をもつ「パッケージ」に分割し、ハノイと、北ヴェトナムの主要港ハイフォンを含む地域を最重要のVIパッケージとした。信じがたいことだが、敵陣地の目標選定は、戦場の指揮官ではなく、多くは在ワシントンの政治家がおこなった。このため、目標の攻撃はできても破壊するにはいたらず、爆撃任務が成果を上げるよりも先に、戦争が進行する結果につ

ローリング・サンダー
3年9カ月におよぶローリング・サンダー作戦で、アメリカ軍の戦闘爆撃機は30万4000回任務に飛び、B-52爆撃機は2380回爆撃を行なって、北ヴェトナムの軍需産業や輸送網、防空施設に様々な爆弾を計64万3000トン投下した。

Indochina and Vietnam

ローリング・サンダー作戦
1965年3月2日 - 1968年11月1日

- ← 代表的な潜入ルート
- ✈ アメリカ軍支配の飛行場
- 1 「ルート・パッケージ」

地図中の地名

中国
北ヴェトナム
MiGの哨戒の最大範囲
MiG哨戒の最大範囲
ハノイ
ハイフォン
トンキン湾
南寧
湛江
海口
海南島
ルアンプラバン
チェンマイ
ランパン
ヴィエンチャン
ヴィン
南シナ海
ラオス
フエ
ダナン
タイ
ナコーン・ラッチャシマ
バンコク
メルグイ
カンボジア
バッタンバン
コンポンチャム
プノンペン
サイゴン
カントー
ニャチャン
クイニョン
南ヴェトナム

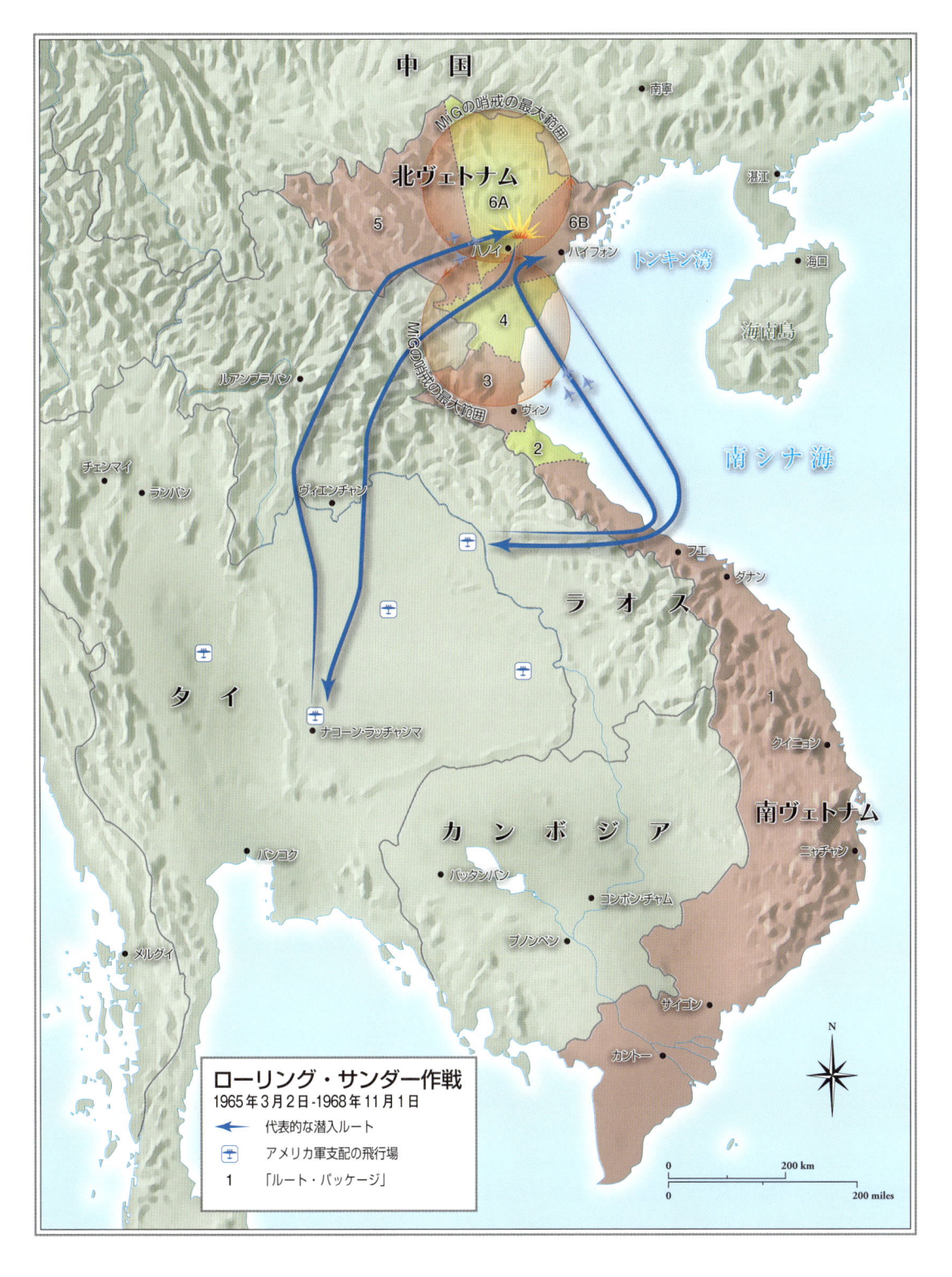

313

ミコヤン・グレヴィッチ MiG-21
1966年9月には、北ヴェトナム空軍にアトール赤外線AAM（空対空ミサイル）装備のMiG-21が数機届いており、ハノイ地域の5つの基地から作戦をおこなっていた。MiGのパイロットは低空を飛び、その後、急上昇して爆弾を大量に搭載した戦闘爆撃機を攻撃するという戦術を採った。この標的となったF-105サンダーチーフは、生き延びるために爆弾を廃棄せざるをえなくなった。

ながった。

　北爆任務に飛ぶのはF-105サンダーチーフとF-100スーパー・セイバーであり、サンダーチーフ（「サッド」）は大量の爆弾を搭載可能だったが、空中で爆弾投下に奮闘するさいには大量の燃料を消費するため、北ヴェトナムに入る直前に燃料補給する必要があった。これらの爆撃機は、ナビゲーション機器を搭載したダグラスEB-66の先導機隊に導かれていた。照準が合えば爆撃機は爆弾を投下し、それさえ済めば航空機の一団はすぐに引き返した。

　北ヴェトナムの防空は当初、地対空ミサイル（SAM）も数基はあったものの、主として対空砲が用いられた。また非常に操作性の高いMiG-17を相手に、アメリカ軍の北爆作戦は護衛機を伴う必要が増していった。北ヴェトナムはソ連と中国から性能が向上した地対空ミサイルシステムの提供を受けており、アメリカ軍は効果的な対抗策を次々と投入していかねばならなかった。そして、新たに配備されたマクダネルF-4ファントムIIを投入した作戦がおこなわれることになった。通常どおりの北爆作戦に向かっていると見せかけて、実は航空機には空対空ミサイルを搭載しており、ハノイ上空では大規模な格闘戦が勃発することになる。

「ワイルド・ウィーズル」

　地対空ミサイルはしだいに大きな問題になっていた。1965年には、ソ連のSA-2「ガイドライン」ミサイルが北ヴェトナム軍の防空システムに導入された。同年7月23日には、アメリカ機F-4Cファントムがこのミサイルに初めて撃墜されたといわれている。アメリカ軍はすぐに、「ワイルド・ウィーズル」として知られる防衛制空機、F-100Fスーパー・セイバー、さらにはF-105、後にはF-4ファントムを初めて導入した。これらの機は爆撃任務に先立って、地対空ミサイルによる防空の制圧に飛んだ。ワイルド・ウィーズルは電子機器と、地対空ミサイルサイトが発信するレーダーを目指して飛ぶ「シュライク」対レーダー・ミサイルを搭載していた。任務は成功したが、地対空ミサイルの設置数は非常に多く、撃墜される機はあとを絶たなかった。1968年、北に対する作戦は停滞した。粗悪な指揮構造はつまり、実際には敵にダメージを

与えてはいなかったということであり、北ヴェトナムは戦闘を続けた。爆撃によって北ヴェトナムを倒すべく、現地とワシントンが協調した攻撃をおこなうまでには、さらに4年が必要だった。

　この間、タイに基地を置くアメリカ空軍爆撃機と、トンキン湾の「ヤンキー・ステーション」のアメリカ海軍機は地上戦の支援に飛び続け、さらにホー・チ・ミン・トレールに対する任務もおこなった。トレールは北ヴェトナムから隣国に入り、それから再び南ヴェトナムに戻っていたので、隣国のラオスやカンボジアに爆弾を投下することも多かった（ホー・チ・ミン・トレールは北ヴェトナム軍の移動には不可欠な大動脈であり、ここを通って補給物資を運び入れたり、実際に北ヴェトナム軍の連隊をまるごと南へと潜入させたりすることができた）。ボーイングB-52ストラトフォートレスは戦術的役割に投入されることが多く、敵が潜んでいると思われるジャングルに広範な爆撃をおこなった。大量の爆弾投下には圧倒的な破壊力があったはずだが、多くは誰もいない森に落ち、ほとんど実害を与えることができなかった。

　1972年4月、ラインバッカーI作戦で北爆が再開された。北ヴェトナム軍の部隊は南へと殺到し、アメリカ軍の地上部隊は前線から退却した。共産主義者の支配阻止は、アメリカ軍の航空戦力と南ヴェトナム共和国軍にかかっていた。ハイフォンの港には機雷が敷設され、補給物資の到着をはばんだ。さらに、銃弾と物資の備蓄を破壊することにもなっていた。1972年12月18日に一度和平会談が破綻した後、リチャード・ニクソン大統領は20度線上空への空爆再開を命じた（ラインバッカーII作戦）。これはヴェトナム戦争最大の爆撃に発展し、目標に対して24時間攻撃がおこなわれた。北ヴェトナムはこの11日にわたる作戦に対し保有するミサイルのほぼすべてを投入したが、アメリカ軍は電子機器による対策で損失を最小限に抑えた。アメリカ軍は26機の航空機を喪失し、うち15機が、地対空ミサイルに撃墜されたB-52だった。航空基地の多くを奪われた北ヴェトナム空軍はわずか32機の航空機しか飛ばせず、8機が撃墜された。1973年1月15日、再開された和平会談は進展し、アメリカは北ヴェトナムへの全攻撃作戦を終了すると宣言、1月28日に停戦が成立した。

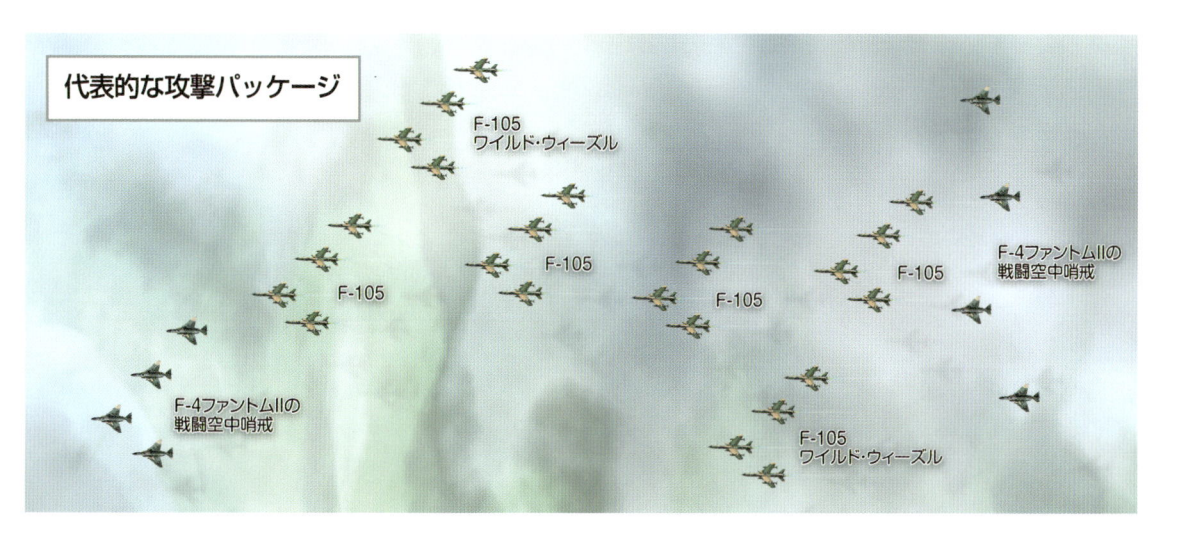

代表的な攻撃パッケージ

- F-105 ワイルド・ウィーズル
- F-105
- F-105
- F-105
- F-4 ファントムIIの戦闘空中哨戒
- F-4 ファントムIIの戦闘空中哨戒
- F-105 ワイルド・ウィーズル

中東戦争

　1948年5月、パレスチナのイギリス信託統治領は消滅し、イスラエルという国家が誕生した。ヨーロッパ全域とソ連のユダヤ人移民の流入によって、多くのアラブ系パレスチナ人が、エジプト、シリア、ヨルダン、イラクなど近隣のアラブ諸国に出ていくことになった。その結果、この地方には大きな不調和が生じ、紛争がほぼ避けられない事態に陥った。

新たな航空部隊の配備

　エジプトは即刻、ダグラスC-47輸送機を爆撃機に転用し、また地上攻撃を担うスーパーマリン・スピットファイアを投入して、イスラエルに対する攻撃を開始した。貧弱な装備しか保有していないイスラエルは、効果的な抑止力を提供してくれる国をヨーロッパに求め、最終的に大量のアヴィアS.199とチェコ製のメッサーシュミットMe109模倣機を1機入手した。これらの機はすぐに戦闘に投入された。そして1948年10月には、新生イスラエル空軍（IAF）の装備はかなり充実し、40機以上のスピットファイアMk.IXと、少数ではあるが戦略爆撃用のボーイングB-17、それにくわえ、第二次世界大戦で使用されたさまざまな機を保有するまでになっていた。力をつけたイスラエルは、その力を試す初めての紛争に勝利した。そしてほぼ10年後には、イスラエルは次の紛争に突入することになる。1956年、エジプト大統領ガマール・アブデル・ナセルはスエズ運河地帯を国有化し、イギリスとフランス政府をおおいに驚かせた。両国にとって運河は、本国と極東の植民地とをつなぐものだったのだ。即座にスエズ運河地帯奪回計画が着手された。イスラエルはこれに支援を申し出て、エジプト発だと確信する、テロリストによる対イスラエル攻撃への報復をもくろんだ。

　エジプト空軍は迎撃機を多数保有したが、その大半を占めるデ・ハヴィランド・ヴァンパイアとグロスター・ミーティアは時代遅れになりかかっていた。そこでエジプトはソ連が供給する大量のMiG-15とイリューシンIℓ-28攻撃爆撃機で補強し、イギリスのホーカー・ハンター、フランスのリパブリックF-84サンダーストリーク、イスラエルのダッソー・ミステールIVに対抗してこれらの機を配備した。イギリス、フランス、イスラエルは多数の航空機を保有していた。イギリス空軍はキプロスだけで、イングリッシュ・エレクトリック・キャンベラ中型爆撃機の10個飛行隊に護衛機と補給機を伴わせて配置した。さらに、イギリス空軍中型爆撃機部隊のヴィッカース・ヴァリアントの4個飛行隊が、マルタ島のイギリス空軍ルカ飛行場に置かれた。地中海には5隻の空母が展開した。イギリス海軍空母の〈アルビオン〉、〈ブルワーク〉、〈イーグル〉からは、デ・ハヴィランド・シー・ヴェノムとホーカー・シー・ホークが地上攻撃任務に発進した。またフランス海軍空母〈アローマンシュ〉と〈ラファイエット〉からは、ヴォートF4Uコルセアが同じく地上攻撃任務をおこなった。

スエズ危機

1956年10月のイギリス・フランスによるスエズ運河地帯への侵攻では、イスラエルおよびフランスの戦闘爆撃機がイスラエルの基地から統合航空作戦をおこない、またイギリス・フランス海軍の攻撃機やイギリス空軍の爆撃機がキプロスやマルタ島から任務に飛んだ。

スエズ紛争

10月29日、スエズ紛争が始まり、1600名のイスラエル空挺隊員がシナイ砂漠西部のミトラ峠に降下した。空挺隊員はすぐにエジプトのヴァンパイアとMiG-15の空爆にさらされ、この結果、イギリスおよびフランス政府が「最後通牒」を出すことになる。両国はエジプトが部隊を運河地帯から撤退させ、その地の支配をヨーロッパ列

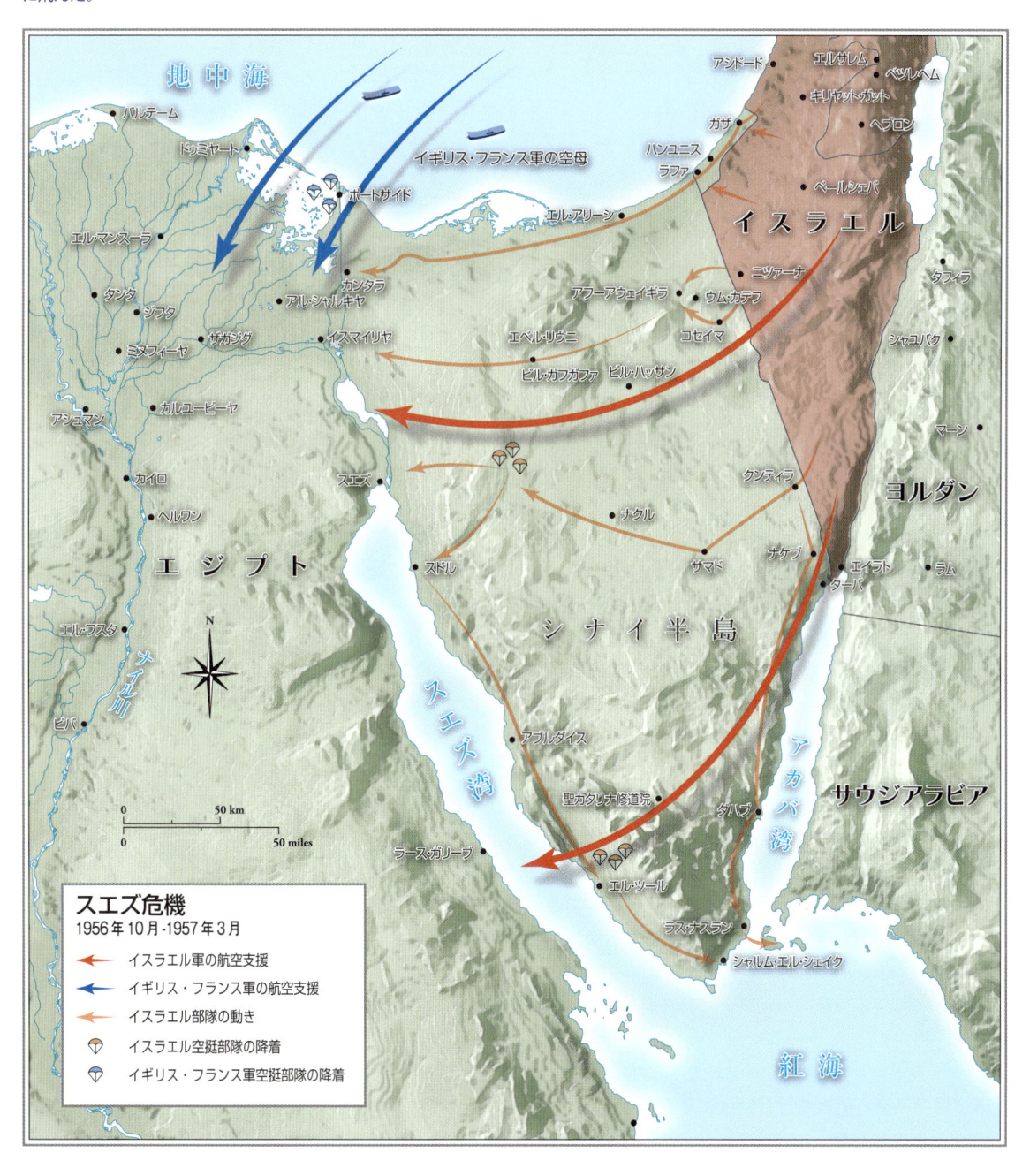

強に返還することを求めた。エジプトは当然これを拒否し、攻撃を続行してイスラエル空挺部隊の撃退に成功した。シナイ半島上空では空中戦が当たり前のようにおこなわれ、たいていはイスラエルのミステールがエジプト機をしのいだ。

　エジプトの飛行場はフランス軍とイギリス軍の目標となり、当初おこなわれた夜間爆撃はほとんど効果が上がらなかったものの、昼間爆撃がおこなわれるようになると、駐機中の航空機が多数破壊された。イギリス・フランス両国はその後、11月5日にポート・サイドとポート・ファハドに空挺部隊を降下させた。激しい市街戦がおこなわれ、両軍は思うように進軍できなかった。そして国際的圧力が両国のくわだてを停める前に、エル・カブが占領された。イギリス・フランス両国にとっては、アラブ諸国の不信感を強める以外に達成したものはほとんどなく、イスラエルには強い憤りが残った。

　1967年に中東の緊張は再び高まり、紛争がすぐそこに迫っていた。エジプト、シリア、ヨルダンは軍事同盟を結び、大義を同じくし、連携して戦うことになる。各国軍は、ミコヤン・グレヴィッチMiG-21迎撃機やスホーイSu-7地上攻撃機といった最新のソ連機を購入し、戦力を大幅に増強させていた。イスラエルも同様に、ダッソー社製のシュペル・ミステール戦闘爆撃機やミラージュⅢなど、大半はフランス機を購入して空軍を充実させていた。なかでも、デルタ型翼が壮観なミラージュの飛行速度はずば抜けていた。

第三次中東戦争（六日間戦争）

　1967年6月5日の朝、イスラエル空軍はその攻撃部隊の大半をフォーカス作戦となる任務に派遣した。空軍部隊は通常どおり出発し、地中海へと飛んだ。この飛行ルートは数カ月にわたって繰り返されたものだったため、エジプトのレーダー管制官は疑念を抱きはしなかった。イスラエル空軍のジェット機はその後、低空飛行でレーダーをかいくぐり、エジプトに向けて南へと転じた。いったん着陸するとジェット機は分散し、それぞれの目標であるエジプトの航空基地へと飛んだ。

　エジプトに完璧な奇襲をかけ、イスラエル軍パイロットは基地に整列したエジプト機に爆撃や機銃掃射を開始し、とくにイスラエルの施設にとっていちばん脅威となるツポレフTu-16の爆撃機隊は見逃さずに破壊した。銃弾がつきると航空機は基地に戻って即刻燃料と銃弾を補給し、エジプトに引き返してさらに攻撃をおこなった。今度は、航空基地のほかレーダーや対空砲火基地も目標だ。エジプト空軍の戦闘機にはかろうじてスクランブル発進したものもあり、基地上空で航空戦となったが、どう見てもイスラエル機が優位に立っていた。イスラエルはフランスのデュランダル爆弾も投下した。これは航空基地の滑走路を穴だらけにする爆弾であり、エジプト空軍は反撃能力をさらに削がれることになった。イスラエルの攻撃は航空戦力の大きさを見せつけた。この日の朝だけで、エジプト軍の空中戦闘能力は事実上、無力化されたのである。

　イスラエル空軍はその後、東方に目を向けてヨルダンの空軍基地を攻撃し、ヨルダン空軍（RJAF）のハンター4機を残してすべてを、地上攻撃あるいは戦闘で破壊した。シリアはイスラエルの空軍基地をMiG21で攻撃してこれに応戦した。しかし、その後シリアの空軍基地に対し報復攻撃がおこなわれ、さらにイラクのH-3空軍基地へも空襲がかけられた。しかし今回はシリア、ヨルダン、イラクは完全にイスラエルの

Arab-Israeli Wars

意図を読んでいたので、これらの攻撃が与えた損害はそれほど大きくはなかった。

翌日、ほぼ無傷のイスラエル空軍はシナイ砂漠上空を飛び、国境沿いのエジプト軍陣地を攻撃して、イスラエル地上軍の国境突破を援護した。空挺部隊がヘリコプターでエジプト陣地後方へと飛び奇襲をかけると、エジプト軍全部隊がシナイ半島から撤退を始め、イスラエル軍は激しく追撃した。後退するエジプト軍の縦隊は、イスラエル機から機銃掃射を受けた。エジプト軍はMiG-21とSu-7でわずかばかりの部隊を仕立てて対抗しようとしたが、高空を偵察するイスラエル戦闘機にあっさりと餌食に

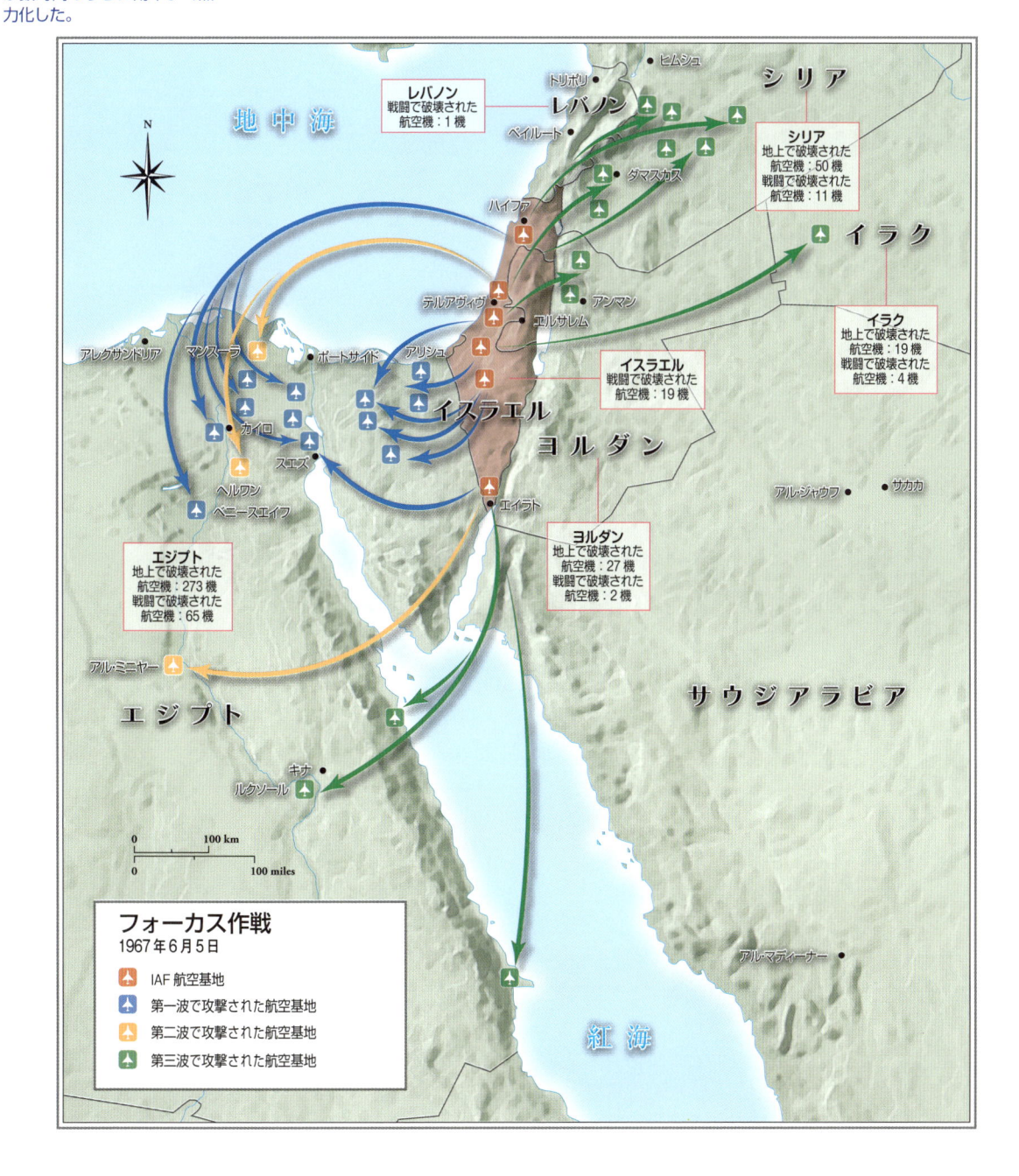

第三次中東戦争（六日間戦争）
1967年6月の六日間戦争は、イスラエル空軍によるエジプト、ヨルダン、シリアに対する大規模攻撃で始まり、アラブ諸国の航空戦力をわずか数時間のうちに効率よく無力化した。

フォーカス作戦
1967年6月5日

- IAF航空基地
- 第一波で攻撃された航空基地
- 第二波で攻撃された航空基地
- 第三波で攻撃された航空基地

レバノン
戦闘で破壊された航空機：1機

シリア
地上で破壊された航空機：50機
戦闘で破壊された航空機：11機

イラク
地上で破壊された航空機：19機
戦闘で破壊された航空機：4機

イスラエル
戦闘で破壊された航空機：19機

ヨルダン
地上で破壊された航空機：27機
戦闘で破壊された航空機：2機

エジプト
地上で破壊された航空機：273機
戦闘で破壊された航空機：65機

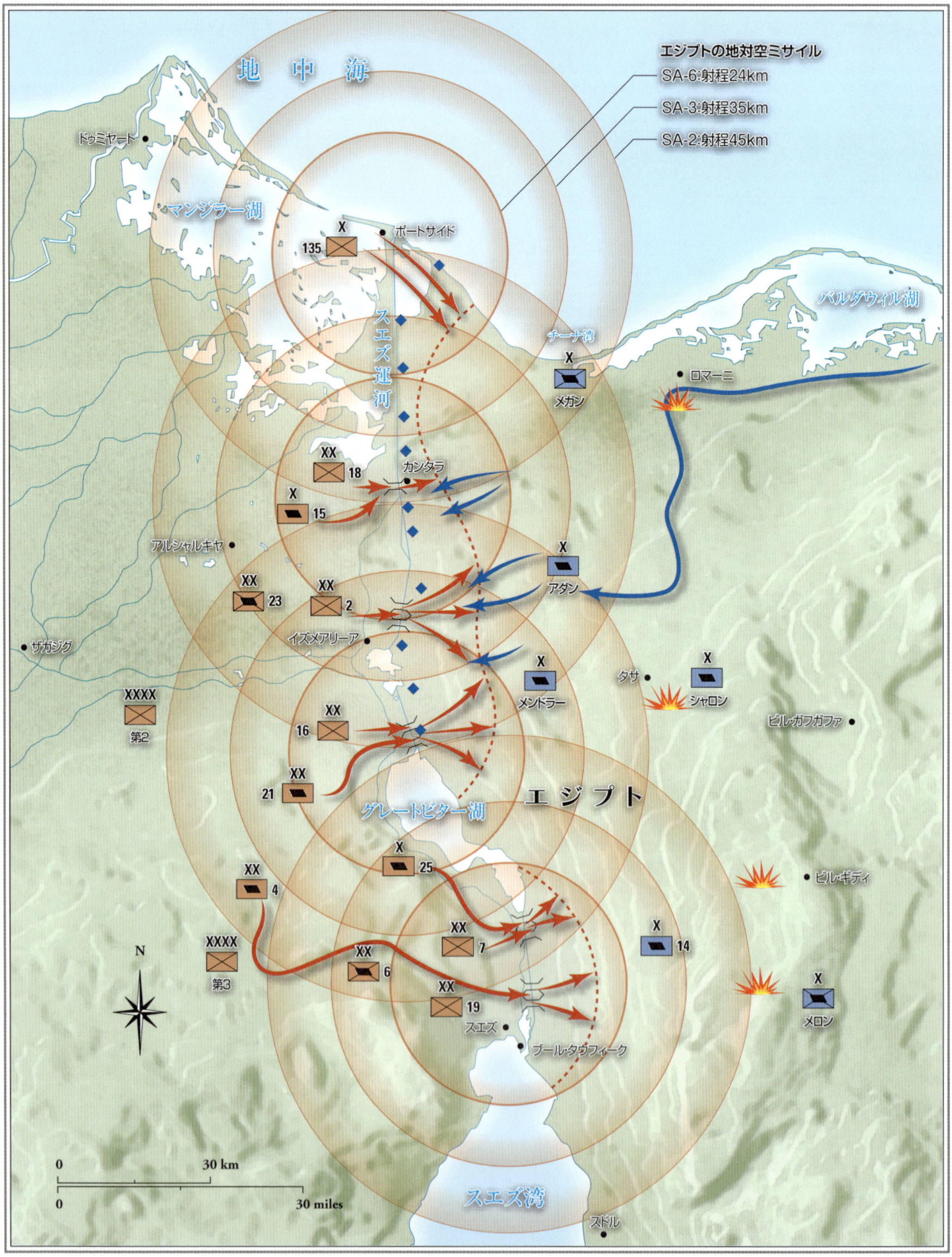
エジプトの地対空ミサイル
SA-6:射程24km
SA-3:射程35km
SA-2:射程45km
地中海
ドゥミヤート
マンジラー湖
ポートサイド
135
スエズ運河
バルダウィル湖
チーナ湾
メガン
ロマーニ
カンタラ
18
15
アルシャルキヤ
アダン
23
2
ザガジグ
イズメアリーア
メンドラー
タサ
シャロン
第2
ビル・ガフガファ
16
21
グレートビター湖
エジプト
25
4
ビル・ギディ
7
14
第3
6
19
メロン
N
スエズ
ブール・タウフィーク
0
30 km
30 miles
スエズ湾
スドル

された。

シナイ半島におけるイスラエルの勝利は確定し、エジプトは6月9日に停戦に調印した。東方では衝突が続き、イラクのH-3空軍基地を主要目標とした攻撃がおこなわれた。空軍基地上空では空中戦がありふれた光景になり、双方ともに大きな勝利を挙げたと主張した。イスラエルは、イスラエルとシリア国境にあるゴラン高原の占領を望み、シナイ半島同様、緩衝地帯を設けた。これが達成されてようやく、国連による停戦が6月10日に発効した。イスラエルにとっては完全な勝利であり、最終的におよそ300機のエジプト機と、ヨルダンとシリア、イラク機を80機近く破壊した。しかしこの動乱の地では、平和は続かなかった。

第四次中東戦争（ヨム・キプール戦争）

その後の10年で、アラブ諸国とイスラエルは損失のかなりを回復した。しかし、フランスが新型ミラージュ機の供給を拒否したためにイスラエルはアメリカに目を向け、マクダネルF-4ファントムIIとダグラスA-4スカイホークを購入した。エジプト軍はMiG-21とツポレフTu-16をソ連から補給し続け、ヘリコプターや、なによりも、大きな戦力となる地対空ミサイルも入手した。

1973年10月6日の午後、エジプトとシリアは、1967年の一方的紛争に対する報復行動に出た。ユダヤ教の「贖罪の日」であるヨム・キプールを選んだことが、エジプトとシリアに有利に働いた。イスラエル軍の部隊の多くでは休暇を取っていた。エジプト軍戦闘爆撃機がスエズ運河上空を襲い、シリア空軍も同じくゴラン高原上空を飛ぶと、イスラエル軍は虚をつかれた。エジプト機は、イスラエルが6日間戦争終結後にスエズ運河東岸に構築した要塞陣地帯、バーレブ・ライン沿いの空軍基地やレーダー施設、砲陣地を攻撃した。シリア機のパイロットがMiG-19、MiG-21、Su-7を操ってゴラン高原沿いに地上攻撃を遂行し、イスラエルの防御部隊が機能不全に陥ると、装甲部隊がここを突破した。

イスラエル空軍は、浮橋を使ったスエズ運河の渡河に対して応戦したが、さらに衝撃を受けることになる。運河西岸に配置された地対空ミサイルの防御力は驚異的だった。ソ連から新たに提供を受けたSA-3、SA-6、SA-9地対空ミサイルは、多数のイスラエル機を破壊した。イスラエルは118機の航空機を失い、エジプトは113機、シリアは149機、イラクは21機を喪失した。しかし、エジプト軍はスエズ運河を渡ると地対空ミサイルの射程外へは進軍できず、そこから出ればイスラエルのA-4スカイホークの協調攻撃に直面した。イスラエル軍は、F-4ファントムを投入して地対空ミサイル陣地や空軍基地、レーダー基地を攻撃したものの、損失が増加を始めた。このためせっぱつまったイスラエル軍はアメリカに要請し、アメリカ空軍機がアメリカ国内の基地から中東の戦闘地帯に直接輸送されることになった。これらアメリカ軍機には急遽イスラエルのマークが描かれて戦闘に投入された。

こうした補強によってイスラエル空軍は新たな力を得た。イスラエル兵は持ちこたえ始め、それから、圧倒的不利を覆してシリア軍をゴラン高原から押し戻した。シナイ半島ではエジプト軍が突破を試みていたが、地対空ミサイルの援護の外ではスカイホークの格好の目標となった。絶好のタイミングでエジプト戦線の空白部を突き、イスラエルがスエズ運河西岸にどうにか橋頭堡を確保すると、形勢はまったく逆転した。

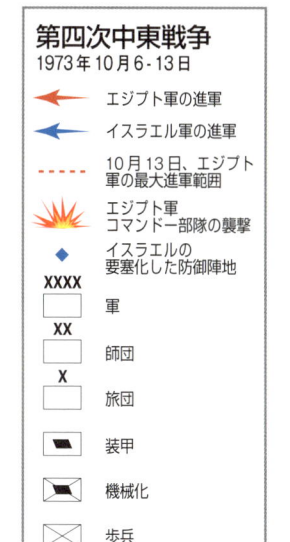

第四次中東戦争
1973年10月6-13日

- → エジプト軍の進軍
- → イスラエル軍の進軍
- ---- 10月13日、エジプト軍の最大進軍範囲
- ※ エジプト軍コマンド一部隊の襲撃
- ◆ イスラエルの要塞化した防御陣地
- XXXX 軍
- XX 師団
- X 旅団
- ■ 装甲
- ◣ 機械化
- ⊠ 歩兵

第四次中東戦争（ヨム・キプール戦争）
1973年10月の第四次中東戦争では、イスラエルに奇襲がかけられた。その後のイスラエル空軍の作戦は、スエズ運河西岸に置かれたエジプトの強力な地対空ミサイル防衛網によって阻まれた。

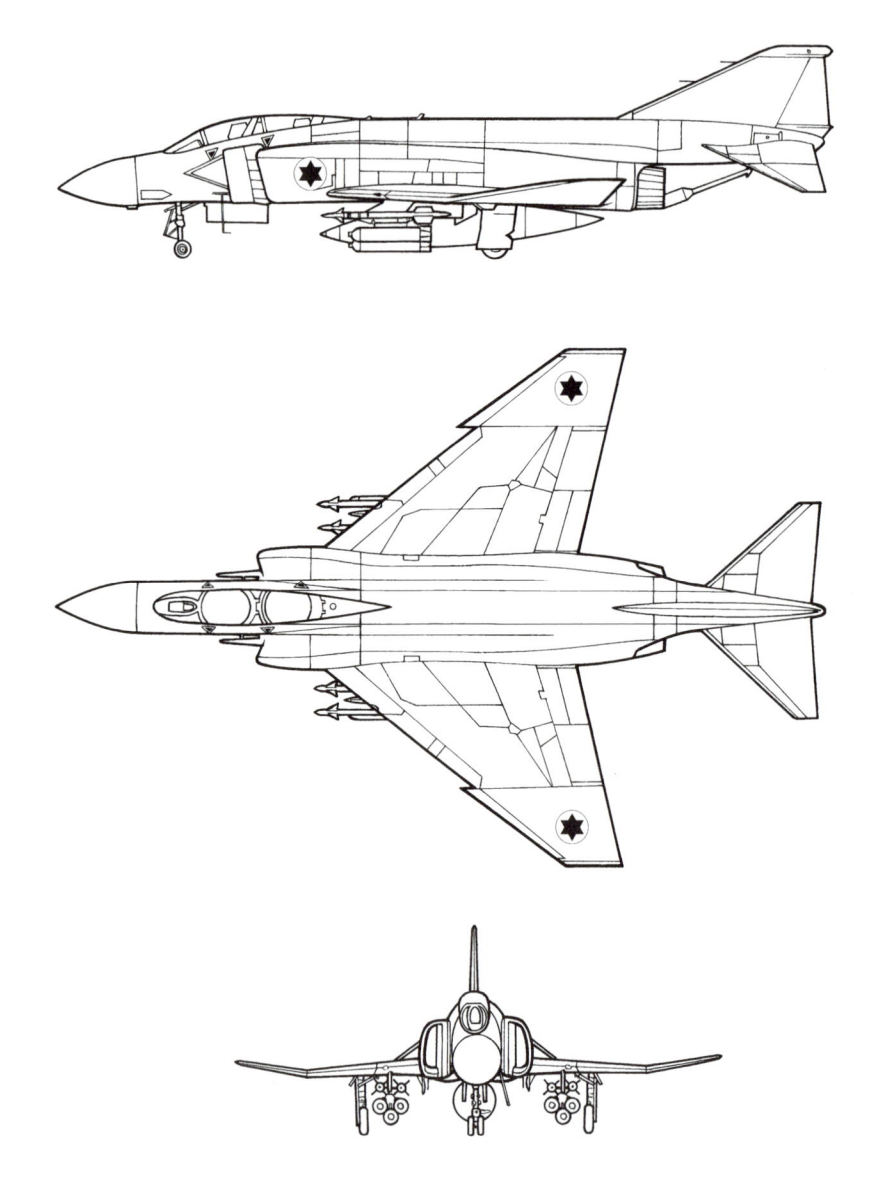

Atlas of Air Warfare

F-4 ファントム II
F-4 ファントム II をアメリカ以外で最も多く使ったのがイスラエル空軍である。1969年から1976年にかけて200機あまりのF-4Eを購入し、1973年の第四次中東戦争で大々的に戦闘に投入された。

F-4 ファントム II
装備：M61 ヴァルカン 20mm 砲、640 発×1
爆弾搭載量：9カ所の外部ハードポイントに 8480kg まで搭載可能

全長：19.2m
翼幅：11.7m
動力：ゼネラル・エレクトリック J79-GE-17A ターボジェット×2
最大速度：2370km/h
戦闘半径：680km
レーダー：AN/APQ-120 レーダー。高空および低空目標の探知が可能。
乗員：2名

　しかしこのとき、アラブ諸国は絶対確実なカードを切った。サウジアラビアが西側への石油輸出禁止を実施すると、アメリカが即座にこれに反応し、イスラエルに再び停戦をせまった。そして10月22日夕刻、停戦が成立したのである。
　紛争中とその後の接触で、イスラエル機のパイロットは大半が西側の航空機を操縦し、戦闘機パイロットとしての腕を証明した。第四次中東戦争では、ファントム2機でペアを組み、20機あまりの敵機を相手に戦って撃墜に成功したといった話には事欠かない。イスラエルはアメリカから航空機の提供を受け続け、非常に高性能のマクダネル・ダグラス（現ボーイング）F-15 イーグル戦闘機をはじめとする航空機を入手しており、イスラエル軍パイロットは、この戦闘機による最高撃墜数を上げている。イスラエルはまた、IAI ネシェル（イーグル）など自国開発の航空機も生産しているが、この機はダッソー・ミラージュVの無認可の模倣機である。

優れた空中戦闘戦術

　こうして継続的に交戦するイスラエルとアラブ機のパイロットは、空中戦で敵を制するために最適の戦術を急速に発展させた。第二次世界大戦で大規模な空中戦をおこなった機の2倍かそれ以上の速度で飛び、そのうえで、2機1組で飛んでつねに僚機と防御しあうといった第二次世界大戦で学んだ要素はそのまま生かした。このペアは「分裂攻撃」という陣形で飛んで、攻撃もおこなえた。先頭機が敵戦闘機をひきつける間に、僚機ができれば悟られずに敵機の下を飛び、敵機に向かって急上昇して攻撃に弱い胴体部をミサイルか火砲で攻撃するのだ。

　航空機の全戦術においていちばん肝要とされるのが、つねに敵後方から戦う点だった。ミサイルを「ロックオン」するためには熱い排気が必要なのだ。ロックオンに失敗したとしても、敵後方は火砲を放つ最適位置でもあった。

　イスラエル機のパイロットは、1982年のレバノン侵攻のような小規模な紛争でもその力を証明し、この戦争ではイスラエル空軍が1機の損失も出さずに、レバノンの空の防御網すべてを取り除いた。さらに、多機能ジェット機ロッキード・マーチン F-16

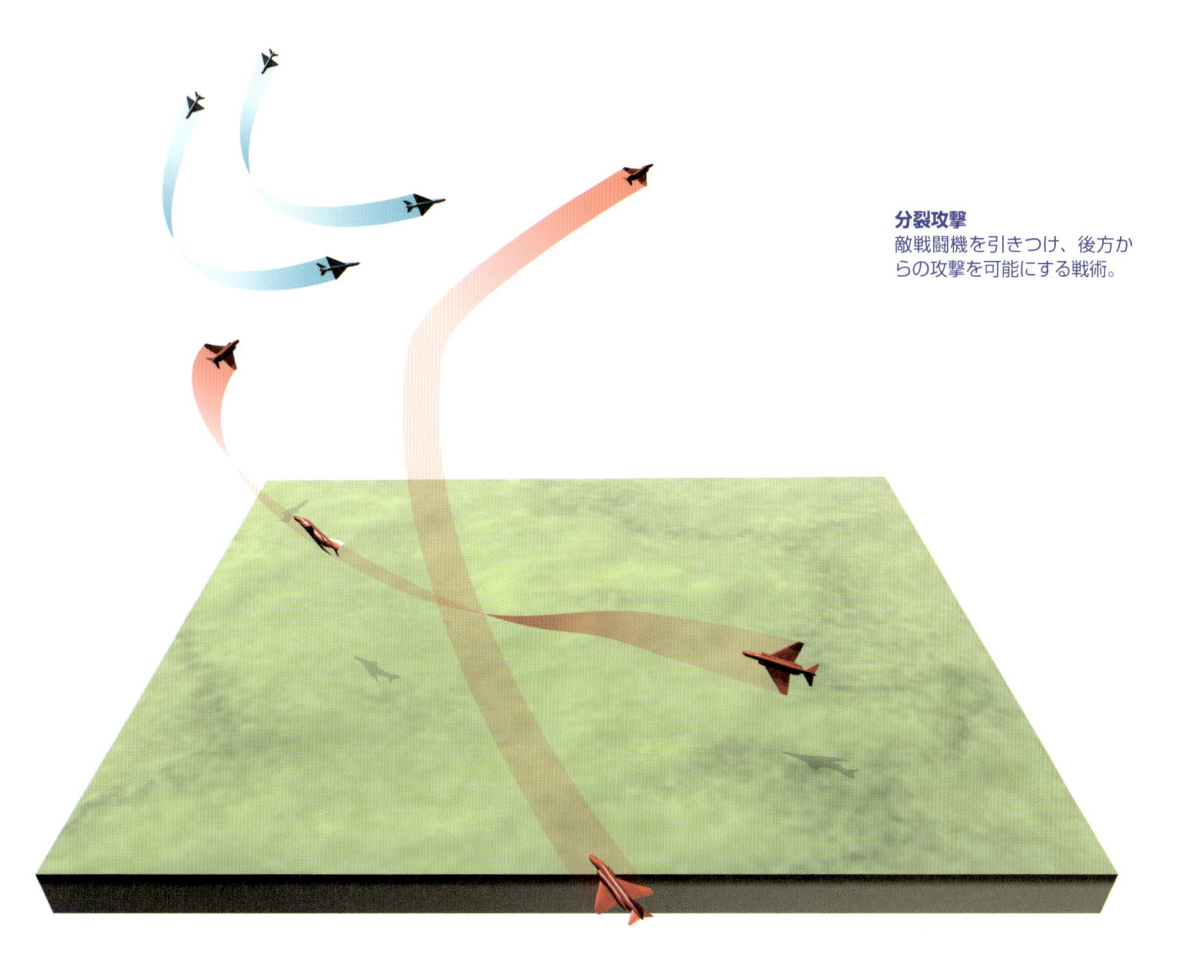

分裂攻撃
敵戦闘機を引きつけ、後方からの攻撃を可能にする戦術。

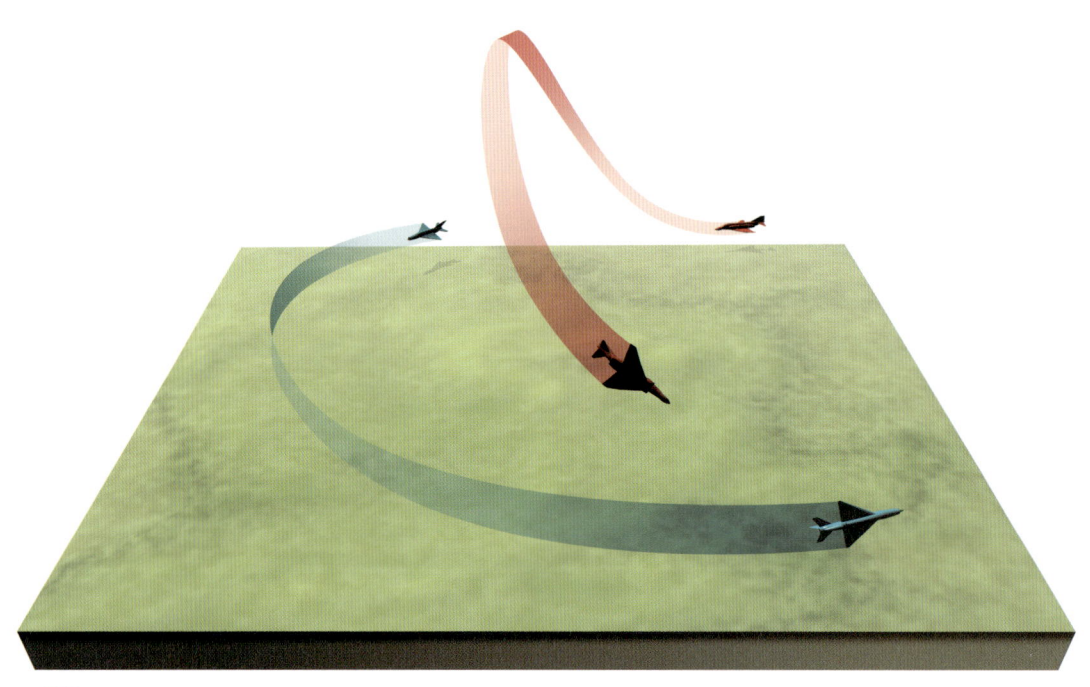

Atlas of Air Warfare

高速ヨーヨー
攻撃機が、高速の目標を射程外に逃さないために用いる策。高空で機首を旋回させ、エルロン・ロールして目標を視界に置き続ける。

ハサミ
各パイロットはできるかぎり低速で飛び、つねに敵の射程外にあるよう旋回が互いに上下逆向きになるようにする。

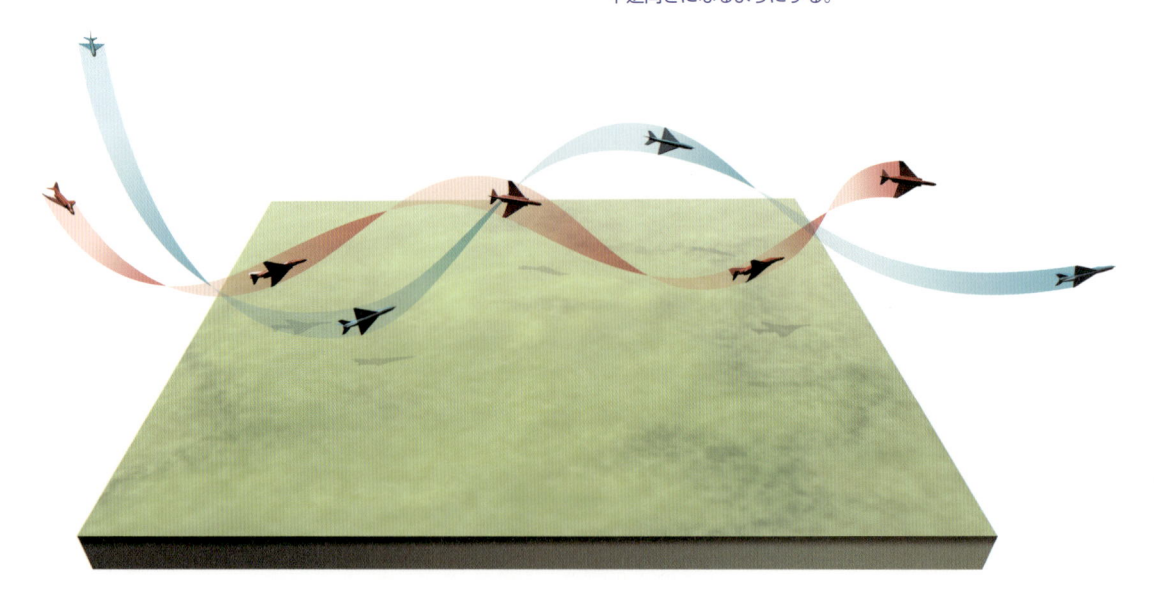

フライング・ファルコンが投入されてオシラクのイラク核施設に攻撃をおこなうなど、イスラエル機は超長距離の爆撃任務もこなした。この任務では、パイロットが低空、高速飛行をおこない、そのいっぽうで燃料消費に注意しつつ核施設を攻撃する。この作戦は大きな成果を上げ、全機が無事基地に戻った。

大きな力をふるう

イスラエルはその強力な航空部隊を投入して自らを護り、あるいは、多くが防空策を持たない目標に対して攻撃をおこなってきた。この方針は、2006年のイスラエルによるレバノン侵攻でも歴然としていた。このとき、イスラエル機はヒズボラのロケット発射基地を破壊した。レーザー誘導弾を用いた高精度の攻撃で、ロケット発射基地は排除されたのだ。とはいえ、地上に関する詳細な情報の入手にも気を配る必要がある。この誘導弾は、ヒズボラの軍事組織メンバーの隠れ家だと「疑われる場所」に投下され、レバノンの民間人の命を多数奪ったからである。

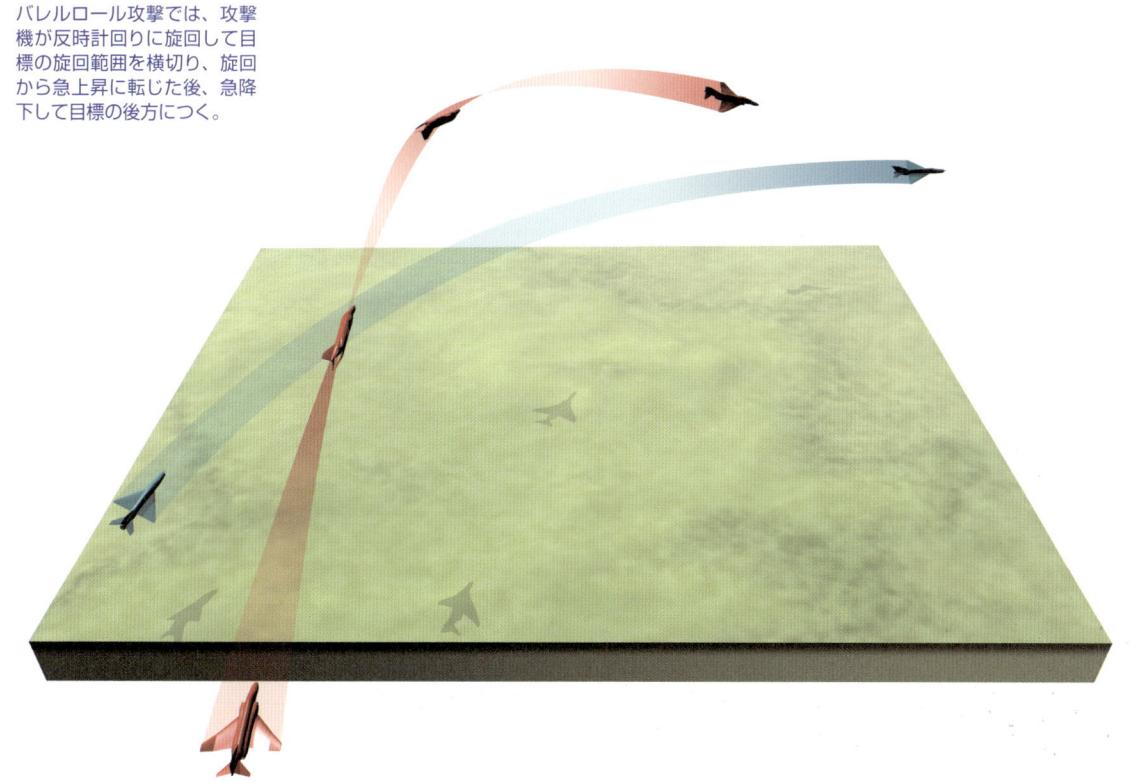

バレルロール攻撃
バレルロール攻撃では、攻撃機が反時計回りに旋回して目標の旋回範囲を横切り、旋回から急上昇に転じた後、急降下して目標の後方につく。

フォークランド紛争

　1982年4月2日、アルゼンチンの侵攻軍が、南大西洋、イギリス領フォークランド諸島に上陸した。アルゼンチンは以前からここが自国領土だと主張していた。この地に駐屯するイギリス海兵隊の1個中隊がしばらく抵抗したものの、サウスジョージア島とフォークランド諸島はアルゼンチン軍の手に落ちた。イギリス政府は即座に動き、大規模な軍事費削減がおこなわれていた当時、フォークランド諸島奪回のための

フォークランド紛争時のハリアー
フォークランド紛争時、空母〈ハーミーズ〉に駐機するイギリス海軍シー・ハリアー。手前にあるのはイギリス空軍のハリアーGR.3の1機で、この機はシー・ハリアーから地上支援任務を引き継ぎ、シー・ハリアーは哨戒任務に飛んだ。

機動部隊が編制された。

機動部隊出撃

　空母〈ハーミーズ〉と〈インヴィンシブル〉はじめ、イギリス海軍艦船による機動部隊が戦闘配備され、大西洋中央部アセンション島に駐留するホーカー・シドレー・ニムロッド洋上哨戒機の部隊は広域偵察飛行を開始して、迫り来る戦闘に備えてできるかぎりの情報収集をおこなった。アセンション島には5機のアヴロ・ヴァルカン爆撃機も配備される。この巨大なデルタ型翼機は、本来は核爆撃機として設計されたものだ。フォークランド諸島ではより本来の役割に近い任務を担い、島の中心地であるスタンリーまで長距離を飛んでその飛行場を爆撃し、さらに敵の防空策を破壊した。
　アルゼンチンは、アルゼンチン軍用機製造工廠（FMA）IA58 プカラ地上攻撃機と多様なヘリコプターを飛行場に置いていた。ブラック・バック作戦の第1回の任務では、1機のヴァルカン機がアセンション島を出発し、途中、ハンドレページ・ヴィクター給油機に燃料補給を受けてスタンリーへと飛んだ。そしてスタンリーの飛行場の滑走路に、21発の爆弾をジグザグに投下した。このとき与えた損害はわずかで、滑走路には1発しか命中しなかったうえに、補修もすぐに終わる程度のものだった。しかしこの攻撃で、イギリス空軍がアルゼンチン本土の目標を攻撃可能だという点が証明されたのである。この結果、アルゼンチンは戦闘機飛行隊をフォークランド諸島には配置せず、本国防衛のために本土にとどめておくことにした。
　ブラック・バック作戦の初攻撃の日と同じ5月1日、イギリス軍の機動部隊は、ホーカー・シドレー・ハリアーを発進させればダーウィンやグース・グリーン、スタンリーの目標を攻撃可能な位置までフォークランド諸島に接近していた。アルゼンチンは迅速に対応して報復攻撃を開始したが、機動部隊上空で戦闘空中哨戒をおこなうシー・ハリアーの艦隊航空部隊に4機を撃墜された。
　5月4日、アルゼンチン軍のダッソー・シュペル・エタンダール機2機が新型のエグゾセ対艦ミサイルを装備し、超低空でイギリス軍の駆逐艦列に接近した。ミサイルは〈シェフィールド〉に命中し、この艦は沈没することになる。アルゼンチン機のパイロットは、低空を飛んで目標を目指すという飛行戦術を用いた。これは起伏のある海岸部を利用してできるかぎり姿をさらさず、レーダーに捕捉されるのを防ぐためだった。5月21日、イギリス海兵隊と空挺部隊は、東フォークランド島西岸の天然のシェルターである巨大な入り江、サンカルロス・ウォーターに水陸からの上陸を開始した。部隊が上陸艇で接近すると、シコルスキー・シーキング、ウエストランド・ウェセックス、小型のウエストランド・スカウト・ヘリコプターが補給任務をおこなった。

低空飛行戦術

　サンカルロス・ウォーターに投錨したイギリス軍機動部隊は、アルゼンチン空軍のパイロットにとって格好の目標だった。アルゼンチン軍は IAI ダガーとダグラス A-4 スカイホークを飛ばし、通常爆弾をイギリス海軍の艦船に投下した。シー・ハリアーが24時間態勢で戦闘空中哨戒に飛んだにもかかわらず、この爆弾の多くは標的に命中した。紛争終結までにシー・ハリアーがおこなった哨戒飛行は、約1000回にも上

った。さらに、シー・ハリアーはAIM-9サイドワインダー・ミサイルを搭載し、これでアルゼンチン機を多数撃墜したともいわれている。

　それでも、これをかいくぐってくるアルゼンチン機はつねにいた。5月21日、イギリス艦〈アーデント〉に9発もの爆弾が命中し、3発が艦後部のヘリコプター・デッキで爆発した。損傷は激しく、サンカルロスの港にたどり着いた〈アーデント〉は再び攻撃を受けた。このときはまったく命中しなかったものの、すでに大きな損傷を受けていたため夜通し火災は収まらず、〈アーデント〉は翌日沈没した。5月23日には〈アンテロープ〉も同じ運命をたどった。2発の遅発爆弾が命中して沈没したが、死者は最小限に抑えられた。

　6月14日の深夜0時直前、降伏文書の調印がおこなわれた。イギリスはフォークランド諸島の返還を要求していたのである。イギリス軍の死傷者数はかなり少なかったものの、アルゼンチン機の低空飛行戦術による協調攻撃に対しては、艦隊の防空が非常に脆弱である点が判明した。

フォークランド紛争
フォークランド紛争では、航空機による徹底した攻撃に対する水上艦の脆弱さが判明した。とくにエグゾセをはじめとするシー・スキミング・ミサイルによる損害は大きかった。

The Folklands War

フォークランド海峡

グランサム・サウンド

エイジャックス港
サンカルロス
サンカルロス・ウォーター
ポート・サンカルロス

① 5月21日、イギリス艦〈アーデント〉が4機のA-4スカイホークに攻撃を受け、9発の爆弾が命中する。3発がヘリコプター・デッキで爆発。

② 激しく損傷した〈アーデント〉はサンカルロス・ウォーターへの航行を試みる。〈アーデント〉は再び攻撃を受けるが命中はしなかった。しかし出火し制御不能となって、翌日グランサム・サウンドに沈没。

③ サンカルロス・ウォーターの入口を護っていたイギリス艦〈アンテロープ〉が、5月23日にスカイホークから攻撃を受ける。2発の遅発爆弾で〈アンテロープ〉は破壊される。夜通し燃え続け、翌朝廃棄される。

④ イギリス海軍機シー・ハリアーがつねに戦闘空中哨戒を行ない、多数のアルゼンチン機を撃墜。

フォークランド紛争
1982年4月2日-6月15日

南大西洋

シー・ハリアーの哨戒範囲
5月25日、〈コヴェントリー〉
シー・ハリアーの哨戒範囲
コマンドー部隊の奇襲：航空機と補給物資の破壊
ノースフォークランド・サウンド
キング・ジョージ・ベイ
西フォークランド島
5月21日、〈アーデント〉
5月23日、〈アンテロープ〉
フォックスベイ
ポート・サンカルロス
ダグラス
5月25日、〈アトランティック・コンヴェイヤー〉
フォークランド・サウンド
イギリス部隊の進軍
ティールインレット
5月29日、アルゼンチン軍が12時間の戦闘の後に降伏
ダーウィン
グース・グリーン
東フォークランド島
シー・ハリアーの哨戒範囲
ハーバー港
チョイスル・サウンド
6月14日、アルゼンチン部隊が降伏
フィッツロイ
スタンリー
6月8日、〈サー・ギャラハッド〉
6月4-8日、増援部隊が上陸
ヴァルカン爆撃機が5470キロ離れたアセンション島から飛び奇襲を遂行
南大西洋
5月4日、〈シェフィールド〉

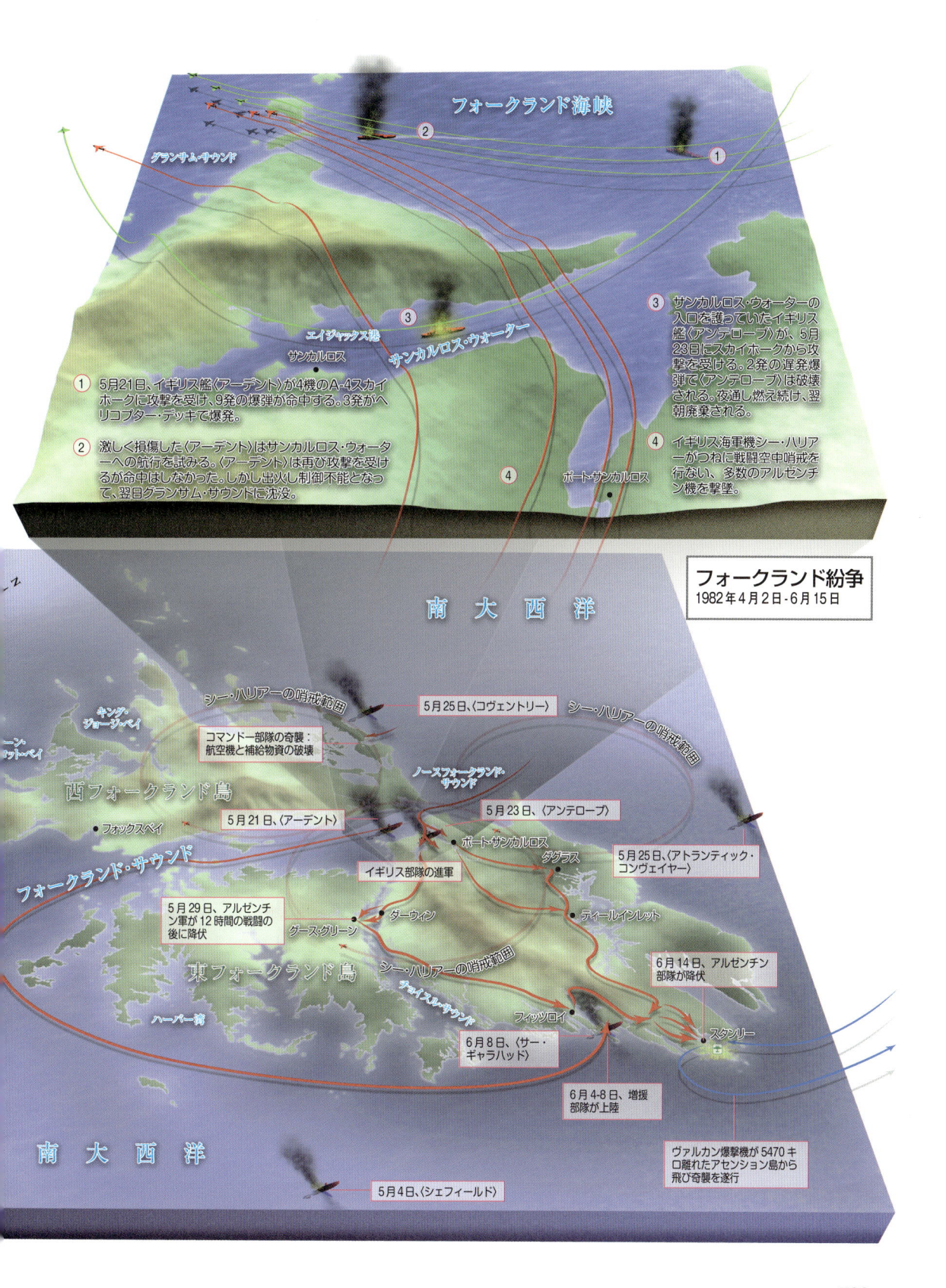

湾岸危機

　イラクが隣国のアラブ国家クウェートに侵攻すると、第二次世界大戦終結以降、かつてない規模の巨大な航空戦力が編制されることになった。大きな経済効果をもたらすクウェートの油田が占領され、またサウジアラビアの油田も脅威にさらされると、西側諸国、とりわけアメリカは迅速な対応を見せた。

戦闘に備える

　サダム・フセインは世界で4番目に大規模な陸軍を指揮した。それまでの10年におよぶイランとの紛争によって力をつけたイラク軍は、1990年8月、あっさりとクウェートを支配下に置いた。クウェート空軍の一部はダグラスA-4スカイホークでどうにかサウジアラビアに逃れた。イラク軍を牽制し、サウジアラビアへの進軍をはばむ「砂漠の盾作戦」が発動された。この作戦では、サウジ空軍のパナヴィア・トーネード

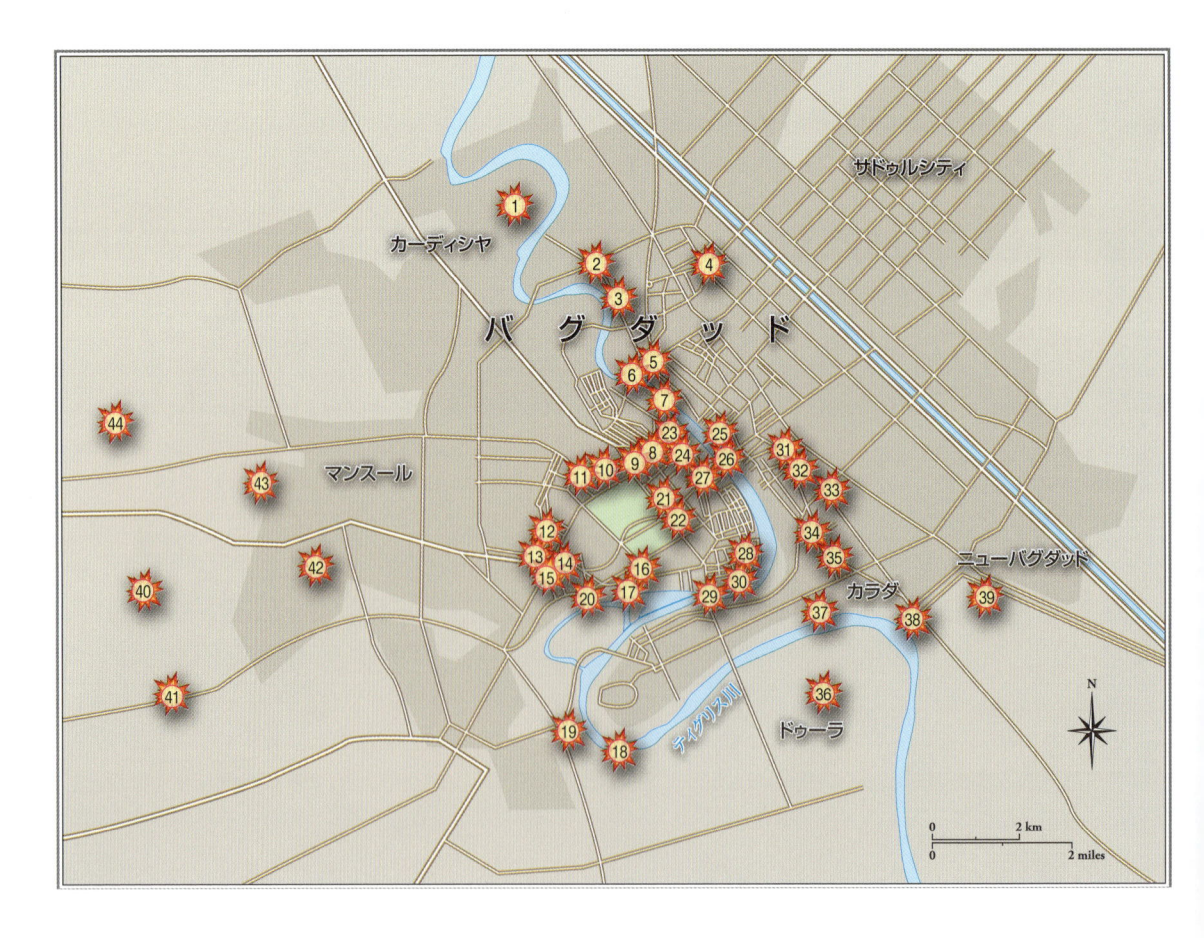

バグダッド空爆
1991年1月17日-2月28日

1. 軍情報局
2. 電話交換局
3. 国防省コンピュータ施設
4. 送電所
5. 電話交換局
6. 国防省司令部
7. アシュダッド・ハイウェイ橋
8. 電話交換局
9. 鉄道操車場
10. ムテナ飛行場（軍用）
11. 新イラク空軍司令部
12. イラク諜報局本部
13. 電話交換局
14. 秘密警察
15. 陸軍倉庫
16. 共和国防衛隊司令部
17. 新大統領宮殿
18. 発電所
19. 短距離弾道ミサイル（SRBM）組み立て工場
20. バース党本部
21. 政府会議場
22. 産業省、製造省
23. 宣伝省
24. TV変換機
25. 通信中継基地
26. ジャムリヤ・ハイウェイ橋
27. 政府コントロール・センター南
28. カラダ・ハイウェイ橋
29. 大統領宮殿司令本部
30. 大統領宮殿司令掩蔽壕
31. 通信中継基地
32. 秘密警察本部
33. イラク諜報局地区本部
34. 電話交換局
35. イラク防空作戦センター
36. アル・ダウラー石油精製所
37. 発電所
38. ラシード発電所
39. ラシード宿営、飛行場
40. バグダッド弾薬集積所
41. サダム国際空港
42. アミリヤー避難壕
43. バグダッド国際無線受信地
44. ベビー牛乳工場

戦闘機の補強に、アメリカ空軍のマクダネル・ダグラス（現ボーイング）F-15 イーグル制空戦闘機が現地に迅速配備された。こうした機が間断なく戦闘空中哨戒に飛び、イラク軍の動きや、何十万という軍事部隊が編制され、車両や洋上戦力が集結するのを監視し、いっぽうでは、政治家が外交的解決策を探った。クウェート侵攻が発生すると、アメリカ海軍空母が、マクダネル・ダグラス（現ボーイング）FA-18 ホーネット、グラマン F-14 トムキャット、グラマン E-2 ホーキーといった大規模航空機群を伴って紅海に入り、イラク軍が国境を越える場合の戦闘に備えた。この紛争開始時から、紅海には6隻の空母が護衛艦と支援艦とともに配備されていた。

イギリスからは、攻撃および迎撃を担うトーネードと SEPECAT ジャガーが到着し、さらにボーイング CH-47 チヌーク、やや旧式のブラックバーン・ブキャナーといった輸送ヘリコプターも届いた。これらの航空機は旧式ではあったが、進歩した目標指示装置を備えており、こうした機がトーネードとともに配置されて爆撃航程を支援することになる。フランスからはダッソー・ミラージュ2000と F1 が到着し、イタリアはトーネードを、サウジアラビアに避難したクウェート空軍はスカイホークを派遣した。これらの機による編制は史上まれにみる規模となった。

全航空機を組織し、飛ぶ地域と時間を調整するため、多国籍軍は戦闘地帯上空でボーイング・ジョイント・スターズと E-3 セントリー早期警戒管制機をひっきりなしに飛ばした。これらの機はアビオニクス（航空電子工学）機器やレーダーおよび聴音装置を備え、つねに多国籍軍航空機の動きを把握し、航空機に目標を指示したり、敵機との交戦を支援したりした。

攻撃計画

イラク攻撃の計画が検討された。まず必要とされるのはイラク軍の早期警戒能力の無力化であり、次が防空システムとイラク空軍の破壊である。これがうまくいけば、イラク政権の指揮および統制構造は破壊され、軍は団結力を失い、補給線は切断されるだろう。さらに発電所や水道施設、通信網も目標とされると、事実上イラク国家全体が立ち往生する。こうした目標がすべて破壊されるか無力化されれば、多国籍軍地上部隊がクウェート奪回に進軍してイラク軍をイラクへと押し戻すさいに、多国籍軍の航空機部隊は効果的な支援に専念できるのである。

1991年1月17日の早朝、8機の AH-64 アパッチ攻撃ヘリコプターが、シコルスキー MH-53 ペイブロウ・ヘリコプターの支援を受けてサウジアラビアとイラクの国境上空を飛び、早期警戒レーダー基地2カ所を攻撃した。航空戦が始まったのだ。この攻撃が、多国籍軍爆撃機出動ののろしとなった。ロッキード F-117 ナイトホークがイラクの首都バグダッド上空を飛び、イラク政府の建物と施設に精密爆撃を開始した。そしてペルシャ湾のアメリカ海軍艦船から発射されたトマホーク・ミサイルが、航空機の攻撃を補った。F-117 は非常に優れた航空機だ。亜音速で飛び、その形状と材質は、この機を狙うあらゆるレーダー・ビームを吸収、偏向させることが可能であり、レーダーのオペレーターにとって「見えない」航空機といっても過言ではなかった。イラクの防御軍は航空機が周辺にいることは察知していても、レーダーの反応は非常に小さいか、反応がない場合もあるため、地対空ミサイルの照準を合わせることができなかった。つまり、F-117 のパイロットは回避行動に注意を削がれることなく、目

標を突き止め正確な攻撃をおこなうことに専念できた。

　ナイトホークがバグダッドを攻撃すると、多国籍軍の攻撃機はF-15イーグルに護衛され、また対レーダー・ミサイルを装備したマクダネル・ダグラスF4ファントムII「ワイルド・ウィーズル」に支援を受けて、攻撃してくるはずの地対空ミサイル基地に対する攻撃態勢を整えた。そして、イラクの防空システムと空軍基地を目標とし、地上の航空機を破壊し、鉄筋コンクリートのシェルターに誘導弾を投下することが目標に置かれた。攻撃を逃れたものはなにもなかった。発電所や揚水所、ダムも破壊され、イラクにあるのは、紛争前の国力の残骸でしかなかった。

　イギリス空軍のトーネードは低空を飛び、JP233滑走路破壊弾を投下してイラクの飛行場を攻撃した。こうした集中攻撃に対し、イラク空軍が迎撃に飛べることはほとんどなかった。敵の姿を確認する間もなく撃墜される機もあり、1週間の戦闘を生き延びた機はイランへと逃げ出した。これには多国籍軍も驚いた。イラク空軍の退却は予想されていたものの、イランではなく、ヨルダンに向かうと考えられていたのだ。

　イラク空軍は消滅し、主要な目標の多くは爆撃に成功した。これで航空機部隊は地上部隊の効果的支援に専念することができ、1月24日に地上部隊がイラク国内への進軍を開始した。部隊がイラク軍の協調防衛にぶつかることがあれば、アメリカ空軍のフェアチャイルド・リパブリックA-10サンダーボルトII、あるいは海兵隊のマクダネル・ダグラスAV-8ハリアーに出動を要請して道を開けてもらえる。A-10「ウォートホグ」は、当初から対地攻撃の基盤として設計された機だった。パイロットが座るのは装甲の「タブ」であり、2基のエンジンは離れた位置にあるので、1基が破損しても

砂漠の嵐作戦
1991年2月24-28日

　　フェーズ1多国籍軍の進軍
　　フェーズ2多国籍軍の進軍
　　フェーズ3多国籍軍の進軍
　　フェーズ4多国籍軍の進軍
　　イラク軍装甲師団
　　イラク軍機械化師団
　　イラク軍歩兵師団
　　飛行場
　　油田

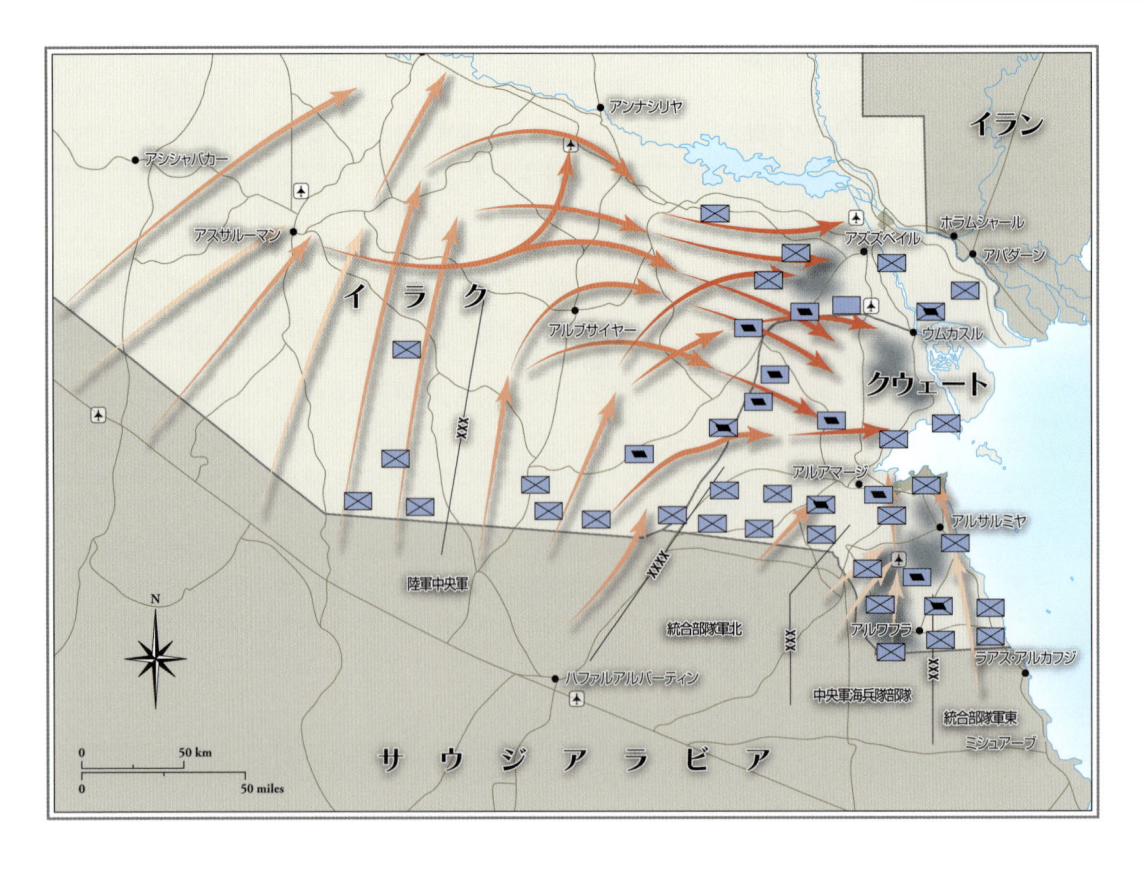

F-15E ストライク・イーグル

F-15E ストライク・イーグルは、F-15 を基盤に性能が大きく向上した機であり、乗員はパイロットおよび、後部座席の兵器および防御システムオペレーターの2名。1991年の湾岸戦争では、イラクのスカッドミサイル発射台捜索に大きな働きをした。

もう1基が機能して航空機は帰艦可能である。飛行速度は遅いが、戦域上空を長時間飛び、攻撃を受けてもかなりの打撃を吸収可能だった。この機は30ミリ GAU-8 ガトリング砲を装備し、劣化ウラン弾を放てば、たいていの装甲は破壊することができた。これに、AH-64 アパッチも攻撃にくわわった。イラク軍が全面退却を始めると、この2種の対地攻撃機がイラク部隊の移動に大きな混乱を引き起こした。わずか5日間の対地攻撃で戦争は終結し、イラクが完全に撤退してクウェートは解放された。

イラク侵攻

2003年、アメリカのジョージ・W・ブッシュ政権は、イラクは大量破壊兵器を保持し、テロリストとつながっていると断じた。その真偽は不確かだったとしても、進行中の「対テロ全面戦争」において、ブッシュ政権がサダム政権を倒す好機だった。国連の承認を受けないままにアメリカ・イギリス軍が攻撃を主導し、スペイン、オーストラリア、ポーランド、デンマーク軍が支援をおこなった。

2003年3月20日、「イラクの自由作戦」の名のもと、第二次湾岸戦争が開始された。計画は先の湾岸戦争とは異なり、空爆と地上作戦が同時に開始され、この戦術は「衝撃と畏怖」と呼ばれた。この作戦では、多国籍軍がイラクを支配下においた後には通常どおり国を動かすことができるように、イラクのインフラ無力化は極力抑えられた。バグダッドの目標は、巡航ミサイルや F-117 によって再びピンポイントの精度で攻撃を受けた。とはいえ、「精密」兵器が目標に命中しない場合もあった。

クルド人居住地域の迅速な安全確保のために、空挺部隊がイラク北部に投入され、バグダッドに撤退するイラク軍を追跡した。4月初旬にはバグダッドが占領され、この作戦における多国籍軍の航空機の損失はわずかだった。部隊は占領任務に備えたので、イラクでは、ハンヴィーとともにヘリコプターが中心となって活躍した。暴動鎮圧の任務が増え始めると、高速のジェット機は事実上意味をなさなくなり、小型の敏捷なガンシップが本領を発揮した。比較的小さな目標の排除や市街地を移動する部隊の支

援には、海兵隊のベル AH-1 コブラ・ガンシップが出動した。

　この戦争では無人航空機（UAV）の使用頻度が増し、偵察やヘルファイア空対地ミサイルの発射に投入された。オペレーターは地球の反対側のオペレーション・ルームに座ったまま、ライブ映像を見て目標を確定し、攻撃を指示して目標を破壊することが可能だった。新しいタイプの航空戦力が生まれ、戦闘機が敵領空へと飛び敵を攻撃しても、オペレーターや「パイロット」でさえも、生命を危険にさらすことはまったくなくなったのである。

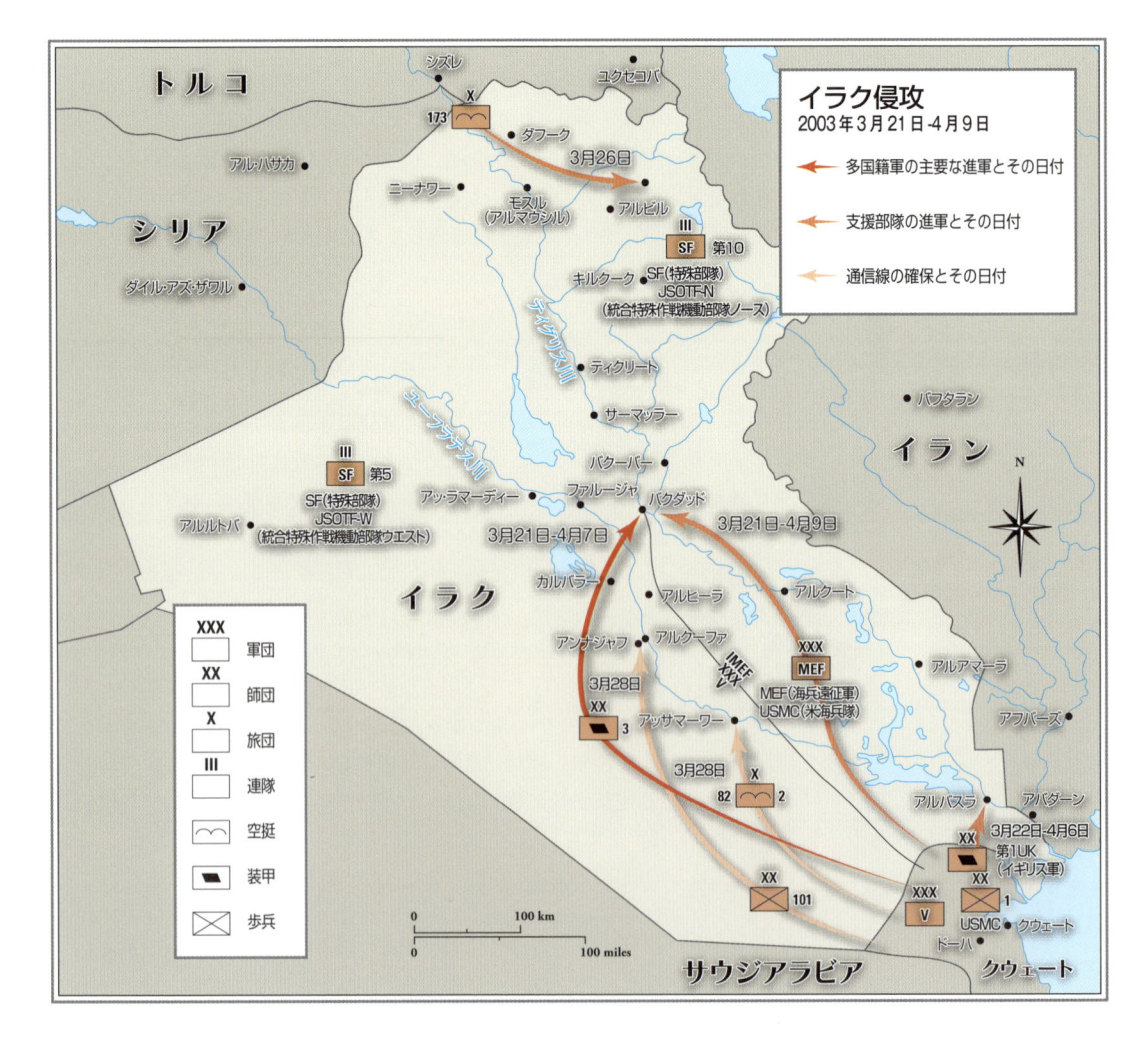

Crisis in the Gulf

多国籍軍の航空機

名称：ロッキード F-117 ナイトホーク
任務：爆撃機
動力：GE F404-F1D2 ターボファン・エンジン×2
最高速度：993km/h
最大搭載量：2270kg
高度：2万m

名称：マクダネル・ダグラス F-15 イーグル
任務：制空戦闘機
動力：プラット＆ホイットニー F100-100、F100-220、F100-229 アフターバーニングターボファン・エンジン×2
最高速度：高高度：2660km/h
　　　　　低高度：1450km/h
銃：内部装着 20mmM61A1×1、940弾
最大搭載量：7300kg
高度：2万m

名称：マクダネル・ダグラス／BAe システム AV-8B ハリアーⅡ
任務：対地攻撃機
動力：ロールスロイス F402-RR-408（Mk105）ヴェクタードスラスト・ターボファン・エンジン×1
最高速度：海面、1070km/h
銃：内部装着 20mmM61A1×1、940弾
最大搭載量：5987kg
高度：1万5000m

名称：トーネード IDS/ECR
任務：防空、制空、電子戦および対地攻撃
動力：ターボ・ユニオン RB199-34R Mk103 アフターバーニング・ターボファン・エンジン×2
最高速度：2418km/h
銃：27mm モーゼル BK-27 砲×1、180発
最大搭載量：9000kg
高度：1万5240キロ

名称：A-10 サンダーボルトⅡ
任務：近接航空支援対地攻撃機
動力：ゼネラル・エレクトリック TF34-GE-100A ターボファン・エンジン×2
銃：30mmGAU-8/A アヴェンジャー砲×1、1174発
最大搭載量：7260kg
高度：1万3700m

名称：AH-1W スーパーコブラ
任務：攻撃ヘリコプター
動力：ゼネラル・エレクトリック T700 ターボシャフト・エンジン×2
銃：197 20mm 砲×1、750発
最大搭載量：1737kg
高度：1万2200m

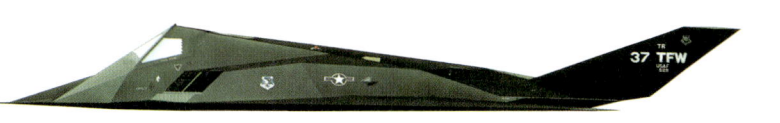

アフガニスタン

2001年9月11日、アメリカの世界貿易センターと国防総省が攻撃を受け、テロとの全面戦争が始まった。オサマ・ビン・ラディン率いるアルカイダのテロリストたちは民間航空機をハイジャックし、これを誘導「爆弾」に仕立ててふたつの目標を攻撃した。破壊的結果をもたらしたこの攻撃を境に、戦争の様相は変わってしまった。とくに民間人に対する攻撃という恐ろしい事態が、かつてないほど多発するようになったのである。

敵の位置を突き止める

テロ攻撃の翌月、アメリカは、過激主義を標榜するアフガニスタンのタリバン政府とテロ組織アルカイダとの関係をつかんだ。タリバン政府はアルカイダをかくまい、アフガニスタンの広大な土地で訓練をおこなわせていた。アメリカはタリバン政府を打倒し、アルカイダの訓練キャンプを壊滅させることに着手した。アメリカ軍が保有するあらゆるタイプの航空機と兵器を投入し、B-1ランサー、B-2スピリット「ステルス爆撃機」の重爆撃隊と、旧タイプのベテラン機であるボーイングB-52ストラトフォートレスが出動してこの攻撃は始まった。これらの航空機はインド洋ディエゴガルシア島のアメリカ軍基地を発進し、アフガニスタンの広大な荒地にじゅうたん爆撃をおこなって、多数のタリバンとアルカイダのメンバーを山岳地の防御陣地に退却させた。

MQ-9 リーパー
無人航空機MQ-9リーパーは非常に攻撃力が高い。写真のリーパーは、GBU-12ペイヴウェー・レーザー誘導爆弾とAGM-114ヘルファイア空対地ミサイルを搭載。

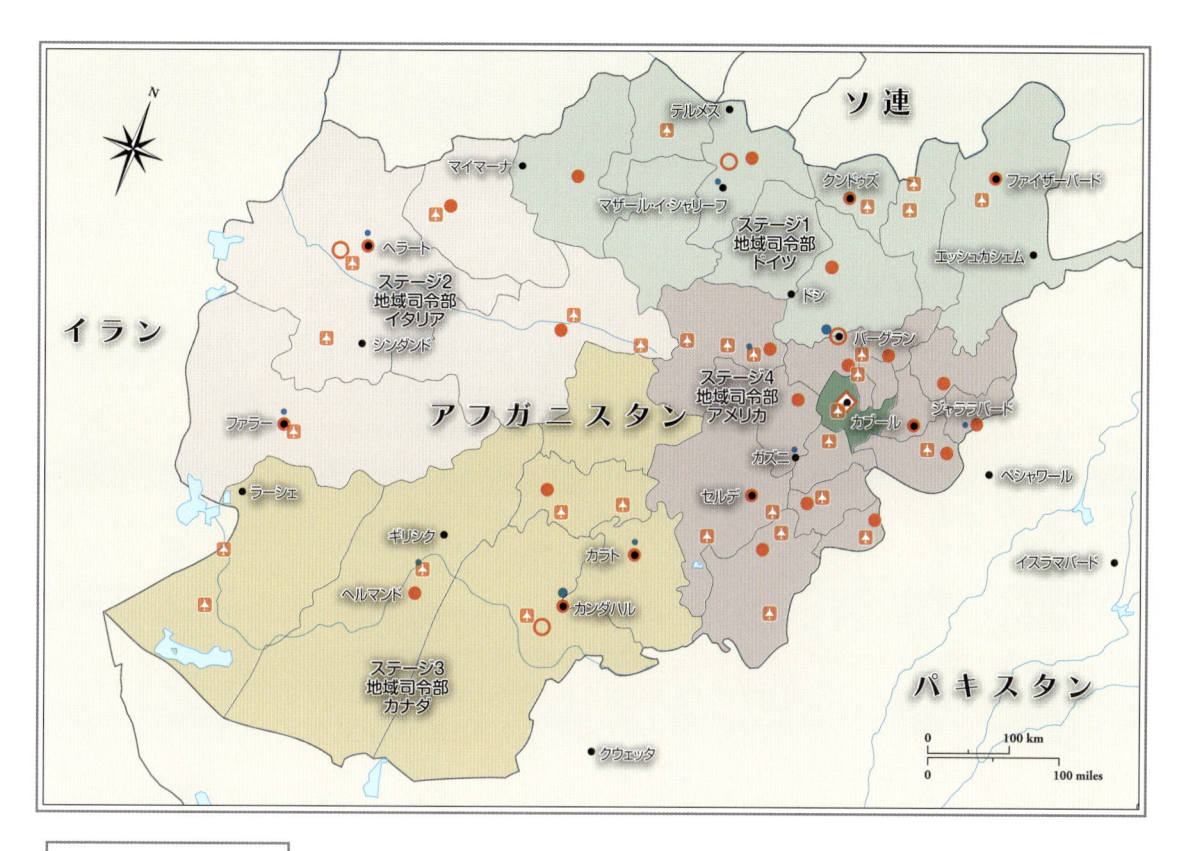

NATO管轄下のアフガニスタン 2006年

地域復興チーム（PRT）
- ● 既存のPRT
- ○ 既存の前進支援基地
- ◇ 首都圏司令部
- 飛行場
- ● アメリカの施設
- ・ 小規模施設

アフガニスタン
アフガニスタンの紛争では、NATO軍が狂信的な抵抗にあうことが多く、様々な場面で迅速かつ効果的な近接航空支援が展開されている。

　広大な山岳地には無数の洞穴があり、大量の爆弾を投下しても洞穴内まで損害を与えることはできなかったものの、爆撃で入口がふさがれると、敵はなかに閉じ込められた。タリバンが保有するのは重機関銃と個人兵器のみで、対空防御兵器はなかったために、こうした攻撃に対抗する実効的手段はなにもなかった。

　アフガニスタンの首都カブールにあるタリバンの目標には、F-15ストライク・イーグルと空母発進のFA-18ホーネットが精密爆撃をおこなった。フランス軍のダッソー・ミラージュ2000もアフガニスタンに配備され、この機もレーザー誘導爆弾を用いて高精度の爆撃を遂行した。こうした攻撃によってタリバン政府は隠れ家に追いやられ、多国籍軍と同盟を結んだアフガニスタン北部同盟が首都に入って政権を奪取し、アフガンの民衆を解放した。

　地方では、タリバンが戦線を設置すれば必ず、アメリカ空軍が特殊作戦用ロッキードC-130を送って総重量6800キロの「デイジー・カッター（飛散性対人爆弾）」を投下した。デイジー・カッターは上空で爆発して外に向かって最大限の損害を与える爆弾であり、敵陣地を一掃して、敵の士気をくじく効果があった。

　さらに山岳地帯では、アメリカ・イギリスから派遣された特殊部隊がタリバンとアルカイダの動きを監視した。これら特殊部隊の兵士が敵戦闘員の位置を突き止め、特定の目標上空を飛ぶジェット機に知らせると、ジェット機は照準を合わせて破壊したのである。アフガニスタン国内ではこのタイプの戦闘が続き、地上部隊は反乱阻止に努めている。タリバン部隊は隠れ家から出てきて交戦しては、再びアフガニスタンの荒地に姿を消す、という戦術を展開している。地上の多国籍軍部隊が困難な状況に陥

ったり、大規模な敵部隊を発見したりした場合には、アメリカ空軍かイギリス空軍の航空機に爆撃を要請することができる。これらの航空機はまず、「誘導式ではない」兵器を使う。「友軍誤爆」の危険を減らすために、目標に対する照準と友軍部隊の位置確定はなにより重要だ。アフガニスタンのように明確な前線がまったくない流動的な戦場では、残念ながら誤爆は起こりうるのである。

難しい地形に対処する

　アフガニスタンのような山岳地帯では、輸送は大きな問題だ。車両はつねに、タリバン軍が待ち構えている狭い山道を通らなければならない。そしてここでもヘリコプターが力を発揮した。ボーイングCH-47チヌークのおかげで、部隊の多数グループが短時間で移動可能になり、また近接支援に投入されるAH-64アパッチは、「飛ぶ戦車」という評価がなされている。しかしチヌークは速度が遅いために目標になりやすく、タリバンが発射するロケット弾で攻撃されることもある。このため、低空、高速で、ジグザグのコースを飛ぶ必要がある。

　プレデターMQ-1をはじめとする無人航空機もその価値は高い。指揮官は、アメリカからの遠隔操作で戦場のリアルタイムの写真を入手し、好機を逃さず、ヘルファイア・ミサイルで目標を攻撃することができる。無人航空機がアルカイダの輸送車両団の発見と攻撃を担い、組織の幹部を死に至らせたこともある。現在では、プレデターMQ-9といったより大型で高性能の無人機が投入されている。

アメリカ海兵隊 AV-8 ハリアー
ハリアーIIを驚異的な近接支援航空機として開発したのはアメリカ海兵隊である。このタイプは中東やアフガニスタンの戦闘で目にすることが多い。

索　引

[あ]
アイゼンハワー、ドワイト　Eisenhower, Dwight D, 306
アヴィア S.199　Avia S.199　316
アヴロ　Avro
　アンソン　Anson　258
　ヴァルカン　Vulcan　327, 329
　ランカスター　Lancaster　222, 226, 230
　リンカーン　Lincoln　295
赤城　Akagi　113, 188, 189, 197, 199, 200, 202
アーガス　Argus, HMS　111, 233
アーク・ロイヤル　Ark Royal, HMS　112
「あ号」作戦、1944 年　A-Go, Operation, 1944　252, 255
アストラ・トーレ　Astra-Torres　43
アデール、クレマン　Ader, Clement　11
アーデント　Ardent, HMS　328, 329
アトランティック・コンヴェイヤー　Atlantic Conveyor, HMS　329
アトール赤外線 AAM（空対空ミサイル）　Atoll infra-red AAMs　314
アーノルド、H・H・「ハップ」、少将　Arnold, Major General H.H. 'Hap'　286
アフガニスタン　Afghanistan　336-339
アプバクの戦い　Ap Bac, Battle of, 1963　310
アブルッツィ　Arbruzzi　172
アーマー社、シカゴの　Armor Company of Chicago　22
アームストロング・ホイットワース　Armstrong Whitworth
　ホイットレー　Whitley　132, 133, 164, 222, 260, 280
アメリカ　United States　168
　アフガニスタン、今日の役割　Afghanistan, present day role in　336-338
　ヴェトナム戦争、1959-1975 年　Vietnam War, 1959-75　309-315
　横断飛行、初の　coast-to-coast flight, first　21
　ガダルカナル島、1943 年　Guadalcanal, 1943　216-219
　カートホイール作戦、1942-1943 年　Cartwheel, Operation, 1942-43　220, 221
　気球、初期の　balloons, early　10
　キューバミサイル危機　Cuban missile crisis　306-308
　航空機の製造、第二次世界大戦　aircraft production, World War II　212-215
　航空法　Aviation Act, 1917　88
　珊瑚海海戦、1942 年　Coral Sea, Battle of, 1942　195-197
　シチリア島とイタリア南部、侵攻、1943 年　Sicily and Southern Italy, invasion of, 1943　236-238
　商用機の旅の誕生　commercial air travel, birth of　128-130
　初期の飛行　early aviation　10-16, 19-23
　真珠湾　Pearl Harbor　186-192
　水上機の飛行　seaplane aviation　110-113
　戦間期　inter-war years　98, 107
　戦時体制、1917 年　mobilizes, 1917　88-90
　大西洋、偵察、1939-1945　Atlantic, patrolling the, 1939-45　258-260
　太平洋の空母による強襲　carrier raids in the Pacific, 1943　249-251
　中国、1941-1945 年　China, 1941-45　273-275
　朝鮮半島、1950-1953 年　Korea 1950-53　300-302
　ドイツ、爆撃、1944 年　Germany, bombing of, 1944　230-232
　東南アジア、1944-1945 年　Southeast Asia, 1944-45　270-272
　トーチ作戦、1942 年　Torch, Operation, 1942　234, 235
　飛び石作戦、1943-1945 年　island-hopping campaign, 1943-45　255-257
　南北戦争、1861-1865 年　Civil War, 1861-65　10, 12, 40
　日本への原爆投下、1945 年　nuclear bombing of Japan, 1945　290-292
　フランス航空隊のアメリカ人、第一次世界大戦　Americans in French air force, World War I　88
　ベルリン大空輸、1948-1949 年　Berlin airlift, 1948-49　296-299
　マーケット・ガーデン作戦とヴァーシティ作戦、1944-1945　Market Garden and Varsity, 1944-45　267-269
　「マリアナの七面鳥撃ち」、1944 年　'Marianas Turkey Shoot' 1944　252-254
　ミッドウェー海戦、1942 年　Midway, Battle of, 1942　198-203
　無人航空機（UAV）　unmanned aerial vehicle (UAVs)　336, 338

野戦病院　American Ambulance Field Service　88
冷戦　Cold War　293-295, 303-305
湾岸戦争　Gulf wars　330-336
Dデイ　D-Day　261-266
アメリカ運輸省　US Postal Department　129
アメリカ海軍　US Navy　196, 219, 221, 300, 307, 315, 331
　空母　Carriers　110, 216, 218, 250, 252, 255, 257, 270, 331
　空母機動部隊　Fast Carrier Task Force　257
　軽写真偵察飛行隊　Light Photographic Squadron　307
　航空局　Bureau of Aeronautics　102
　戦間期　inter-war years　98, 110-1113
　第1飛行艇師団　Seaplane Division One　100
　第3艦隊　Third Fleet　220, 272
　太平洋艦隊　Pacific Fleet　112, 172, 186, 198
　東南アジア　Southeast Asia　274
アメリカ海兵隊　US Marine Corps　110, 216-218, 251, 255, 273, 332, 338
アメリカ合衆国義勇軍　American Volunteer Group (AVG)　273
アメリカ飛行協会　Aviation Corporation of America　129
アメリカ陸軍航空軍（USAAF）／アメリカ空軍（USAF）　USAAF/USAF　194, 222, 232, 234, 236, 261-274, 284, 298, 315
　アメリカ義勇兵飛行隊（AVG）　AVG and　273, 274
　「カクタス航空隊」　'Cactus Air Force'　219
　戦略航空軍団　Strategic Air Command　294
　第52空輸航空団　52nd Troop Carrier Wing　269
　第5航空軍　5th Air Force　220
　第8航空軍　8th Air Force　222, 227, 228, 261, 264, 284
　第9航空軍　9th Air Force　262
　第15航空軍　15th Air Force　236
　第509混成爆撃群　509th Composite Bomb Group　290
　第2戦術航空軍　2nd Tactical Air Force　261, 262
　第363戦術偵察航空団　363rd Tactical Reconnaissance Wing　307
　第23追跡群　23rd Pursuit Group　274
　第58爆撃航空団　58th Bomb Wing　285
　第73爆撃航空団　73rd Bomb Wing　285
　第313爆撃航空団　313th Bomb Wing　285
　第314爆撃航空団　314th Bomb Wing　285
　第315爆撃航空団　315th Bomb Wing　285
　第381爆撃航空群、第532爆撃飛行隊　532nd 80mb Squadron, 381st Bomb Group　228

アメリカ陸軍航空部　US Air Service　89, 96
アメリカ陸軍部隊　US Army units　250
　空輸航空本部　Transport Command　236, 262, 263, 267
　航空班　Aviation Section　89
　第17空挺師団　17th Airborne Division　269
　第82空挺師団　82nd Airborne Division　238, 261, 262, 267
　第101空挺師団　101st Airborne Division　262, 267
　第1軍　1st Army　96
　第6軍　6th Army　220
　第14軍　14th Army　272
　第1師団　1st Division　263
　第29師団　29th Division　263
　第51師団　51st Division　220
　第8戦闘機軍団　8th Fighter Command　261
　第504落下傘歩兵連隊　504th Parachute Infantry Regiment　236
　通信隊　Signal Corps　14
アリゾナ　Arizona, USS　188
アル・ハッファーの戦い　Alam Al Halfa, Battle of, 1942　233
アルカイダ　al Qaeda　338
アルジェリア　Algeria　170, 234
アルゼンチン空軍　Argentinian Air Force　327
アルゼンチン軍用機製造工廠（FMA）IA58 プカラ　FMA IA 58 Pucara　327
アルバコア　Albacore, USS　252
アルバトロス　Albatros
　C.III　C.III　70
　D.I　D.I　67-69
　D.II　D.II　59, 71
　D.III　D.III　68, 74, 77
アルバニア　Albania　177
アルビオン　Albion, HMS　316
アルプス越え、初の　Alps, first crossing of　22
アレトゥサ　Arethusa, HMS　39
アローマンシュ　Arromanches　316
アンザニ・エンジン　Anzani engine　17
アンテロープ　Antelope, HMS　328, 329
アントプナン（気球）　L'Entreprenant (balloon)　11
アントレピド（気球）　Intrepide (balloon)　11
アントワネットIV　Antoinette IV　17
アンドーンテッド　Undaunted, HMS　39

[い]
イアチノ、アンジェロ、大将　Iachino, Admiral Angelo　173
硫黄島　Iwo Jima　255, 272, 287, 290

Index

イギリス　Britain
　アフガニスタン、今日の役割　Afghanistan, present day role in　337
　北アフリカでの役割、1943年　North Africa, 1943, role in　233-235
　空爆下、1914-1917年　under aerial bombardment 1914-17　38, 39, 43-53, 78-87
　航空機の製造、第二次世界大戦　aircraft production, World War II　212-215
　再軍備、戦間期　rearmament, inter-war　131-133
　シチリア島とイタリア南部　Sicily and Southern Italy, role in invasion of, 1943　236-238
　戦後　Post war　293-295
　戦略爆撃攻撃、1918年　strategic bombing offensive, 1918　86, 87
　空の帝国　Empire of the air　108-109
　第一次世界大戦　World War I　24-39, 43-53, 60, 67-72, 74, 80-87, 91-96
　地中海での役割、1940-1942年　Mediterranean, 1940-42, role in　170-175
　ドイツ爆撃、1940-1944年　Germany, bombing of, 1940~44　164-165, 222-229, 230-232
　爆撃（電撃）、1940-1941年　bombing of ('blitz') 1940-41　162-165
　初の爆撃機部隊　first bomber force　83-86
　バトル・オブ・フランス、1940年　France, Battle of, involvement in, 1940,　150-156
　バトル・オブ・ブリテン、1940年　Battle of Britain, 1940　118, 123, 156-161
　バルカン諸国　Balkans, 1941, role in　176-177
　飛行船の空襲、1914-1917年　airships raids on, 1914-17　37-39, 40-53
　フォークランド紛争、1982年　Falklands War, 1982　326-329
　マーケット・ガーデン作戦とヴァーシティ作戦での役割　Market Garden and Varsity, role in Operations　267-269
　洋上空中哨戒　maritime patrols, 1940-41　166-169
　洋上の航空機、初期の　seaborne aviation, early　110-112
　湾岸戦争での役割　Gulf Wars, role in　332-334
　Dデイでの役割　D-Day, role in　261-263
イギリス・フランスの再軍備　Anglo-French rearmament, inter-war　131-133
イギリス欧州大陸派遣軍（BEF）　British Expeditionary Force (BEF)　29, 30, 146-148, 151
イギリス・オーストラリア　England to Australia 航空レース、1934年の　air race, 1934　128
　初飛行　first flights　99

イギリス海峡、初横断飛行　English Channel, first flight over　17-18
イギリス海軍　Royal Navy　38, 43, 111, 131, 148, 175-178, 327
　艦隊航空部隊　Fleet Air Arm　172, 327
イギリス海軍航空隊　Royal Naval Air Service (RNAS)　34, 37, 38, 45, 68, 69, 84, 86
イギリス海兵隊　Royal Marines　327
イギリス空軍（RAF）　Royal Air Force (RAF)　86, 99, 108, 131, 139
　イギリス防空部隊（ADGB）　AFGB (Air Defence of Great Britain)　133
　沿岸哨戒軍団　Coastal Command　135, 161, 258
　監視団　Observer Corps　158
　戦間期の拡大　inter-war expansion of　136
　前進航空攻撃部隊　Advanced Air Striking Force　151
　戦闘機軍団　Fighter Command　34, 135, 156-158, 261
　第41航空団　41st Wing　86
　第4爆撃機集団　No.4 Group　164
　第11戦闘機集団　No.11 Group　159, 160
　第12戦闘機集団　No.12 Group　160
　第10飛行隊　No.10 Squadron　132
　第34飛行隊　No.34 Squadron　193
　第46飛行隊　No.46 Squadron　148
　第60飛行隊　No.60 Squadron　193
　第62飛行隊　No.62 Squadron　193
　第138飛行隊　No.138 Squadron　280
　第148飛行隊　No.148 Squadron　280
　第161飛行隊　No.161 Squadron　280
　第218飛行隊　No.218 Squadron　154, 261
　第203飛行隊　No.230 Squadron　168
　第263飛行隊　No.263 Squadron　148
　第617飛行隊　No.617 Squadron　226, 261, 279
　第624飛行隊　No.624 Squadron　280
　中型爆撃機部隊　Medium Bomber Force　316
　帝国での役割　Empire, role throughout　108, 109
　特殊作戦飛行隊　Special Operations Squadrons　279, 280
　爆撃機軍団　Bomber Command　164, 165, 222, 223, 226, 231, 258, 261, 264, 284, 286, 295
　「ビッグ・ウィング」　'Big Wing'　160, 161
　防空管区戦闘指揮所　Sector Command　158
イギリス帝国航空　Imperial Airways　99, 108
イギリス陸軍航空隊（RFC）　Royal Flying Corps (RFC)　27, 34, 45, 50, 54, 56, 59, 66-69, 84, 86, 91, 96
イギリス陸軍部隊　British Army units
　アフリカ軍団　Afrika Korps　233, 234
　気球部　Balloon Section　43

341

軍事航空部門の設置　military aeronautical branch, birth of　12
第1空挺師団　1st Airborne Division　267
第3軍　3rd Army　94
第4軍　4th Army　96
第5軍　5th Army　94
第8軍　8th Army　238
飛行船部　Airship Section　43
イーグル　Eagle, HMS　316
イーグル号（気球）　Eagle (balloon)　12
イスパノ・スイザ・エンジン　Hispano-Suiza engines　74, 131
イスラエル空軍（IAF）　Israeli Air Force (IAF)　316-325
イータ　Eta　43
イタリア　Italy　22, 23, 41, 42, 78-80, 91
　イタリア・トルコ戦争、1911年　Italian-Turkish war, 1911　23, 42, 78
　艦隊、地中海の、1940-1941年　Fleet in the Mediterranean, 1940-41　172-175
　シチリア島とイタリア南部、連合国軍の侵攻、第二次世界大戦　Sicily and Southern Italy, Allied invasion of, World War II　236-238
　スペイン内戦での役割、1936-1939年　Spanish Civil War, 1936-39, role in　122-124
　第一次世界大戦での役割　World War I, role in　48, 76-80, 82
　大洋横断飛行、1927-1933年　Trans-Oceanic flights, 1927-33　106-107
　飛行船　Airships　40
イタリア空軍　Regia Aeronautica　121, 122, 136, 173, 233, 238
イタリア陸軍航空隊　Corpo Aeronautico Militare　76, 79
1号作戦　Ichi-Go, Operation　272, 287
イープル、第3次会戦　Ypres, Third Battle of, 1917　74
イラク　Iraq　108, 321, 330-335
イラク空軍　Iraqi Air Force　331, 332
イラクの自由作戦　Iraqi Freedom, Operation　333
イラストリアス　Illustrious, HMS　172
イラン　Iran　332
イリューシン　Ilyushin
　DB-3　DB-3　145
　Il-2 シュトルモヴィク　Il-2 Sturmovik　239, 243, 244, 246, 300
　Il-10　Il-10　300
　Il-28　Il-28　293, 316
インヴィンシブル　Invincible, HMS　327
イングランド　→　イギリスを参照
イングリッシュ・エレクトリック・キャンベラ　English Electric Canberra　316

インディペンデンス　Independence, USS　250
インド　India　99, 108, 193, 270, 274, 286
インドシナ　Indochina　272, 309-315
インメルマン、マックス　Immelmann, Max　56-58
インメルマン・ターン　Immelmann turn　58

[う]
ヴァイクス、マクシミリアン・フォン、大将　Weichs, General Maximilian von　204
ヴァーシティ作戦、1945年　Varsity, Operation, 1945　267, 268
ヴァリアント　Valiant HMS　172
ウィッカー　Wicker　140
ヴィッカース　Vickers:
　ヴィミー　Vimy　99, 102, 103
　ウェリントン　Wellington　133, 164, 173, 222, 260
　ヴィルデビースト　Wildebeest　193
　FB 5　FB5　60
ヴィットリオ・ヴェネト　Vittorio Veneto　172, 173
ウィルコックソン、ベネット、コスター　Wilcockson, Bennett and Carter transatlantic crossing　101
ウィルソン、J・P、大尉　Wilson, Lieutenant J.P.　45
ウィルソン、ウッドロー　Wilson, Woodrow　88
「ヴィルデ・ザウ」作戦　'Wilde Sau' ('Wild Boar') missions　230
ウィンゲート、オード、准将　Wingate, Brigadier Orde　280
ウィンターボーザム、フレデリック　Winterbotham, Frederick　27
ウィンドウ（レーダー対策）　Window (radar countermeasure)　230
ウェスト・ヴァージニア　West Virginia, USS　190
ウエストランド　Westland:
　ウェセックス　Wessex　327
　スカウト　Scout　327
　ライサンダー　Lysander　280
ヴェトナム戦争、1959-1975年　Vietnam War, 1959-75　309-315
ヴェーファー、大将　Wever, General　118
ヴェルサイユ条約　Treaty of Versailles, 1919　96, 98, 114
ウェルズ、H・G　Wells, H.G.　18, 37
ヴェルダン攻防戦、1916年　Verdun, Battle for, 1916　62-64, 69, 74
ウエンハン、フランシス　Wenhan, Francis　10
ウォースパイト　Warspite, HMS　172, 173, 238
ヴォート　Vought:
　F4U コルセア　F4U Corsair　316
　RF-8 クルセーダー　RFL8 Crusader　307
ウォリス、バーンズ　Wallis, Barnes　164, 226

Index

ウオルフェ、准将 Wolfe, General 286
ウォーンフォード、レジナルドR・A・J、中尉 Warneford, Flight Sub-Lieutenant R.A.J. 45, 46, 48
ウクライナ Ukraine 176, 180, 184, 204, 239, 246, 247, 276
ヴラソフ、大将 Vlasov, General 239
ウラヌス作戦、1942年 Uranus, Operation, 1942 209
ウルトラ、通信傍受 ULTRA intelligence 172, 173

[え]
エアクラフト・トランスポート・アンド・トラベル社 Aircraft Transport and Travel Limited 98
エアコ Airco:
　DH.2 DH 2 55, 60, 64, 66-69
　DH.4 DH 4 49, 86, 88
エアスピード・ホーサ・グライダー Airspeed Horsa glider 262, 263
エイジャクス Ajax 172
エヴァリット、R.W.H、大尉 Everett, Lieutenant R.W.H. 168
エグゾセ対艦ミサイル Exocet anti-shipping missile 327
エジプト空軍 Egyptian Air Force 318
エセックス Essex, VSS 249
エーデルワイス作戦 Edelweiss, Operation 204-206
エノラ・ゲイ Enola Gay 290, 292
エルアラメインの戦い、1942年 El Alamein, Battle of, 1942 233
エルキュール Hercule (balloon) 11
エルロン（補助翼）ailerons 14, 58
エンガディン Engadine 38
エンジン engines 14, 17, 22, 28, 60, 73, 89, 128, 131, 162, 285
エンタープライズ Enterprise, VSS 197, 199, 201-203, 218, 219, 250, 253
エンプレス Empress 38, 39

[お]
王立航空工廠 Royal Aircraft Factory:
　B.E.2c BE.2c 50, 58, 91
　R.E.8 Re.8 91
　S.E.5a S.E.5a 74, 88, 98
沖縄 Okinawa 255, 272, 290
オコナー、サー・リチャード・ニュージェント、大将 O'Connor, General Sir Richard Nugent 233
小沢治三郎、大将 Ozawa, Admiral Jisaburo 252, 254
オストフリースラント Ostfriesland 110

オーストラリア Australia 99, 128, 173, 220, 256, 262
オーストラリア Australia, HMAS 256
オーストラリア・ニュージーランド軍団 ANZAC troops 178
オーストラリア海軍 Royal Australian Navy 173
オーストラリア空軍 Royal Australian Air Force 262
オーストリア・ハンガリー帝国 Austria-Hungary 11-12, 24, 25, 48, 75-77, 79, 91
オーニソプター 'ornithopter' 17
オーボエ照準システム Oboe targeting system 230
オランダ国営航空 KLM 128
オリオン Orion 172
オルコック、ジョン、大尉 Alcock, Captain John 101-103

[か]
ガイッセ、ハンス、陸軍中佐 Geisse, Oberstleutant Hans 167
ガヴォッティ、ギリオ、大尉 Gavotti, Lieutenant Guilio 22
加賀 Kaga 113, 186, 187, 197, 199, 200, 202
核戦争／爆撃 nuclear warfare/bombing 290-292
カザコフ、アレクサンドル Kazakov, Aleksandr 76
カスティス、G.W.パーク Custis, G,W, Parke 10
カストロ、フィデル Castro, Fidel 306
ガダルカナル Guadalcanal, 1943 216-219
カーティス Curtiss
　ジェニー Jenny 98
　ホーク75A Hawk 75A 144
　C-46 コマンドー C46 Commando 273, 275
　NC-1、NC-2、NC-3、NC-4 NC-1/NC-2/NC-3/NC4 100-103
　P-400 ウォーホーク P-40 Warhawk 137, 194, 234, 273, 274
　SB2C ヘルダイヴァー SB2C Helldiver 249
カーティス、グレン Curtiss, Glenn 16, 19, 21
カドバリー、エグバート、少佐 Codbury, Major Egbert 49
カートホイール作戦 Cartwheel, Operation, 1942-43 220-221
カナダ Canada 214, 236
カナダ海軍 Royal Canadian Navy 168
カニンガム、サー・アンドリュー・ブラウン大将 Cunningham, Admiral Sir Andrew Browne 173
カフカス Caucasus 176, 204-207
カプロニ Caproni 48, 78, 80
　Ca.3 Ca.3 76, 78, 79
カプロニ、ジャーンニ Caproni, Gianni 78
鎌の一撃 Sickle Stroke 150

神風特攻　kamikaze attacks　255
カム、シドニー　Camm, Sydney　132
ガムラン、モーリス、大将　Gamelin, General Maurice　152
ガランド、アドルフ　Gallard, Adolf　122
ガリエニ、ジョーゼフ・シモン、大将　Gallieni, General Joseph-Simon　29
ガリバルディ　Garibaldi　172
カリフォルニア　California, USS　190
カレージャス　Courageous, HMS　148
川崎　Kawasaki　126
艦隊航空部隊　Fleet Air Arm, UK　172, 327
ガンベッタ、レオン　Gambetta, Leon　12
ガンマ　Gamma　43

[き]
気球　balloons　10-12, 25, 35, 40, 43, 67, 84, 87, 89, 96
気球兵中隊　Compagnie d'Aerostiers　11
黄作戦　Plan Yellow　150
機上対艦船レーダー　ASV (Air-to-Surface Vessel) radar　260
ギーズの戦闘、1914年　Guise, Battle of, 1914　29
北アフリカ　North Africa　233-235
北ヴェトナム空軍　North Vietnamese Air Force　314
北大西洋条約機構（NATO）　North Atlantic Treaty Organisation (NATO)　303, 337
ギブスン、ガイ、航空団指揮官　Gibson, Wing Commander Guy　226-227
ギャロ、ローラン　Garros, Roland　15, 54, 55
キューバ・ミサイル危機　Cuban Missile Crisis, 1962　306-308
ギリシア　Greece　173, 176-179

[く]
クウェート　Kuwait　330, 331
クウェート空軍　Kuwaiti Air Force　330, 331
空中戦闘、戦闘機を参照　air-to-air combat see fighter aircraft
空母　aircraft carriers:
　太平洋（中央域）の空母による強襲、1943年　carrier raids in the Pacific, 1943　249, 251
　初の　first　110-113
9月11日　9/11　336
草分け的飛行ルート　pioneering air routes
　1921-1930年　1921-30　98-104
　1934-1939年　1934-39　128, 129
クックスハーフェンの襲撃、1914年　Cuxhaven Raid, 1914　37-39, 44
グッドウッド作戦　Goodwood, Operation　265

グデーリアン、ハインツ、大将　Guderian, General Heinz　152
クーテル、シャルル　Coutelle, Charles　11
グナイゼナウ　Gneisenau　149
クニッケンバイン・ビーム　Knickebein beams　163
クライスト、エヴァルト・フォン、大将　Kleist, General Ewald von　204
グライダー　gliders　11, 14, 115, 152, 178, 223, 236, 261, 267, 268
グラツィアーニ、ロドルフォ、元帥　Graziani, Marshal Rodolfo　233
グラハム＝ホワイト、クラウド　Grahame-White, Claude　20-22
グラマン　Grumman
　E-2 ホーキー　E-2 Hawkeye　331
　F-14 トムキャット　F-14 Tomcat　331
　F4F ワイルドキャット　F4F Wildcat　202-203, 216, 218, 219
　F6F ヘルキャット　F6F Hellcat　221, 250, 252
　F9F パンサー　F9F Panther　300
　TBF アヴェンジャー　TBF Avenger　250
クランボーン卿　Cranborne, Lord　126
クリッパー　clippers　128-130
クリミア半島　Crimea　246-248
クルーガー、ウォルター、大将　Krueger, General Walter　220
クルスクの戦い、1943年　Kursk, Battle of, 1943　239, 242-245
クルック、アレクサンダー・フォン、大将　Kluck, General Alexander von　30
グレイ、スペンサー　Grey, Spencer　45
クレース、ジョン少将　Crace, Rear Admiral John　196
クレタ島　Crete　173, 176-179
クレーブス、アルツール　Krebs, Arthur　14
クレマン・バヤール　Clement-Bayard　42, 43
クロコ・リカルディ N1　Crocco-Ricaldi N1　42
グロスター　Gloucester, HMS　172
グロスター・グラディエーター　Gloster Gladiator　132, 145, 146, 148, 149, 173, 178, 233
グローリアス　Glorious, HMS　149
クロワ、フェイリークス・デュ・タンプル・ド・ラ　Croix, Felix du Temple de la　10

[け]
ケイリー、サー・ジョージ　Cayley, Sir George　10
ケッセルリング、アルベルト　Kesselring, Albert　118
ケニー、ジョージ・C、少将　Kenny, Major General George C.　220
ケーニヒスベルク　Konigsberg　148

Index

ケネディ、ジョン・F　Kennedy, John F, 306, 308
ゲーリング、ヘルマン　Goring, Hermann 115-119, 155, 156, 160, 161, 210
ケール、ヘルマン　Kohl, Hermann　106
ゲルニカ、爆撃、1914 年　Guernica, bombing of, 1937　124, 125
ケンジントン・コート　Kensington Court　168

[こ]
コヴェントリー　Coventry, HMS　329
航空委員会　Commission des Communications Aeriennes　12
航空隊、初期の　air forces, early, 1914-1918 24-39
高速ヨーヨー　high-speed yo-yo manoeuvre　324
国際連合　United Nations　300, 333
国際連盟　League of Nations　117
コジェドフ、イワン　Kozhedub, Ivan　276
ゴータ　Gotha　82-84
　G.IV 爆撃機　G. IV bomber　82-84
　G.V　G. V　82-84
コックバーン、ジョージ　Cockburn, George　19
コット、ピエール　Cot, Pierre　132
ゴート卿、大将　Gort General Lord　155
五藤存知、　Aritano, Rear Admiral Goto　195
ゴードン・ベネット杯　Gordon Bennett prize　21
コブラ作戦　Cobra, Operation　265
コルト機関銃　Colt machine guns　131
コンソリデーテッド　Consolidated
　B-24 リベレーター　B-24 Liberator　169, 213, 222, 227, 258, 259, 272, 286
　PBY カタリナ　PBY Catalina　168, 258
コンテ、N.J.　Conte, N.J.　11
コンドル軍団　Condor Legion　119, 124
コンベア B-36 ピースメーカー　Convair B-36 Peacemaker　294, 295

[さ]
サー・ギャラハッド　Sir Galahad, HMS　329
サヴォイア・マルケッティ　Savoia-Marchetti:
　S-55　S-55　106
　S.M.81　S.M.81　121
サウジアラビア　Saudi Arabia　330
サウジアラビア空軍　Royal Saudi Air Force　330
サウスダコタ　South Dakota, USS　253
サザンクロス　Southern Cross　98
「砂漠の嵐」作戦　Desert Storm, Operation 330-332
「砂漠の盾」作戦　Desert Shield, Operation　330
サムソノフ、大将　Samsonov, General　34
ザーラ　Zara　171, 173
サラトガ　Saratoga, USS　112, 218, 250

サルバント、ヨルマ、　Sarvanto, Lieutenant Jorma 145
サルムソン 2　Salmson 2　88
珊瑚海海戦　Coral Sea, Battle of, 1942　195-197, 249
サンタマリア　Santa Maria　107
サンタマリア II　Santa Maria II　107
サントス＝デュモン、アルベルト　Santos-Dumont, Alberto　14, 41

[し]
シェフィールド　Sheffield, HMS　327
ジェームズ、アーチボールド　James, Archibald　35
シェンノート、クレア・リー、少佐　Chennault, Major Claire Lee　273-275, 286
シーキング　Sea King　327
シーゲルト、ヴィルヘルム、少将　Siegert, Major Wilhelm　80
シコルスキー　Sikorsky
　イリヤ・ムーロメッツ　Ilya Muromets　75, 79, 82
　H-19　H-19　302
　MH-53 ペイヴロウ・ヘリコプター　MH-53 Pave Low helicopter　331
　S-42　S42　130
シコルスキー、イゴール　Sikorsky, Igor　79
「静かな襲撃」　'Silent Raid', 1917　51, 52
シチリア島　Sicily　236-238
自動車・航空機展示会、パリの　Salon de l'Automobile et de l'Aeronautique, Paris　17
ジファル、アンリ　Giffard, Henri　10
写真、航空の　photography, aerial　14, 35, 74, 94
シャベス、ジュオ　Chavez, Jorge　22
シャルンホルスト　Scharnhorst　149
シャンパーニュ・グランプリ　Grand Prix de la Champagne　21
シャンパーニュ飛行競技大会　Grande Semaine d'Aviation de la Champagne　21
シュヴァインフルト、爆撃、1943 年　Schweinfurt, bombing of, 1943　228, 229
シュヴァルツ、ダヴィド　Schwartz, David　40
ジューコフ、ゲオルギー、大将　Zhukov, General Georgi　204, 209, 242-245
シュッテ・ランツ　Schutte-Lanz　41
シュトゥンプ、ユルゲン　Stumpff, Jurgen　159
シュトラッサー、ペーター、海軍少佐　Strasser, Korvettenkapitan Peter　45, 49, 52
ジュネーヴ世界軍縮会議　Geneva Disarmament Conference, 1932　116
シュペルレ、フーゴ、少将　Sperrle, General Major Hugo　119
「シュライク」対レーダー・ミサイル　'Shrike' anti-radar missile　314

シュラム、ヴィルヘルム　Schramm, Wilhelm　49
シュリーフェン、アルフレート・フォン、陸軍元帥
　　Schlieffen, Field Marshal Alfred von　27
シュリーフェン・プラン　Schlieffen Plan　26, 29
隼鷹　Junyo　219
蒋介石　Kai-shek, Chiang　286
翔鶴　Shokaku　186, 187, 218, 219, 254
祥鳳　Shoho　196, 197
商用機の旅の誕生　commercial air travel, birth of
　　129-130
ジョージ、デイヴィッド・ロイド　George, David
　　Lloyd　19, 83
ジョージ5世　George V. King　48
ジョッフル、大将　Joffre, General　30, 64, 65, 71
ジョッフルの壁　'Joffre's Wail'　31
ショート　Short
　　サンダーランド　Sunderland　166, 258, 297
　　シープレーン　Seaplane No. 74　37
　　スターリング　Stirling　222, 223, 230, 267, 280
ジョンソン、アミー　Johnson, Amy　106
ジョンソン、バイロン、少尉　Johnson, Ensign
　　Byron　250
シリア　Syria　319, 321
シンガポール　Singapore　168, 193, 272
真珠湾　Pearl Harbor　110, 126, 172, 186-191,
　　198, 255

[す]
瑞鶴　Zuikaku　186, 187, 196, 218, 219, 255
瑞鳳　Zuiho　219
スウィーニー、チャールズ・W、少佐　Sweeney,
　　Major Charles W.　290
スウェーデン　Sweden　146
スエズ運河　Suez Canal　170, 233, 317, 321
スエズ危機　Suez Crisis, 1956　317
スターリン、ヨシフ　Stalin, Joseph　136, 142,
　　144, 204, 208, 213, 239, 276
スターリングラード、1942-1943年　Stalingrad,
　　1942-43　208-211, 242
ズッカーマン、ソリー、教授　Zuckerman, Professor
　　Solly　261
スティルウェル、ジョセフ、大将　Stilwell, General
　　Joseph　275
ストラスブール　Strasbourg　170, 171
ストーン、E、大尉　Stone, Lieutenant E.　103
スパイ、ケネス・ヴァン・ダ　Spuy, Kenneth van
　　der　54
スパーツ、カール・アンドリュー　Spaatz, Carl
　　Andrew　261
スパッドXIII　SPAD XIII　74, 88

スーパーマリン・スピットファイア　Supermarine
　　Spitfire　132, 133, 158, 162, 174, 212, 227,
　　228, 233, 261, 264, 267, 316
スピリット・オブ・セントルイス　Spirit of St Louis
　　104
スプルーアンス、レイモンド・A、少将　Spruance,
　　Rear Admiral Raymond A,　199, 202, 203, 252,
　　255
スペイン共和国空軍　Spanish Republican Air Force
　　120
スペイン内戦、1936-1939年　Spanish Civil War,
　　1936-39　119-125, 134
スホーイSu-7　Sukhoi Su-7　318, 319, 321
スマッツ、ジャン、大将　Smuts, General Jan　83,
　　86
スミス、キース　Smith, Keith　99
スミス、チャールズ・キングスフォード　Smith,
　　Charles Kingsford　98, 101
スミス、ハーバート　Smith, Herbert　70
スミス、ロス　Smith, Ross　99
スリム、ウィリアム、中将　Slim, Lieutenant-
　　General William　272

[せ]
『制空』（ドゥーエ）　Command of the Air, The
　　(Douhet)　79
世界の再編、冷戦　world realignment, Cold War
　　303-305
ゼークト、ハンス・フォン、大将　Seeckt, General
　　Hans von　114, 115, 117
セスナO-1「バードドッグ」　Cessna O-1 'Bird Dog'
　　312
セルフリッジ、トーマス　Selfridge, Thomas　16
セレスト　Celeste　11
戦間期　inter-war years　98-107
戦闘機　fighter aircraft
　　初期の　early　34
　　1914-1918年　1914-18　54-77
　　戦術　tactics　96, 124, 138-141, 150-152, 241,
　　　255, 323-325
　　戦闘機飛行隊、誕生　fighter squadron, birth of
　　　64
　　戦闘空中哨戒（CAP）　Combat air control (CAP)
　　　327, 329

[そ]
早期警戒管制機（AWACS）　Airborne Early Warning
　　and Control System (AWACS)　331
相互確証破壊（MAD）　Mutual Assured Destruction
　　(MAD)　303
蒼龍　Soryu　186, 187, 197, 199, 200, -202

Index

ソシエテ・アストラ・デ・コンストリュクション・アエロノティク　Societe Astra des Constructions Aeronautiques　43
ソッピース　Sopwith:
　キャメル　Camel　70
　1^1/$_2$ストラッター　1^1/$_2$Strutter　67
　スナイプ　Snipe　131
　トライプレーン　Triplane　68, 70, 72
　パップ　Pup　68, 110, 111
空からの戦争、誕生　war from the air, birth of　11
ソルニエ、レイモンド　Saulnier, Raymond　55
ソ連　Soviet Union　206, 242-245, 284
　ヴォロネジ方面軍　Army Group Voronezh　239
　解放、第二次世界大戦　liberation of, World War II　276-278
　カフカスとソ連南部　Caucesvs and Southern Russia, 1942　204-207
　航空機の製造、第二次世界大戦　aircraft production, World War II　212-215, 239
　航空隊の戦力、1939年　air force strength, 1939　134
　スターリングラード、1942-1943年　Stalingrad, 1942-43　208-211, 242
　スペイン戦争での役割　Spanish Civil War, role in　120, 122, 123, 125, 134
　戦間期の商用機のルート　inter-war commercial air routes　108, 109, 115
　第1、第3、第5親衛空挺旅団　1st/3rd/5th Guards Airborne Brigades　241
　第6戦闘機航空団　6th Fighter Air Corps　185
　第8航空軍　8th Air Army　246
　第9混成航空団　9th Composite Air Corps　246
　第17航空軍　17th Air Army　247
　バグラチオン作戦　Bagration, Operation　276, 277
　バルバロッサ作戦　Barbarossa, Operation, defence against, 1941　169, 170, 180-185
　冬戦争、1939-1940年　Winter War, 1939-40　143
　防空、第二次世界大戦　anti-aircraft defences, World War II　183, 185
　モスクワ、爆撃、1941年　Moscow, bombing of, 1941　180-185
　モスクワ講和条約、1940年　Moscow, Treaty of, 1940　145
　冷戦　Cold War　293-296
　ロシア解放軍　Russian Liberation Army　239
　ロシアも参照
ソンムの戦い　Somme, Battle of, 1916　64, 69, 94

[た]
第一次世界大戦　World War I　13, 24-39, 43-97, 134, 166
　アメリカの戦時体制　America mobilizes　88-90
　初期の航空隊　early air forces in　24-39
　最終決戦　final battles, 1918　91-97
　戦闘機　fighters in　64-77
　爆撃機　bombers in　78-87
　飛行船　airships in　43-53
「第17号計画」　'Plan 17'　28
第三次中東戦争（六日間戦争）　Six-Day War, 1967　318, 321
第四次中東戦争（ヨム・キプール戦争）　Yom Kippur War, 1973　320-322
大西洋　Atlantic Ocean
　哨戒、1939-1945年　patrolling, 1939-45　258-260
　戦闘、1939-1940年　battle of, 1939-40　166-169
　初の横断　first crossings of　98-107
対テロ全面戦争　War on Terror　333
第二次世界大戦　World War II　12, 114
　イギリスとドイツの爆撃、1940-1941年　bombing of Britain and Germany, 1940-41　162-165, 230-232
　ウクライナとクリミア半島半島　Ukraine and the Crimea　246-248
　ガダルカナル島、1943年　Guadalcanal, 1943　216-219
　カートホイール作戦、1942-1943年　Cartwheel, Operation, 1942-43　220-221
　カフカス地方とロシア南部、1942年　Caucasus and Southern Russia, 1942　204-207
　北アフリカ　North Africa　233-235
「奇妙な戦争」　Phoney War, 1939-40　151
　クルスクの戦い、1943年　Kursk, Battle of, 1943　239, 242-245
　航空機産業　aviation industries in　212-215
　航空隊の戦力　air force strengths, 1939　134-137
　珊瑚海海戦、1942年　Coral Sea, Battle of, 1942　195-198, 249
　シチリア島とイタリア南部　Sicily and Southern Italy　236-238
　真珠湾、1941年　Pearl Harbor, 1941　186-191, 198, 255
　スターリングラード、1942-1943年　Stalingrad, 1942-43　208-211, 242
　ソ連、ドイツによる攻撃　Soviet Union, Germany attacks　180-185, 208-211
　ソ連の解放　Soviet Union, liberation of　276-278
　第三帝国の終焉　Reich, end of　282-284

347

大西洋上の哨戒　Atlantic, patrolling the　258-260
太平洋戦争　Pacific War　134, 249-257
地中海　Mediterranean　170-175, 233-235
中国、1941-1945年　China, 1941-45　273-275
デンマークとノルウェー　Denmark and Norway, 1940　146-149
東南アジア、1944-1945年　Southeast Asia, 1944-45　270-272
東南アジアの陥落、1942年　Southeast Asia, fall of, 1942　192-194
東部戦線、1943年　Eastern Front, 1943　239-248
ドイツ、爆撃、1942-1944年　Germany, bombing, 1942-44　222-232
特殊作戦　special operations　279-281
飛び石作戦、1943-1945年　island-hopping campaign, 1943-45　255-257
バグラチオン作戦　Bagration, Operation　276-278
バトル・オブ・フランス、1940年　France, Battle of, 1940　150-156
バトル・オブ・ブリテン、1940年　Britain, Battle of, 1940　156-161
バルカン諸国　Balkans　176-179
バルバロッサ作戦とモスクワ爆撃　Barbarossa and the bombing of Moscow　180-185
フィンランド、1939-1940年　Finland, 1939-40　142-149
冬戦争、1939-1940年　Winter War, 1939-40　142-145, 180
ベルリン、爆撃、1944年　Berlin, bombing of, 1944　230-232
ポーランド、1939年年　Poland, 1939　138-141, 150
マーケット・ガーデン作戦とヴァーシティ作戦、1944-1945年　Market Garden and Varsity, 1944-45　267-269
マジノ線　Maginot Line　136, 150, 151
「マリアナの七面鳥撃ち」、1944年　'Marianas Turkey Shoot', 1944　252-254
ミッドウェー海戦、1942年　Midway, Battle of, 1942　198-203, 216, 220, 249
洋上空中哨戒、1940-1941年　maritime air patrol, 1940-41　166-169
Dデイ　D-Day　261-266, 278
太平洋　Pacific Ocean
　完全な横断飛行、初の　first complete crossing of　98
　商用機のルート、初の　commercial air routes over, first　129
　第二次世界大戦の戦闘　World War II conflict in　134, 186-191, 195-203, 216-219, 249-257,

285-289
大鳳　Taiho　252, 254
ダウディング卿、ヒュー、空軍大将　Dowding, Air Chief Marshal Sir Hugh　158, 161
ダウディング・システム　Dowding system　156
タウベ、エトリッヒ　Taube, Etrich　32
高木武雄、中将　Takeo, Vice Admiral Takagi　196
ダグラス　Douglas
　A-1 スカイレイダー　A-1 Skyraider　312
　A-4 スカイホーク　A-4 Skyhawk　321, 327, 329, 330
　B-26 インベーダー　B-26 Invader　300
　C-47 ダコタ/スカイトレイン　C-47 Dakota/Skytrain　236, 262, 267, 268, 270, 273, 275, 280, 297, 316
　C-54 スカイマスター　C-54 Skymaster　297
　DC-1　DC-1　128
　DC-2　DC-2　128
　DC-3　DC-3　128
　EB-66　EB-66　314
　SBD ドーントレス　SBD Dauntless　196, 197, 199, 202, 218, 250
　TBD デヴァステイター　TBD Devastator　134, 196, 199, 202
ダグラス、ウィリアム・ショルト、大尉　Douglas, Lieutenant William Sholto　34
ダッソー　Dassault
　シュペル・エタンダール　Super Etendard　327
　シュペル・ミステール　Super Mystere　318
　ミステール IV　Mystere IV　316
　ミラージュ III　Mirage III　318
　ミラージュ 2000　Mirage 2000　331, 337
ダニング、E・H、指揮官　Dunning, Commander E.H.　111
ダム・バスターズの空襲　Dambusters Raid, 1943　226, 227
ターラント、海戦、1940年　Taranto, Battle of, 1940　171, 172, 187
タリバン　Taliban　336, 338
ダルランド、フランソワ・ローラン　d'Arlandes, Francois Laurant　10
ダンケルク　Dunkerque　170, 171
タンネンベルクの戦い　Tannenberg, Battle of, 1914　33, 34, 76
単葉機、初の成功　monoplane, first successful　17

[ち]

チェンバレン、クラレンス　Chamberlin, Clarence　101
地対空ミサイル（SAM）　Surface-to-air missile (SAMs)　314, 315, 321, 331
地中海　Mediterranean　170-175, 233, 234

Index

チャイナ・クリッパー　China Clipper　130
チャーチル、ウィンストン　Churchill, Winston　44, 155, 156, 161, 214, 293
チャンス・ヴォート F4U コルセア　Chance Vought F4V Corsair　300
中央情報局（CIA）　Central Intelligence Agency (CIA)　306, 308
中央条約機構（CENTO）　Central Treaty Organisation (CENTO)　303
中国　China　10, 99, 126, 127, 137, 193, 272-275, 287, 309
中東戦争　Arab-Israeli wars　316-325
チューニング、ウォルター、大尉　Chewning, Lieutenant Walter　250
長距離輸送、1934-1939 年　Long-range air transport, 1934-39　128-130
朝鮮戦争、1950-1953 年　Korean War, 1950-53　300-302
超ツェッペリン級　Super Zeppelins　49

[つ]
ツェッペリン　Zeppelins　13, 37, 38, 40-53
ツェッペリン、フェルディナンド・アドルフ・アウグスト・ハインリッヒ・フォン、伯爵　Zeppelin, Count Ferdinand Adolf August Heinrich Graf von　13, 40
ツェッペリン・シュターケン R 型爆撃機　Zeppelin-Staaken R-Type bomber　82, 84, 85
ツェッペリン飛行船　→　LZ 1 を参照
ツェッペリン飛行船建造会社　Luftschiffbau Zeppelin　41
ツポレフ　Tupolev
　SB-2　SB-2　142
　Tu-4　Tu-4　295
　Tu-16　Tu-16　318, 321

[て]
デ・ハヴィランド　de Havilland:
　コメット、レース専用機　Comet racer　128
　シー・ヴェノム　Sea Venom　316
　モスキート　Mosquito　223, 230, 232, 237, 260, 262, 267, 281, 283, 284
　DH17　DH 17　86
デ・ハヴィランド、ジェフリー　de Havilland, Geoffrey　60
ディエンビエンフーの戦い、1963 年　Dien Bien Phu, Battle of, 1963　309
定期航空便、の誕生　scheduled air services, birth of　98
ティベッツ、ポール、大佐　Tibbets, Colonel Paul ISO,　290, 292
デイリー・メール　Daily Mail　16, 18, 21, 101, 102
ディール・プラン　Dyle Plan　152
テッダー、サー・アーサー、空軍中将　Tedder, Air Marshal Sir Arthur　236
デュティル＆シャメール・エンジン　Duthuil & Charmers engine　15
デュローフ、ジュール　Durouf, Jules　12
デルタ（飛行船）　Delta (airship)　43
電撃戦　Blitzkrieg　96, 124, 138-141, 151, 241
テンプラー、ジェームズ、大佐　Templer, Colonel James　43
テンペルホーフ空港　Tempelhof Airport　296, 297
デンマーク　Denmark　146-147

[と]
ド・ゴール、シャルル　Gaulle, General Charles de　154
ド・ロジェ、ジャン＝フランソワ・ピラトール　de Rozier, Francois Pilatre　10
ドイツ　Germany
　アメリカ・プログラム　Amerikaprogramm　93
　イギリスと連合国軍の爆撃、1940-1944 年　British and Allied bombing of, 1940-4　158-160, 162-165, 222-232, 261-263
　ウクライナとクリミア半島　Ukraine and the Crimea, 1943　246-248
　カフカス地方、1942 年　Caucasus, 1942　204-207
　北アフリカおよび地中海、1943 年　North Africa and the Mediterranean, 1943　233-235
　クルスク、1943 年　Kursk, 1943　242-245
　航空機産業、初期の　aviation industry, early　13
　航空機産業、第二次世界大戦　aviation industry during World War II　212-215
　航空機の製造、第二次世界大戦　aircraft production, World War II　212-215
　航空隊、初期の　air forces, early　24-39
　再軍備、戦間期　rearmament, inter-war　131, 134, 136
　シチリア島とイタリア南部　Sicily and Southern Italy　236-238
　スカンディナヴィア、1939-1940 年　Scandinavia, 1939-40　142-149
　スターリングラード、1942-1943 年　Stalingrad 1942-43　208-211
　スペイン内戦での役割　Spanish Civil War, role in　120-125, 134
　戦間期　inter-war years　98, 108, 114-119
　戦闘機、1914-1918 年　fighters, 1914-18　54-77
　第一次世界大戦　World War I　24-97
　第三帝国の終焉　Reich, end of　282-284

349

大西洋戦争　Atlantic war, 1940-44　166-169, 258-260
地中海、1940-1942 年　Mediterranean 1940-42　170-175
ドイツ空軍　Luftwaffe
ドイツ帝国陸軍航空隊　Imperial German Air Service　25, 32, 34, 94
東部戦線、1943 年　Eastern Front, 1943　239-241
爆撃機、1916-1918 年　bombers 1916-18　80-87
バグラチオン作戦とソ連西部の解放、への関わり　Bagration and the liberation of West USSR, involvement in　276-278
バトル・オブ・フランス、1940 年　Battle of France, 1940　150-155
バトル・オブ・ブリテン、1940 年　Battle of Britain, 1940　156-161
バルカン諸国での役割、1941 年　Balkans, 1941, role in　176-179
バルバロッサとモスクワ爆撃　Barbarossa and the bombing of Moscow, 1941　180-185
飛行船　airships　13, 14, 40-53
ベルリン大空輸　Berlin airlift, 1948-49　296-299
ポーランド、1939 年　Poland, 1939　138-141
D デイでの役割　D-Day, role in　261-265
ドイツ海軍　Kriegsmarine　156
ドイツ空軍　Luftwaffe
コンドル軍団　Condor Legion　119, 124
作戦管轄域、1939 年　Operational Areas of Command, 1939　116
作戦指揮系統、第二次世界大戦の　Operational Chain of Command, World War II　119
第 1 航空艦隊　Luftflotte I　139
第 4 航空艦隊　Luftflotte IV　139, 178, 205, 208
第 5 航空艦隊　Luftflotte V　158, 159
第 4 航空軍団　Fliegerkorps IV　119
第 10 航空軍団　Fliegerkorps X　173, 233
誕生　birth of　114-119
ドイツ軍最高司令部（OKH）　Oberkommando des Heeres (OKH)　151
ドイツ航空スポーツ協会　Deutsd,er Luftsportverband (German Air Sports Association)　115
ドイッチェ・ルフトハンザ　Deutsche Luft Hansa　115
ドイツ飛行船旅行株式会社　Deutsche Luftschiffahrt-AG (DELAG)　13, 41, 98
ドイツ陸軍部隊　German Army units:
　降下猟兵　Fallschirmjager ('parachute troops')　146, 152, 178, 238

国防軍　Wehrmacht　140, 146, 155, 182
装甲部隊　Panzerwaffe　152
第 6 軍　6th Army　208-211
第 8 軍　8th Army　246
第 17 軍　17th Army　206, 241, 246
第 10 山岳師団　10th Mountain Division　178
第 1 装甲軍　1st Panzer Army　204, 246
第 2 装甲軍　2nd Panzer Army　154
第 4 装甲軍　4th Panzer Army　208
第 4 装甲師団　4th Armovred Division　152
第 9 装甲師団　9th Panzer Division　244
第 22 装甲師団　22nd Panzer Division　209
南方軍集団　Army Group South　208, 239, 246, 276-278
ロシア解放軍　Russian Liberation Army　239
A 軍集団　Army Group A　151, 204-206, 208, 241, 246
B 軍集団　Army Group B　151, 204, 208
SS 第 14 武装擲弾兵師団ガリツィエン、ウクライナ師団　SS Galician 14th Division - Ukranian Division　239
ドゥーエ、ジウリオ、少将　Douhet, General Giulio　77-79, 83
ドヴォアチヌ D.520　Dewoitine D. 520　150
ドゥッシュ・ド・ラ・ムルト賞　Deutsch de la Meurthe Prize　42
東南アジア　Southeast Asia:
　陥落、1942 年　fall of, 1942　192-194
　1944-1945 年　1944-45　270-272
東南アジア条約機構（SEATO）　Southeast Asia Treaty Organisation (SEATO)　303
東部戦線、第二次世界大戦、1943 年　Eastern Front, World War II, 1943　239-241
ドゥーリトル空襲、1942 年　Doolittle raid, 1942　288
動力付き航空機の飛行、初の　powered flights, first successful　14, 16
特殊作戦、第二次世界大戦　special operations, World War II　279-281
トーチ作戦、1942 年　Torch, Operation, 1942　209, 234, 235
飛び石作戦　Island-hopping campaign, 1943-45　255-257
トマホーク・ミサイル　Tomahawk missile　331
「ドモワゼル」単葉機　'Demoiselle' monoplane aircraft　14
トランスコンチネンタル・アンド・ウエスタン・エア社　Transcontinental and Western Air Inc (TWA)　128
トリエステ　Trieste　172
トリップ、ジュアン　Trippe, Juan　129, 130
ドルニエ　Dornier

Index

Do 17　Do 17　119, 139
Do 18　Do 18　166
Do 19　Do 19　118
Do 217　Do 217　238
トルーマン、ハリー・S　Truman, Harry S.　290, 294
トレンチャード、サー・ヒュー　Trenchard, Sir Hugh　69, 70, 80, 83, 86, 131
トレント　Trento　172
ドロップショット作戦　Dropshot, Operation　294-295
トンキン湾　Tonkin, Gulf of　315

[な]
長崎、原爆投下、1945年　Nagasaki, bombing of, 1945　291
中島　Nakajima　126
　九七式艦上攻撃機　B5N 'Kate'　186-188
　九七式戦闘機　Ki-27　137
南雲忠一、中将　Nagumo, Vice Admiral Chuichi　199, 200, 219
ナセル、ガマール・アブデル　Nasser, Gamal Abdel　316
ナチス → ドイツも参照　Nazi Party　117, 214

[に]
ニヴェル、ロベール・ジョルジュ　Nivelle, Robert Georges　71-74, 93
ニクソン、リチャード　Nixon, Richard　315
ニス、ラディスロー　Gnys, Wladyslaw　139
日本　Japan　12, 126, 137
　アメリカ軍の爆撃、1945年　US bombing of, 1945　285-288, 290-292
　海軍　navy　110, 111, 137, 186, 187, 199, 249-251
　海軍航空隊　Naval Air Service　137
　核爆撃、1945年　nuclear bombing of, 1945　290-292
　ガダルカナル　Guadalcanal　216-219
　カートホイール作戦、1942-1943年　Cartwheel, Operation, 1942-43　220-221
　航空機の製造、第二次世界大戦　aircraft production, World War II　137, 215
　珊瑚海海戦、1942年　Coral Sea, Battle of, 1942　195-197, 250-251
　水上機母艦　seaplane carriers　110, 113, 249-251
　真珠湾　Pearl Harbor　186-191
　中国での戦争、1937-1945　China, war in, 1937-45　126, 127, 273-275
　東南アジア、1942-1944年　Southeast Asia, 1942-44　192-194, 270-272
　飛び石作戦とアメリカ、1942年　island-hopping campaign and, US, 1943-45　255-257
　マリアナ諸島、1944年　Marianas, 1944　252-254
　ミッドウェー海戦、1942年　Midway, Battle of, 1942　198-203, 216, 220, 249
　陸軍航空隊　Army Air Service　137
日本海軍暗号 JN25号　JN-25 naval code　196
ニミッツ、チェスター、大将　Nimitz, Admiral Chester W.　199
ニューポール　Nieuport　70
　10　10　64
　11「ベベ」　II 'Bebe'　62, 64
　28　28　88
人間爆弾（桜花）　Baka piloted bomb　215

[ぬ]
ヌリ・セクンダス　Nulli Secundus　43

[の]
ノースアメリカン　North American:
　B-25　B-25　220
　P-51 ムスタング　P-51 Mustang　229, 232, 261, 264, 271, 274, 275, 300
　F-82 ツイン・ムスタング　F-82 Twin Mustang　300
　F-86 セイバー　F-86 Sabre　300
　F-100 スーパー・セイバー　F-1OO Super Sabre　312
ノースクリフ卿　Northcliffe, Lord　101, 104
ノースロップ・グラマン B-2 スピリット　Northrop Grumman B-2 Spirit　336
ノーム・エンジン社　Gnome Engine Company　22, 60
ノルウェー　Norway　146-149, 166

[は]
バイエルン航空機製造会社　Bavarian Aircraft Company　114
パイパー・カブ　Piper Cub　279
パイロット養成学校　pilot-training schools, first　16
ハインケル　Heinkel　114, 215
　He 51　He 51　122, 124
　He111　He 111　119, 124, 208, 236, 244
　He115　He 115　166
パウルス、フリードリヒ、大将　Paulus, General Friedrich　208
パーク、キース　Park, Keith　160
爆撃機　bombers
　イギリスとドイツ、爆撃　Britain and Germany, bombing of, 1940-41　162-166

351

核　nuclear　150-1　なし
初期の　early　10
1916-1918年　1916-18　78-87
スペイン内戦　Spanish Civil War　120-125
戦後の長距離飛行　long-range post-war　294-295
電撃戦　blitzkrieg　138-141
ドイツ、爆撃、1942-1944年　Germany, bombing of, 1942-44　222-229
飛行船と　airships and　40, 48, 52
モスクワ、爆撃、1941年　Moscow, bombing of, 1941　180-185
バグラチオン作戦　Bagration, Operation, 1944　278, 279
ハーコン7世　Haakon, VII, King　146
ハサミ（戦術）　scissors manoeuvre　324
パース　Perth, HMAS　172, 173
ハスキー作戦、1943年　Husky, Operation, 1943　236-238
ハースト、ウィリアム・ランドルフ　Hearst, William Randolph　21
バティスタ、フルヘンシオ　Batista, Fulgencio　306
パトリック、メーソン、少将　Patrick, Major General Mason　88
パナビア・トーネード　Panavia Tornado　330, 332
ハーミーズ　Hermes, HMS　38, 326, 327
バーラム　Barham, HMS　172
ハリス、サー・アーサー「ボマー」、大将　Harris, Air Marshal Sir Arthur 'Bomber'　222, 223, 226, 230, 261
パリ飛行クラブ　Aero Club of Paris　41, 42
ハルヴァーセン、ゲイル、中尉　Halvorsen, Lt Col Gail　297
バルカン諸国　Balkans　23, 176-177, 180
バルジの戦い　Bulge, Battle of the, 1944-45　282
ハルゼー、ウィリアム、大将　Halsey, Field Admiral William　219, 220
バルバロッサ作戦　Barbarossa, Operation 1941　179, 181-182
バルボ、イタロ　Balbo, Italo　106
パレスチナ　Palestine　316
バレルロール攻撃　barrel-roll attack manoeuvre　325
バンカーヒル　Bunker Hill, USS　249, 250, 254
ハンツィガー、チャールズ、大将　Huntziger, General Charles　152
ハンドレページ　Handley Page
　ヴィクター　Victor　327
　ハリファックス　Halifax　222, 230, 280
　ハンプデン　Hampden　164
　HP42　HP42　108
　O/100　O/100　84, 86, 87
　O/400　O/400　86, 87, 98
　V/1500　V/1500　86, 99
　W8F　W8F　108
パンナム　Pan Am　129, 130

[ひ]

ピアース、リチャード　Pearse, Richard　14
ピアセッキ CH-21「フライング・バナナ」　Piasecki CH-21 'Flying Banana'　309
飛行小隊（シュヴァルム）　Schwarms　123
飛行船　airships　22, 37, 38, 40-53, 80
飛行艇　flying boats　98-107, 129, 166-169, 172, 258, 297
飛行ルート、草分け　air routes, pioneering:　99
　1921-1930年　1921-30　101-104
　1934-1939年　1934-39　128-129
ヒズボラ　Hezbollah　325
ピッグス湾　Bay of Pigs, 1961　306-308
ヒトラー、アドルフ　Hitler, Adolf　116, 117, 119, 120, 146, 150, 151, 155, 156, 161, 169, 174, 176-177, 179, 180, 204, 206, 208, 210, 233, 239, 245, 246, 278, 284
ピネド、フランセスコ・ド　Pinedo, Francesco de　106
ヒューズ、ハワード　Hughes, Howard　85
ヒューズ H4 ハーキュリーズ「スプルース・グース」　Hughes H4 Hercules 'Spruce Goose'　85
ピューティ、ジャン・ドゥ　Peuty, Jean du　69
ヒューネフェルト、ギュンター・フォン　Hunefeld, Gunther von　106
飛鷹　Hiyo　254
飛龍　Hiryu　186, 187, 197, 199, 200, 202, 203
ビルマ　Burma　194, 272, 274, 279, 280
広島、爆撃、1945年　Hiroshima, bombing of, 1945　290-292
ビン・ラディン、オサマ　Bin Laden, Osama　338
ヒンデンブルク、パウル・フォン、大将　Hindenberg, General Paul von　34, 117
ヒントン、W、大尉　Hinton, Lieutenant W.　102

[ふ]

ファーニス、チャーリー　Fumas, Charlie　16
ファルケンハイン、エーリヒ・フォン、大将　Falkenhayn, General Erich von　62, 64, 76
ファルマン、アンリ　Farman, Henri　21, 27
ファルマン H.F.20　Farman H.F.20　28
フィアット　Fiat:
　CR.32　CR.32　123, 124
　G.50　G.50　145
フィウメ　Fiume　171-173

Index

フィッツモーリス、ジェームズ　Fitzmaurice, James 106
フィリピン海海戦、1944年　Philippine Sea, Battle of, 1944　252, 254
フィンランド　Finland　110, 142-145, 146
フィンランド空軍　Finnish Air Force　110, 145
フェアチャイルド・リパブリック A-10 サンダーボルト II　Fairchild Republic A-10 Thunderbolt II 'Warthog'　332, 335
フェアリー　Fairey
　ソードフィッシュ　Swordfish　170, 171
　バトル　Battle　133, 151, 154
フェルディナント、フランツ、皇太子　Ferdinand, Archduke Franz　24
フォーカス作戦　Focus, Operation, 1967　318
フォス、ヴェルナー　Voss, Werner　71
フォッカー　Fokker　126
　アインデッカー　Eindecker　55, 58
　D.VII　D.VII　94, 96
　D.XXI　D.XXI　142
　DR.1 三葉機　DR.1 Triplane　60, 71, 74
　E.I　E.1　55, 58, 70
　E.111 単葉機　E.111 monoplane　56, 62
　F.VIIB-3m　F.VllB-3m　98
　FE.2D　FE.2D　60
フォッカー、アンソニー　Fokker, Anthony　55
フォッケ・ウルフ　Focke-Wulf
　Fw 190　Fw 190　238, 243, 248, 282
　Fw 200　Fw 200　168, 169
フォッシュ、フェルディナン　Foch, Ferdinand　98
フォード、ヘンリー　Ford, Henry　214
フォーミダブル　Formidable, HMS　172, 173
フォルラニーニ、エンリコ　Forlanini, Enrico　23
フセイン、サダム　Hussein, Saddam　330
ブッシュ、ジョージ・W　Bush, George W　333
普仏戦争、1870-1871年　Franco-Prussian War, 1870-71　13, 24
冬戦争、1939-1940年　Winter War, 1939-40　143
フューリアス　Furious, HMS　111, 173, 174
フライング・タイガース　'Flying Tigers'　273-275
ブラウン、アーサー・ホイッテン、大尉　Brown, Lieutenant Arthur Whitten　100, 102-104
ブラウン、ロイ、大尉　Brown, Captain Roy　68, 94
ブラックバック作戦、1982年　Black Buck, Operation, 1982　327
ブラックバーン　Blackburn
　ブキャナー　Buccaneer　331
　スキュア　Skua　148
プラット&ホイットニー・エンジン　Pratt & Whitney engines　128

ブラモウスキ、ゴドウィン　Brumowski, Godwin　76
フランコ、フランシスコ　Franco, Francisco　119-125, 136
フランス　France
　ヴィシー政府　Vichy　150, 153
　海軍　navy　155, 166, 170
　海軍航空隊　Aeronavale (French Fleet Air Arm)　131, 155
　航空機の製造、第二次世界大戦　aircraft production, World War II　212
　再軍備、戦間期　rearmament, inter-war　131-137
　初期の航空機　early aviation　10-23
　初期の航空隊　early air force　24, 25, 32
　戦闘機、初期の　fighters, early　54
　戦闘機、1914-1918年　fighters 1914-1918　62-67
　第1軍　1st Army　96
　第一次世界大戦　World War I　26-36, 54-55, 70, 75, 91, 92, 98
　バトル・オブ・フランス　Battle of, 1940　136, 150-156
　飛行船　airships　41-43
　ラファイエット飛行隊（エスカドリユ）　Escadrille Layfayette　89
　陸軍飛行隊　Aeronautique Militaire (French Army Air Force)　25, 63, 80, 96
フランス海軍航空隊　Aeronavale　155
フランス空軍　Armee de l'Air　131, 133, 135, 136, 155
フランス陸軍飛行隊　Aeronautique Militaire　24, 63, 80, 96
ブランデンブルク、エルンスト、大尉　Brandenburg, Hauptmann Ernst　82, 83, 114
ブランド、クィンティン、大尉　Brand, Flight Lieutenant Quintin　99
ブリーズ、J.W、大尉　Breese, Lieutenant J,W,　102
ブリストル　Bristol:
　ブルドッグ　Bulldog　142
　ブレニム　Blenheim　142, 151, 164, 178, 193
　ボーファイター　Beaufighter　232, 260, 270
　F.2B 戦闘機　F2B Fighter　59
プリダム・ウィッペル、サー・ヘンリー、大将　Pridham-Wippell, Admiral Sir Henry　173
フリッツ X 誘導爆弾　Fritz X glide bomb　238
ブリュースター・バッファロー　Brewster Buffalo　193, 273
ブリュッヒャー　Blucher　146
プリュドモー、伍長　Prodhommeaux, Corporal　24

353

フリュールスの戦闘、1794年　Fleurus, Battle of, 1794　11
プリンス、ノーマン　Prince, Norman　88
プリンス・オブ・ウェールズ　Prince of Wales, HMS　193
プリンストン　Princeton, USS　250
プリンツィプ、ガヴリロ　Princip, Gavrilo　24
ブリンディシ　Brindisi　172
プール・ル・メリット勲章　Pour le Merite　58
フルシチョフ、ニキータ　Khrushchev, Nikita　306
ブルシーロフ攻勢、1916年　Brusilov Offensive, 1916　76, 91
ブルターニュ　Bretagne　171
ブルワーク　Bulwark, HMS　316
ブレゲー、ルイ、伍長　Breguet, Corporal Louis　29
ブレゲー Br14　Breguet Br XIV　35, 73, 84, 93
フレシネ、シャルル・ルイ・ド・ソールス・ド　Freycinet, Charles Louis de Saulces de　12
ブレスト・リトフスク講和条約　Brest-Litovsk, Treaty of, 1918　77, 91, 94
フレッチャー、フランク・ジャック少将　Fletcher, Rear Admiral Frank Jack　196, 199, 201-203, 218
プレデター　Predator:
　MQ-1　MQ-1　338
　MQ-9 リーパー　MQ-9 Reaper　336, 338
ブレリオ　Bleriot
　V　V　17
　XI　XI　17, 22, 24
　XII　XII　17, 19
ブレリオ、ルイ　Bleriot, Louis　16-18
分裂攻撃　offensive split manoeuvre　323

[へ]
ヘイガン、中尉、フォン・デア　Haegan, Oberleutnant von der　46
ヘイグ、陸軍元帥　Haig, Field Marshal　74
ベーコン、ガートルード　Bacon, Gertrude　19
ベータ　Beta　43
ベッカー、海軍大尉　Bocker, Kapitanleutnant　49, 50
ヘップナー、エルンスト・フォン、将軍　Hoeppner, General Ernst von　82
ペデスタル作戦　Pedestal, Operation, 1942　174
ペトリャコフ Pe-2　Petlyakov Pe-2　246
ベネット、ゴードン　Bennett, Gordon　21, 22
ベーメ、エルヴィン　Bohme, Erwin　59
ヘリコプター　helicopters　302, 309-312, 331, 333-335, 338
ベル　Bell
　AH-1 コブラ　AH-1 Cobra　334, 335
　H-13　H-13　302
　UH-1「イロコイ」「ヒューイ」　UH-1 'Iroquois', 'Huey'　309-312
ベルケ、オズワルト　Boelcke, Oswald　58, 59, 60, 68, 71
ベルケの「命令（ディクタ）」　Boelcke's 'Dicta'　59, 71
ペルティエ、テレーズ　Peltier, Therese　19
ヘルドセン、フォン、大尉　Heldsen, Lieutenant von　29
ベルリン、爆撃、1944年　Berlin, bombing of, 1944　230-232
ベルリン大空輸、1948年　Berlin Airlift, 1948　296-299
ベローウッド　Belleau Wood, USS　252
ヘンシェル　Henschel
　Hs 123　Hs 123　140
　Hs 129　Hs 129　241
ヘンショー、アレックス　Henshaw, Alex　133
ヘンダーソン、ロフトン、少佐　Henderson, Major Lofton　216

[ほ]
ホー・チ・ミン・トレール　Ho Chi Minh Trail　315
ボアザン　Voisin Pusher　35
ボーイング　Boeing
　247　247　128
　314　314　130
ポイントブランク作戦、1943年　Pointblank, Operation, 1943　227
鳳翔　Hosho (carrier)　113
ホーカー、ラノー、少佐　Hawker, Major Lance　59, 67-69
ホーカー・エアクラフト　Hawker Aircraft　132
　シー・ハリケーン　Sea Hurricane　167
　シー・フューリー　Sea Fury　300
　シー・ホーク　Sea Hawk　316
　タイフーン　Typhoon　261, 262, 264, 265, 267, 272
　ハリケーン　Hurricane　131, 148, 158, 162, 173, 178, 194, 233, 270, 273
　ハンター　Hunter　316, 318
　フューリー　Fury　132
ホーカー・シドレー　Hawker Siddeley:
　ニムロッド　Nimrod　327
　ハリアー　Harrier　327
北軍気球隊　Union Army Balloon Corps　10, 12, 13, 40
ポクルイシュキン、アレクサンドル　Pokryshkin, Aleksandr　184
ボック、フェドール・フォン、大将　Bock, General Fedor von　151

Index

ボックスカー　Bockscar　290
ボーデンプラッテ作戦、1945年　Bodenplatte, Operation, 1945　282
ボナパルト、ナポレオン　Bonaparte, Napoleon　12
ホーネット　Hornet, USS　197, 199, 201, 219
ポピュラー・メカニクス誌　Popular Mechanics　15
ポーラ　Pola　172, 173
ポーラン、ルイ　Paulhan, Louis　21
ポーランド　Poland　138-141, 150, 164, 267, 280
ポリカルポフ　Polikarpov
　I-15　I-15　120, 137, 142
　I-16「ラタ」　I-16 'Rata'　1220, 137, 142, 180
ポール、フーゴ・フォン、大将　Pohl, Admiral Hugo von　45
ボールトンポール・デファイアント　Boulton-Paul Defiant　158
ボロディノの戦い　Borodino, Battle of, 1812　276

[ま]
マキン　Makin　255
マクダネル・ダグラス　McDonnell Douglas:
　FAファントム　F4 Phantom　314
　FAファントムII「ワイルド・ウィーズル」　F4 Phantom 11 'Wild Weasel'　321, 322, 332
　FA-18ホーネット　FA-18 Hornet　331, 337
　F-15イーグル　F15 Eagle　322, 331-333, 335
　F-15Eストライク・イーグル　F15E Strike Eagle　333, 337
　RF-101ヴードゥー　RF-101 Voodoo　307
マクダネル・ダグラス／BAeシステム AV-8Bハリアー II　McDonnell Douglas/BAe Systems AVL8B Harrier　332, 335, 338
マグデブルク　Magdeburg　38
マクレラン、ジョージ・B　McClellan, George B, 10
マーケット・ガーデン作戦とヴァーシティ作戦、1944-1945年　Market Garden and Varsity, 1944-45　267-269
マジック（暗号解読システム）　MAGIC (code-breaking system)　196, 199, 221
マジノ線　Maginot Line　136, 150, 151
マーシャル・プラン　Marshall Plan　294
マズリア湖　Masurian Lakes　32, 33
マタパン岬、の会戦、1941年　Cape Matapan, Battle of, 1941　172
マーチン　Martin:
　メリーランド　Maryland　173
　M-130　M-130　130
マッカーサー、ダグラス、大将　MacArthur, General Douglas　220, 255, 300
マッターホン作戦　Matterhorn, Operation　286
マプリン　Maplin　168

マラヤ　Malaya　192, 193, 272
マリアナ諸島　Marianas islands　252-254, 285, 287, 288
マルタ島　Malta　172-174, 233, 257, 316
マルヌの会戦　Marne, Battle of the, 1914　29, 30, 32
マングース作戦　Mongoose, Operation　306
満洲　Manchuria　116, 126, 134, 241, 290, 291
マンシュタイン、エーリヒ・フォン、大将　Manstein, General Erich von　150, 206, 239
マンネルヘイム、カール・グスタフ・フォン、元帥　Mannerheim, Marshal Carl Gustaf von　142, 144, 145
マンネルヘイム線　Mannerheim Line　145
マンハッタン計画　Manhattan Project　290

[み]
三隈　Mikuma　203
ミコヤン・グレヴィッチ　Mikoyan-Gurevich
　MiG-3　MiG-3　184, 243
　MiG-7　MiG-7　243
　MiG-15　MiG-15　300-302, 317
　MiG-17　MiG-17　314
　MiG-19　MiG-19　321
　MiG-21　MiG-21　314, 318, 319, 321
ミッチェル、W・L・「ビリー」、大将　Mitchell, General W. L. 'Billy'　110, 113
ミッチェル、レジナルド　Mitchell, Reginald　131, 132
ミッドウェー海戦、1942年　Midway, Battle of, 1942　198-203, 216, 220, 249
三菱　Mitsubishi　126
　一式陸上攻撃機　G4M1 'Betty'　193, 218, 221
　九六式艦上戦闘機　G3M2　193
　零式戦闘機（零戦）　A6M2 Reisen (Zero Fighter)　186-188, 194, 201, 218
南ヴェトナム共和国軍（ARVN）　Army of the Republic of Vietnam (ARVN)　310, 311, 315
ミラノ飛行クラブ　Aero Club of Milan　22
ミルヒ、エルハルト　Milch, Erhard　115, 116
ミレニアム作戦　Millennium, Operation　222

[む]
ムッソリーニ、ベニート　Mussolini, Benito　119, 177, 238

[め]
メイフライ（飛行船）　Mayfly (airship)　43
メゾン・クレマン・バヤール　Maison Clement-Bayard　43

355

メッサーシュミット　Messerschmitt:
　Bf 109　Bf 109　114, 116, 123, 139, 158, 178, 282
　Bf 110　Bf　139, 158, 178
　Me 262　Me 262　215
　Me 323　Me 323　234
　Me 410　Me 410　229
メッサーシュミット、ヴィリー　Messerschmitt, Willi　114
メッシーナ・リッジ　Messines Ridge　75
メドウェキ、ミェチスラーフ、大尉　Medwecki, Captain Mieczyslaw　139
メリル、フランク大尉　Merrill, General Frank　280
メール・エル・ケビル　Mers-el-Kebir　170
メルクール作戦　Merkur, Operation　177
メルダース、ヴェルナー　Mölders, Werner　123

［も］
モデナ軍事学校　Modena Military Academy　78
モーニング・ポスト紙　Morning Post　43
モノスーパープ・ノーム・エンジン　Monosoupape Gnome engine　60
モラン・ソルニエ　Morane-Saulnier　46, 55, 64, 76, 132
　MS 406　MS.406　145
　N　Type 'N'　54, 55
モリソン、ジム　Mollison, Jim　106
モルトケ、ヘルムート・フォン　Moltke, Helmuth von　29, 41
モロ、大将　Morlot, General　11
モントゴメリー、バーナード、大将　Montgomery, General Bernard　233, 236, 267, 268

［や・ゆ・よ］
ヤコブレフYak-9　Yakovlev Yak-9　300
ヤトー、カール　Jatho, Karl　14
山下奉文、大将　Yamashita, General Tomoyuki　193
山本五十六、大将　Yamamoto, Admiral Isoroku　186, 198-203, 220
ヤンキー・クリッパー　Yankee Clipper　129
ユーゴスラヴィア　Yugoslavia　97, 177, 280
輸送、第二次世界大戦の哨戒　shipping, patrolling in World War II,　166-169
ユナイテッド航空　United Airlines　128
ユンカース　Junkers　114
　Ju 52　Ju 52　117, 119, 120, 122, 146, 178, 179, 209, 210, 234
　Ju 87「シュトゥーカ」　Ju 87 'Stuka'　115, 119, 138, 139, 158, 181, 208, 245
　Ju 88　Ju 88　160, 236
　Ju 89　Ju 89　118

W.33「ブレーメン」　W.33 'Bremen'　106
洋上の空中哨戒　maritime air patrols 1940-41　166-169
洋上の航空機　seaborne aviation　110-113
ヨークタウン　Yorktown, USS　196-198, 201
ヨルダン　Jordan　321
ヨルダン空軍（RJAF）　Royal Jordanian Air Force (RJAF)　318

［ら］
ラ・ネプチューン　La Neptune (balloon)　12
ラ・パトリエ　La Patrie　43
ラ・フランス号　La France　10, 13, 14
ラ・リパブリク　La Republique　43
ライアン単葉機　Ryan Monoplane　103
ライス、バーナード　Rice, Bernard　72
ライト　Wright:
　フライヤー　Flyer　11, 14-16, 22
　フライヤー、ミリタリー　Flyer, Military　16
　フライヤー III　Flyer III　14
　ワールウィンド・エンジン　Whirlwind engine　104
　R-3350 エンジン　R-33SO engine　285
ライト、ウィルバー　Wright, Wilbur　11, 14, 16, 19
ライト、オーヴィル　Wright, Orville　11, 14, 16, 19
ラインヴェルド、ピエール・フォン、中佐　Ryneveld, Lt Col Pierre von　99
ラインバッカー I、II作戦　Linebacker I & II, Operations　315
ラヴォーチキン　Lavochkin
　La-5　La-5　276
　La-9　La-9　300
ラタム、ユーベル　Latham, Hubert　17, 21
落下傘、最初の　parachutes, first　95
ラファイエット　La Fayette　316
ラムゼー、バートラム、中将　Ramsay, Vice Admiral Bertram　155
ラングリー、サミュエル・P　Langley, Samuel P　11, 16
ランベール、シャルル・ド　Lambert, Charles de　17
ランルザック、シャルル　Lanrezac, General Charles　29

［り］
リー・マロリー、トラフォード、サー、　Leigh-Mallory, Air Chief Marshal Sir Trafford　160, 261
リヴィエラ　Riviera　38
リスカム・ベイ　Liscombe Bay, USS　251
リチャーズ、ウェズレー　Richards, Wesley　67

Index

リッケンバッカー、エディ、大尉　Rickenbacker, Captain Eddie　89
リットリオ　Littorio　171
リード、A・C、少佐　Read, Lieutenant Commander A. C.　102
リバティ、エンジン　Liberty engine　89, 101
リパブリック　Republic
　F-84 サンダージェット　F-84 Thunderjet　300
　F-84 サンダーストリーク　F-84 Thunderstreak　316
　F-105 サンダーチーフ　F-105 Thunderchief　312, 314
　P-47 サンダーボルト　P-47 Thunderbolt　264, 270
リピッシュ、アレクサンダー　Lippisch, Alexander　282
リヒトホーフェン、ヴォルフラム・フォン、大将　Richthofen, General Wolfram von　208
リヒトホーフェン、マンフレート・フォン、男爵　Richthofen, Baron Manfred von　30, 68, 69, 70-74, 76, 94
リューク、フランク　Luke, Frank　96
リリエンタール、オットー　Lilienthal, Otto　10
リンドバーグ、チャールズ・A　Lindbergh, Charles A, 101, 103, 104

[る]

ル・マタン　Le Matin　19
ルイス機関銃　Lewis gun　64
ルーゲ、オットー、少将　Ruge, Major General Otto　146
ルシタニア　Lusitania　88
ルーズヴェルト、セオドア　Roosevelt, Teddy　19
ルーズヴェルト、フランクリン・D　Roosevelt, Franklin D,　107, 164, 214
ルソン島　Luzon　272
ルーデンドルフ、エーリヒ　Ludendorff, General Erich　34, 94, 96
ルナール、シャルル　Renard, Charles　14
ルノー・エンジン　Renault engines　28
ルボーディ兄弟　Lebaudy brothers　42
ルーマニア　Romania　177, 206, 209, 211, 248
ルメイ、カーティス、少将　LeMay, Major General Curtis　286-288
ルール航空戦　Ruhr, Battle of, 1942　226
ルントシュテット、ゲルト・フォン、大将　Rundstedt, General Gerd von　151
ルンプラー・タウベ　Rumpler Taube　28, 32, 34

[れ]

冷戦　Cold War　290-308
レイテ島　Leyte　255, 272
レキシントン　Lexington, USS　112, 196
レーダー　Radar　133, 157-165, 187, 219, 223-225, 230, 232, 252, 253, 256, 257, 260, 262, 282, 286, 314, 318, 321, 327, 331
レッキー、ロバート、大尉　Leckie, Captain Robert　49
レネンカンプ、パーヴァル・フォン、大将　Rennenkampf, General Paul von　34
レバノン侵攻、2006 年　Lebanon, invasion of, 2006　325
レパルス　Repulse, HMS　193
レープ、ヴィルヘルム・リッター・フォン、大将　Leeb, General Wilhelm Ritter von　151
連合国海外派遣航空軍　Allied Expeditionary Air Force　261, 264
連合国軍航空軍　Allied Air Force　237, 269
連合国軍砂漠航空隊　Allied Desert Air Force　233
レンド・リース法　Lend-Lease　214, 258, 273

[ろ]

ロー、タデウス、教授　Lowe, Professor Thaddeus　12
ロシア　Russia
　第一次世界大戦　World War I　24-28, 34, 75, 76, 79, 91
　飛行訓練学校、初の　aeronautical training school, first　13
ロシア解放軍　Russian Liberation Army　239
ロシア帝国陸軍航空隊　Russia Imperial Air Service　25
ロジャース、カルブレイス・ペリー　Rodgers, Calbraith Perry　22
ローズ、E・S　Rhoads, E. S.　103
ロッキード　Lockheed
　ハドソン　Hudson　193, 258
　C-130　C-130　337
　F 80　F 80　300
　F-117 ナイトホーク　F117 Nighthawk　331, 333
　P-38 ライトニング　P-38 Lightning　221, 262
　U-2　U-2　306
ロッキード・マーチン・フライング・ファルコン　Lockheed Martin F16 Flying Falcon　323
ロッド、H・C、少尉　Rodd, Ensign H,C.　103
ロバートソン、サー・ウィリアム　Robertson, Sir William　83
ロビンソン、リーフェ、大尉　Robinson, Lieutenant Leefe　50
ローリング・サンダー作戦　Rolling Thunder operations, 1965-68　312, 313

357

ロールスロイス　Rolls-Royce
　イーグル VIII エンジン　Eagle VIII engine　103
　マーリン・エンジン　Merlin engines　131, 162
ロンドン・マンチェスター間の競技会、1910 年
　London to Manchester air race, 1910　21
ロンメル、エルヴィン、陸軍元帥　Rommel, Field
　Marshal Erwin　204, 233

［わ］
若宮　Wakamiya　110
ワシントン（気球）　Washington (balloon)　10
ワシントン海軍軍縮条約　Washington Naval Treaty
　249
ワスプ　Wasp, USS　216, 264, 333
ワゾー・カナリ　Oiseau Canari　101
ワルシャワ条約機構　Warsaw Pact　303
ワルシャワ蜂起　Warsaw Uprising, 1944　280, 281
湾岸戦争、第一次、1991 年　Gulf War, First, 1991
　330-333
湾岸戦争、第二次、2003 年　Gulf War, Second,
　2003　333-334

［A-Z］

AGM-114 ヘルファイア空対地ミサイル　AGM-114
　Hellfire air-to-ground missile　336
AH-64 アパッチ（攻撃ヘリコプター）　AH-64 Apache
　attack helicopter　331, 333, 338
AIM-9 サイドワインダー・ミサイル　AIM-9
　Sidewinder missile　328
B-17 フライング・フォートレス　B-17 Flying
　Fortress　137, 187, 194, 195, 199, 220, 222,
　228, 229, 232, 260, 284, 285, 316
B-29 スーパーフォートレス　B-29 Superfortress
　137, 272, 285-292, 295, 301
B-52 ストラトフォートレス　B-52 Stratofortress
　312, 315, 336
BAe シー・ハリアー　BAe Sea Harrier　326-329
CH-47 チヌーク　CH47 Chinook　331, 338
D デイ、1944 年　D-Day, 1944　261-266, 278
E-8 ジョイント・スターズ　E-8 Joint Stars　331
GAU-8 ガトリング砲　GAU-8; Gatling-type cannon
　333
GBU-12 ペイヴウェー・レーザー誘導爆弾　GBU-12
　Paveway laser-guided bombs　336
IAI ダガー　IAI Dagger　327
ICBM（大陸間弾道ミサイル）　ICBMs
　(Intercontinental Ballistic Missiles)　303
IRBM（中距離弾道ミサイル）　IRBMS　306-308
L 10（飛行船）　L 10 (airship)　44
L 11（飛行船）　L 11 (airship)　47
L 13（飛行船）　L 13 (airship)　47

L 14（飛行船）　L 14 (airship)　47
L 16（飛行船）　L 16 (airship)　47
L 17（飛行船）　L 17 (airship)　49
L 21（飛行船）　L 21 (airship)　47
L 22（飛行船）　L 22 (airship)　47
L 23（飛行船）　L 23 (airship)　47
L 24（飛行船）　L 24 (airship)　47
L 3（飛行船）　L 3 (airship)　45
L 30（飛行船）　L 30 (airship)　47
L 32（飛行船）　L 32 (airship)　47
L 33（飛行船）　L 33 (airship)　49, 50
L 4（飛行船）　L 4 (airship)　45
L 41（飛行船）　L 41 (airship)　51
L 44-50（飛行船）　L 44-5O (airships)　51
L 5（飛行船）　L 5 (airship)　39, 45
L 52-55（飛行船）　L 52-5 (airships)　51
L 59（飛行船）　L 59 (airship)　53
L 6（飛行船）　L 6 (airship)　39, 45
L 70（飛行船）　L 70 (airship)　49, 52
L 9（飛行船）　L 9 (airship)　44
LZ 1（飛行船）　LZ 1 (airship)　13, 40
LZ 18（飛行船）　LZ 18 (airship)　42
LZ 2（飛行船）　LZ 2 (airship)　13, 40
LZ 3（飛行船）　LZ 3 (airship)　13, 40
LZ 37（飛行船）　LZ 37 (airship)　44-46
LZ 38（飛行船）　LZ 38 (airship)　44, 46
LZ 4（飛行船）　LZ 4 (airship)　40
LZ 90（飛行船）　LZ 90 (airship)　47
LZ 97（飛行船）　LZ 97 (airship)　49
LZ 98（飛行船）　LZ 98 (airship)　47
MG 17 機関銃　MG 17 machine gun　116
NKVD（人民内務委員会）　NKVD　204, 206
P.2（飛行船）　P.2 (airship)　23
P.3（飛行船）　P.3 (airship)　23
PaK 対戦車砲　PaK cannon　244
PZL P11　PZL P11　1396
R 34（飛行船）　R34 (airship)　106
SA-2「ガイドライン」ミサイル　SA-2 'Guideline'
missile　314
SEPECAT ジャガー　SEPECAT Jaguar　331
SL 11（飛行船）　SL 11 (airship)　47, 49
SL 8（飛行船）　SL 8 (airship)　47
U ボート　U-boats　39, 88, 116, 168, 169, 227,
258-260
V1 ロケット　V1 rocket　282
V2 ロケット　V2 rocket　215, 282
Z 9（ツェッペリン）　Z9 (zeppelin)　37, 44

【著者】
アレグザンダー・スワンストン&マルコム・スワンストン
(Alexander Swanston & Malcolm Swanston)

父マルコム・スワンストンは地図作成学の第一人者で、古代ローマの戦いからヴェトナム戦争まで、さまざまな歴史・戦史地図を30年以上にわたって製作、刊行している。共著としては本書のほか『第二次世界大戦アトラス』がある。また聖書や北アメリカ探検などにまつわる歴史地図も手がけている。

【監訳者】
石津朋之（いしづ・ともゆき）

獨協大学卒、ロンドン大学SOAS及び同大学キングスカレッジ大学院修士課程修了、オックスフォード大学大学院研究科修了。防衛省防衛研究所戦史部第一戦史研究室長。拓殖大学、放送大学非常勤講師。著書に『リデルハートとリベラルな戦争観』、『クラウゼヴィッツと「戦争論」』（共編著）、『名著で学ぶ戦争論』、『戦略原論――軍事と平和のグランド・ストラテジー』、訳書にクレフェルト『戦争文化論』など。

千々和泰明（ちぢわ・やすあき）

広島大学卒。大阪大学大学院博士課程修了。防衛省防衛研究所戦史部第二戦史研究室教官。専門は日米関係論、外交・安全保障政策史。「権威をめぐる相克――駐日米国大使と在日・在沖駐留米軍 1952-1972年」で国際安全保障学会最優秀新人論文賞受賞。

Atlas of Air Warfare
Copyright © 2009 by Amber Books Ltd, Londons
Japanese translation rights arranged with Amber Books Ltd.
through Japan UNI Agency, Inc., Tokyo.

アトラス 世界航空戦史
せかいこうくうせんし

2011年2月15日　第1刷

著者　………アレグザンダー・スワンストン／マルコム・スワンストン
監訳者　………石津朋之／千々和泰明
　　　　　　　いしづともゆき　ちぢわやすあき

装幀　………岡孝治
印刷・製本　………シナノ印刷株式会社

発行者　………成瀬雅人
発行所　………株式会社原書房
　　　〒160-0022　東京都新宿区新宿 1-25-13
　　　電話・代表 03-3354-0685
　　　http://www.harashobo.co.jp
　　　振替・00150-6-151594

©Ishizu Tomoyuki, Chijiwa Yasuaki 2011
ISBN978-4-562-04664-5, Printed in Japan